全国中医药行业中等职业教育"十三五"规划教材

中药鉴定技术

（第二版）

（供中药、中药制药、制药技术等专业用）

主　编 ◎ 张德胜

中国中医药出版社

·北　京·

图书在版编目（CIP）数据

中药鉴定技术/张德胜主编. —2 版. —北京：中国中医药出版社，2018.10（2024.5 重印）

全国中医药行业中等职业教育"十三五"规划教材

ISBN 978 – 7 – 5132 – 4965 – 2

Ⅰ.①中…　Ⅱ.①张…　Ⅲ.①中药鉴定学 – 中等专业学校 – 教材　Ⅳ.①R282.5

中国版本图书馆 CIP 数据核字（2018）第 090378 号

中国中医药出版社出版

北京经济技术开发区科创十三街 31 号院二区 8 号楼

邮政编码　100176

传真　010 – 64405721

河北品睿印刷有限公司印刷

各地新华书店经销

开本 787 × 1092　1/16　印张 27.25　字数 561 千字

2018 年 10 月第 2 版　2024 年 5 月第 4 次印刷

书号　ISBN 978 – 7 – 5132 – 4965 – 2

定价　88.00 元

网址　www.cptcm.com

服务热线　010 – 64405510

购书热线　010 – 89535836

维权打假　010 – 64405753

微信服务号　zgzyycbs

微商城网址　https：//kdt.im/LIdUGr

官方微博　http：//e.weibo.com/cptcm

天猫旗舰店网址　https：//zgzyycbs.tmall.com

李伏君（千金药业有限公司技术副总经理）

李灿东（福建中医药大学校长）

李建民（黑龙江中医药大学佳木斯学院教授）

李景儒（黑龙江省计划生育科学研究院院长）

杨佳琦（杭州市拱墅区米市巷街道社区卫生服务中心主任）

吾布力·吐尔地（新疆维吾尔医学专科学校药学系主任）

吴　彬（广西中医药大学护理学院院长）

宋利华（连云港中医药高等职业技术学院教授）

迟江波（烟台渤海制药集团有限公司总裁）

张美林（成都中医药大学附属针灸学校党委书记）

张登山（邢台医学高等专科学校教授）

张震云（山西药科职业学院党委副书记、院长）

陈　燕（湖南中医药大学附属中西医结合医院院长）

陈玉奇（沈阳市中医药学校校长）

陈令轩（国家中医药管理局人事教育司综合协调处副主任科员）

周忠民（渭南职业技术学院教授）

胡志方（江西中医药高等专科学校校长）

徐家正（海口市中医药学校校长）

凌　娅（江苏康缘药业股份有限公司副董事长）

郭争鸣（湖南中医药高等专科学校校长）

郭桂明（北京中医医院药学部主任）

唐家奇（广东湛江中医学校教授）

曹世奎（长春中医药大学招生与就业处处长）

龚晋文（山西卫生健康职业学院/山西省中医学校党委副书记）

董维春（北京卫生职业学院党委书记）

谭　工（重庆三峡医药高等专科学校副校长）

潘年松（遵义医药高等专科学校副校长）

赵　剑（芜湖绿叶制药有限公司总经理）

梁小明（江西博雅生物制药股份有限公司常务副总经理）

龙　岩（德生堂医药集团董事长）

中医药职业教育是我国现代职业教育体系的重要组成部分，肩负着培养新时代中医药行业多样化人才、传承中医药技术技能、促进中医药服务健康中国建设的重要职责。为贯彻落实《国务院关于加快发展现代职业教育的决定》(国发〔2014〕19号)、《中医药健康服务发展规划（2015—2020年)》(国办发〔2015〕32号)和《中医药发展战略规划纲要（2016—2030年)》(国发〔2016〕15号)（简称《纲要》）等文件精神，尤其是实现《纲要》中"到2030年，基本形成一支由百名国医大师、万名中医名师、百万中医师、千万职业技能人员组成的中医药人才队伍"的发展目标，提升中医药职业教育对全民健康和地方经济的贡献度，提高职业技术院校学生的实际操作能力，实现职业教育与产业需求、岗位胜任能力严密对接，突出新时代中医药职业教育的特色，国家中医药管理局教材建设工作委员会办公室（以下简称"教材办"）、中国中医药出版社在国家中医药管理局领导下，在全国中医药职业教育教学指导委员会指导下，总结"全国中医药行业中等职业教育'十二五'规划教材"建设的经验，组织完成了"全国中医药行业中等职业教育'十三五'规划教材"建设工作。

中国中医药出版社是全国中医药行业规划教材唯一出版基地，为国家中医中西医结合执业（助理）医师资格考试大纲和细则、实践技能指导用书、全国中医药专业技术资格考试大纲和细则唯一授权出版单位，与国家中医药管理局中医师资格认证中心建立了良好的战略伙伴关系。

本套教材规划过程中，教材办认真听取了全国中医药职业教育教学指导委员会相关专家的意见，结合职业教育教学一线教师的反馈意见，加强顶层设计和组织管理，是全国唯一的中医药行业中等职业教育规划教材，于2016年启动了教材建设工作。通过广泛调研、全国范围遴选主编，又先后经过主编会议、编写会议、定稿会议等环节的质量管理和控制，在千余位编者的共同努力下，历时1年多时间，完成了50种规划教材的编写工作。

本套教材由50余所开展中医药中等职业教育院校的专家及相关医院、医药企业等单位联合编写，中国中医药出版社出版，供中等职业教育院校中医（针灸推拿）、中药、护理、农村医学、康复技术、中医康复保健6个专业使用。

本套教材具有以下特点：

1. 以教学指导意见为纲领，贴近新时代实际

注重体现新时代中医药中等职业教育的特点，以教育部新的教学指导意

见为纲领，注重针对性、适用性以及实用性，贴近学生、贴近岗位、贴近社会，符合中医药中等职业教育教学实际。

2. 突出质量意识、精品意识，满足中医药人才培养的需求

注重强化质量意识、精品意识，从教材内容结构设计、知识点、规范化、标准化、编写技巧、语言文字等方面加以改革，具备"精品教材"特质，满足中医药事业发展对于技术技能型、应用型中医药人才的需求。

3. 以学生为中心，以促进就业为导向

坚持以学生为中心，强调以就业为导向、以能力为本位、以岗位需求为标准的原则，按照技术技能型、应用型中医药人才的培养目标进行编写，教材内容涵盖资格考试全部内容及所有考试要求的知识点，满足学生获得"双证书"及相关工作岗位需求，有利于促进学生就业。

4. 注重数字化融合创新，力求呈现形式多样化

努力按照融合教材编写的思路和要求，创新教材呈现形式，版式设计突出结构模块化，新颖、活泼、图文并茂，并注重配套多种数字化素材，以期在全国中医药行业院校教育平台"医开讲－医教在线"数字化平台上获取多种数字化教学资源，符合职业院校学生认知规律及特点，以利于增强学生的学习兴趣。

本套教材的建设，得到国家中医药管理局领导的指导与大力支持，凝聚了全国中医药行业职业教育工作者的集体智慧，体现了全国中医药行业齐心协力、求真务实的工作作风，代表了全国中医药行业为"十三五"期间中医药事业发展和人才培养所做的共同努力，谨此向有关单位和个人致以衷心的感谢！希望本套教材的出版，能够对全国中医药行业职业教育教学的发展和中医药人才的培养产生积极的推动作用。需要说明的是，尽管所有组织者与编写者竭尽心智，精益求精，本套教材仍有一定的提升空间，敬请各教学单位、教学人员及广大学生多提宝贵意见和建议，以便今后修订和提高。

国家中医药管理局教材建设工作委员会办公室

全国中医药职业教育教学指导委员会

2018 年 1 月

《中药鉴定技术》
编委会

　　《中药鉴定技术》是"全国中医药行业中等职业教育'十三五'规划教材"之一。为贯彻落实全国中医药职业教育教学指导委员会《关于加快发展中医药现代职业教育的意见》和《中医药现代职业教育体系建设规划(2015—2020)》精神，依据教育部《中等职业学校专业教学标准（试行）》及《中国工人技术等级标准》［中级工（四级）］，参照《中华人民共和国药典》(2015 版)，参考"全国职业院校技能大赛（中职组）"对药材品种的要求，结合中药专业教学实际，编写了本教材。

　　本教材适用于中等职业学校中药、中药制药、制药技术等专业教学使用。主要介绍了中药鉴定的基础理论与基本技能，重点介绍常见中药的来源、产地、采收加工、性状鉴别、功效，适当介绍了显微鉴定及简单的理化鉴定。通过学习使学生熟悉中药鉴定的基础理论与基本技能，具备对常用中药材及饮片进行真伪鉴别的能力，为从事中药的检验、生产及经营等工作奠定基础。

　　教材编写本着"应知，应会，必需，够用"的原则，体现"知行合一""工学结合"的人才培养模式，力求使教材贴近学生、贴近岗位，符合中医药中等职业教育教学实际。

　　本教材的几个特点：

　　1. 体例新颖　教材的编写设有"学习目标""案例导入""知识链接""复习思考"等模块，注重教材的适用性、趣味性。药材的编排顺序尽量将形态、颜色相近的品种集中排列，便于比较鉴别。

　　2. 重点突出　教材以药材性状鉴定为重点，并引入"饮片鉴别"，重在培养学生最基本、最常用的技能；适当介绍具有代表意义的中药材的显微鉴别特征，使学生对显微鉴定有初步认识。理化鉴定只介绍易于操作的简单方法。每味药材关键特征鉴别点均标注下画线，作为教学重点，引导学生抓住关键点，易于记忆掌握。

　　3. 资源实用　本教材配套 PPT 课件、习题答案、教学大纲、中药鉴定技术实训作为补充资源，以辅助教学。

　　本教材的编写分工是：第一章至第四章和第十四章由张德胜编写，第五章由姚学文、林超编写，第六章、七章由方洪征编写，第八、九章由敬小莉编写，第十章由张春燕编写，第十一章由黄慧仪编写，第十二、十三章由姜春宁、敬小莉编写。

　　本教材由全国中医药职业教育教学指导委员会、国家中医药管理局教材办公室统一规划、宏观指导，中国中医药出版社组织实施。在编写过程中，得到了中国中医药出版社、各参编学校的大力支持，参考了中药鉴定最新研究文献，参阅了许多专家、学者的研究成果和著作，在此，一并表示感谢。由于编写时间仓促，如存在不足之处，恳请广大师生在使用过程中提出宝贵意见，以便再版时修订提高。

《中药鉴定技术》编委会

2018 年 2 月 17 日

中药鉴定技术（中职）教学大纲

目录

上篇 中药鉴定的基础知识与技能

下篇　常用中药鉴定技术

中药鉴定技术（中职）实训

上篇 中药鉴定的基础知识与技能

第 一 章
中药鉴定的概念及任务

【学习目标】

1. 掌握药品、中药、中药材、饮片、中药鉴定的概念;理解并能说出中药鉴定的主要任务。

2. 熟悉性状鉴定、显微鉴定、理化鉴定、生物鉴定等的含义。

3. 了解其他相关概念。

案例导入

李大伯最近偶感风寒,鼻塞不通,流脓鼻涕,赶紧找医生开了几剂汤药。他看着药包里这些"毛笔头"很是奇怪,便到医院找在药剂科上班的外甥女刘欢,想问问这"毛笔头"是什么东西。刘欢刚从职校中药专业毕业,她看了看舅舅手中的中药,笑着说:"舅,这是辛夷,是治鼻炎的,放心吧!"李大伯诧异之下,详细询问了辛夷的识别特征、作用、用法用量等。临走时还不停地夸赞刘欢学习好,有出息。

中药鉴定技术是中药、中药制药类专业的一门专业核心课,是中药行业岗位群的通用技能,在中药类学生的知识能力结构以及就业技能中占非常重要地位,是学生职业能力的主要支撑,是中药从业者必备技能之一。我们一定学好练好这门技术。

第一节 中药鉴定的相关知识概念

药品：是指用于预防、治疗、诊断人的疾病，有目的地调节人的生理机能并规定适应证或者功能主治、用法和用量的物质。包括中药材、中药饮片、中成药、化学原料药及其制剂、抗生素、生化药品、放射性药品、血清、疫苗、血液制品和诊断药品等。

中药：是指在中医理论指导下用以防病治病的药物。中药包含中药材、中药饮片、中成药、民族药。

中药材：简称"药材"。一般是指经过产地简单加工即可作为商品的中药原料药材。大部分中药材来源于植物，少数来自于动物、矿物、矿物加工品以及动物的化石等。

知 识 链 接

　　我国中药种类繁多，蕴藏量大。据第三次中药资源普查结果显示，我国中药资源有12807种，其中药用植物11146种，动物药1581种，矿物药80种。药用动、植物最初主要来源于野生动、植物，由于近年来对野生中药资源无度采挖，使其遭到不同程度的破坏，一些野生中药资源濒临灭绝，甚至已经灭绝。为满足人们的需要，目前我国栽培的药用植物有3000余种。

中药饮片：饮片系指药材经过炮制后可直接用于中医临床或制剂生产使用的处方药品。"饮"指煎汤饮用之义。饮片有广义与狭义之分。就广义而言，凡是供中医临床配方或制剂生产使用的全部药材统称"饮片"。狭义则指切制成一定形状的药材，如片、块、丝、段等。中药饮片大多由中药饮片加工企业提供。

中成药：是以中药材或饮片及其炮制品为原料，根据临床处方的要求，采用相应的制备工艺和加工方法，制备成随时可以应用的成品剂型。如丸、散、膏、丹、露、酒、锭、片剂、冲剂、糖浆等。

民族药：是指我国少数民族地区经长期医疗实践积累并用少数民族文字记载的药品，在使用上有一定的地域性，如藏药、蒙药等。

正品药材：凡是国家药品标准所收载的品种即为正品。中药正品是沿用至今，为全国中医药界公认并得到普遍应用，现在已被收载于《中华人民共和国药典》（以下简称《中国药典》）或其他权威典籍的中药材品种。有"真实正统品种"之意。

中药鉴定：也称中药鉴别，是依据《中国药典》及局颁药品标准等，对中药的真实性、纯度、质量（优良度）进行检定和评价判断。真实性指中药品种的真伪；质量指中药品质的优劣；中药纯度指所含杂质的程度（包括杂质、水分、灰分、重金属、砷盐、农残等）；优良度指中药中发挥治疗作用的成分含量高低（如浸出物、挥发油、有效成分等）。

中药鉴定方法：主要有来源鉴定（基原鉴定）、性状鉴定、显微鉴定、理化鉴定以及生物鉴定等。前四种习惯称"四大鉴定方法"。

来源鉴定：也称基原鉴定，是应用植（动、矿）物的分类学知识，对中药材的来源进行鉴定，确定正确学名和药用部位，这是中药鉴定工作的基础。

中药性状：是中药属性和形态方面特征的总和。主要指药材和饮片的形状、大小、表面（色泽与特征）、质地、断面（折断面或切断面）及气味等特征。中药性状的观察方法主要用感官来进行，如眼看（可借助放大镜）、手摸、鼻闻、口尝等。

性状鉴定：是指用眼看、手摸、鼻闻、口尝及水试、火试等十分简便实用的方法了解药材的性状特征，判断药材真、伪、优、劣的鉴定方法。又称"感官鉴定"。性状鉴定具有简便易行、快速，不需复杂仪器便可鉴定大批药材的特点，是最基本的鉴定方法，也是中药工作者从事中药鉴定的基本功。

显微鉴定：是利用显微镜来观察中药材内部组织构造、细胞形状及细胞内含物的特征，从而达到鉴别药材的一种方法。

理化鉴定：是利用物理、化学方法，对药材和饮片及其制剂中所含某些化学成分（主要成分或有效成分）进行鉴别试验，确定其有无和含量的多少，鉴定药材的真实性、纯度和品质优劣程度。

生物鉴定：又称生物检定、生物测定，是利用药效学和分子生物学等技术，针对药物对于生物体（整体或离体组织）所起的作用，以测定药物的效价或作用强度来鉴定药物的方法。

第二节　中药鉴定的任务

中药材种类繁多，名称复杂，容易混淆，同名异药、同药异名现象较为常见；受利益驱使，一些商贩以假乱真，以次充好，掺杂用假，导致中药材市场上经常出现伪品、代用品和误用品；还有些不法商贩利用普通群众缺乏中药鉴定知识和技术，常在街头巷尾、城乡结合部及农村集市兜售假药、劣药。凡此种种严重影响着广大人民群众的身体健康和生命安全，也给国家相关部门的监管带来了严重困扰。

中药鉴定的主要任务是：鉴定中药真伪优劣，确保中药品种准确无误，质量合格；寻找新药源，合理利用药材资源，研究和制定中药的质量标准。首要任务是中药的真实性、优良度鉴定，即真伪优劣的鉴定，它直接关系到中药临床疗效的好坏和患者的生命安全和身体健康。

一、 鉴定中药的真伪

中药的真伪指中药品种的真假。"真"即正品，凡是国家药品标准所收载的中药品种均为正品；"伪"，即伪品、假药，凡所含成分不符合国家药品标准规定的品种，以及以非中药冒充中药或以他种中药冒充正品中药的均为伪品。在中药鉴定中，中药的品种真伪问题直接关系到中药的质量，品种正确、药材真实是保证中药质量的前提，品种一错药材不真，治病效果、强健身体皆无从谈起。如何确定中药的真伪，是中药学习和研究工作必须解决的首要问题。

由于历史上各地用药习惯不同等诸多原因，中药材品种混乱和复杂现象严重。

1. 同名异药，同药异名。同一种中药各地使用的品种不同，或同一品种在不同地区使用不同的中药名称，造成品种混乱。如贯众，全国以贯众为名的药用植物有 11 科 18 属 58 种之多，造成品种之间疗效差异很大。而人参在历代有多达 30 余种别名。透骨草的基原植物来自于 5 科 7 种 5 个不同药用部位。

2. 记载不详，品种混乱。如《本草经集注》载："白头翁处处有之，近根处有白茸，状如白头老翁，故以为名。"而《唐本草》认为白头翁其特征是"其叶似芍药而大……实大者如鸡子，白毛寸余，皆披下似纛头，正似白头老翁，故名焉"。并否定《本草经集注》的描述，说："今言近根有白茸，陶似不识。"而《开宝本草》言："今验此草丛生，状如白薇而柔细稍长，叶生茎头，如杏叶，上有细白毛，近根者有白茸。"且认为《唐本草》中的描述"此皆误矣"。前后记载不一，导致从古到今有多种根部有白毛茸的植物混作白头翁，造成白头翁药材来源达 20 种以上，分属于毛茛科（野棉花）、蔷薇科（翻白草、委陵菜）、石竹科（白鼓钉）、菊科（祁州漏芦）及唇形科（白毛夏枯草）等。

3. 历史沿革，品种变迁。如始载于《名医别录》的白附子历代本草均为毛茛科植物黄花乌头的块根，而近代全国绝大部分地区用天南星科植物独角莲的块根作白附子用，两者疗效不同。

4. 一药多源，容易混杂。不少常用中药来源于 2、3、4、5，甚至 6 个品种（如川贝母、淫羊藿、石决明等），有的甚至来源于不同科（如小通草等）或同科不同属（如老鹳草、水蛭等）的数种动、植物，造成中药质量控制困难。

上述情况经过中医药历代从业者的不懈努力，特别是新中国成立后通过中药商品调查和中药资源普查，结合本草考证，明确正品和主流品种，纠正了大量中药材品种混乱和复杂情况。

当前，中药材的真伪问题仍十分突出。随着中药的需求量日益增加，一些常用中药出现了伪品、混乱品或掺伪品，还有误种、误采、误收、误售的，如误将藏边大黄、河套大黄当作大黄种植，将风寒草（聚花过路黄）误作金钱草（过路黄）采收，以参薯的块茎充山药，鸡冠花种子充青葙子等。还有因来源相近、名称相近或外形相似产生混乱的，如防己商品中粉防己、广防己、汉防己、木防己名称或使用相混，防己科防己（粉防己）是制备"汉肌松"的原料药材，而广防己为马兜铃科植物，含马兜铃酸，易致肾毒害，已被《中国药典》删除；将夏至草充益母草；以滇枣仁充酸枣仁；川射干充射干等。还有个别人有意作假，以假充真，如用白石灰和红薯粉加工伪充茯苓的；用山药豆（零余子）加工伪充延胡索；用银环蛇的成蛇截段纵剖成条，接其他幼蛇头，或用其他带环纹的幼蛇（金环蛇），甚至用其他幼蛇以白色油漆涂出环纹伪充金钱白花蛇；用面粉压模成型黏黄花菜伪充冬虫夏草等。

二、 鉴定中药的优劣

中药的优劣，指中药的品质好坏。"优"，即质量优良，指符合国家药品标准各项指标要求的中药，亦即合格药材；"劣"，即劣药，质量差，指品种正确，但质量低劣，不符合国家药品标准规定的中药。质量是中药的生命，中药的品种明确后，必须注意检查品质优劣。如品种虽正确但不符合药用质量要求时，也不能入药。

中药栽培、产地、采收、加工、贮藏、运输等对中药质量优劣影响很大。同一种药材，栽培条件不当，质量会有很大差异，如黄芪木质化程度增高，栽培的防风分枝等。不同采收期和不同加工方法会使药材所含有效成分的种类或含量不同。如茵陈，传统只用幼苗，后经研究发现，茵陈的主要利胆有效成分以秋季花前期和花果期含量为高，为此《中国药典》规定，茵陈采收期为春季幼苗时或秋季花蕾期两个季节，前者称"绵茵陈"，后者称"茵陈蒿"。金银花采用阴干、晒干和蒸后晒干法干燥，以蒸晒法加工者绿原酸含量高。同种药材，产地不同，质量也不尽相同，如广藿香，广州石牌的广藿香气较香醇，疗效较好，含挥发油虽较少但含广藿香酮较多，而海南广藿香含挥发油较多但广藿香酮的含量却甚微。贮藏时间的延长也会使含挥发性成分的药材的含油量减少，如新鲜细辛的镇咳作用强，贮存超过6个月则镇咳作用大减。贮藏不当还会引起虫蛀、霉变、走油、风化、自燃等。其他还有非药用部位超标，如沉香掺不含树脂的沉香木材，山茱萸掺果核，山楂不去核入药等；有人为掺假，如薏苡仁中掺高粱米，松贝中掺薏苡仁，红花中掺入细红沙或细锯末，海马腹中注入鱼粉，冬虫夏草中插入铁丝、小木棍，全蝎中掺入泥土、食盐等。近些年出现药材经提取部分成分后再流入市场，如人参、西洋参、三七、五味子、黄柏、冬虫夏草等。

中药真、伪、优、劣问题由来已久，晋代张华的《博物志》载："魏文帝所记诸物相似乱者，武夫怪石似美玉，蛇床乱蘼芜（川芎苗），荠苨乱人参，杜蘅乱细辛。"明代陈嘉谟《本草蒙筌》曰："苜蓿根为土黄芪，麝香捣荔枝掺，藿香采茄叶杂，煮半夏为玄胡索……驴脚作虎骨，松脂混麒麟竭……巧诈百股，甘受其污，甚至杀人，疢咎用药，乃大关系，非比寻常，不可不慎也。"可见中药真伪优劣一直是困扰古今众医家的棘手问题。此问题的最终解决有其复杂性和艰巨性，要做到中药名称准确、品质可靠，必须努力提高中药从业人员的执业道德和业务素质，大力发展道地药材规范化种植，同时，应加强对市场的监督、管理与执法力度，杜绝假冒、伪劣药材。

此外，中药鉴定的任务还有寻找新药源，合理利用药材资源，研究和制定中药质量标准等。

复习思考

一、单项选择题

1. 下列不属于药品范畴的是（　　）
　　A. 血清疫苗　　　　　　　　　　B. 疫苗
　　C. 化学原料药　　　　　　　　　D. 兽用药

2. 通过眼看、手摸、鼻嗅、口尝等方法观察药材各种特征鉴别药材的方法称（　　）
　　A. 来源鉴定　　　　　　　　　　B. 性状鉴定
　　C. 显微鉴定　　　　　　　　　　D. 理化鉴定

3. 下列哪项不是中药鉴定学的任务（　　）
　　A. 寻找新药源，合理利用药材资源　　B. 研究和制定中药质量标准
　　C. 研究有效成分的提取方法　　　　　D. 鉴定中药真伪优劣，确保中药质量

二、简答题

1. 中药鉴定的方法有哪些？

2. 简述中药鉴定的任务、首要任务。

3. 解释中药真伪优劣的含义。

扫一扫，知答案

第二章
我国历代主要本草著作概况

【学习目标】

1. 掌握《神农本草经》《新修本草》《证类本草》《本草纲目》《本草纲目拾遗》等本草著作的作者、编著年代、载药数量；熟悉其主要概况。

2. 了解中药的起源及其他本草。

案例导入

本草著作记录着我国人民发明和发展中医药学的宝贵经验和卓越贡献。它既是我国人民对中药鉴定应用的智慧结晶，又是研究和发展中药学的基础。我们要运用好古代本草，发挥出她应有的价值。

中医药知识起源于原始社会。"伏羲氏尝百药而制九针"，"神农尝百草"与"伊尹制汤液"的传说反映了中华先民认识和使用药物的起源。经过无数次尝试和经验积累，逐渐发现越来越多具有药用价值的植物、动物和矿物，积累发展了鉴别食物、药物和毒物的知识，并有意识地加以利用。文字产生后，人们便把药物知识用文字记录下来，形成本草著作。

一、《神农本草经》

《神农本草经》又称《本草经》或《本经》，是我国现存最早的中药学专著，成书非一时一人之作，秦汉时期众多医药学家搜集、总结、整理当时药物学经验，于东汉时期成书，是对中药的第一次系统总结。

《本经》载药365种，上中下三卷，分别记述各药的性味、功效、主治病证。其中序录简要地概括了四气、五味、毒性、配伍应用等中药基本理论。它将药物按毒性的大小和有无及药物的补泻性能分为上中下三品,是按药性分类之始。

二、《本草经集注》

《本草经集注》为南北朝梁代陶弘景所编著,成书于公元492～500年。

全书载药730种,首次将药物按自然属性分为玉石、草木、虫兽、果、菜、米谷、有名未用七类。对药物的产地、采集时间、炮制要求、用量服法、药品真伪与药物疗效的关系等均有论述。本书早在唐代已经佚散,原书中的内容经《新修本草》流传至后代。

三、《新修本草》

《新修本草》又称《唐本草》,是我国第一部由政府颁布的药典性质的著作,也是世界上最早的药典。由苏敬、李勣等23人编著,成书于唐朝显庆2～4年(公元657～659年)。

唐代经济发达,文化昌盛,医药发展迅速。《本草经集注》已不能适应需要。因此,苏敬于唐显庆二年上表请求重修本草,得到唐高宗批准,并命李勣等组织人员,由苏敬负责修订,于显庆四年完成《新修本草》。

本书载药814种(实为850种),新增药物114种,其中一部分为外来药品。分为玉石、草、木、禽兽、虫鱼、果、菜、米谷、有名未用9类。图文对照,开创了本草著作图文记载先例。唐朝政府规定本书为学医者必读,流传300年,至宋代为《重定开宝本草》所代替。公元713年,日本已有此书传抄本。原书已佚,主要内容存于后世本草著作中。

四、《海药本草》

本书由唐末五代前蜀李珣(德润)编著,约撰于10世纪初,6卷,为我国第一部海药专著。书中引述50余种文献中的海药(海外及南方药)资料,记述药物形态、真伪优劣、性味主治、附方服法、制药方法、禁忌畏恶等。原书已佚,今有尚志钧辑本(1983年),引注详明。

五、《嘉祐补注本草》《本草图经》

《嘉祐补注本草》成书于宋嘉祐2～5年(公元1057～1060年)。原名《嘉祐补注神农本草经》,简称《嘉祐本草》。为掌禹锡、林亿、苏颂等人奉朝廷之命编著。全书21卷,载药1082种,比《开宝本草》新增99种。

《本草图经》由苏颂等人编著,成书于宋嘉祐3～6年(公元1058～1061年),是《嘉祐本草》的姊妹篇,全书21卷,名为《本草图经》,也叫《图经本草》。本书考证详明，长于药物形状鉴别。新增药物 100 种，丰富了本草学的内容。

六、 《经史证类备急本草》

本书由蜀中名医唐慎微编著，约成书于宋朝元丰五年～绍圣四年之间（公元 1082～1097 年），简称《证类本草》。

本书以《嘉祐本草》与《本草图经》为蓝本，系统收集唐宋各家医药著作及经史、传记、佛书、道藏等古籍中的中药学知识，整理而成。全书 30 卷，载药 1746 种，图 829 幅，附方 3000 余首。新增药物 628 种，集宋以前本草学之大成。全书以药附方，药图对照，具有较高的学术价值与实用价值。

本书得到当时朝廷的重视，为宋朝的药典。宋代曾几次修订，第一次在大观二年（公元 1108 年），经医官艾晟重修，改名为《经史证类大观本草》，作为官定本刊行。至政和六年（公元 1116 年），又经医官曹孝忠重修，改名《政和新修经史证类备急本草》。南宋绍兴二十九年（公元 1159 年），又由医官王继先校订，名《绍兴校定经史证类备急本草》。元定宗四年（南宋淳祐九年，1249 年），平附张存惠将寇宗奭的《本草衍义》加入书中，定名《重修改和经史证类备用本草》，流传至今。

七、 《本草纲目》

本书由明代名医李时珍编著，成书于明万历六年（公元 1578 年）刊行于 1596 年。

李时珍历时三十年，以《证类本草》作蓝本，参考历代本草、医籍、方书、经史百家，及其他有关书籍八百余种，结合自己的实践体会，于 1578 年编成了举世瞩目的《本草纲目》。

本书按药物自然属性分类，分 16 部（纲）60 小类（目），"纲目分明"，非常接近现代科学分类方法。全书载药 1892 种（其中新增药物达 370 余种），附方 11096 首，附图 1060 幅。分别介绍该药的别名、产地、形态、采集方法、性能、功效、炮制方法、配方等内容。收集文献极为广泛，编辑内容非常丰富。

本书在医药史上占有非常重要地位。不仅在国内广为流传，且对国外也有很大影响。成书不久即流传日本，受到日本医药学家的重视，作为重要的参考书和教科书。本书还先后被译成英文、法文、日文等，广泛流传于世界许多国家，为世界医药学做出了贡献。

八、 《本草从新》

《本草从新》由吴仪洛编著，成书于清乾隆二十二年（公元 1757 年），分 18 卷，载药 720 种。仿效《本草纲目》的分类方法，将药物分成 10 部 51 类。本书对药品的真伪鉴别与修治方法均有论述。

九、《本草纲目拾遗》

《本草纲目拾遗》由赵学敏编著，成书于清乾隆三十年（公元 1765 年）。全书载药 921 种，新增药物 716 种，绝大部分是民间药物。冬虫夏草、鸦胆子、太子参等都首见于此书，此外还有一些外来药品。

十、《植物名实图考》和《植物名实图考长编》

《植物名实图考》和《植物名实图考长编》由清代吴其濬编撰，在药用植物学方面科学价值较高，也是考证药用植物的重要典籍。

十一、《中华本草》

本书非古代著作，是 20 世纪末（1989～1999 年）由国家中医药管理局《中华本草》编委会会同全国六十多所医药院校及科研院所的四百多名专家共同协作编纂的一本草学巨著。全书于 1999 年 10 月出版发行。

全书共 30 卷（另立民族药 4 卷），载药 8980 种（民族药未计），附图 1 万余幅，篇幅 2 千余万字。该书系统总结我国两千年来的本草学成就，是一部集传统药学之大成，显示当代科学水平，图文并茂的大型本草。内容涉及中药品种、栽培、药材、化学、药理、炮制、制剂、药性理论、临床应用等中药学科的各方面，是继《本草纲目》以后对我国本草学发展的又一次划时代总结。是一部反映 20 世纪中药学科发展水平的综合性本草巨著。

《中华本草》的出版，在国内外产生了巨大影响，并促进世界医药学的进步，为人类健康作出了巨大贡献。

复习思考

单项选择题

1. 我国已知最早的药物学专著是（　　）

    A.《本草纲目》   B.《证类本草》

    C.《神农本草经》   D.《新修本草》

    E.《本草经集注》

2. 首创按药物自然属性分类的本草著作是（　　）

    A.《神农本草经》   B.《本草纲目》

    C.《证类本草》   D.《本草经集注》

3. 中国最早的一部具药典性质的本草是（　　　）

　　A.《神农本草经》　　　　　　　　B.《证类本草》

　　C.《本草纲目》　　　　　　　　　D.《新修本草》

4. 首次出现图文鉴定中药方法的本草是（　　）

　　A.《本草纲目拾遗》　　　　　　　B.《植物名实图考》

　　C.《图经本草》　　　　　　　　　D.《新修本草》

5. 记载药物最多、科学性最强，对后世影响最大的本草著作是（　　　）

　　A.《证类本草》　　　　　　　　　B.《神农本草经》

　　C.《本草纲目》　　　　　　　　　D.《新修本草》

扫一扫，知答案

扫一扫，看课件

第 三 章

中药的质量

【学习目标】

1. 掌握中药质量的概念、重要的道地药材产地。
2. 熟悉影响中药质量的主要因素，我国中药质量管理机构及依据。
3. 了解我国中药质量管理的演进。

案例导入

　　王阿姨最近去旅游，在景区花大价钱买了半斤"野山参"。这天听说中药专业的刘明放假回家了，便拿着她买的人参让刘明看看好坏。刘明按照课本上野生人参的鉴别要点，与王阿姨买的"人参"反复比对，发现王阿姨被骗了。这些"人参"是比较常见的以次充好的"嫁接人参"。外形与人参相似，但姿态奇怪，芦碗稀疏，有粘接痕迹。系人工种植的园参粘接而成，完全不是野山参，达不到野山参的疗效。

　　中药的质量就是指中药品质的优劣程度，最终反映在疗效的好坏上。质量好的中药，可以治病救人，保健身体；质量低劣，则疗效差，误病害人。

第一节　中药质量的概念

　　中药的质量就是指中药品质的优劣程度。中药作为特殊商品，其优劣程度最终直接反映在对疾病的治疗效果上。中药质量的最基本要求是安全有效，这还涉及毒性和稳定性等关键问题。质量合格的中药，可以治病救人，保健身体；质量不合格的中药，则会误病害人危及生命。

中药种类繁多、形态各异，但其防治疾病的物质基础与西药一样都是靠其中的成分起作用，且成分更加复杂多样。因此，中药质量的优劣主要取决于有效成分或有效物质群含量的高低。对中药质量的科学评价常以其有效成分的含量、稳定性、安全性为指标。

中药质量的判定包含外观质量和内在质量两部分。

一、 外观质量

中药外观质量是依据其外观特征来判断的质量。中药材的质量决定着临床疗效，而疗效是由中药性状所决定。从中药性状的变化可间接测定疗效、评价质量。古人虽不清楚药材中含有的化学成分，但人们在长期用药实践中认识到，中药材的疗效与其形、色、气、味等外在属性密切相关。如明代陈嘉谟的《本草蒙筌》载："黄芪柔软味甘，易致人肥。"而苜蓿"根坚脆味苦，能令人瘦"；地黄"江浙种者受南方阳气，质虽光润而力微，怀庆产者禀北方纯阳，皮有疙瘩而力大"；知母"柔软肥白有力，枯黯无功"；贝母"黄白轻松者为良，油黑重硬者勿用"等。现代科学研究表明，药材的外观特征与其内部化学成分关系密切。如黄连味苦、色黄者，有效成分小檗碱含量高；延胡索块茎断面色黄者，其延胡索乙素含量高；薄荷挥发油主要含于叶表皮的腺鳞及腺毛中，腺鳞及腺毛越密集，气味越浓则挥发油含量越高等。这说明用性状指标（外观）评价中药材质量是有科学依据的，从中药材外观属性的变化是可以间接确定疗效、评价药材质量的。传统的性状特征鉴别依然是目前评价药材质量的重要指标。我国《七十六种药材商品规格标准》也以中药性状为指标制定。但是有些药材规格等级主要以个体、美观与否为依据，不一定与疗效有关。

二、 内在质量

中药的内在质量即决定中药疗效好坏的内在物质的多少来判断的质量。现代研究证明，中药的疗效与药效物质（有效成分或有效物质群）的含量密切相关。有效成分或有效物质群含量越高，疗效就越好，药材质量当然也越好。因此，中药材最科学合理的质量控制指标应是药效物质的含量。为保证药材质量，国家药品标准对许多中药材的有效成分含量作了规定，《中国药典》（2015年版）收载的618种中药材和饮片品种，规定了248种中药材有效物质的含量限度，如大黄总蒽醌的含量不得少于1.5%，黄连中含小檗碱不低于5.5%，国产沉香醇浸出物的含量不得低于10.0%，天麻醇浸出物的含量不得低于15.0%，丁香含丁香酚不得少于11.0%，薄荷含挥发油不得少于0.80%等。

以有效成分含量高低来判断药材质量优劣是科学的，比以外观性状判断质量优劣更加合理。但是，由于目前大多数药材的有效成分还未查明（特别是有效成分的定量方法），中药外观性状鉴别仍是中药质量评价的重要指标。

中药材化学成分极其复杂，一种中药的化学成分少则几种，多则几十种甚至上百种，其临床疗效是多种成分协同作用的结果，单一成分或数种成分的含量不能完全说明中药材的质量，因此，对中药质量的判断常以多种方法综合判断。国家已经规定在中药注射剂中以指纹图谱作为质量控制标准之一。随着科技的发展，越来越多的中药材的有效成分将被人们查明，中药"疗效不清，成分不明"的状况将改变。

第二节 影响中药质量的因素

中药是由自然界的植物、动物、矿物加工形成，品种复杂，来源广泛，因此影响中药材质量的因素也很多。以植物药为例，中药的品种、种质、产地、生态环境（经度、纬度、海拔、土壤、水质、空气、气候等）、栽培技术、生长年龄、采收、加工、包装、运输、贮藏等环节都可能影响中药材的质量，任何一个环节出现疏忽，就会使药材成分遭到破坏，导致质量下降，甚至丧失药效。因此，对影响质量的每个环节都必须制订控制标准，并严格执行，将中药材质量管理贯穿于中药材生产加工、流通使用等全部过程，中药材的质量才有保证。

一、中药的品种

中药的品种是影响中药质量的重要因素之一。由于历史原因，许多中药存在同名异药、同药异名，以及地区习用品、混用品、代用品现象，造成一药多源，品种不一，使药材质量产生较大差异，不易控制。即便是亲缘关系最近的同一药材，同属不同品种的质量也有很大差异，如同属木兰科的厚朴与凹叶厚朴，其厚朴酚与和厚朴酚的含量可相差 5 倍以上；葛根中葛根素的合格含量为 2.4%，而粉葛仅为 0.30%。《中国药典》（2015 年版）以前收载的淫羊藿原植物有 5 种，后经研究其中巫山淫羊藿的淫羊藿苷含量经常达不到《中国药典》要求，故现行版《中国药典》将巫山淫羊藿单列。至于来源于同科不同属（如老鹳草、水蛭等），甚至不同科（如小通草等）的同种药材，其有效成分的类别、含量更是相差很大，造成质量控制困难。

同种药材不同种质也会导致其形态结构、生长发育、生理代谢（包括活性物质）等产生变异，这些变异进而导致药材的质量差异。种质的优劣对药材的产量和质量有决定性影响。我国有近 200 种常用大宗药材栽培品。国家为规范中药材种植，于 2002 年 6 月 1 日起正式施行《中药材生产质量管理规范（试行）》（简称 GAP），要求对种质和繁殖材料认真鉴定，确定学名；实行种子认证、种子证书等制度。注意"道地药材"优良种质的保存、复壮及繁育工作，鼓励种质资源的引进、选育（配种）、推广应用。对药材生产从种质、栽培、采收、加工、贮藏、运输等全过程实施全面质量管理，有助于提升中药材的质量。

中药品种还存在古今用药变迁现象，如贝母、柴胡、威灵仙、白术、苍术、木通等，导致品种不纯，药效不一。

二、 中药的产地

中药材质量除受药材品种、种质、栽培影响外，其有效成分的形成和积累与产地亦密切相关，产地对中药质量的影响很大。

人们将出产于某些地区经长期医疗实践证明质量好、疗效高、传统公认的名优药材称为"道地药材"或"地道药材"。道地药材的生长受生长地区土壤、水质、气候、日照、雨量、生物分布等生态环境的影响，特别是土壤成分对中药的质和量影响最大，如内蒙古及西北产黄芪含硒量高；吉林的人参含丰富的有机锗；河南的"四大怀药"之一地黄主要成分梓醇经测量比其他产区含量都高，并含十几种微量元素。据研究，焦作地区（古怀庆府）地黄 10g 的药力相当于他地产的 30g 或 100g 以上。由于水土、气候等自然条件的差异，焦作地黄种子被外地引进种植后，药力顿减，或一二年就退化。因此，选择大气、水质、土壤符合国家法定标准的无污染地区作为生产基地种植药材很重要。选用药材也最好用"地道药材"。

知 识 链 接

"道"原是古代行政区划名，如唐代将全国分为关南道、河东道、河南道、剑南道等十余道。"道地"原指各道的地方特产，后演变成货真价实、质优可靠的代名词，有原产的、特有的、优质的等含义。

我国各地的道地药材及主要产区划分：

（1）川药：主要指产于四川、重庆的道地药材。如川贝母、川牛膝、川芎、川楝皮、川楝子、川乌、附子、巴豆、黄连、麦冬、丹参、白芷、干姜、姜黄、郁金、半夏、天麻、黄柏、厚朴、金钱草、花椒、乌梅、青蒿、五倍子、银耳、冬虫夏草、麝香等。

（2）广药：指广东、广西和海南所产的道地药材，也称"南药"。如广藿香、广陈皮、广佛手、广地龙、高良姜、阳春砂、化橘红、沉香、益智仁、金钱白花蛇（以上为十大广药）、广金钱草、穿心莲、山豆根、粉防己、肉桂、苏木、槟榔、八角茴香、胡椒、荜茇、胖大海、马钱子、罗汉果、石斛、钩藤、蛤蚧、穿山甲、海龙、海马等。

（3）云药：主要指产于云南的道地药材。如三七、木香、重楼、茯苓、萝芙木、诃子、草果、儿茶等。

（4）贵药：主要指产于贵州的道地药材。如天麻、天冬、黄精、白及、杜仲、五倍子、吴茱萸、朱砂等。

川广云贵地区地处我国南方及西南，地理环境独特，道地药材很多，故药有"川广云贵"之说，标榜货全质优。

（5）怀药：源自"四大怀药"，为古怀庆府（今焦作地区）所产的四种道地药材，现引申为河南省所产道地药材。如怀地黄、怀牛膝、怀山药、怀菊花（以上为四大怀药）、天花粉、瓜蒌、白芷、辛夷、红花、金银花、山茱萸、全蝎等。

（6）浙药：为浙江省所产的道地药材。如浙贝母、白术、延胡索、山茱萸、玄参、杭白芍、杭菊花、杭麦冬、温郁金（以上为浙八味）、莪术、栀子、乌梅、乌梢蛇、蜈蚣等。

（7）关药：指山海关以北、东北三省以及内蒙古自治区东北部地区所产的道地药材。如人参、鹿茸、五味子（以上为"东北三宝"）、辽细辛、关防风、关黄柏、龙胆、升麻、灵芝、平贝母、鹿角、哈蟆油等。

（8）秦药：指陕西及其周围地区所产的道地药材。地理范围为秦岭以北、西安以西至"丝绸之路"中段毗邻地区，以及黄河上游的部分地区。如大黄、当归、党参、秦艽、羌活、银柴胡、枸杞、南五味子、槐米、槐角、茵陈、秦皮、猪苓等。

（9）淮药：指淮河流域以及长江中下游地区（鄂、皖、苏三省）所产的道地药材，如南沙参、太子参、明党参、半夏、葛根、苍术、射干、续断、天南星、牡丹皮、木瓜、银杏、艾叶、薄荷、龟甲、鳖甲、蜈蚣、蕲蛇、蟾酥、斑蝥、石膏等。

（10）北药：指河北、山东、山西以及陕西北部所产的道地药材。如党参、柴胡、白芷、黄芩、香附、知母、香加皮、北沙参、板蓝根、大青叶、青黛、山楂、连翘、酸枣仁、桃仁、薏苡仁、小茴香、大枣、阿胶、全蝎、土鳖虫、滑石、赭石等。

（11）南药：指长江以南，南岭以北地区（湘、赣、闽、台的全部或大部分地区）所产的道地药材。如百部、白前、徐长卿、泽泻、蛇床子、枳实、枳壳、莲子、紫苏、车前、香薷、僵蚕、雄黄等。

（12）蒙药：指内蒙古自治区中西部地区所产的道地药材，也包括蒙医所使用的药物。如黄芪、甘草、锁阳、麻黄、赤芍、肉苁蓉、淫羊藿、金莲花、郁李仁、苦杏仁、刺蒺藜等。

（13）藏药：指青藏高原所产的道地药材，也包括藏医使用的药材。如甘松、胡黄连、藏木香、藏菖蒲、藏茴香、雪莲花、余甘子、广枣、波棱瓜子、毛诃子、木棉花、冬虫夏草、麝香、熊胆、硼砂等。

（14）维药：指新疆维吾尔自治区所产的道地药材，也包括维医所使用的药材。如雪莲花、伊贝母、紫草、甘草、锁阳、肉苁蓉、阿魏、孜然、罗布麻等。

（15）海药：主要指沿海大陆架、中国海岛及河湖水网所产的道地药材，如珍珠、珍珠母、石决明、海螵蛸、牡蛎、海龙、海马。也包括从海路进口的中药材（非我国本土所产道地药材），如麒麟竭、乳香、没药、丁香、肉豆蔻等。

三、 中药的采收

药材采收季节和时间对药材质量也有直接影响。古人有"凡诸草木昆虫，产之有地，根叶花实，采之有时，失其地则性味少异；失其时则性味不全"的记述；药农亦有"当季是药，过季是草"的认识。说明适时采收对保证药材质量很重要。现代研究也证实，采收时间不同，有效成分的含量确有较大差异。如草麻黄中的生物碱，春季含量很低，夏季开始增高，8~9月达到最高峰；薄荷在刚生长时，挥发油中薄荷脑的含量甚微，但在盛花期则急剧增加。

药材有效成分的含量除了与植物生长发育的不同阶段有密切关系外，还受到生长年限、采割方法以及气候、阳光、温度等多种环境因素影响。据研究，27年树龄的厚朴中厚朴酚与和厚朴酚的含量明显高于15年树龄的厚朴，而超过30年树龄的厚朴有效成分含量反而呈下降趋势。所以厚朴的最佳采收期应在生长20~30年之间；在雨后两三天内采收的薄荷，其挥发油含量只有晴天采收的25%左右，若雨天采收则含量更微，因此薄荷最好在天晴一周后的上午10时至下午2时采收。

药材的采收应在综合考虑有效成分的积累量、药材产量和临床疗效等因素的基础上，确定最适采收期。由于目前绝大多数药材的有效成分含量的变化规律尚不清楚，传统方法采收仍被普遍采用。

使用不同药用部位的药材，其采收时间常有一定的规律性，一般参考药材的自然生长属性。

（1）根及根茎类、茎木类药材：多在秋冬两季植株地上部分枯萎至春初发芽前采收，此时植物地下部分贮藏的营养物质丰富，有效成分含量也较高。有的药用植物地上部分枯萎较早，宜在初夏或夏季采收，如半夏、夏天无、太子参、延胡索等。

（2）皮类药材：茎皮多在春末夏初（清明至夏至间）采收，此时形成层细胞分裂较快，皮部与木部易剥离，伤口易愈合，有效成分的含量较高，如杜仲、黄柏、厚朴、秦皮等。少数茎皮在秋冬两季采收，有效成分含量较高，如川楝皮、肉桂等。根皮宜在秋末冬初植株地上部分枯萎时采挖，如牡丹皮、五加皮等。

（3）叶类药材：多在开花前、花期或果实未成熟前采收，此时枝叶茂盛，光合作用强，养料丰富，有效物质合成积累多，分批采叶对植株影响不大，且可增加产量，如艾叶、番泻叶、紫苏叶等。个别叶类药材有特殊采期，如桑叶需经霜后采收。

（4）花类药材：在花蕾期或花初开时采收，此时花中水分少、香气足，有效成分含量高，如金银花、辛夷、月季花等；花初开时采收的如红花、洋金花等。在花盛开时采收的如菊花、番红花等。花期较长陆续开放的植物，应分批采摘，以保证质量。花完全盛开后或开放过久几近衰败的花朵一般不作药用。

（5）果实种子类药材：一般在自然成熟或将近成熟时采收，如山楂、木瓜等；个别药材在幼果时采收，如枳实、青皮。

（6）草类药材：在植株充分生长，茎叶茂盛时和开花期采收，如穿心莲、蒲公英、紫花地丁、青蒿、荆芥、香薷等；个别在幼苗期采收，如茵陈。自然枯萎者不作药用。

（7）藻类、菌类、地衣类树脂类等：各随其自然生长期采收。

（8）动物药材：一般在生长活动期采收，如全蝎、地鳖虫、斑蝥等，而桑螵蛸应在深秋至次年3月中旬前采收，过时卵已孵化，质量降低。生理产物和病理产物通常在捕捉后或屠宰时采收，如麝香、牛黄等。某些动物类药的采收有很强的时间性，如鹿茸在每年的5月下旬至7月下旬分1~2次锯取，过时则骨化为角。

（9）矿物药材：随时可采，一般结合开山挖矿收集除杂后获得。

现在有些采药者违反采收规律提前采收，不分时节或先于采收季节采收，追求产量，忽视质量，如用绿色的女贞子、未经霜降的桑叶入药等，也是造成部分药材质量下降的原因之一。

四、 中药的产地加工

中药材采收后，除少数鲜用（如芦根、石斛）外，绝大多数要经过初步的产地加工，形成干燥药材。药材采收后，必须及时干燥，否则会发霉腐烂，失去药用价值。常用的产地加工方法如下。

（1）拣、洗：将药材除去杂质泥沙和非药用部分，但具芳香气味或含黏液质多的药材一般不宜水洗，如薄荷、细辛、车前子、葶苈子等。

（2）切制：较大的根及根茎类、坚硬藤木类和肉质果实类药材有的要趁鲜切成块、瓣、厚片等便于干燥。当归、川芎等含挥发性成分和有效成分易氧化的则不宜切成薄片干燥。

（3）蒸、煮、烫：含浆汁、淀粉或糖分多的药材不宜干燥，须先经蒸、煮或烫的处理后，再行干燥，这样同时可杀死药材中的酶，使药材有效成分免于分解破坏。加热时间长短和程度，视药材的性质而定，如白芍煮至透心，天麻、红参蒸至透心，太子参置沸水中略烫，桑螵蛸、五倍子则蒸至杀死虫卵或蚜虫。

（4）发汗：有些药材在加工过程中为利于干燥、促使药材变软变色，增强气味或减小刺激性，常将药材堆置，盖上草垫等物使其发热，致内部水分向外渗透挥散，促使药材干燥，这种方法称为"发汗"，如厚朴、杜仲、玄参、茯苓等。

（5）揉搓：有些药材在干燥过程中皮、肉容易分离导致质地松泡，在干燥过程中还要进行反复揉搓，使皮、肉紧贴，达到柔软、油润或半透明等要求，如麦冬、玉竹等。

（6）干燥：干燥方法不当也会影响质量，药材采收后一般都要及时干燥。干燥的目的主要是除去药材中的水分，避免药材发霉、虫蛀、变色及有效成分分解破坏，保证药材质量，利于贮藏。干燥方法通常有晒干、阴干（或晾干）、烘干（焙干）等。①晒干：是阳光直接照射药材而使药材干燥的方法，是最常用、最简便和经济的干燥方法。适合大多数药材的干燥。但含挥发油的药材，如当归、薄荷、玫瑰花、金银花等；日光直晒后易变色、变质（如当归变红、麻黄发黄）和易爆裂（如白芍、郁金）的药材；某些质地娇嫩的花类、叶类及草类药材等都不宜晒干。②阴干（或晾干）：是将药材放置于室内或遮挡住阳光的阴凉通风处，避免阳光直射，使药材自然干燥的方法。适用于不宜久晒或暴晒的药材，如上述不宜晒干的几类药材。③烘干（焙干）：是用人工加温的方法（如火热、电热等）使药材及时干燥。此法不受天气影响，温度可控，加工效率高，加工后药材较洁净，适合大多数药材的干燥。一般温度控制在 50~60℃ 为好。

五、 中药的包装

包装不当，不仅会造成中药数量的损失，而且会引起虫蛀、发霉、泛油、变色、污染等变质现象，造成中药质量降低，甚至完全失去药用价值。选择合理的包装材料进行合理包装，对保证中药质量也有很重要的意义。有人曾研究不同包装对川芎质量的影响，结果表明：常温常湿条件下川芎挥发油的损失，以复合袋包装最低，其后依次为牛皮纸袋、编织袋、布袋、麻袋。由此可见，对中药进行合理包装可以有效地保证质量。我国《药品管理法》第五十三条规定："药品包装必须符合药品质量的要求，方便储存、运输和医疗使用，发运中药材必须有包装。"我国曾在 1986 年颁布了《中药材运输包装国家标准》（GB6264—86《中药材袋运输包装件》、GB6265—86《中药压缩打包运输包装件》、GB6266—86《中药材瓦楞纸箱运输包装件》），对 300 多种常用药材的包装材料及包装方法作出规定，主要包装材料有瓦楞纸箱、塑料编织袋、麻袋等，不用纸袋、塑料薄膜袋、草席包、枝条筐等物品。对包装材料的规格、包装要求、包装件重量、体积、标志都有详细而明确的规定。但上述标准在 2004 年国家标准委对国家标准进行全面清理时已废止。目前，由中国仓储协会、中国中药协会组织，中国中药协会中药材市场专业委员会等联合起草了行业标准《中药材包装技术规范》，有望成为中药材包装的新标准。

六、 中药的贮藏与保管

中药的贮存保管，主要是避免霉烂、虫蛀、变色、泛油等现象。贮存不当，极易造成药物变质，芳香类药物如荆芥、薄荷、紫苏等，贮存不当，就会造成其挥发性成分损失而影响质量。在贮存时间上一般宜新则新，宜久则久。某些中药存放越久质量越好，如陈皮、吴茱萸、狼毒等。以陈皮为例，其有效成分陈皮苷当年收者为 5.07%，贮存 4 年之后为 6.88%，含量有明显变化。

在中药的贮存过程中，引起变质有内、外两大因素。内因指药物的含水量和药物本身化学成分的变化，中药的内含水分以 9% ~ 13% 为宜，过高则易霉变和虫蛀，如当归、锁阳等，过低又易使某些药物因水分丧失而枯朽酥脆，如明矾、硼砂等。药物的化学成分不同，因而性质各异，有的稳定，有的则易变质，如甘草、当归、川芎、白芷等含淀粉、糖、蛋白质等营养物质丰富的药物易虫蛀、霉变，含盐分的盐附子、咸苁蓉等易吸潮变稀；含色素的红花、金银花等受日光照射易变色；乳香、儿茶、阿胶等树脂、浸膏、动物胶质类受热易软化粘连。外因指温度、湿度、日光、空气、害虫和霉菌等外界因素，中药贮存的温度以 15℃ 以下最佳，湿度以 50% ~ 70% 为好。当温度在 16 ~ 35℃，相对湿度60% 以上时，害虫和霉菌极易生长繁殖，导致药材虫蛀和霉变。空气则能使某些药物的有效成分发生氧化，如丹皮、大黄的变色，磁石的失磁等。因此，在贮存过程中，应针对容易引起变质的内外因素，采取切实可行的方法，如充分干燥、低温贮存、密闭避光、防虫杀虫等，以保证中药的质量。为避免贮藏过程中造成的质量问题，《药品管理法》规定，药品经营企业和医疗机构必须制定和执行药品保管制度，采取必要的冷藏、防冻、防潮、防虫、防鼠等措施，保证药品质量。药品入库和出库必须执行检查制度。

第三节　中药质量管理

一、　我国中药质量管理演进

中药是中医防病治病的有效武器，质量至关重要。为保证中药的安全有效，数千年来，历代先贤在药学领域不断地开展多方面的探索。夏、商、周时期，中医药管理主要体现在分科制、医政组织和医疗考核制度的建立；南朝、魏、隋、唐等各朝都设置太医局、惠民局、方剂局、药局等专门机构，主管医学教育和药材经营，进行行政、教育、考核、医疗、药事等领域综合管理。公元 7 世纪，唐政府组织编写的《新修本草》作为全国药品标准推行应用，并建立对进口药材抽验制度；宋代设立了翰林医官院（医官局），专职负责医药行政，开始运用法律手段进行医药卫生管理；同时，开设国家药局，对药品的采购、检验、成药的生产等均进行监督，开创了各类中药材质量管理的先河。但这些医药机构主要是为王室和政府官员服务，只是政府主导用药行为，谈不上药品的监管。

我国近代药品质量管理始于 1911 年辛亥革命之后。

1912 年，中华民国南京临时政府采用新制，在内务部下设卫生司，为全国卫生行政主管部门。1928 年，国民政府改卫生司为卫生部。1911 ~ 1949 年，国民政府卫生部门开始制定药政法规，先后发布了《药师暂行条例》《管理药商规则》《麻醉药品管理条例》《管理成药规则》《药剂师法》等。

新中国成立后，在党和政府的高度重视、推动下，传统医药发展迅速，在中药学科研、教学、人才培养等领域涌现出一大批创新性成果，并不断推进中药管理体制、管理架构、人才培养模式的研究和实践。

1955年，中国药材公司成立，受政府委托，负责全国中药的产、供、销综合平衡和行业管理。2014年8月更名为"中国中药公司"。

1958～1965年，制药工业迅速发展，卫生部制定《关于药政管理的若干规定》等。

1978年，国务院批准卫生部《药政管理条例（试行）》。同年国家药检总局成立，统一管理中西药、医疗器械的生产、供应与使用。1981年，国务院下发了《关于加强医药管理的决定》。

1984年9月，全国人大常委会审议通过了新中国成立以来的第一部《中华人民共和国药品管理法》（以下简称《药品管理法》），从1985年7月1日起施行。《药品管理法》的制定颁布具有划时代的意义，标志我国药品的生产、经营活动和国家对药品的监督管理纳入法制化轨道，使药事活动有法可依。

知 识 链 接

2001年2月28日第九届全国人民代表大会常务委员会审议通过国务院修订颁布《中华人民共和国药品管理法》，2001年12月1日施行。同时公布《中华人民共和国药品管理法实施条例》。2015年4月又作了修正。

1988年，国务院批准成立了国家中医药管理局，成为了全国性中医药行政管理机构。2003年，颁布了第一部专门为中医药制订的行政法规《中华人民共和国中医药条例》，从根本上保障了中医药事业的规范、有序发展。

1998年3月，设置国家药品监督管理局，为国务院直属机构，是国务院主管药品监督的行政执法机构。1998年4月16日正式挂牌成立。

2003年3月，国家药品监督局又合并了卫生部食品监管职能，成立国家食品药品监督管理局。

2008年3月，国家食品药品监督管理局改由卫生部管理。

2013年3月，国家食品药品监督管理局（简称SFDA）改名为国家食品药品监督管理总局（简称CFDA），作为正部级部门行使职能。食品药品安全过去多头分段管理的局面结束。

国家食品药品监督管理总局（CFDA）主管全国中西药、医疗器械等生产、流通、使用的监督管理工作，各省、自治区、直辖市药品监督管理局负责本行政区域内的药品监督管理工作。

国家食品药品监督管理总局（CFDA）设直属事业单位中国食品药品鉴定研究所，其中中国药品生物制品检定所（简称中检所）是法定的国家药品生物制品质量最高检验和仲裁机构。各省、自治区、直辖市及以下地市级和县级药品监督管理局均下设药品检验所，依法对本辖区进行药品检验工作，为药品审批和药品质量监督管理提供技术支撑。并对当地药品生产企业、经营企业和医疗机构的药品检验机构或人员进行业务指导。

我国的中药生产、经营企业和医疗机构及社会药房都必须具有质量管理机构和质量检验人员，必须具有保证药品质量的规章制度。

目前我国已形成了从中央到地方，从医药部门到卫生部门，从工业到商业，从国营企业到民营企业的中药质量监督网。对提高中药质量、保证用药安全有效起到了重要的保证作用。

二、 中药质量管理依据

1. 《中华人民共和国药品管理法》 我国现行的《药品管理法》于2001年2月28日颁布，自2001年12月1日起施行。2015年4月24日第十二届全国人大常委会第十四次会议通过关于修改《中华人民共和国药品管理法》的决定。新修正的《药品管理法》共10章104条，以药品监督管理为中心内容，主要论述了药品生产企业管理、药品经营企业管理、医疗机构的药剂管理、药品管理、药品评审与质量检验、药品包装的管理、药品价格和广告的管理、药品监督、法律责任等，对医药卫生事业和发展具有科学的指导意义。其全部内容围绕一个宗旨：保证药品质量，保障人体用药安全，维护人民身体健康和用药的合法权益。在中华人民共和国境内从事药品的研制、生产、经营、使用和监督管理的单位和个人，都必须遵守本法。

2. 国务院药品监督管理部门制定的《药品生产质量管理规范》（简称GMP）、《药品经营质量管理规范》（简称GSP）、《中药材生产质量管理规范》（简称GAP）等和各级药品质量管理部门，药品生产、经营、使用主管部门发布的有关中药质量管理的文件，也是中药质量管理依据。

3. 某些地区长期习惯使用，但《中国药典》没有记载的中药材，称为"地区性习用药材"，按国务院药品监督管理部门会同国务院中医药管理部门制定的专门管理办法和质量标准进行管理。

4. 为规范网络经营销售药品行为，加强互联网食品药品经营监督管理，国家食品药品监管总局发布了《互联网药品信息服务管理办法》，起草了《互联网食品药品经营监督管理办法（征求意见稿）》并着手制定《网络药品经营监督管理办法》。这些法规的实施，将会使网络销售经营药品的行为得到规范。

复习思考

一、单项选择题

1. "四大怀药"指的是（ ）

    A. 地黄、红花、全蝎、金银花   B. 山楂、牛膝、菊花、山药

    C. 菊花、地黄、山药、牛膝   D. 牛膝、山药、金银花、地黄

2. 一般对含挥发性成分的药材，应如何干燥（ ）

    A. 烘干   B. 阴干   C. 晒干   D. 超声干燥

3. 树皮类中药的采收应该（ ）

    A. 植株充分生长，茎叶茂盛时采   B. 秋冬两季各采一次

    C. 春季和秋季各采一次   D. 春末夏初采收

4. 含浆汁、淀粉或糖分多的药材在干燥前常（ ）

    A. 发汗   B. 干燥   C. 蒸、煮、烫   D. 切片

5. 人参的主产地是（ ）

    A. 东南   B. 西南   C. 西北   D. 东北

6. 当归主产于（ ）

    A. 四川   B. 青海   C. 甘肃   D. 陕西

7. 防风的道地产地是（ ）

    A. 东北   B. 山西   C. 四川   D. 山东

8. 主产于云南的药材为（ ）

    A. 大黄   B. 黄芪   C. 三七   D. 党参

9. 桑螵蛸采收应在（ ）

    A. 活动期   B. 冬眠时

    C. 孵化成虫前采集卵鞘   D. 随时可采

10. 根及根茎类中药的采收通常在（ ）

    A. 果实成熟期

    B. 花盛开时

    C. 花开放至凋谢时

    D. 秋、冬两季植株地上部分枯萎至春初发芽前

11. 可使药材变软、变色、增加香气、减少刺激性、利于干燥的加工方法是（ ）

A. 切片　　　　B. 洗涤　　　　C. 干燥　　　　D. 发汗

二、简答题

1. 中药储存保管中常发生的变质现象有哪些？

2. 简述我国药品质量管理机构。

3. 简述中药质量管理依据有哪些。

扫一扫，知答案

扫一扫，看课件

第四章
中药鉴定的依据与方法

【学习目标】

1. 掌握中药鉴定的依据，假药、劣药的定义及界定；掌握中药性状鉴定的基本理论知识，能运用性状鉴定技术鉴别药材，能够快速识别 4~5 种特征明显的中药材。

2. 熟悉国家药品标准《中国药典》（2015 年版）一部凡例和附录中与中药鉴定有关的规定，能够正确地理解和使用《中国药典》；熟悉中药鉴定的取样要求、中药基原鉴定技术；熟悉显微镜使用及临时制片方法。

3. 了解其他药品标准、假药劣药形成的原因及处理；了解中药理化鉴定及其他新技术。

4. 养成查阅对照《中国药典》等药品标准的习惯，为从事中药鉴定树立依法鉴定的意识。

案例导入

案例一：某职校中药专业学生小黄在当地一医院中药房实习，一天回家路过农村集市，遇到初中老师赵老师拿着一包药材"铁皮石斛"。小黄便帮老师鉴别一下好坏，却发现这种滋阴清热润肺的"铁皮石斛"，竟是同科植物石仙桃，根本不具有石斛的疗效。

中药鉴定的首要任务就是鉴别中药的真伪优劣。中药一旦失真或质量低劣，使用中很容易导致"轻则不治病，重则要人命"的严重后果。因此，对中药的真伪优劣的判定至关重要，要科学，要有依据，不能靠主观判断。

案例二：王奶奶有糖尿病，托人从南方买了一些灵芝还有灵芝孢子粉，当她拿到药时很吃惊，看着一包土面一样的药粉，谁知道是什么东西啊？她孙子在县城药检所工作，正好那天在家，便对药材进行了鉴别，看了看灵芝说：这个灵芝是真的，可以用，但这粉末我得用显微镜看看，还要做理化试验才能判断。

中药的鉴定方法很多，最常用、最简便的方法是性状鉴别，通过看、摸、嗅、尝等方法即可鉴别，是中药从业者的基本功。当外形破碎或成粉末时，就要结合显微鉴和物理化学方法才能准确鉴定。

第一节　中药鉴定的依据

中药鉴定的进行以中药质量标准为依据。中药质量标准包括药材、饮片和中成药的质量标准，如《中国药典》及增补本、经国家食品药品监督管理总局颁布的药品标准，以及与药品质量指标、生产工艺和检验方法相关的技术指导原则和规范；国家对中药质量及其检验方法所作的技术规定，是中药生产、经营、使用、检验和监督管理部门共同遵循的法定依据。凡正式批准生产的中药（包括药材、饮片及中成药）都要制定质量标准。中药规范化质量标准对保证临床用药安全、有效、稳定、均一、可控，促进中药标准化、现代化和国际化具有重要意义。

一、国家药品标准

《药品管理法》第三十二条规定，"药品必须符合国家药品标准"，"国务院药品监督管理部门颁布的《中华人民共和国药典》和药品标准为国家药品标准"。

国家药品标准是国家为保证药品质量所制定的质量指标、检验方法以及生产工艺等的技术要求。对于药品的各项规定，如名称、来源、性状、成分含量、鉴别和检验方法等，都具有法律的约束力，全国一切药品的生产、经营、使用和检验单位都必须遵照执行，不得违反。

1. 《中华人民共和国药典》　药典是一个国家药品质量规格标准的法典。是药品生产、供应、使用、检验、管理部门共同遵循的法定依据。新中国成立至今，《中国药典》先后颁布了1953年版、1963年版、1977年版、1985年版、1990年版、1995年版、2000年版、2005年版、2010年版和2015年版共十版药典。自1985年以后每五年再版一次。新版《中国药典》颁布实施时，旧版《中国药典》即停用，但新版未载而旧版有载的品种仍可应用。1963年版至2000年版分一部、二部两册，2005年版将生物制品单列为三部，共三册，2015版分四部四册。一部收载药材和饮片、植物油脂和提取物、成方制剂和单味制剂等；二部收载化学药品、抗生素、生化药品以及放射性药品等；三部收载生物制品；四部收载通则，包括制剂通则、检验方法、指导原则、标准物质和试液试药相关通则、药用辅料等。《中国药典》（2015 年版）一部中，收载 618 种药材及饮片品种，质量标准规定的项目有名称、来源、性状、鉴别、检查、浸出物、含量测定、炮制、性味与归经、功能与主治、用法与用量、注意及贮藏等。

2. 相关的几个国家药品标准

（1）《中华人民共和国卫生部药品标准·中药材》（第一册）、《中华人民共和国卫生部药品标准·藏药》（第一册）、《中华人民共和国卫生部药品标准·蒙药》（分册）、《中华人民共和国卫生部药品标准·维吾尔药》（分册）等。

（2）《七十六种药材商品规格标准》 卫生部和原国家医药管理局联合发布，1984 年 3 月试行，同时附文下达实施办法 24 条。

（3）《进口药材质量标准》 国家食品药品监督管理局于 2004 年 6 月颁布执行，2006 年 2 月 1 日下达施行《进口药材管理办法（试行）》。该标准修（制）订了儿茶、西洋参、高丽红参、西红花、羚羊角、泰国安息香、乳香、没药、血竭、丁香、肉豆蔻、胖大海、芦荟、番泻叶等 43 种进口药材的质量标准。在此之前的《中华人民共和国卫生部进口药材标准》载药 32 个品种，于 1987 年 5 月 1 日起执行。体例与《中国药典》相同，是对外签订进口药材合同条款及到货检验的法定依据。

上述标准其性质与《中国药典》相似，均具有法律约束力，可作为药品生产、供应、使用、监督等部门检验药品质量的法定依据。

我国中药材品种繁多，有些不是国家药品标准所收载的药材品种，可以根据地方标准和其他有关专著进行鉴定，但不是国家标准依据。

二、 假药与劣药的界定与处理

（一）假药的界定与处理

1. 假药的界定 《药品管理法》第 48 条规定："禁止生产（包括配制）、销售假药。

有下列情形之一的，为假药：（1）药品所含成分与国家药品标准规定的成分不符的；（2）以非药品冒充药品或者以他种药品冒充此种药品的。"中药商品里的假药多见于第二种情形。

《药品管理法》同时还规定："有下列情形之一的药品，按假药论处：

（1）国务院药品监督管理部门规定禁止使用的；

（2）依照本法必须批准而未经批准生产、进口，或者依照本法必须检验而未经检验即销售的；

（3）变质的；

（4）被污染的；

（5）使用依照本法必须取得批准文号而未取得批准文号的原料药生产的；

（6）所标明的适应证或者功能主治超出规定范围的。"

发现假药应及时向有关药品监管部门报告，药品监管部门将依法对售卖假药者进行处理。

2. 假药的处理

（1）没收销毁：对于国家禁止使用的、非药品冒充药品的及变质污染的药品，应全部没收，就地销毁。

（2）更名再用：对于以他药冒充此种药的、夸大适应证、功能主治的，按照国家药品标准经鉴定合格后恢复其正名或实际功效，可继续药用。

（3）依法处罚：对生产、销售假药的单位和人员要依法进行处罚，处罚条例详见《药品管理法》第九章。

（二）劣药的界定与处理

1. 劣药的界定　《药品管理法》第49条规定："禁止生产、销售劣药。"

"药品成分的含量不符合国家药品标准的，为劣药。"这个规定表明，劣药不仅指有效成分的含量不符合国家药品标准，也包括药材中的其他物质成分。《中国药典》规定了248种药材及其制品有效成分最低含量。如"黄连以盐酸小檗碱计含小檗碱不得少于5.5%"，如低于5.5%便是劣药。但《中国药典》对许多药材还规定了杂质、水分、浸出物、总灰分、吸收度、农药残留、黄曲霉毒素、重金属等检查项目，这些方面不符合《中国药典》标准的也应视为劣药。如人参总六六六超过0.2mg/kg可视为劣药；其他如水分超标、杂质超过限量、浸出物含量不达标等均应视为劣药。

药品管理法还规定："有下列情形之一的药品，按劣药论处：

（1）未标明有效期或者更改有效期的；

（2）不注明或者更改生产批号的；

（3）超过有效期的；

（4）直接接触药品的包装材料和容器未经批准的；

（5）擅自添加着色剂、防腐剂、香料、矫味剂及辅料的；

（6）其他不符合药品标准规定的。"

过去由于大部分药材未规定有效期和生产批号，故按劣药论处的情形主要指（4）（5）（6）三种情形，如使用装过有害物质的容器装药材，擅自添加着色剂、矫味剂，药材性状改变等。现在国家已开始对中药饮片和部分中药材实行批准文号管理，中药材及饮片没有有效期和生产批号的情况将得到改变。

2. 劣药的处理　劣药品质低劣，起不到应有医疗作用，查出后一般要全部没收销毁。但对一些仅成分含量不符合规定的药材或饮片，如小茴香、白矾、昆布、姜黄等，虽不可作药用，但可作为染料、调味品或食品使用，避免浪费。

对生产销售劣药的单位和人员要依法进行处罚，详见《药品管理法》第九章。

第二节　中药鉴定的步骤

中药鉴定工作必须依据国家颁布的相关标准进行。鉴定的程序一般为：取样前检品登记→取样→真实性鉴定→纯度检查→品质优良度鉴定→检验报告。鉴定步骤有：取样→观察（或理化检测）→核对文献→核对标本→记录。以下介绍第一步取样，鉴定的具体方法将在下一节介绍。

取样：是指按照规定的方法选取供鉴定所用的少量药材样本。取样是中药鉴定工作的重要环节，进行鉴定前首先要取样。中药取样应按《中国药典》的规定选取，遵循"随机、均匀"原则，所取样品应具有代表性、科学性和真实性。

1. 取样前　应核对品名、产地、规格、日期等及包件式样，包装的完整性、清洁程度，注意有无水迹、霉变或其他物质污染等情况，详细记录。有异常情况的包件应单独检验并拍照。凡严重污染，如长螨、发霉、虫蛀及变质的药材无需抽样检验，可直接判断为不合格。

2. 取样　取样操作应规范、迅速，注意安全，取样过程应不影响所抽样品和拆包药品的质量。直接接触药品的取样工具和容器应不与药品发生化学作用，使用前应清洁干燥。取样工具使用后应及时洗净，不残留被取样物质，并贮于洁净场所备用。粉末状固体和半固体药材一般使用采样器（为一侧开槽、前端尖锐的不锈钢棒），也可用瓷质或不锈钢药匙取样。低黏度液体药材使用吸管、烧杯、勺子、漏斗等取样。腐蚀性或毒性液体药材取样需配用吸管辅助器；高黏度液体药材可用玻璃棒蘸取。

（1）从同批药材和饮片包件中抽取包件（数）：总包件不足 5 件的，逐件取样；5 ~ 99 件，随机抽 5 件取样；100 ~ 1000 件，按 5% 比例取样；超过 1000 件的，超过部分按 1% 比例取样；贵重药材和饮片，不论包件多少均逐件取样。

（2）每一包件抽取部位及取样量

1）抽取部位：每一包件至少在 2 ~ 3 个不同部位各取样品 1 份。①包件大的应从 10cm 以下的深处在不同部位分别抽取；②对破碎的、粉末状的或大小在 1cm 以下的药材和饮片，可用采样器（探子）抽取样品；③液体中药（如蜂蜜、苏合香）应振摇均匀或用玻璃管从混匀后的液体上、中、下分别抽取，放在玻璃瓶内，封口，做好标记。

2）每一包件的取样量：一般药材和饮片抽取 100 ~ 500g；粉末状药材和饮片抽取 25 ~ 50g；贵重药材和饮片抽取 5 ~ 10g。对包件较大或个体较大的药材，可根据实际情况抽取有代表性的样品。

3. 抽取样品的处理 将每一包件所取样品混匀后，称为"袋样"。将全部"袋样"混匀，即为抽取样品总量，称为总样品。最终作为供检验用的样品量一般不得少于一次全检用量的 3 倍，其中 1/3 供检验分析用，另 1/3 供复核用，其余 1/3 留样保存。若抽取总样品超过检验用量数倍时，可按"四分法"获得平均样品，方法是：将所有样品摊成正方形，依对角线划"X"，使分为四等份，取对角两份，混匀，再如此反复操作，直至剩余量能满足供检验用样品量为止。

第三节　中药鉴定的基本方法

一、 中药基原鉴定技术

基原鉴定又称来源鉴定，是应用植（动、矿）物的分类学知识，对中药的来源进行鉴定研究，确定其正确的学名，以保证中药的品种准确无误。

基原鉴定的内容包括原植（动）物的科名、植（动）物名、拉丁学名、药用部位，矿物药的类、族、矿石名或岩石名。

以原植物鉴定为例，其步骤如下。

1. 观察植物形态 主要观察根、茎、叶、花和果实各部位特征，特别是花、果、孢子囊、子实体等繁殖器官的细小特征，做好记录。

2. 核对文献 将观察到的该植物的特征与有关文献，如《中国植物志》《中国中药资源丛书》《新编中药志》《中药材品种论述》等所记载的该植物特征进行比对，必要时可查对原始文献，以便正确鉴定。

3. 核对标本 初步确定该植物科、属、种后，到标本馆（室）核对已正确鉴定学名的该科标本。也可与模式标本（发表新种时所描述的植物标本）进行核对，或寄请有关专家、植物分类研究单位协助鉴定，得到更准确鉴定。

二、 中药性状鉴定技术

性状鉴定是通过眼看、手摸、鼻闻、口尝及水试、火试等简便方法，了解药材性状特征，来鉴别中药的真伪优劣。具有简单、易行、迅速的特点。性状鉴定和来源鉴定一样，除仔细观察样品外，有时亦需核对文献和标本，必要可求助专家。熟练掌握性状鉴别方法非常重要，它是中药从业者进行中药鉴定必备的基本功之一，需要下工夫练好。

中药性状鉴定的顺序：一般是先整体后局部，先上后下，由外及内。其内容有：

1. 药材

（1）形状：指药材的形态。不同种类的药材形状各不相同，同类药材有的形状也有较大差异。如根类药材多为圆柱形、圆锥形、纺锤形等；皮类药材常为板片状、卷筒状等；种子类药材常为类球形、扁圆形等。每种药材的形状一般比较固定，观察时一般不需预处理。如果观察的药材很皱缩，如全草、叶或花，可先浸湿使软化后，摊开平展观察。某些果实、种子类药材，如有必要可浸软后，取下果皮或种皮，以观察内部特征。很多药材形态特征比较典型，传统鉴别总结了许多术语，如防风根头部的横环纹习称"蚯蚓头"，党参根头具有密集的瘤状茎基称"狮子盘头"，海马的特殊形态称"马头蛇尾瓦楞身"等，形象生动，易懂易记，可作为主要鉴别点。

（2）**大小**：是指药材的长短、粗细（直径）、宽窄和厚度。一般应测量较多的供试品，可允许有少量高于或低于规定的数值。测量时应用毫米刻度尺。对细小的种子或果实类，可将每10粒种子紧密排成一行，测量后求其平均值。

（3）**表面**：药材表面有两方面特征。①色泽：指自然光下药材颜色及光泽度。如朱砂为鲜红色且有金刚光泽，石膏为白色有绢丝光泽，芦荟（新芦荟）为棕黑色且发绿，并具玻璃样光泽等。药材的颜色与其成分相关，常能反映药材的质量，如黄芩主要含黄芩苷、汉黄芩苷等而显黄色，如保管或加工不当，黄芩苷在黄芩酶的作用下水解，易氧化成醌类而显绿色，因此黄芩由黄变绿后质量降低。又如丹参色红、紫草色紫、玄参色黑、黄连以断面红黄色者为佳，都说明色泽是衡量药材质量好坏的重要标准之一。通常大部分药材的颜色是复合色调，对两种色调进行描述时，以后一种色调为主，前一色调为辅。如黄棕色，即以棕色为主色而稍带黄色。②表面特征：指药材表面是光滑还是粗糙，有无皱纹、皮孔、毛茸或其他附属物等。如苍耳子表面密生钩刺，辛夷（望春花）苞片外表面密被灰白色或灰绿色长茸毛等，均为重要鉴别特征。龙胆根头部表面有明显横皱纹，坚龙胆则无，是鉴别两者的重要依据。

（4）**质地**：指药材的轻重、软硬、虚实、坚韧、疏松（或松泡）、致密、黏性、粉性、纤维性、角质性、油润性等特征。如南沙参质地松泡；山药、半夏富含淀粉显粉性等；桑白皮、葛根含纤维多则韧性强；黄精、地黄含糖、黏液多显黏性等；富含淀粉、多糖成分的药材经蒸、煮干燥后常质地坚实，半透明，类似牛、羊角的质地故称"角质状"，如红参、天麻等。

（5）**断面**：包括自然折断面和横切面。折断面特征指药材折断时的状态，如是否容易折断、折断时有无粉尘散落及断面是否平坦，或呈纤维性、裂片状，有无放射状纹理等。如黄芪、甘草、白芍等断面显细密的放射状纹理，形如开放的菊花，称"菊花心"；防己、青风藤等断面排列成稀疏整齐的放射状纹理，并有多轮导管小孔形如古代车轮，称"车轮纹"；茅苍术断面有"朱砂点"等。断面还能反映异常构造的特征，如大黄的"星点"（髓部异型维管束）、牛膝与川牛膝的"筋脉点"（同心环点状异型维管束）、何首乌的"云锦状花纹"（皮部异型维管束）、商陆的"罗盘纹"（同心环型异型维管束）等，在鉴别药材时非常有用。

(6) 嗅气：有些药材有特殊的香气或臭气，也为鉴别药材的重要特征。如阿魏具强烈蒜样臭气，檀香、麝香有特异芳香气，薄荷有清凉芳香气，辛夷辛香而凉等。含挥发油成分的药材大都有明显而特殊的香气，如白芷、当归、广藿香等。沉香、檀香、降香等木类药材含树脂及挥发油而有特殊香气。牡丹皮含有香气成分丹皮酚，具有特殊香气，香加皮含甲氧基水杨醛也具有特异香。鉴定"气"时，最好在药材折断后马上鼻嗅，对气味不明显的药材，可用热水浸泡进行。

(7) 尝味：味指酸、甜、苦、辣、咸、麻、涩、淡等味道。每种药材的味感比较固定，是鉴定药材的主要特征，也是衡量药材品质的重要方法之一。如乌梅、木瓜、山楂以味酸为好；甘草、党参以味甜为佳；黄连、黄柏以味苦为好；干姜味辣；海藻味咸；地榆、五倍子味涩；五味子酸甜苦辛咸等。如果味感改变，就要考虑品种和质量有问题。

尝味时，建议应用新鲜断面，先用舌尖舔舐，必要时咬下少许，先在舌尖处咀嚼，而后使舌的各部位都接触到药液，注意体会各种味道出现的次序和强度。一般无毒或味道不特别刺激的都要嚼烂，最好咽下。尝完一种药材后要清水漱口，再尝它药。尝味前不要饮酒、抽烟或吃刺激性食物，否则影响味觉。不知道是否有毒的药物或不便口尝的药材，可加开水浸泡后尝浸出液。口尝有毒药材如川乌、草乌、半夏、白附子等时应特别注意，尝后立即吐出漱口、洗手，以防中毒。

(8) 水试：某些药材在凉水或热水中会出现沉浮、溶液颜色及透明度改变，或出现黏性、膨胀性、荧光等特殊现象，可用以鉴别药材。如红花加水浸泡后，水液染成金黄色，而红花不退色；秦皮水浸液在日光下显碧蓝色荧光；苏木投热水中水液显鲜艳的桃红色；葶苈子、车前子等加水浸泡会变黏滑且体积膨胀；小通草遇水表面显黏性；菟丝子热水浸泡能"吐丝"等。

(9) 火试：是利用某些药材用火烧能产生特殊的气味、颜色、烟雾、闪光或响声等现象以鉴别药材的一种方法。如降香微有香气，点燃后香气浓烈，且有油流出，灰烬白色；海金沙以火点燃有轻微爆鸣声且有闪光；火烧青黛能产生紫红色烟雾等。

水试、火试是简单的理化鉴定方法，《中国药典》称为"经验鉴别法"。因其不使用特殊仪器设备，常与性状鉴定方法结合应用，故归入性状鉴定法。

2. 饮片 中药饮片的性状鉴定方法与药材鉴定大体一致，但中药饮片相比完整药材，形状、大小、颜色均有所改变，甚至因炮制辅料的应用而改变气味。加之现在饮片加工多以机器切片，改变了原手工饮片的规则性，增加了饮片鉴别难度，鉴别时应加以注意。

表面（主要是切面）、折断面、气味是饮片最具鉴别特征的地方。

(1) 饮片表面：可分为外表面和切面。切面特征鉴别价值大。如黄芪、甘草有"菊花心"，防己、大血藤具"车轮纹"，桔梗饮片切面呈"金井玉栏"，麦冬切面中心显小木心，苍术饮片显"朱砂点"；有的饮片切面有异常结构，如牛膝、川牛膝切面显同心环状排列的筋脉点，商陆的"罗盘纹"，何首乌饮片皮部显"云锦花纹"。蕨类植物狗脊、绵马贯众的饮片切面分体中柱环列。有的饮片切面特征十分突出，如槟榔大理石样花纹、千年健的"一包针"等。

（2）饮片折断面：常有平坦、纤维性、颗粒性、分层、刺状、粉尘飞扬、海绵状、胶丝等特征，如厚朴饮片折断具纤维性；木瓜饮片折断呈颗粒性；苦楝皮、黄柏的饮片常现层片状裂隙，可层层剥离；沉香、苏木的饮片折断面常呈刺状；杜仲饮片折断时有白色胶丝相连。

（3）饮片的气味：常因其含不同的化学成分而不同。如辛夷、白芷、川芎、当归、肉桂、薄荷、广藿香、干姜等的饮片有明显而特殊的香气。气还与饮片的炮制方法、制用辅料有关，如酒制的饮片有酒气，醋制的有醋香气，炒焦炒炭的饮片有焦香气等。饮片的味与所含成分有关，如乌梅含有机酸而味极酸；枸杞子含糖、甘草含甘草甜素而味甜；穿心莲含穿心莲内酯而味极苦；干姜含姜辣素而味辣；海藻含钾盐而味咸；地榆、五倍子饮片含鞣质而味涩；五味子果肉味酸微甜，种子破碎后味咸辛微苦。饮片的味也与炮制方法有关，如蜜制法的饮片常有甜味，醋制法的饮片常有醋酸味，盐制的饮片常有咸味等。

三、 中药显微鉴定技术

（一）中药显微鉴定技术简介

中药显微鉴定是利用显微镜观察药材（饮片、粉末制剂等）组织构造、细胞形态及其细胞内含物以鉴别药材真伪优劣的方法。中药显微鉴定主要包括组织鉴定和粉末鉴定。组织鉴定是通过观察药材的切片鉴别其组织构造特征的鉴别方法，适合完整药材或粉末特征相似的同属药材的鉴别。粉末鉴定是通过观察药材粉末纤维标本片鉴别其细胞形态及内含物的特征的鉴定方法，适合于破碎、粉末状药材或含有药材粉末的中成药的鉴别。由于材料的不同（完整的、破碎的、粉末的）、药用种类及药用部位的不同，选择显微鉴定的方法也会有所不同。

显微鉴定的步骤：①取样，抽取平均供试品，从性状（形状、色泽、气味等）初步判断可能的品种；②观察，将供试品按一定方法制成显微标本片，显微镜下观察，用文字、绘图或摄影的方式记录观察到的特征；③核对文献，将观察到的显微特征与文献（如《中国药典》《中国药典中药材显微鉴别彩色图鉴》等）记载的该药材显微特征核对，判定样品的真伪及纯度。

显微鉴定一般使用普通光学显微镜，也可用偏光显微镜，观察更微细的亚显微结构时要用到电子显微镜。显微鉴定的具体操作、用品及注意事项等详见《中国药典》四部通则"2001 显微鉴别法"。

近年来随着显微鉴定技术与计算机多媒体技术结合，显微鉴定技术发生了质的飞跃，显微特征不再微小和难以掌握；显微鉴别已成为《中国药典》药材和中成药鉴别的重要方法而被普遍采用。与性状鉴别相比，对粉末类药材、人工造假的药材、贵重药材掺杂掺假等这些用性状鉴别法不易鉴别的情况，在显微镜下放大数百倍后，即可"原形毕现"，真假分明。显微鉴定有设备较简单、操作易掌握、鉴定过程短等优点，是一种快速、实用、专属性强而经济的鉴别方法。在中药材真伪鉴别方面，显微鉴别与其他方法相比更具优势。《中国药典》中药材和饮片普遍收载了显微鉴别项目，《药品经营质量管理规范》（GSP）也要求中药质检部门必须配备显微镜等设备，显微鉴别技术越来越普及。

为了更好地开展中药显微鉴定工作，掌握显微鉴定技术与理论十分重要，下面简要介绍中药材显微鉴别技术。

（二）显微制片方法

显微制片就是将药材样品的切片或粉末等按一定方法制备成能够在显微镜下可观察的薄片。植物内部结构及细胞等微小细致，不能用大而厚的组织块置于显微镜下观察，必须进行显微制片，才能供显微镜下观察应用。

显微鉴定时可根据检品的不同情况制作相应的制片，包括横切片或纵切片、表面制片、粉末制片、解离组织片、花粉粒与孢子制片、磨片制片、含粉末药材的制剂显微片等。这里主要介绍工作中最常用的粉末临时制片方法。

1. 制备粉末 取样品适量，剪成长约 0.1cm 的小段或颗粒，在 50～60℃烘箱中干燥（含挥发油的药材温度 30～40℃），用微型粉碎机、冲筒或铁碾等粉碎，过 50～80 目筛，放干燥洁净瓶中备用。注意制备粉末时不能混入杂物，样品应全部过筛，不留残渣，过筛后的粉末需充分混匀。

2. 常用封藏剂 为了使载玻片与盖玻片贴合紧密，稳固粉末，或增加透明度，制片过程中常滴加少量封藏。

（1）蒸馏水：主要观察淀粉粒等多糖类物质，但淀粉粒易吸水膨胀变形。

（2）稀甘油：最常用的封藏剂。观察淀粉粒、糊粉粒及其他多糖类物质。另外经水合氯醛透化的片子加稀甘油一滴，可防止水合氯醛结晶。稀甘油冬天时可适当配稀一点，因温度低，黏度大。而夏天则相反。

（3）乙醇：主用于观察菊糖及橙皮苷结晶。装片后要立即观察，放置稍久则乙醇挥发易产生大量气泡。

（4）水合氯醛：一般用作制备透化片的透明剂。观察菊糖时可用其作封藏剂，但不加热，装片后立即观察效果比乙醇装片好。

此外还有 50% 甘油酒精，使用范围同稀甘油，透明度较甘油强；斯氏液（甘油醋酸液），专用于观察淀粉粒形态，可使保持淀粉粒原来状态不膨胀变形，便于测定大小，是观察淀粉粒理想的封藏剂。

3. 制片直接封藏片

（1）直接封藏片：粉末不经任何处理，直接用封藏剂装片后观察。

操作方法：取干净载玻片，滴加封藏剂1～2滴，用解剖针或牙签挑取样品粉末少许（米粒大小的量）与封藏剂混匀（也可先挑取粉末于载玻片上再加封藏剂混匀），然后用镊子夹住盖玻片的边缘中部或用食指及拇指捏住盖玻片边缘（注意不得接触盖玻片表面），将其一侧边缘压在载玻片上，移动至边缘接触封藏液，轻轻放下至水平位置压住粉末，用滤纸将盖玻片周围挤出的液体清洁干净即可。

取封藏剂（或粉末）→加粉末（或封藏剂）混匀→加盖玻片→清洁加盖玻片后溢出的液体。

制片过程中注意：①封藏剂要适量，少则盖不严；多则溢出，易污染载玻片和物镜，降低透明度。若已溢到玻片上，应重装盖玻片。②若封藏剂少未充满载玻片，可沿盖玻片一侧边缘加少许封藏剂；若封藏液过多而流出或使盖玻片浮动，须用滤纸条从盖玻片边缘吸去。③盖片过程中如留有气泡，可用解剖针从一侧轻轻挑起盖玻片，再轻轻放下，赶出气泡。④若封藏剂黏度大（甘油、水合氯醛），常留气泡，可先用乙醇湿润粉末，再加封藏剂。⑤取粉末应适量，一般为米粒大小量。⑥加盖玻片后不得用手指压，免留指纹。

（2）加热透化片：水合氯醛加热过程中可溶解植物粉末中的淀粉粒、叶绿素、树脂、蛋白质、油脂、色素、挥发油等，使干瘪的细胞膨胀、透明，便于观察，是常用的植物细胞透明剂。

操作方法：取干净载玻片，滴取水合氯醛溶液1～2滴，挑取粉末少许与水合氯醛混匀，于酒精灯上微热至沸腾（玻片上水合氯醛产生气泡，冒白气），离开火焰，搅拌，再加水合氯醛溶液1～2滴加热至沸（如此反复透化2～3次，勿使溶液蒸干，至粉末烤糊），透化好后加1～2滴稀甘油混匀，盖片，清除溢出的液体即可。

取封藏剂（或粉末）→加粉末（或封藏剂）混匀→反复加热透化2～3次→加盖玻片→清洁盖片后溢出的液体。

透化制片过程中注意：加热中玻片离火焰不可太近，以接近中火焰即可；一旦水合氯醛冒白色气泡即为沸腾，立即离开火焰，免烤糊粉末。另外加热时要不停移动玻片，以免玻片受热不均碎裂。

（3）特殊处理制片

①解离组织片：若粉末木化组织多，纤维、导管、管胞、石细胞等细胞彼此不易分离，可用5%氢氧化钾浸泡几小时或水浴加热浸渍，使各细胞之间的细胞间质溶解后再制片。如样品坚硬，木化组织集成群束的，可用硝铬酸法或氯酸钾法。

②脱脂：含脂肪较多的种子中药，即使用水合氯醛透化也不便观察，可先行脱脂处

理，再制片。脱脂方法有压榨，即将试品放于两层滤纸间挤压去油；或将粉末用氯仿、乙醇－乙醚等溶媒浸渍处理。

（3）漂白：对色素过多的药材如牵牛子（黑丑），制片色泽太暗，可先用漂白剂过氧化氢、84 消毒液、氯化碱液等浸渍，再用沸水及冷水洗涤，离心分离，然后取其粉末制片。

其他制片方法还有横切片、纵切片、表面片制片、花粉粒与孢子制片、磨片制片等。

4. 显微测量 将观察到的细胞和后含物通过一定仪器测量其直径、长短（以微米计算），作为鉴定依据之一。

四、 理化鉴定技术简介

理化鉴别是利用某些物理、化学或仪器分析方法，鉴定中药的真实性、纯度和品质优劣的一种鉴定方法。通过理化鉴定，分析中药中所含主要化学成分或有效成分的有无和含量，以及有害物质的有无等。

（一）物理常数的测定

包括相对密度、旋光度、折光率、硬度、黏稠度、沸点、凝固点、熔点等的测定。如蜂蜜的相对密度在 1.349 以上，薄荷油为 0.888 ~ 0.908，肉桂油的折光率为 1.602 ~ 1.614 等。对挥发油、油脂类、树脂类、液体类药（如蜂蜜等）及加工品（如阿胶等）的鉴定，具有特别重要的意义。

（二）一般理化鉴别

1. 膨胀度测定 如《中国药典》规定，车前子膨胀度不低于 4.0；哈蟆油膨胀度不低于 55；葶苈子膨胀度南葶苈子不低于 3，北葶苈子不低于 12。

2. 化学定性分析 利用药材的某些化学成分能与某些试剂产生特殊颜色或沉淀等反应来鉴别。如甘草粉末置白瓷板上，加 80% 硫酸 1 ~ 2 滴，显橙黄色（甘草甜素反应）。芦荟水提液，加等量饱和溴水，生成黄色沉淀等。

3. 泡沫反应和溶血指数的测定 利用皂苷的水溶液振摇后能产生持久性泡沫和溶解红细胞的性质，可测定含皂苷成分药材的泡沫指数或溶血指数作为质量指标。如《中国药典》用泡沫反应鉴别猪牙皂。

4. 微量升华 利用中药中某些化学成分能升华的性质，加热获得升华物，显微镜下观察其结晶形状、颜色及化学反应作为鉴别特征。如大黄粉末升华物有黄色针状（低温时）、枝状和羽状（高温时）结晶，在结晶上加碱液则呈红色，可进一步确证其为蒽醌类成分。

5. 显微化学反应 将中药粉末、切片或浸出液，置于载玻片上，滴加某些化学试剂使产生沉淀、结晶或特殊颜色，在显微镜下观察进行鉴定。如黄连滴加 30% 硝酸，可见针状小檗碱硝酸盐结晶析出。

6. 荧光分析 利用中药中某些化学成分，在紫外光或自然光下能产生荧光的性质进行鉴别。如秦皮的水浸出液在自然光下显碧蓝色荧光。

7. 光谱和色谱鉴别 常用的有紫外－可见分光光度法、红外分光光度法、薄层色谱法、高效液相色谱法、气相色谱法等。

（三）纯度检查

《中国药典》中与纯度相关的检查主要包括杂质检查、水分测定、干燥失重、灰分测定、色度检查、酸败度测定等，并已成为中药质量评价中的常规检查项。

1. 杂质检查 杂质是指①药材中混存的来源与规定相同，但其性状或部位与规定不符；②来源与规定不同的有机杂质；③无机杂质，如砂石、泥土、尘土等。

中药常因采收、加工不规范，造成非药用部位、泥块、尘土、异物如杂草及有毒物质或已破碎腐烂变质的药用部位混入药材中形成杂质；或在运输与贮藏中混入无机、有机杂质；因贮存不当致中药生虫、霉变等变质的药材也应作杂质处理；另外，人为地掺杂使假常造成杂质超标。

杂质直接影响中药的质量和使用剂量不准，降低疗效，有毒杂质还会危及患者生命安全，故《中国药典》对中药中的杂质规定了限量检查，如广藿香杂质不得过2%，金钱草杂质不得过8%等。

2. 水分测定 中药中过量的水分最易造成中药霉烂变质，分解有效成分，且相对减少了实际用量而影响疗效，因此，控制中药水分含量对保证中药质量有密切关系。《中国药典》对大多数药材和饮片规定了水分限量，如人参不得过12.0%，红花不得过13.0%，阿胶不得过15.0%等。

3. 灰分测定 测定灰分的目的是限制中药中无机杂质如泥土、沙石的含量，以保证中药的纯度。《中国药典》规定的灰分测定法有两种：总灰分测定法和酸不溶性灰分测定法。酸不溶性灰分是指总灰分中不溶于稀盐酸的灰分。

4. 浸出物测定和含量测定 浸出物测定系指用水、乙醇或其他适宜的溶剂对药材和饮片中可溶性物质进行的测定。可用于控制成分不明药材的质量。

含量测定系指用化学、物理或生物方法，对供试品含有的有关成分以及毒性成分进行检测。是中药品质评价的重要量化指标之一。

5. 色度检查 含挥发油或油脂类的中药，贮藏过程中常发生氧化、聚合、缩合而致变色或"走油"。《中国药典》规定检查白术的色度，利用白术的酸性乙醇提取液与黄色9号标准比色液比较，不得更深，用以检查有色杂质的限量，从量化的角度评价和控制其药材变色、走油变质的程度。

6. 酸败度测定 油脂或含油脂的种子类药材和饮片，在贮藏过程中发生复杂的化学变化，产生游离脂肪酸、过氧化物和低分子醛类、酮类等分解产物，因而出现异臭味，这种现象称"酸败"。

酸败直接影响药材的感观性质和内在质量。通过酸值、羰基值或过氧化值的测定，以检查药材的酸败程度。如《中国药典》规定苦杏仁的过氧化值不得过 0.11；郁李仁的酸值不得过 10.0，羰基值不得过 3.0，过氧化值不得过 0.05 等。

（四）中药的有害物质、毒性及安全性检测

值得注意的是，中药的安全性检测越来越受到重视。

1. 内源性有毒、有害物质及检测　中药中的内源性有毒、有害物质主要是指中药本身所含的有毒副作用的化学成分。大多为次生代谢产物，如马兜铃科的关木通、广防己、青木香、马兜铃、天仙藤等药材含肾毒性成分马兜铃酸。千里光、佩兰等药材含肝毒性成分吡咯里西啶生物碱。有些中药成分治疗量与中毒量十分接近，如乌头碱、苦杏仁苷、士的宁、斑蝥素等。常用的检测方法是高效液相色谱法、高效毛细管电泳及其与质谱联用等技术。

2. 外源性有害物质及检测

（1）重金属及有害元素、砷盐检查：重金属如铅、镉、汞、铜等，《中国药典》规定采用原子吸收光谱法和电感耦合等离子体质谱法。采用古蔡氏法或二乙基硫代氨基甲酸银法两种方法检查砷盐。如规定玄明粉含砷盐不得过 20mg/kg；芒硝含砷盐不得过 10mg/kg 等；甘草、黄芪、丹参、西洋参、阿胶等含砷不得过 2mg/kg。

（2）农药残留量：主要有有机氯、有机磷和拟除虫菊酯类等。《中国药典》采用气相色谱法测定药材及制剂中部分有机氯、有机磷和拟除虫菊酯类的农药残留量。规定人参、西洋参、甘草和黄芪等，六六六（BHC）不得超过 0.2mg/kg，滴滴梯（DDT）不得超过 0.2mg/kg，五氯硝基苯（PCNB）不得超过 0.1mg/kg；

（3）黄曲霉毒素：黄曲霉毒素是强烈的致癌物质，主要对肝脏有强烈的毒性和致癌性。《中国药典》规定用高效液相色谱法测定药材、饮片及制剂中的黄曲霉毒素（以黄曲霉毒素 B1、B2、G1、和 G2 总量计）的限量。

（4）二氧化硫残留量：有的中药材在加工或储藏中常使用硫黄熏蒸以达到杀菌防腐、漂白药材的目的。目前许多国家对药品或食品中残留的二氧化硫作了严格规定。《中国药典》用酸碱滴定法、气相色谱法、离子色谱法分别作为第一法、第二法、第三法测定经硫黄熏蒸处理过的药材或饮片中二氧化硫的残留量。规定二氧化硫残留量不得过 400mg/kg 的药材有山药、天冬、天麻、天花粉、牛膝、党参、粉葛、白及、白术、白芍等。

五、 生物鉴定及其他新技术简介

生物鉴定是利用药效学和分子生物学等有关技术，针对药物对于生物（整体或离体组

织）所起的作用，以测定药物的效价或作用强度来鉴定药物的方法。中药成分复杂，大多数中药的有效成分尚不清楚，难以用理化方法控制质量，但可以采用以疗效为基础的生物测定法，从而达到控制药品质量目的。其测定方法包括生物效价测定法和生物活性限制测定法等。《中国药典》中水蛭就采用了生物效价检测方法控制其质量。

生物鉴定法是近年来兴起的一种中药品质鉴定新方法，具有先进性、适用性、可操作性和专属性强等特点，对中药中未知复杂成分进行测定，更显其优越性。它和传统的基原鉴定法、性状鉴定法、显微鉴定法、理化鉴定法一起，并称为中药的五大鉴定法。中药生物鉴定法为中药质量现代化和质量标准规范化研究提供了新思路。

随着现代自然科学技术的发展，许多高新实验技术和新学科理论不断渗透到中药鉴定领域，使中药鉴定学成为多学科的汇集点，并向高速化、信息化、标准化方向迈进。

目前中药鉴定的新技术和新方法有：

1. DNA 分子遗传标记技术　比较物种间 DNA 分子的遗传多样性的差异来鉴别中药的基原，确定其学名的方法就是 DNA 分子遗传标记鉴别。

2. 中药指纹图谱鉴定技术　系指中药材、饮片、半成品、成品等经适当处理后，采用一定的分析手段，得到能够标示其特征共有峰的图谱。中药材指纹图谱能客观揭示和反映中药内在质量的整体性和特征性，用以评价中药的真实性、有效性、稳定性和一致性。如《中国药典》将高效液相特征指纹图谱用于羌活、沉香的鉴别。

3. 蛋白质电泳鉴别　利用中药中所含蛋白质分子大小、形状或所带电荷差异，通过电泳分离而鉴别中药的方法，常见有聚丙烯酰胺凝胶电泳和毛细管电泳。

此外，还有中红外光谱鉴定技术、X 射线衍射图谱鉴定技术、色谱 – 光谱联用鉴定技术、仿生识别（电子鼻）鉴定，核磁共振谱、太赫兹光谱等其他光谱和波谱方法等大量高精尖新技术也用于中药材的鉴别研究。

复习思考

一、单项选择题

1. 劣药是指（　　　）

A. 有效成分的含量与国家或地方药品标准规定不符合的

B. 以非药品冒充药品

C. 所含成分的名称与国家或地方药品标准规定不符合的

D. 以他种药品冒充此种药品的

2. 在下列情形中，不应按假药论处的是（　　　）

A. 国务院药品监督管理部门规定禁止使用的

B. 变质或被污染的

C. 擅自添加着色剂、防腐剂、香料、矫味剂及辅料的

D. 依照《药品管理法》必须检验而未经检验即销售的

3. 首次分为四部出版的《中国药典》版本为（　　　）

A. 1990 年版　　　　B. 2005 年版　　　　C. 2010 年版　　　　D. 2015 年版

4. 下列哪项不是药材鉴定的取样原则（　　　）

A. 药材总包件数在 100 件以下的，取样 5 件

B. 100 至 1000 件，按 5% 取样

C. 超过 1000 件的，按 1% 取样

D. 不足 5 件的，逐件取样

5. 药材取样中平均样品的量一般不得少于实验用量的（　　　）

A. 2 倍　　　　　　B. 3 倍　　　　　　C. 4 倍　　　　　　D. 5 倍

6. 贵重药材应如何取样（　　　）

A. 按 1% 比例取样　B. 取样 5 件　　　　C. 按 5% 比例取样　D. 逐件取样

7. 显微观察淀粉粒最常用的封藏剂是（　　　）

A. 水合氯醛液　　　B. 醋酸甘油　　　　C. 蒸馏水　　　　　D. 乙醇

8. 对口尝药材描述不正确的是（　　　）

A. 与其所含成分密切相关　　　　　　B. 舌各部位对味觉的敏感程度不同

C. 可因药材的部位不同而不同　　　　D. 与中药性味中的"味"相同

9. 中药性状鉴别的内容不包括（　　　）

A. 表面颜色、特征　B. 形状大小　　　　C. 所含成分　　　　D. 断面、气味

二、多项选择题

1. 中药材的杂质检查包括下列哪些物质（　　　）

A. 性状或部位与规定不符的物质　　　　B. 来源与规定不符的物质

C. 无机杂质　　　　　　　　　　　　　D. 有机杂质

2. 有害物质的检查主要包括（　　　）

A. 有机氯农药残留量的测定　　　　　　B. 黄曲霉毒素的检查

C. 重金属的检查　　　　　　　　　　　D. 二氧化硫

3. 中药的有毒有害及安全性涉及哪些方面（　　　）

A. 重金属有害元素及砷

B. 水分含量超标

C. 黄曲霉菌污染

D. 中药本身含有的毒性或潜在毒性因素

三、简答题

1. 简述中药鉴定的依据。

2. 按假药论处的六种情形是什么？

3. 按劣药论处的六种情形是什么？

4. 请查阅《药品管理法》第九章或通过网络查阅对假药劣药如何处罚。

5. 基原鉴定的步骤有哪些？

6. 性状鉴定如可进行，包括哪些内容？

7. 加热透化标本片如何制作？

8. 中药中混存的杂质主要有哪些？

9. 显微鉴定常用试剂有哪些，有什么用途？

扫一扫，知答案

下篇 常用中药鉴定技术

第五章
根及根茎类中药的鉴定

【学习目标】

1. 掌握 95 种根及根茎类药材的来源、性状鉴别主要特征、功效；典型代表药材的显微、简单理化鉴别特征。能正确运用性状鉴定方法和技巧、显微等鉴别方法，准确鉴别药材。具备"依法鉴定"的观念和意识。

2. 熟悉根及根茎类药材的功效应用。

3. 了解根及根茎类药材采收加工、主产地。

4. 养成团结协作，相互尊重，进行有效的沟通，与患者换位思考的意识和基本能力。能正确书写药学文件，进行有效的表述。

案例导入

一天，刘大爷拿来一些从集市买来的"天麻"，咨询在医院药房实习的小刘，想了解一下天麻的功效及用法。小刘利用学校学过的中药鉴定知识仔细观察这些药材，发现这些天麻是假的！小刘在狠狠谴责了不良药贩后安抚懊恼的刘大爷，告诫他以后买药要到正规药店去买，千万不要轻信小商小贩，买自己不认识、不了解的中药材。小刘还详细介绍了天麻的识别特征、作用、用法用量、禁忌证等。

同学们，你能用前面学习过的鉴别方法辨认药材吗？

中药鉴定技术主要任务就是识别药材，辨别药材真伪优劣。药物属特殊商品，药物的真伪优劣直接关系到人们用药的安全有效。人们在用药前，必须首先要搞清楚药材的真假好坏，然后才能根据其性能去应用。根及根茎类药材在植物药中占比较大，极为常用，实际应用中时有伪品、混乱品出现，本章将带领大家学习根及根茎类药材鉴别知识。

第一节　根及根茎类中药概述

根及根茎均为植物的地下部分。以植物的根及根茎入药的药材称为根及根茎类中药。就植物学而言，根与根茎是植物的两种不同器官，有着不同的外形和内部构造。根及根茎类中药一般于初春和秋后采收。

一、根类中药

根类中药通常是指药用为根或以根为主带有部分根茎的药材。根无节、节间和叶，一般无芽。

（一）性状鉴定

1. 形状　根通常为圆柱形、长圆锥形；或为块根，圆锥形或纺锤形等；有的马尾状，细长集生于根茎上，如白薇、细辛等。

2. 表面　常有纹理，有的可见皮孔；有的顶端带根茎和茎基，根茎俗称"芦头"，上有茎痕习称"芦碗"，如人参、桔梗等。

3. 根的质地　有的质重坚实，如三七；有的体轻松泡，如南沙参；有的呈粉性（含淀粉粒），如山药等；有的呈纤维性、角质状，如葛根、郁金等。

4. 断面　鉴别根类中药的断面，要先区分是双子叶植物根还是单子叶植物的根。

（1）双子叶植物根：一般主根明显；常有栓皮；横断面有形成层环，木质部比例较皮部范围大，自中央向外有放射状纹理，无髓部。

（2）单子叶植物根：一般为须根系；常无栓皮；横断面有内皮层环，皮层宽广，中柱较小，中央有髓部，无放射状纹理。

还应注意根的断面有无分泌物散布，如当归、苍术等含有油点，有明显香气。

根类中药的色泽、质地，尤其是横断面及气味对鉴别有重要意义。

（二）显微鉴定

1. 双子叶植物根　一般具次生构造；最外层为周皮（木栓层、木栓形成层及栓内层）；维管束多为无限外韧型；形成层成环；射线明显；初生木质部位于中央；一般无髓。

常见异常构造有同心型异型维管束（商陆、川牛膝），韧皮部维管束（何首乌），内含韧皮部（木间韧皮部）（华山参），木间木栓（内含周皮）（黄芩、秦艽）。

2. 单子叶植物根 一般具初生构造；最外层<u>一列表皮细胞</u>，<u>无木栓层</u>；<u>皮层宽厚</u>，<u>内皮层及凯氏点明显</u>；维管束辐射型；<u>无形成层</u>；<u>髓部明显</u>。

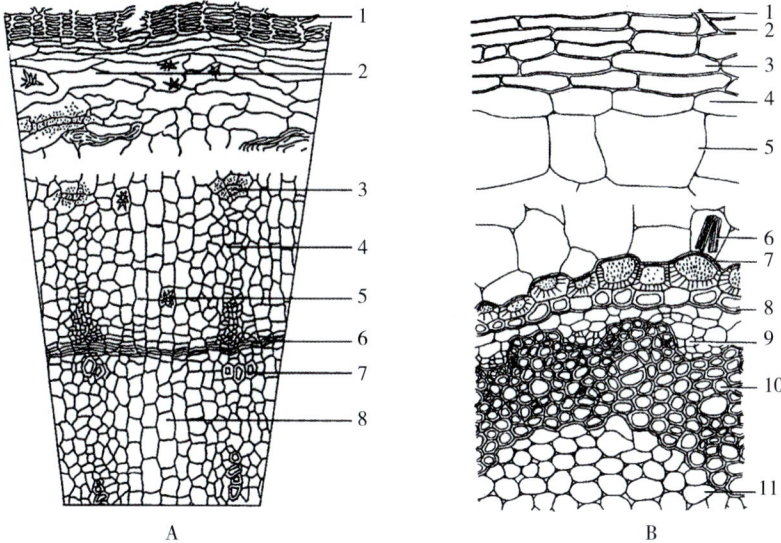

图 5-1 双子叶植物、单子叶植物根横切面构造

A. 人参根横切面显微组织详图 1. 木栓层 2. 裂隙 3. 树脂道 4. 韧皮部

5. 草酸钙簇晶 6. 形成层 7. 木质部 8. 射线

B. 麦冬横切面详图 1. 表皮毛 2. 表皮 3. 根被 4. 外皮层 5. 皮层

6. 草酸钙针晶束 7. 石细胞 8. 内皮层 9. 韧皮部 10. 木质部 11. 髓

二、根茎类中药

根茎类中药系指以<u>地下根茎</u>或以<u>地下根茎为主带有少许根部</u>的药材，鳞茎带肉质鳞叶。根茎与地上茎一样有<u>节和节间</u>；侧面和下面有细长不定根或根痕。

（一）性状鉴定

根茎多呈<u>圆柱形</u>、<u>纺锤形</u>、<u>扁球形</u>或<u>不规则团块状</u>等。<u>有节和节间</u>，常残留<u>茎基和茎痕</u>，叶柄基部或叶痕，<u>及芽或芽痕</u>；下部残存不定根或根痕。鳞茎多为<u>扁平皿状</u>，<u>节间极短</u>。蕨类植物根茎常有鳞片或密生棕黄色鳞毛。

1. 双子叶植物根茎 横断面有<u>木栓层</u>；<u>维管束环状排列</u>；木部具明显<u>放射状纹理</u>，中央有<u>髓部</u>。

2. 单子叶植物根茎 横断面<u>无木栓层</u>，<u>有内皮层环纹</u>；<u>皮层及中柱均有维管束小点散布</u>；<u>髓不明显</u>。

（二）显微鉴定

1. 双子叶植物根茎 一般具次生构造；外表为<u>木栓层</u>，少数有表皮；有的有初生皮层，皮层有根迹或叶迹维管束，内皮层不明显；中柱外侧有厚壁组织（如纤维和石细胞）。维管束多为无限外韧型，环状排列，中央有髓部。异常构造：①髓维管束：如大黄，形成"星点"；②内含韧皮部：如茄科、葫芦科。

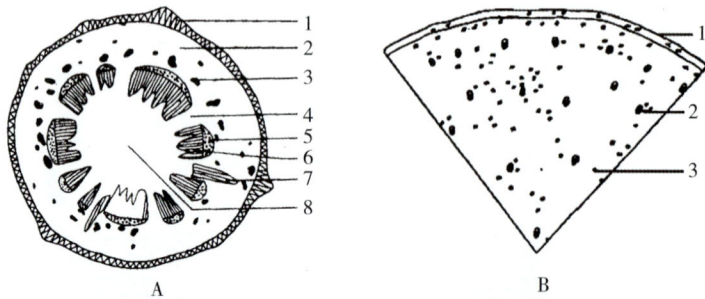

图 5 - 2　双子叶、单子叶植物根茎横切面简图

A. 黄连根茎横切面组织简图　1. 木栓层　2. 皮层

3. 石细胞　4. 射线　5. 韧皮部　6. 木质部　7. 根迹维管束　8. 髓部

B. 天麻块茎横切面组织简图　1. 表皮　2. 维管束　3. 草酸钙针晶束

2. 单子叶植物根茎　一般具初生构造；外表常为一列表皮细胞，少数为"后生皮层"；皮层明显，常有叶迹维管束散在；内皮层通常可见，较大根茎则不明显；中柱有多数维管束散布，髓部不明显。维管束多为有限外韧型，或周木型、周韧型。

3. 蕨类植物根茎　均为初生构造；外表一列表皮，下有下皮层；一般具网状中柱，网状中柱的一个维管束又称分体中柱，分体中柱的形状、数目和排列方式是鉴定品种的重要依据；有髓部。横切面可见周韧型维管束断续排列（如绵马贯众）。有的基本组织有间隙腺毛（如绵马贯众）。木质部有管胞而无导管。

还须注意有无分泌组织（如川芎、苍术的油室，石菖蒲、干姜的油细胞等）、厚壁组织（苍术木栓层的石细胞带、黄连石细胞等）、草酸钙结晶（半夏、白及含草酸钙针晶或针晶束等）等及其存在部位、类型、分布情况。多数药材含淀粉粒，但菊科和桔梗科含菊糖，无淀粉粒。

第二节　常用根及根茎类中药的鉴定

黄芪（Astragali Radix）

【来源】 为豆科植物蒙古黄芪 *Astragalus membranaceus*（Fisch.）Bge. var. *mongholicus*（Bge.）Hsiao. 及膜荚黄芪 *Astragalus membranaceus*（Fisch.）Bge. 的干燥根。蒙古黄芪主产于山西、内蒙古等地，以栽培的蒙古黄芪质量为佳。膜荚黄芪主产于东北及内蒙古、山

西、河北、四川等地。春、秋两季采挖，除去须根及根头，晒干。

课堂互动

通过眼看、手摸、鼻嗅、口尝等方法仔细观察黄芪药材，找出该药材颜色、质地、气味等关键性状特点。

【性状鉴定】

1. **药材** 呈圆柱形，极少有分枝，上粗下细，长 10~90cm，直径 1~3.5cm。表面灰黄色或淡棕褐色，有纵皱纹及横向皮孔。质硬而韧，不易折断，断面纤维性强，并显粉性，皮部黄白色，木部淡黄色，具放射状纹理及裂隙。老根中心偶呈枯朽状，黑褐色或呈空洞。气微，味微甜，嚼之微有豆腥味。（图 5-3）

以根条粗长、皱纹少、坚实绵韧、断面色黄白、粉性足、无空心及黑心、味甜者为佳。

2. **饮片** 为类圆形或椭圆形的厚片。外表面黄白色至淡棕褐色，可见纵皱纹或纵沟。切面皮部黄白色，木部淡黄色，有放射状纹理及裂隙，显菊花心，有的中心偶有枯朽状，黑褐色或呈空洞。气微，味微甜，嚼之微有豆腥味。（图 5-4）

图 5-3　黄芪药材图

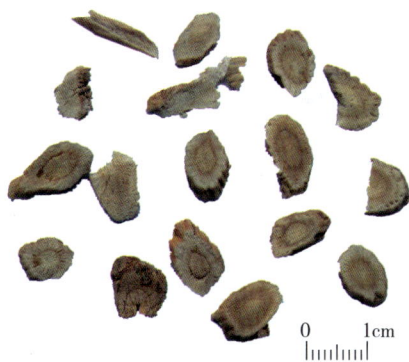

图 5-4　黄芪饮片图

【功效主治】补气升阳，固表止汗，利水消肿，生津养血，行滞通痹，托毒排脓，敛疮生肌。主治气虚乏力，食少便溏，中气下陷，久泻脱肛，便血崩漏，表虚自汗，气虚水肿，内热消渴，血虚萎黄，半身不遂，痹痛麻木，痈疽难溃，久溃不敛。炙黄芪长于益气补中，用于气虚乏力，食少便溏。

红芪 （Hedysari Radix）

【来源】 为豆科植物多序岩黄芪 *Hedysarum polybotrys* Hand. – Mazz. 的干燥根，主产于甘肃南部等，主销甘肃、广东、福建。春、秋两季采挖，除去须根和根头，晒干。

【性状鉴别】 呈圆柱形；表面灰红棕色至红褐色，具纵皱纹、横长皮孔样突起及少数支根痕，外皮易脱落，剥落处淡黄色；质硬而韧，不易折断，折断面纤维性强，且显粉性，横切面皮部黄白色，木部淡黄棕色，形成层环浅棕色；气微，味微甜，嚼之有豆腥味。

【功效主治】 补气升阳，固表止汗，利水消肿，生津养血，行滞通痹，托毒排脓，敛疮生肌。用于气虚乏力，食少便溏，中气下陷，久泻脱肛，便血崩漏，表虚自汗，气虚水肿，内热消渴，血虚萎黄，半身不遂，痹痛麻木，痈疽难溃，久溃不敛。

党参 （Codonopsis Radix）

【来源】 为桔梗科植物党参 *Codonopsis pilosula* （Franch.）Nannf.、素花党参 *Codonopsis pilosula* Nannf. var. *modesta* （Nannf.）L. T. Shen 或川党参 *Codonopsis tangshen* Oliv. 的干燥根。分别习称"潞党参""西党参"和"条党参"。主产于山西、甘肃、四川等地。秋季采挖，洗净，晒干。

课堂互动

通过眼看、手摸、鼻嗅、口尝等方法仔细观察党参药材，找出并说明该药材有哪些关键性状特点。

【性状鉴别】

1. 药材

党参（潞党） 呈长圆柱形，稍弯曲；表面黄棕色至灰棕色，根头部膨大，有多数疣状突起的茎痕及芽，习称"狮子盘头"，每个茎痕的顶端呈凹下的圆点状；根头下有致密的环状横纹，向下渐稀疏，有的达全长的一半，栽培品环状横纹少或无，根头也较小；全体有纵皱纹及散在的横长皮孔样突起，支根断处常有黑褐色胶状物；质稍硬而略带韧性，断面稍平坦，有裂隙或放射状纹理，皮部淡棕黄色至黄棕色，木部淡黄色；有特殊香气，味微甜。

素花党参（西党参） 表面黄白色至灰黄色，根头下致密的环状横纹常达全长的1/2以上；断面裂隙较多，皮部灰白色至淡棕色。

川党参（条党参） 表面灰黄色至黄棕色，有明显不规则纵沟，顶端有稀疏横纹，大者亦有"狮子盘头"，但其茎痕较少，小者根头部小于主根，称"泥鳅头"；质较软而结

实，断面裂隙较少，皮部黄白色。（图 5 - 5）

均以条粗壮、横纹多、质柔润、气味浓、嚼之无渣者为佳。

2. 饮片

党参片 为类圆形厚片，余同药材。

米炒党参 形如党参片，表面深黄色，偶有焦斑。

图 5 - 5　党参药材图

【功效主治】 健脾益肺，养血生津。主治脾肺气虚，食少倦怠，咳嗽虚喘，气血不足，面色萎黄，心悸气短，津伤口渴，内热消渴。不宜与藜芦同用。

银柴胡 （Stellariae Radix）

【来源】 为石竹科植物银柴胡 *Stellaria dichotoma* L. var. *lanceolata* Bge. 的干燥根。主产于宁夏、甘肃、陕西、内蒙古等地。春、夏间植株萌发或秋后茎叶枯萎时采挖；栽培品于种植后第三年 9 月中旬或第四年 4 月中旬采挖，除去残茎、须根及泥沙，晒干。

课堂互动

通过眼看、手摸、鼻嗅、口尝等方法仔细观察银柴胡药材，找出并说明该药材有哪些关键性状特点。与党参对比有何不同。

【性状鉴定】

1. 药材 呈类圆柱形，偶有分枝，长 15 ~ 40cm，直径 0.5 ~ 2.5cm。表面淡棕黄色或浅棕色，有扭曲的纵皱纹及支根痕，多具孔穴状或盘状凹陷，习称"砂眼"，从砂眼处折断可见棕色裂隙中有细砂散出。根头部略膨大，有密集的呈疣状突起的芽苞、茎或根茎的残基，习称"珍珠盘"。质硬而脆，易折断，断面不平坦，较疏松，有裂隙，皮部甚薄，木部有黄、白色相间的放射状纹理。气微，味甜。栽培品有分枝，下部多扭曲，表面浅棕黄色或浅黄棕色，纵皱纹细腻且明显，细支根痕多呈点状凹陷；根头部有多数疣状突起；几无砂眼；折断面质地较紧密，无裂隙，略显粉性，木部放射状纹理不甚明显；味微甜。（图 5 - 6）

图 5 - 6　银柴胡药材图

49

以粗壮、表面淡棕黄色或浅棕色、断面黄白色、味甜者为佳。

2. 饮片 呈圆形或长圆形，质硬而脆较疏松，切面有裂隙，皮部甚薄，木部有黄、白色相间的放射状纹理，气微，味甘。

【功效主治】 清虚热，除疳热。主治阴虚发热，骨蒸劳热，小儿疳热。

知 识 链 接

银柴胡的常见伪品

同科多种植物的根以"山银柴胡"在有的地区冒充银柴胡药用，或有时混入银柴胡商品中，应注意鉴别。银柴胡的常见伪品有灯心蚤缀 *Arenaria juncea* Bieb. 的根，根头部有茎残基，主根上部有密集的细环纹，薄壁细胞含草酸钙簇晶及砂晶；旱麦瓶草 *Silene jenisseensis* Willd. 的根，根头顶端有细小疣状突起，薄壁细胞含草酸钙簇晶；霞草（丝石竹）*Gypsophila oldhamiana* Miq. 的根，根横切面有同心性异型维管束环层，薄壁细胞有草酸钙簇晶及砂晶。

牛膝 （Achyranthis Bidentatae Radix）

【来源】 为苋科植物牛膝 *Achyranthes bidentata* Bl. 的干燥根。主产于河南、河北、山东等地。道地产区为河南省黄河以北的武陟、温县、博爱、沁阳等地，为"四大怀药"之一，习称"怀牛膝"。冬季茎叶枯萎时采挖，除去须根及泥沙，捆成小把，晒至干皱后将顶端切齐，晒干。

课堂互动

通过眼看、手摸、鼻嗅、口尝等方法仔细观察怀牛膝药材，找出并说明该药材有哪些关键性状特点。与川牛膝对比有什么异同。

【性状鉴定】

1. 药材 呈细长圆柱形。表面灰黄色或淡棕色，有细纵皱纹、横长皮孔及稀疏的细根痕。质硬脆，易折断，受潮变柔韧，断面平坦，淡黄棕色，微呈角质样而油润，可见黄白色小点（异常维管束）断续排列成 2~4 轮同心环，中心维管束木部较大，黄白色。气微，味微甜而稍苦涩。

以根长、肉肥、皮细、黄白色者为佳。

2. 饮片

牛膝段 呈圆柱形的段，余同药材。（图5-7）

酒牛膝 形如牛膝段，表面色略深，偶见焦斑；略有酒香气。

【功效主治】逐瘀通经，补肝肾，强筋骨，利尿通淋，引血下行。主治经闭、痛经、腰膝酸痛、筋骨无力、淋证、水肿、头痛、眩晕、牙痛、口疮等。孕妇慎用。

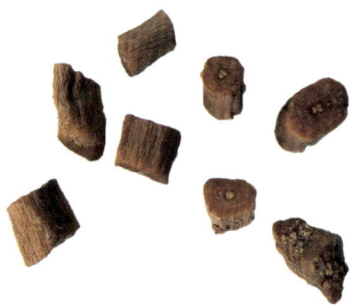

图5-7 牛膝饮片图

川牛膝（Cyathulae Radix）

【来源】为苋科植物川牛膝 *Cyathula officinalis* Kuan 的干燥根。主产于四川、云南等地。秋、冬两季采挖，除去芦头、须根及泥沙，烘或晒至半干，堆放回润，再烘干或晒干。

【性状鉴别】

1. 药材 呈类圆柱形，微扭曲，偶有分枝；长30~60cm，直径0.5~3cm。表面黄棕色或灰褐色，有纵皱纹、支根痕及多数横长的皮孔样突起。质坚韧，不易折断，断面淡黄色或棕黄色，维管束点状，排成4~11轮同心环。气微，味甜。

2. 饮片

川牛膝片 呈类圆形薄片，余同药材。（图5-8）

酒川牛膝 表面棕黑色，微有酒香气。

【功效主治】逐瘀通经，通利关节，利尿通淋。主治经闭癥瘕、跌扑损伤、风湿痹痛、尿血、血淋等。孕妇慎用。

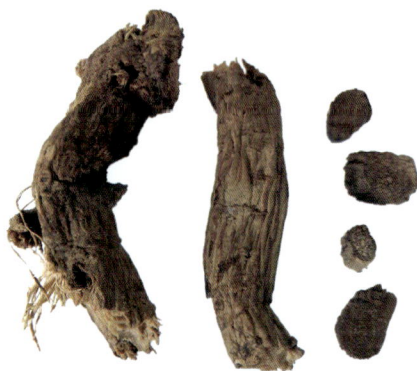

图5-8 川牛膝药材及饮片图

板蓝根（Isatidis Radix）

【来源】为十字花科植物菘蓝 *Isatis indigotica* Fort. 的干燥根。主产于河北、江苏、安徽等地。河南、陕西、甘肃、黑龙江等地也有栽培。秋季或初冬采挖，除去茎、叶、泥土，晒干。

课堂互动

通过眼看、手摸、鼻嗅、口尝等方法仔细观察板蓝根药材，找出并说明该药材有哪些关键性状特点。

【性状鉴定】

1. **药材** 呈细长圆柱形，稍扭曲。长10～20cm，直径0.3～1.2cm。表面淡灰黄色或淡棕黄色，有纵皱纹、横长皮孔样突起及支根痕。根头略膨大，可见暗绿色或暗棕色轮状排列的叶柄残基和密集的疣状突起。体实，质略软，断面皮部黄白色，木部黄色。气微，味微甜后苦涩。

以根条长、平直粗壮、坚实、粉性大者为佳。

2. **饮片** 呈圆形，黄白色，体实，质略软，皮部黄白色，木部黄色。气微，味微甜后苦涩。（图5-9）

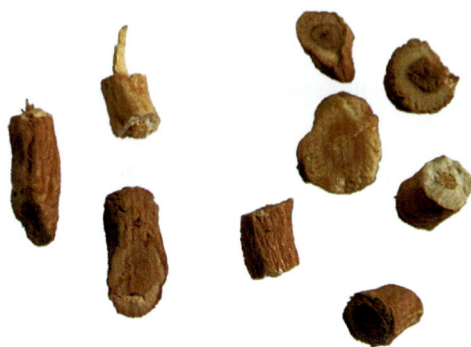

图5-9 板蓝根饮片图

【功效主治】清热解毒，凉血利咽。主治瘟疫时毒、发热咽痛、温毒发斑、痄腮、烂喉丹痧、痈肿等。

知识链接

南板蓝根

南板蓝根为爵床科植物马蓝 *Baphicacanthus cusia*（Nees）Bremek. 的根茎及根。根茎呈类圆形，多弯曲，有分枝；表面灰棕色，节膨大，节上有细根或茎残基，外皮易剥落；质硬而脆，断面皮部蓝灰色，木部灰蓝色至淡黄褐色，根茎中央有髓。根粗细不一。气微，味淡。根茎横切面薄壁细胞中有椭圆形的钟乳体。

苦参（Sophorae Flavescentis Radix）

【来源】为豆科植物苦参 *Sophora flavescens* Ait. 的干燥根。主产于山西、河南等地。春、秋两季采挖，除去根头及小支根，洗净，干燥；或趁鲜切片，干燥。

课堂互动

通过眼看、手摸、鼻嗅、口尝等方法仔细观察苦参药材，找出该药材有哪些关键性状特点。

【性状鉴定】

1. **药材** 呈长圆柱形。表面灰棕色或棕黄色，具纵皱纹及横长皮孔样突起，外皮薄，多破裂反卷，易剥落，剥落处显黄色，光滑。质硬，不易折断，断面纤维性；切片黄白色，具放射状纹理及裂隙，有的具同心性环纹。气微，味极苦。（图5-10）

以条匀、断面色黄白、无须根、味极苦者为佳。

2. **饮片** 为类圆形或椭圆形的厚片。表面灰棕色或棕黄色，切片黄白色，具放射状纹理及裂隙，有的具异型维管束，呈同心性环列或不规则散在。气微，味极苦。（图5-11）

图5-10 苦参药材图

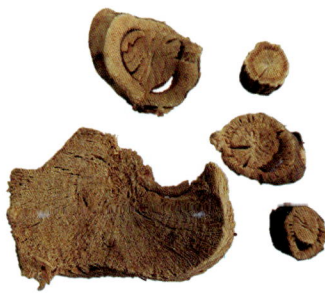

图5-11 苦参饮片图

【功效主治】清热燥湿，杀虫，利尿。主治热痢、便血、黄疸尿闭、赤白带下、阴肿阴痒、湿疹等；外治滴虫性阴道炎。不宜与藜芦同用。

课堂互动

通过眼看、手摸、鼻嗅、口尝等方法仔细观察苦参药材，另说出几种口尝味极苦的药材。

山豆根（Sophorae Tonkinensis Radix et Rhizoma）

【来源】为豆科植物越南槐 *Sophora tonkinensis* Gagnep. 的干燥根及根茎。主产于广西、广东，习称"广豆根"。秋季采挖，除去茎叶，洗净泥土，干燥。

🏠 **课堂互动**

通过眼看、手摸、鼻嗅、口尝等方法仔细观察山豆根药材，注意该药材有哪些关键性状特点。

【性状鉴定】

1. **药材** 根茎呈不规则的结节状，顶端常残存茎基，其下着生根数条。根呈长圆柱形。表面棕色至棕褐色，有不规则的纵皱纹及横长皮孔样突起。质坚硬，难折断，断面皮部浅棕色，木部淡黄色。有豆腥气，味极苦。

以根条粗壮、外色棕褐、质坚实、味极苦者为佳。

2. **饮片** 为类圆形或椭圆形的厚片。表面棕色至棕褐色，切面皮部浅棕色，木部淡黄色。有豆腥气，味极苦。(图 5 - 12)

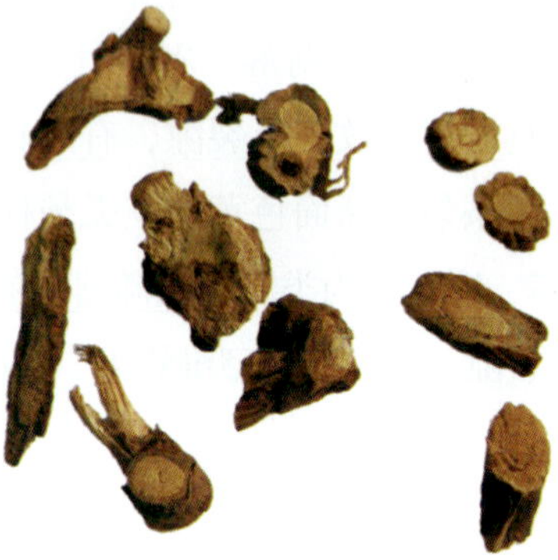

山豆根外皮滴加氢氧化钠试液即显橙红色，渐变为血红色，久置不褪。

图 5 - 12 山豆根饮片图

【功效主治】清热解毒，消肿利咽。主治火毒蕴结，乳蛾喉痹，咽喉、牙龈肿痛，口舌生疮。

北豆根 (Menispermi Rhizoma)

【来源】为防己科植物蝙蝠葛 *Menispermum dauricum* DC. 的干燥根茎。主产于东北、河北、山东等地。春、秋两季采挖，除去须根及泥沙，干燥。

🏠 **课堂互动**

通过眼看、手摸、鼻嗅、口尝等方法仔细观察北豆根药材，找出该药材有哪些关键性状特点。比较与山豆根的异同。

【性状鉴定】

1. **药材** 根茎呈细长圆柱形，常弯曲，有时可见分枝，长约50cm，直径3～8mm。表面黄棕色至暗棕色，有纵皱纹及稀疏的细根或凸起的细根痕，外皮易片状脱落。质韧，

不易折断，折断面不整齐，纤维性，木质部淡黄色，呈放射状排列，中心有类白色的髓。气微，味苦。(图 5 - 13)

图 5 - 13　北豆根药材图

以条粗长、外皮色黄棕、断面色浅黄、味苦者为佳。

2. 饮片　为圆柱形段，切面木质部淡黄色，呈放射状排列，中心有类白色的髓，气微，味苦。

【功效主治】清热解毒，祛风止痛。主治咽喉肿痛、风湿痹痛等。

甘草（Glycyrrhizae Radix et Rhizoma）

【来源】为豆科植物甘草 *Glycyrrhiza uralensis* Fisch.、胀果甘草 *Glycyrrhiza inflata* Bat. 或光果甘草 *Glycyrrhiza glabra* L. 的干燥根及根茎。甘草主产于内蒙古、甘肃、新疆等省区。胀果甘草主产于新疆、甘肃、内蒙古等地。光果甘草主产于新疆。春、秋两季采挖，除去须根，晒干。

课堂互动

通过眼看、手摸、鼻嗅、口尝等方法仔细观察甘草药材，找出该药材有哪些关键性状特点，注意颜色、味道特点。

【性状鉴定】

1. 药材

甘草　根呈圆柱形，外皮松紧不一，红棕色、暗棕色或灰褐色，有明显的纵皱纹、沟纹及稀疏的细根痕，皮孔横长。质坚实而重，断面黄白色，略显纤维性和粉性，有裂隙，形成层环明显，射线呈放射状，有的有裂隙，显菊花心状。根茎表面有芽痕，横切面中央有髓。气微，味甜而特殊。(图 5 - 14)

胀果甘草　根及根茎木质粗壮，外皮粗糙，多灰棕色或灰褐色。质坚硬，木质纤维多，粉性小。根茎不定芽多而粗大。

光果甘草 根及根茎质地较坚实，有的分枝，外皮不粗糙，多灰棕色，皮孔细而不明显。以外皮细紧、色红棕、质坚实、断面黄白色、粉性足、味甜者为佳。

2. 饮片

甘草片 为类圆形或椭圆形切片，外皮红棕色、暗棕色或灰褐色，切面黄白色，略显纤维性和粉性，形成层环明显，可见裂隙和菊花心。气微，味甜而特殊。余同药材。

炙甘草 形同甘草片，表面红棕色或灰棕色，微有光泽，切面黄色至深黄色；质稍黏；具焦香气。（图 5 - 15）

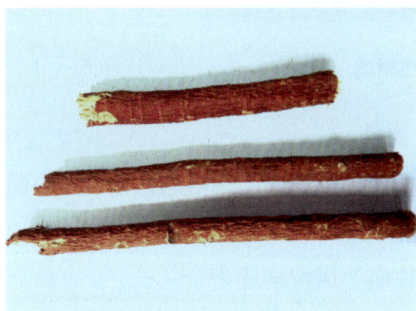

图 5 - 14　甘草药材图

图 5 - 15　甘草饮片图

【显微鉴别】

甘草粉末 淡棕黄色。纤维及晶纤维，纤维成束，壁厚，微木化，周围薄壁细胞含草酸钙方晶形成晶纤维，草酸钙方晶多见。导管为具缘纹孔导管，较大，稀有网纹导管。木栓细胞多角形或长方形，红棕色，微木化。淀粉粒多为单粒，卵圆形或椭圆形，脐点点状。棕色块状物形状不一。（图 5 - 16）

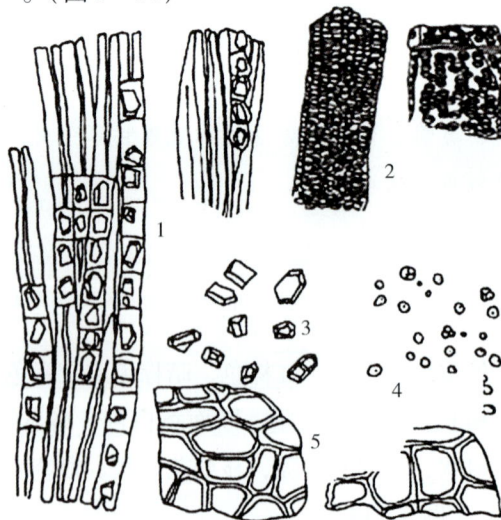

图 5 - 16　甘草粉末特征图

1. 纤维及草酸钙晶体　2. 导管　3. 草酸钙方晶　4. 淀粉粒　5. 木栓细胞

【功效主治】补脾益气，清热解毒，祛痰止咳，缓急止痛，调和诸药。主治脾胃虚弱、心悸气短、咳嗽痰多、痈肿疮毒等。不宜与海藻、京大戟、红大戟、甘遂、芫花同用。

知 识 链 接

甘草的常见伪品

甘草商品中常混有"苦甘草"伪品，又名苦豆根，为豆科植物苦豆子 *Sophora alopecuroides* L. 根及根茎。呈圆柱形，外表棕黑色或土棕色，皮孔明显，栓皮反卷或脱落；质脆，易折断，断面略呈纤维性，有的有裂隙，皮部灰棕色，木部棕黄色。根茎表面有芽痕，断面中部有髓。气微，味极苦。另有甘草属植物黄甘草 *G. korshinskyi* G. Grig、粗毛甘草 *G. aspera* Pall.、云南甘草 *G. yunnanensis* Cheng f. et L. K. Tai 及圆果甘草 *G. squamulosa* Franch. 等混入，应注意鉴别。

麻黄根（Ephedrae Radix et Rhizoma）

【来源】为草麻黄 *Ephedra sinica* Stapf.、中麻黄 *Ephedra intermedia* Schrenk. 和木贼麻黄 *Ephedra equisetina* Bge. 的干燥根及根茎。主产于内蒙古、山西、宁夏等地。秋季采挖，除去泥沙，晒干。

【性状鉴别】

1. 药材　呈圆柱形，略弯曲，长 8~25cm，直径 0.5~1.5cm。表面红棕色或灰棕色，有纵皱纹及支根痕；外皮粗糙，易成片状剥落。体轻，质硬而脆，断面皮部黄白色，木部浅黄色或黄色，有放射状纹理。无臭，味微苦。

以根长、粗壮、表面红棕色、味微苦者为佳。

2. 饮片　呈不规则圆形，皮部黄白色，木部浅黄色或黄色，有放射状纹理。无臭，味微苦。

【功效主治】功效与麻黄相反，固表止汗。用于自汗、盗汗。

丹参（Salviae Miltiorrhizae Radix et Rhizoma）

【来源】为唇形科植物丹参 *Salvia miltiorrhiza* Bge. 的干燥根及根茎。主产于安徽、山东等地。春、秋两季采挖，除去须根、泥沙，晒干。

课堂互动

通过眼看、手摸、鼻嗅、口尝等方法仔细观察丹参药材，找出该药材有哪些关键性状特点。

【性状鉴别】

1. **药材** 根茎粗短，顶端有时残留茎基，根数条，长圆柱形，略弯曲，有的分枝具须状细根，长10~20cm，直径0.3~1cm；野生品表面棕红色或暗棕红色，粗糙，具纵皱纹，老根外皮疏松，多显紫棕色，常呈鳞片状剥落；栽培品表面红棕色，外皮紧贴不易剥落；野生品质硬而脆，易折断，断面疏松，有裂隙或略平整而致密，皮部棕红色，木部灰黄色或紫褐色，导管束黄白色，呈放射状排列；栽培品质坚实，断面较平整，略呈角质样。气微，味微苦涩。

以条粗壮、色紫红者为佳。

2. **饮片** 为类圆形或椭圆形切片，外皮棕红色或暗棕红色。切面皮部棕红色，木部灰黄色或紫褐色，导管束黄白色，呈放射状排列，栽培品略呈角质样。气微，味微苦涩。

【功效主治】活血祛瘀，通经止痛，清心除烦，凉血消痈。主治胸痹心痛、脘腹胁痛、癥瘕积聚、心烦不眠、月经不调等。不宜与藜芦同用。

续断（Dipsaci Radix）

【来源】为川续断科植物川续断 *Dipsacus asper* Wall. ex Henry 的干燥根。主产于湖北、四川。秋季采挖，除去根头及须根，微火烘至半干，堆置"发汗"至内部变绿色，再烘干。

课堂互动

通过眼看、手摸、鼻嗅、口尝等方法仔细观察续断药材，找出该药材有哪些关键性状特点。

【性状鉴别】

1. **药材** 呈圆柱形，略扁，有的微弯曲，长5~15cm，直径0.5~2cm；表面灰褐色或黄褐色，有扭曲的纵皱纹、横裂的皮孔样痕及少数须根痕；质软，久置后变硬，易折断，断面不平坦，皮部墨绿色或棕色，外缘褐色或淡褐色，木部黄褐色，具放射状纹理；

气微香，味苦、微甜而后涩。（图5-17）

以条粗、质软、内呈墨绿色者为佳。

2. 饮片

续断片　呈类圆形或椭圆形的厚片；余同药材。（图5-18）

酒续断　形如续断片，表面浅黑色或灰褐色，略有酒香气。

盐续断　形如续断片，表面黑褐色，味微咸。

图5-17　续断药材图

图5-18　续断饮片图

【功效主治】补肝肾，强筋骨，续折伤，止崩漏。主治肝肾不足，腰膝酸软，风湿痹痛，跌扑损伤，筋伤骨折，崩漏，胎漏。酒续断多用于风湿痹痛，跌扑损伤，筋伤骨折。盐续断多用于腰膝酸软。

赤芍（Paeoniae Radix Rubra）

【来源】为毛茛科植物芍药 *Paeonia lactiflora* Pall. 或川赤芍 *Paeonia veitchii* Lynch 的干燥根。多系野生。芍药主产于内蒙古及东北地区；川赤芍主产于四川、甘肃等地。春、秋两季采挖，除去根茎、须根及泥沙，晒干。

课堂互动

通过眼看、手摸、鼻嗅、口尝等方法仔细观察赤芍药材，找出该药材有哪些关键性状特点。

【性状鉴定】

1. 药材　呈圆柱形，稍弯曲，长5~40cm，直径0.5~3cm。表面棕褐色，粗糙，有纵沟及皱纹，并有须根痕及横向突起的皮孔，有的外皮易脱落。质硬而脆，易折断，断面

粉白色或粉红色，皮部窄，木部放射状纹理明显，有的有裂隙。气微香，味微苦、酸涩。（图5-19）

以根粗壮、断面粉白色、粉性大者为佳。

2. 饮片 为圆形厚片。切面粉白色或粉红色，皮部窄，木部放射状纹理明显，有的有裂隙。气微香，味微苦、酸涩。（图5-19）

【功效主治】清热凉血，散瘀止痛。主治热入营血、温毒发斑、吐血衄血、目赤肿痛、肝郁胁痛等。不宜与藜芦同用。

图5-19 赤芍药材及饮片图

白芍（Paeoniae Radix Alba）

【来源】为毛茛科植物芍药*Paeonia lactiflora* Pall. 的干燥根。主产于浙江（杭白芍）、安徽（亳白芍）、四川（川白芍）、贵州、山东等地，均系栽培。夏、秋两季采挖种植3~4年植株的根，洗净，除去头尾及细根，置沸水中煮后除去外皮或去皮后再煮，晒干。

课堂互动

通过眼看、手摸、鼻嗅、口尝等方法仔细观察白芍药材，找出该药材有哪些关键性状特点，与赤芍对比加工方法有什么不同。

【性状鉴定】

1. 药材 呈圆柱形，平直或稍弯曲，两端平截。长5~18cm，直径1~3cm。表面类白色或淡红棕色，光滑，隐约可见横长皮孔、纵皱纹、细根痕或残留棕褐色的外皮。质坚实而重，不易折断，断面较平坦，角质样，类白色或略带棕红色，形成层环明显，木部有明显放射状纹理。气微，味微苦、酸。（图5-20）

以根粗、坚实、无白心或裂隙者为佳。

2. 饮片 为圆形薄片，厚约3mm。切面类白色或略带棕红色，周边类白色或微带红色；形成层环明显，木部有明显放射状纹理。质坚实细腻，气微，味微苦、酸。（图5-20）

图5-20 白芍药材及饮片图

【功效主治】养血调经，敛阴止汗，柔肝止痛，平抑肝阳。主治血虚萎黄、月经不调、自汗、盗汗、胁痛、腹痛、四肢挛痛、头痛眩晕。不宜与藜芦同用。

北沙参（Glehniae Radix）

【来源】为伞形科植物珊瑚菜 *Glehnia littoralis* Fr. Schmidt ex Miq. 的干燥根。主产于山东、河北、内蒙古等地。夏秋两季采挖，除去须根，洗净，稍晾，置沸水中烫后，除去外皮，干燥；或洗净直接干燥。

🏠 课堂互动

通过眼看、手摸、鼻嗅、口尝等方法仔细观察北沙参药材，找出该药材有哪些关键性状特点。

【性状鉴别】

1. **药材**　呈细长圆柱形，上下部细，中部略粗，顶端常留有黄棕色根茎残基，下部偶有分枝，长 15～45cm，直径 0.4～1.2cm；表面淡黄白色，稍粗糙，偶有残存外皮，不去外皮的表面黄棕色；全体有细纵皱纹和纵沟，并有棕黄色点状细根痕；质脆，易折断，断面皮部浅黄白色，木部黄色；气特异，味微甘。以根粗壮、黄白色、断面木部黄色、味微甘者为佳。

2. **饮片**　为圆形片，表面有棕黄色点状细根痕，切面皮部浅黄白色，木部黄色，味微甘。（图 5 - 21）

图 5 - 21　北沙参饮片图

【功效主治】养阴清肺，益胃生津。主治肺热燥咳、劳嗽痰血、胃阴不足、热病津伤等。不宜与藜芦同用。

南沙参（Adenophorae Radix）

【来源】为桔梗科植物轮叶沙参 *Adenophora tetraphylla*（Thunb.）Fisch. 或沙参 *Adenophora stricta* Miq. 的干燥根。主产于安徽、浙江等地。春、秋两季采挖，除去须根，趁鲜刮去粗皮，洗净，干燥。

🏠 课堂互动

通过眼看、手摸、鼻嗅、口尝等方法仔细观察南沙参药材，找出该药材有哪些关键性状特点。

【性状鉴别】

1. **药材** 呈圆锥形或圆柱形，略弯曲，长7～27cm，直径0.8～3cm；表面黄白色或淡棕黄色，凹陷处常有残留的黄棕色栓皮，上部多有断续的环状深陷横纹，下部有纵纹及纵沟，顶端具1个或2个根茎；体轻，质松泡，易折断，断面不平坦，黄白色，多裂隙；气微，味微甘。

2. **饮片** 为圆形片，切面黄白色，多裂隙，味微甘。（图5-22）

图5-22 南沙参饮片图

【功效主治】养阴清肺，益胃生津，化痰，益气。主治肺热燥咳、阴虚劳嗽、干咳痰黏、胃阴不足、食少呕吐、烦热口干等。不宜与藜芦同用。

桔梗（Platycodonis Radix）

【来源】为桔梗科植物桔梗 *Platycodon grandiflorum*（Jacq.）A. DC. 的干燥根。春、秋两季采挖，洗净，除去须根，趁鲜刮去外皮或不去外皮，干燥。

课堂互动

通过眼看、手摸、鼻嗅、口尝等方法仔细观察桔梗药材，找出该药材有哪些关键性状特点。并比较与北沙参饮片的异同。

【性状鉴别】

1. **药材** 呈圆柱形或纺锤形，有的有分枝，略扭曲，长7～20cm，直径0.7～2cm；表面淡黄白色至黄色，未去外皮的表面黄棕色至灰棕色；有纵皱沟、横长皮孔样斑痕及支根痕，上部有横纹，有的顶端有较短的根茎，其上有数个半月形茎痕；质脆，易折断，断面不平坦，有裂隙，皮部黄白色，形成层环棕色，木部淡黄色，有放射状纹理；气微，味微甜后苦。

以根粗大、色白、质坚实、苦味浓者为佳。

2. **饮片** 呈椭圆形或不规则厚片，外皮多已除去或偶有残留；切面皮部淡黄白色，较窄，形成层环纹棕色，木部宽有放射状裂隙（"金井玉栏菊花心"）；气微，味微甜后苦。（图5-23）

图5-23 桔梗饮片图

【功效主治】宣肺，利咽，祛痰，排脓。主治咳嗽痰多、胸闷不畅、咽痛音哑、肺痈吐脓。

木香（Aucklandiae Radix）

【来源】为菊科植物木香 *Aucklandia lappa* Decne. 的干燥根。主产于云南，又称"云木香"。秋、冬两季采挖，除去泥沙及须根，切段，个大者再纵剖成瓣，干燥后撞去粗皮。

课堂互动

通过眼看、手摸、鼻嗅、口尝等方法仔细观察木香药材，找出该药材有哪些关键性状特点，注意气味特点。

【性状鉴别】

1. 药材　呈圆柱形、半圆柱形或为纵剖片，长 5～10cm，直径 0.5～5cm；表面黄棕色或灰褐色，有明显的皱纹、纵沟及侧根痕，有时可见不规则菱形网纹；质坚，不易折断，断面灰褐色至暗褐色，形成层环棕色，周边灰黄色至浅棕黄色，有放射状纹理及散在的褐色点状油室，老根中心常呈朽木状；气香特异，味微苦。

以质坚实、香气浓、油性大者为佳。

2. 饮片

木香片　为类圆形或不规则的厚片；外表皮黄棕色至灰褐色，有纵皱纹；切面棕黄色至灰褐色，中部有明显菊花心状的放射纹理，形成层环棕色，褐色油点（油室）散在；气香特异，味微苦。（图 5-24）

煨木香　形如木香片。气微香，味苦。

【功效主治】行气止痛，健脾消食。主治胸胁、脘腹胀痛，泻痢后重，食积不消，不思饮食。煨木香实肠止泻，用于泄泻腹痛。

图 5-24　木香饮片图

川木香（Vladimiriae Radix）

【来源】为菊科植物川木香 *Vladimiria souliei*（Franch.）Ling 或灰毛川木香 *Vladimiria souliei*（Franch.）Ling var. *cinerea* Ling 的干燥根。主产于四川、西藏。秋季采挖，除去须根、泥沙及根头上的胶状物，干燥。

课堂互动

通过眼看、手摸、鼻嗅、口尝等方法仔细观察川木香药材，找出该药材有哪些关键性状特点，与木香对比有什么不同。

【性状鉴别】

1. 药材 呈圆柱形（"铁杆木香"）或有纵槽的半圆柱形（"槽子木香"），稍弯曲，长10～30cm，直径1～3cm；表面黄褐色或棕褐色，具纵皱纹，外皮脱落处可见丝瓜络状细筋脉，根头偶有黑色发黏的胶状物，习称"油头"或"糊头"；体较轻，质硬脆，易折断，断面黄白色或黄色，有深黄色稀疏油点及裂

图 5 - 25　川木香药材图

隙，木部宽广，有放射状纹理；有的中心呈枯朽状；气微香，味苦，嚼之粘牙。（图5 - 25）

以条粗、质硬、香气浓者为佳。

2. 饮片 为类圆形或不规则的厚片，切面黄白色或黄色，有深黄色稀疏油点及裂隙，木部宽广，有放射状纹理；有的中心呈枯朽状；气微香，味苦，嚼之粘牙。

【功效主治】行气止痛。主治胸胁、脘腹胀痛，肠鸣腹泻，里急后重。

山药（Dioscoreae Rhizoma）

【来源】为薯蓣科植物薯蓣 *Dioscorea opposita* Thunb. 的干燥根茎。主产于河南。冬季茎叶枯萎后采挖，切去根头，洗净，除去外皮和须根，干燥，习称"毛山药"；除去外皮，趁鲜切厚片，干燥，称为"山药片"；选择肥大顺直的干燥山药，置清水中，浸至无干心，切齐两端，用木板搓成圆柱状，晒干，打光，习称"光山药"。

课堂互动

通过眼看、手摸、鼻嗅、口尝等方法仔细观察山药药材，找出该药材有哪些关键性状特点。

【性状鉴别】

1. 药材

毛山药 略呈圆柱形，弯曲而稍扁，长 15～30cm，直径 1.5～6cm。表面黄白色或淡黄色，有纵沟、纵皱及须根痕。体重质坚，不易折断，断面白色，颗粒状，富粉性，中央无木心。气微，味淡、微酸，嚼之发黏。

光山药 呈圆柱形两端平齐；长 9～18cm，直径 1.5～3cm。表面光滑，白色或黄白色。（图 5－26）

图 5－26 山药（光山药）药材图

以体重质坚，断面白色，颗粒状，富粉性，味微酸，嚼之发黏者为佳。

2. 饮片

山药片 呈不规则的厚片，皱缩不平，切面白色或黄白色，质坚脆，粉性。气微，味淡、微酸。（图 5－27）

麸炒山药 形如毛山药片或光山药片，切面黄白色或微黄色，偶见焦斑，略有焦香气。

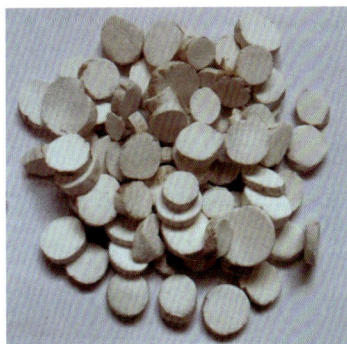

图 5－27 山药饮片图

【显微鉴别】

山药粉末 ①淀粉粒：单粒众多，呈扁卵形、类圆形、椭圆形或矩圆形，直径 8～35μm，脐点点状、人字状、十字状或短缝状，可见层纹，复粒稀少，由 2～3 分粒组成。②草酸钙针晶束：存在于黏液细胞中，长 80～240μm，针晶粗 2～5μm。③导管：为具缘纹孔、网纹、螺纹及环纹导管，直径 12～48μm。④纤维：少见，细长，壁甚厚，木化。（图 5－28）

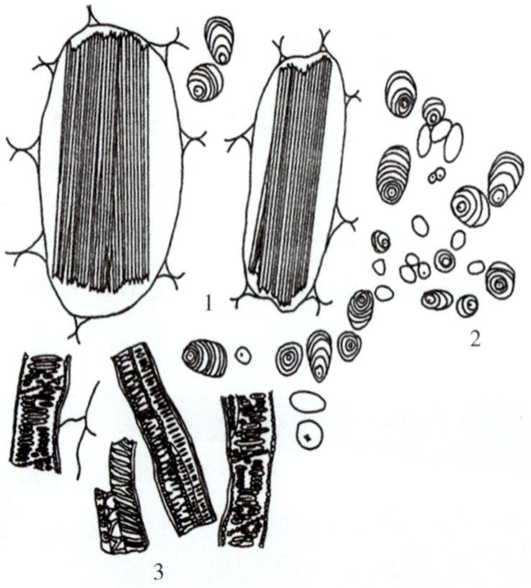

图 5-28 山药粉末特征图

1. 草酸钙针晶束 2. 淀粉粒 3. 导管

【功效主治】补脾养胃，生津益肺，补肾涩精。用于脾虚食少，久泻不止，肺虚喘咳，肾虚遗精，带下，尿频，虚热消渴。麸炒山药补脾健胃，用于脾虚食少，泄泻便溏，白带过多。

防己（Stephaniae Tetrandrae Radix）

【来源】为防己科植物粉防己 *Stephania tetrandra* S. Moore. 的干燥根。主产于浙江、安徽等地。秋季采挖，洗净，除去粗皮，晒至半干，切段，个大者再纵切，干燥。

课堂互动

通过眼看、手摸、鼻嗅、口尝等方法仔细观察防己药材，找出该药材的关键性状特点。

【性状鉴定】

1. **药材** 呈不规则圆柱形、半圆柱形或块状，弯曲不直，形似猪大肠。长 5～10cm，直径 1～5cm。表面淡灰黄色，在弯曲处常有深陷横沟而成结节状的瘤样块。体重，质坚实，断面平坦，灰白色，富粉性，木部占大部分，有排列较稀疏的断续的放射状纹理，习称"车轮纹"。气

图 5-29 防己药材及饮片图

微，味苦。（图5-29）

以质坚实、粉性足、去净外皮者为佳。

2. 饮片 为长圆形厚片。切面灰白色，富粉性，木部占大部分，有排列较稀疏的断续的放射状纹理。气微，味苦。（图5-29）

【功效主治】祛风止痛，利水消肿。主治风湿痹痛、水肿脚气等。

知 识 链 接

防己伪品广防己

广防己可视为防己伪品，为马兜铃科植物广防己 *Aristolochia fangchi* Y. C. Wu ex L. D. Chou et S. M. Hwang 的根，因含肾毒性成分马兜铃酸被《中国药典》删除，已不再使用，应注意鉴别。呈圆柱形，略弯曲；表面灰棕色，粗糙，有纵沟纹；体重，质坚实，断面类白色，粉性，有灰棕色与类白色相间连续排列的密集放射状纹理，气微，味苦。

巴戟天（Morindae Officinalis Radix）

【来源】为茜草科植物巴戟天 *Morinda officinalis* How 的干燥根。主产于广东、广西等地。全年可采挖，洗净，除去须根，晒至六七成干，轻轻捶扁，晒干。

课堂互动

通过眼看、手摸、鼻嗅、口尝等方法仔细观察巴戟天药材，找出该药材有哪些关键性状特点。

【性状鉴别】

1. 药材 呈扁圆柱形，略弯曲，长短不一，直径0.5~2cm；表面灰黄色或暗灰色，具纵纹及横裂纹，有的皮部横向断离露出木部，形似连珠或鸡肠状，习称"鸡肠风"；质韧，断面皮部厚，紫色或淡紫色，易与木部剥离；木心较细小如绳索状，甚坚韧；黄棕色或黄白色，表面有纵沟，横断面略呈齿轮状，直径1~5mm；气微，味甘而微涩。（图5-30）

图5-30 巴戟天药材图

水试：用开水浸泡，其水浸液呈淡蓝紫色。

以条粗、显连珠状、肉厚、紫黑色、木心小者为佳。

2. 饮片

巴戟肉 呈扁圆柱形短段或不规则块；皮部厚，紫色或淡紫色，中空，无木心；余同药材。

盐巴戟天 呈扁圆柱形短段或不规则块；气微，味甘、咸而微涩。

【功效主治】补肾阳，强筋骨，祛风湿。主治阳痿遗精、宫冷不孕、月经不调、风湿痹痛、筋骨痿软等。

知 识 链 接

巴戟天的常见伪品

巴戟天的常见伪品有多种，如：

1. 同属植物羊角藤 *Morinda umbellata* L. 的根，圆柱形，断面木部粗大，占根断面的 2/3，味淡，嚼之有砂砾感。

2. 同属植物假巴戟 *Morinda shuanghuaensis* C. Y. Chen et M. S. Huang 的根，细长圆柱形，略扁，直径 1.2～2cm；表面灰褐色，横裂纹明显，皮部薄，易剥离；质硬，断面木部粗大，约占 4/5。

3. 茜草科植物四川虎刺 *Damnacanthus officinarum* Huang 的根，又称"恩施巴戟"，性状似巴戟天，根呈圆柱形，皮部厚且呈间断膨大而后收缩成"连珠状"。

4. 木兰科植物铁箍散 *Schisandra propinqua*（Wall.）Baill. var. *sinensis* Oliv. 的根或茎藤，细长圆柱形，多弯曲，有分枝；表面棕红或棕褐色，具纵皱纹和疣状突起，常有环状裂纹，环裂深处露出木心而形似连珠状；质坚韧；断面粉性，黄棕色至棕褐色，木部占直径的 1/2～4/5；气香，味微苦辛，嚼之发黏。

5. 兰科植物线兰 *Cymbidium faberi* Rolfe 的须根，呈不规则类圆柱形，扭曲，直径 0.2～0.6cm，质脆，皮部海绵状；气微，味淡。

千年健（Homalomenae Rhizoma）

【来源】为天南星科植物千年健 *Homalomena occulta*（Lour.）Schott. 的干燥根茎。主产于广西、云南等地。春、秋两季采挖，洗净，除去外皮，晒干。

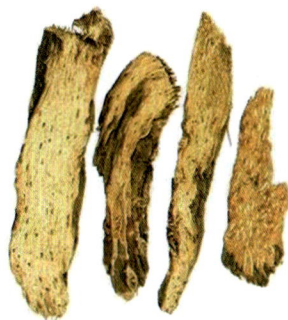

课堂互动

通过眼看、手摸、鼻嗅、口尝等方法仔细观察千年健药材，找出该药材的关键性状特点。

【性状鉴别】

1. **药材** 呈圆柱形，稍弯曲，有的略扁，长 15～40cm，直径 0.8～1.5cm。表面黄棕色至红棕色，粗糙，可见多数扭曲的纵沟纹、圆形根痕及黄色针状纤维束。质硬而脆，断面红褐色，黄色针状纤维束多而明显，相对另一断面呈多数针眼状小孔及有少数黄色针状纤维束，可见深褐色具光泽的油点。气香，味辛、微苦。

以条粗、质硬、断面红褐色，黄色针状纤维束多而明显，气香，味辛、微苦者为佳。

2. **饮片** 为长圆形厚片。切面红褐色，黄色针状纤维束多而明显，可见深褐色具光泽的油点，味辛、微苦。（图5－31）

图 5-31 千年健饮片图

【功效主治】祛风湿，壮筋骨。用于风寒湿痹，腰膝冷痛，拘挛麻木，筋骨痿软。

白头翁（Pulsatillae Radix）

【来源】为毛茛科植物白头翁 *Pulsatilla chinensis*（Bge.）Regel. 的干燥根。主产于东北及河北、山东、山西、河南等地。春、秋两季采挖，除去泥沙，干燥。

课堂互动

通过眼看、手摸、鼻嗅、口尝等方法仔细观察白头翁药材，找出该药材的关键性状特点，注意根头毛茸、表面颜色、断面等。

【性状鉴定】

1. **药材** 呈圆柱形至圆锥形，稍弯曲，有时扭曲而稍扁，长 5～20cm，直径 0.5～2cm。根头部稍膨大，有时分叉，顶端丛生白色毛茸及除去茎叶的痕迹。表面黄棕色或棕褐色，有不规则的纵皱纹或纵沟，皮部易脱落而露出黄色木部，可见网状裂纹或裂隙。质硬而脆，断面较平坦，黄白色，皮部与木部间有时出现空隙。气微，味苦涩。（图5－32）

以条粗长、整齐、外表灰黄色、质坚实、根头有白色毛茸者为佳。

2. 饮片　为不规则圆形，黄白色，皮部与木部间有时出现空隙。气微，味苦涩。（图5－32）

【功效主治】清热解毒，凉血止痢。主治热毒血痢，阴痒带下。有抗阿米巴原虫、阴道滴虫等作用，可用于治疗阿米巴原虫性痢疾、细菌性痢疾以及瘰疬等。

图5－32　白头翁药材及饮片图

知识链接

白头翁常见伪品的鉴别

白头翁的伪品较多，大多呈圆锥形或圆柱形，顶端有白色毛茸，应注意区别鉴定。主要有：

1. **野棉花**　为毛茛科植物野棉花 *Clematis hexapetala* Pall. 的根。外皮棕褐色，粗糙，有纵沟纹，常有黑色空洞；质脆易断，断面呈裂片状；气微，味苦。

2. **翻白草**　为蔷薇科植物翻白草 *Potentilla discolor* Bunge 的块根。呈纺锤形或圆锥状；表面黄棕色或暗棕色，质坚实，断面黄白色；味微涩。

3. **委陵菜**　为蔷薇科植物委陵菜 *Potentilla chinensis* Ser. 的根，表面红棕色至暗棕色，粗糙，栓皮易呈片状剥落，折断面红棕色；气微，味苦而涩。

4. **祁州漏芦**　为菊科植物祁州漏芦 *Rhaponticum uniflorum*（L.）DC. 的根，表面灰褐色或棕黑色，粗糙，具纵沟及菱形的网状裂隙；质脆易折断，断面不整齐，灰黄色，有裂隙，中心灰黑或棕黑色；气特异，味微苦。

骨碎补　（Drynariae Rhizoma）

【来源】为水龙骨科植物槲蕨 *Drynaria fortunei*（Kunze）J. Sm. 的干燥根茎。主产于湖北、浙江等地。全年均可采挖，除去泥沙，干燥；或再燎去茸毛（鳞片）。

课堂互动

通过眼看、手摸、鼻嗅、口尝等方法仔细观察骨碎补药材，注意该药材形状、棕色毛状鳞片及断面小点等关键性状特点。

【性状鉴别】

1. **药材** 呈扁平长条状，多弯曲，有分枝；长 5~15cm，宽 1~1.5cm，厚 0.2~0.5cm。表面密被暗棕色的小鳞片，柔软如毛；两侧及上表面具突起或凹下的圆形叶痕；经火燎者，呈棕褐色或暗褐色。体轻质脆，易折断，断面红棕色，有黄色点状维管束 17~25 个，环列。气微，味淡、微涩。（图 5-33）

图 5-33 骨碎补药材图

以条粗长、断面红棕色、有黄色点状维管束环列、味淡、微涩者为佳。

2. **饮片**

骨碎补片 为不规则厚片；表面深棕色至黑褐色，常残留细小的棕色鳞片，有的可见圆形的叶痕；切面淡棕色至红棕色，淡黄色的维管束点状排列成环；体轻，质坚脆；余同药材。

烫骨碎补 形如骨碎补片，体膨大鼓起；质轻。

【功效主治】 疗伤止痛，补肾强骨；外用消风祛斑。主治跌扑闪挫、筋骨折伤、肾虚腰痛、筋骨萎软等；外治斑秃、白癜风。

地榆（Sanguisorbae Radix）

【来源】 为蔷薇科植物地榆 *Sanguisorba officinalis* L. 或长叶地榆 *Sanguisorba officinalis* L. var. *longifolia* (Bert.) Yü et Li. 的干燥根。地榆主产于东北及内蒙古等地；长叶地榆主产于安徽、浙江等地，习称"绵地榆"。春季将发芽时或秋季植株枯萎后采挖，除去须根，洗净，干燥；或趁鲜切片，干燥。

【性状鉴定】

1. **药材**

地榆 呈不规则纺锤形或圆柱形，多弯曲。表面灰褐色至暗棕色，具纵皱纹，粗糙。质硬，断面较平坦，略显粉质，皮部淡黄色，木部粉红色或淡黄色，有放射状纹理。气微，味微苦而涩。

绵地榆 根呈长圆柱形，稍弯曲，着生于短粗的根茎上。表面红棕色或棕紫色，有细纵纹。质坚韧，不易折断，断面黄棕色或红棕色，皮部有多数黄白色或黄棕色棉状纤维，

木部淡黄色，放射状纹理不明显。气微，味微苦涩。（图5-34）

均以条粗、质硬、断面色红者为佳。

2. 饮片　为不规则长圆形厚片。切面皮部淡黄色，木部粉红色或淡黄色，气微，味微苦涩。（图5-34）

【功效主治】凉血止血，解毒敛疮。主治便血、痔血、痈肿疮毒等。

图5-34　地榆药材及饮片图

常山（Dchrorae Radix）

【来源】为虎耳草科植物常山 *Dchrora febrifuga* Lour. 的干燥根。主产于四川、贵州，湖南、湖北亦产。秋季采挖，除去须根，洗净，晒干。

【性状鉴定】

1. 药材　呈圆柱形，常分歧，弯曲扭转，长10~15cm，直径0.3~2cm。表面黄棕色，有明显的细纵纹及支根痕，栓皮易剥落，显出淡黄色木质部。质坚硬，折断时有粉飞出。断面黄白色，用水湿润后可见明显的类白色射线，放射状排列。气微弱，味苦。

以质坚实而重、形如鸡骨，表面及断面淡黄色、光滑者为佳，根粗长顺直、质松、色深黄、无苦味者不可入药。

2. 饮片　为不规则长圆形片，切面黄白色，用水湿润后可见明显的类白色射线，放射状排列。气微弱，味苦。

【功效主治】涌吐痰涎，截疟。用于痰饮停聚、胸膈痞塞、疟疾。有催吐副作用，用量不宜过大；孕妇慎用。

高良姜（Alpiniae Officinarum Rhizoma）

【来源】为姜科植物高良姜 *Alpinia officinarum* Hance 的干燥根茎。主产于广东、海南、广西等地。夏末秋初采挖，除去须根和残留的鳞片，洗净，切段，晒干。

🏠 课堂互动

通过眼看、手摸、鼻嗅、口尝等方法仔细观察高良姜药材，找出该药材的关键性状特点，特别注意气味。

【性状鉴别】

1. **药材** 呈圆柱形，多弯曲，有分枝，长 5~9cm，直径 1~1.5cm。表面棕红色至暗褐色，有细密的纵皱纹及灰棕色的波状环节，节间长 0.2~1cm，下面有圆形的根痕。质坚实，不易折断，断面灰棕色或红棕色，纤维性，中柱约占 1/3。气香，味辛辣。

以质坚实而重、表面棕红色，质坚实，断面灰棕色或红棕色，气香、味辛辣者为佳。

2. **饮片** 为不规则长圆形片，表面棕红色至暗褐色，有细密的纵皱纹及灰棕色的波状环节，切面棕红色，质坚实，气香，味辛辣。

【功效主治】温胃止呕，散寒止痛。用于脘腹冷痛，胃寒呕吐，嗳气吞酸。

芦根（Phragmitis Rhizoma）

【来源】为禾本科植物芦苇 *Phragmites communis* Trin. 的新鲜或干燥根茎。主产于河南、河北、山西、山东等地。全年均可采挖，除去芽、须根及膜状叶，鲜用或晒干。除去杂质，洗净，切段者为鲜芦根。鲜芦根晒干为芦根。

课堂互动

通过眼看、手摸、鼻嗅、口尝等方法仔细观察芦根药材，找出该药材的关键性状特点。

【性状鉴别】

1. **药材**

鲜芦根 呈长圆柱形，有的略扁，长短不一，直径 1~2cm。表面黄白色，有光泽，外皮疏松可剥离，节呈环状，有残根和芽痕。体轻，质软，不易折断。切断面黄白色，中空，壁厚 1~2mm，有小孔排列成环。气微，味甘。

芦根 呈扁圆柱形。节处较硬，节间有纵皱纹。

芦根以表面黄白色、有光泽、体轻、中空、味甘者为佳。

2. **饮片**

鲜芦根 为圆柱形段。表面黄白色，有光泽，节呈环状。切面黄白色，中空，外壁有小孔排列成环。气微，味甘。

芦根 为扁圆柱形段。表面黄白色，节间有纵皱纹。切面中空，外壁有小孔排列成环。

【功效主治】清热泻火，生津止渴，除烦，止呕，利尿。用于热病烦渴，肺热咳嗽，肺痈吐脓，胃热呕哕，热淋涩痛。

白茅根 （Imperatae Rhizoma）

【来源】 为禾本科植物白茅 *Imperata cylindrica* Beauv. var. *major* （Nees） C. E. Hubb. 的干燥根茎。主产于辽宁、河北、山西、山东等地。春、秋两季采挖，洗净，晒干，除去须根和膜质叶鞘，捆成小把。

课堂互动

通过眼看、手摸、鼻嗅、口尝等方法仔细观察白茅根药材，找出该药材的关键性状特点。

【性状鉴别】

1. **药材** 呈长圆柱形，长 30～60cm，直径 0.2～0.4cm。表面黄白色或淡黄色，微有光泽，具纵皱纹，节明显，稍突起，节间长短不等，通常长 1.5～3cm。体轻，质略软，断面有小空心，皮部白色，多有裂隙，放射状排列，中柱淡黄色，易与皮部剥离。气微，味微甜。

以表面黄白色，节明显、稍突起，节间有纵皱纹，体轻，质软，中空，味甘者为佳。

2. **饮片** 为扁圆柱形段。表面黄白色，节明显，稍突起，节间有纵皱纹。切面中空，皮部白色，多有裂隙，放射状排列，中柱淡黄色，易与皮部剥离。（图 5-35）

【功效主治】 凉血止血，清热利尿。用于血热吐血，衄血，尿血，热病烦渴，湿热黄疸，水肿尿少，热淋涩痛。

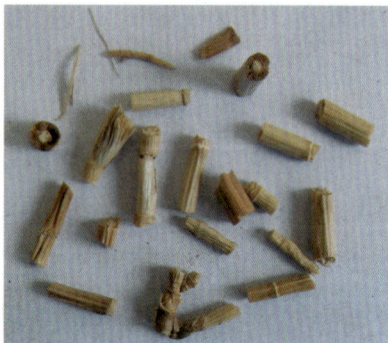

图 5-35 白茅根饮片图

白前 （Cynanchi Stauntonii Rhizoma et Radix）

【来源】 为萝藦科植物柳叶白前 *Cynanchum stauntonii* （Decne.） Schltr. ex Lévl. 或芫花叶白前 *Cynanchum glaucescens* （Decne.） Hand. – Mazz. 的干燥根茎及根。主产于浙江、江苏等地。秋季采挖，洗净，晒干。

课堂互动

通过眼看、手摸、鼻嗅、口尝等方法仔细观察白前药材，找出该药材的关键性状特点，比较与白茅根的异同。

【性状鉴别】

1. 药材

柳叶白前 根茎呈细长圆柱形，有分枝，稍弯曲；长4~15cm，直径1.5~4mm，顶端有残茎；表面黄白色或黄棕色，节明显，节间长1.5~4.5cm，中空；节处簇生纤细弯曲的根，直径约1mm，且根多次分枝呈毛须状，盘曲成团；质硬脆；气微，味微甜。

芫花叶白前 根茎较短小或略呈块状；表面灰绿色或灰黄色，节间长1~2cm；根稍弯曲，分枝少；质较硬。

均以根茎粗、须根长、无泥土及杂质者为佳。

2. 饮片 为圆柱形段。表面黄白色，节明显，节处簇生纤细弯曲的根，质硬脆，断面中空，味微甜。

【功效主治】降气，消痰，止咳。主治肺气壅实、咳嗽痰多、胸满喘急等。

远志（Polygalae Radix）

【来源】为远志科植物远志 *Polygala tenuifolia* Willd. 或卵叶远志 *Polygala sibirica* L. 的干燥根。主产于山西、陕西、吉林、河南等地。春、秋两季采挖，除去须根及泥土，晒干。制远志为净远志与甘草煎液（每100kg远志，用甘草6kg）共煮至汤吸尽、干燥而得。

课堂互动

通过眼看、手摸、鼻嗅、口尝等方法仔细观察远志药材，找出该药材的关键性状特点。

【性状鉴定】

1. 药材 呈圆柱形，略弯曲，长3~15cm，直径0.3~0.8cm。表面灰黄色至灰棕色，有较密并深陷的横皱纹、纵皱纹及裂纹，老根的横皱纹较密且更深陷，略呈结节状。质硬而脆，易折断，断面皮部棕黄色，木部黄白色，皮部易与木部剥离。气微，味苦、微辛，嚼之有刺喉感。（图5-36）

以条粗、皮厚、去净木心者为佳。

2. 饮片

远志 为呈圆柱形的段。外表面灰黄色至灰棕色，有横皱纹。切面棕黄色，中空。气微，味苦、微辛，嚼之有刺喉感。（图5－37）

制远志 表面黄棕色，味微甜。

图5－36 远志药材图

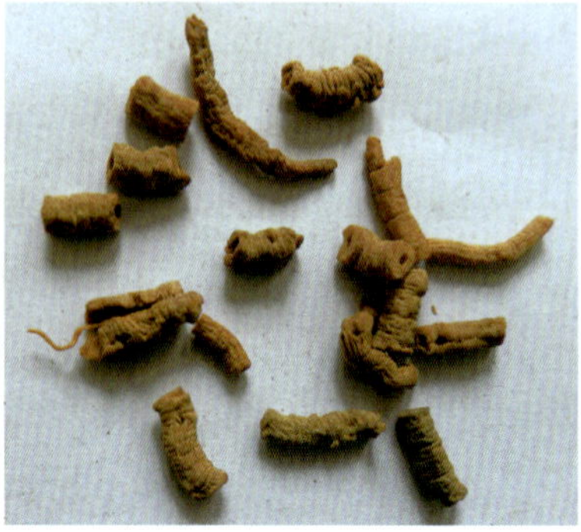

图5－37 远志饮片图

知 识 链 接

远志有木心

远志的采收加工曾经是复杂的，对于很细小的根不去木心，直接干燥称"远志棍"；对于较细的根，趁鲜捶裂，除去木心，称"远志肉"；对于较粗的根趁鲜用木棒敲打（搂松）或搓揉使松软，抽去木心，为"远志筒"。远志棍有木心为圆柱形，远志肉去木心为不规则片状或块状，远志筒抽去木心为筒状。而远志肉和远志筒不属于远志合理采收加工品，因此远志有木心。

【功效主治】安神益智，交通心肾，祛痰，消肿。主治心肾不交引起的失眠多梦、健忘惊悸、神志恍惚、咳痰不爽、疮疡肿毒等。

胡黄连（Picrorhizae Rhizoma）

【来源】为玄参科植物胡黄连 *Picrorhiza scrophulariiflora* Pennell 的干燥根茎。主产于西藏、云南及四川。秋季采挖，除去须根及泥沙，晒干。

课堂互动

通过眼看、手摸、鼻嗅、口尝等方法仔细观察胡黄连药材，找出该药材的关键性状特点，注意断面、气味等。

【性状鉴别】

1. **药材** 呈圆柱形，略弯曲，偶有分枝，长 3 ~ 12cm，直径 0.3 ~ 1cm；表面灰棕色至暗棕色，粗糙，有较密的环节、稍隆起的芽痕或根痕，上端密被暗棕色鳞片状叶柄残基；体轻，质硬而脆，易折断，断面略平坦，淡棕色至暗棕色，木部有 4 ~ 10 个类白色点状维管束排列成环，中央灰黑色（髓部）；气微，味极苦。（图 5 – 38）

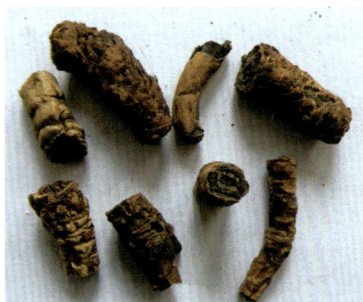

图 5 – 38 胡黄连药材图

以条粗、体轻、质脆、味苦者为佳。

2. **饮片** 为不规则长圆形片，切面淡棕色至暗棕色，木部有 4 ~ 10 个类白色点状维管束排列成环，中央灰黑色（髓部）；体轻，质硬而脆，味极苦。

【功效主治】退虚热，除疳热，清湿热。主治骨蒸潮热，小儿疳热，湿热泻痢，黄疸尿赤，痔疮肿痛。

仙茅 （Curculiginis Rhizoma）

【来源】为石蒜科植物仙茅 *Curculigo orchioides* Gaertn. 的干燥根茎。主产于江苏、浙江、福建等地。秋、冬两季采挖，除去根头和须根，洗净，干燥。

课堂互动

通过眼看、手摸、鼻嗅、口尝等方法仔细观察仙茅药材，找出该药材的关键性状特点。

【性状鉴别】

1. **药材** 呈圆柱形，略弯曲，长 3 ~ 10cm，直径 0.4 ~ 1.2cm。表面棕色至褐色，粗糙，有细孔状的须根痕及横皱纹。质硬而脆，易折断，断面较平坦，灰白色至棕褐色，近

中心处色较深。气微香，味微苦、辛。（图5 - 39）

2. 饮片 为圆形片，表面棕色至褐色，切面灰白色至棕褐色，近中心处色较深，气微香，味微苦、辛。

【功效主治】补肾阳，强筋骨，祛寒湿。用于阳痿精冷，筋骨痿软，腰膝冷痛，阳虚冷泻。

图5 -39　仙茅药材图

石菖蒲（Acori Tatarinowii Rhizoma）（附：藏菖蒲）

【来源】为天南星科植物石菖蒲 *Acorus tatarinowii* Schott 的干燥根茎。主产于四川、浙江、江西等地。秋、冬两季采挖，除去须根和泥沙，晒干。

课堂互动

通过眼看、手摸、鼻嗅、口尝等方法仔细观察石菖蒲药材，找出该药材的关键性状特点，注意环节、叶痕、气味等。

【性状鉴别】

1. 药材 呈扁圆柱形，多弯曲，常有分枝，长3 ~ 20cm，直径0.3 ~ 1cm。表面棕褐色或灰棕色，粗糙，有疏密不匀的环节，节间长0.2 ~ 0.8cm，具细纵纹，一面残留须根或圆点状根痕，另一面有三角形叶痕，左右交互排列，有的其上有鳞毛状的叶基残余。质硬，不易折断，断面纤维性，类白色或微红色，内皮层环明显，可见多数筋脉小点（维管束）及棕色油点（油细胞）散在。气芳香，味苦，微辛。（图5 -40）

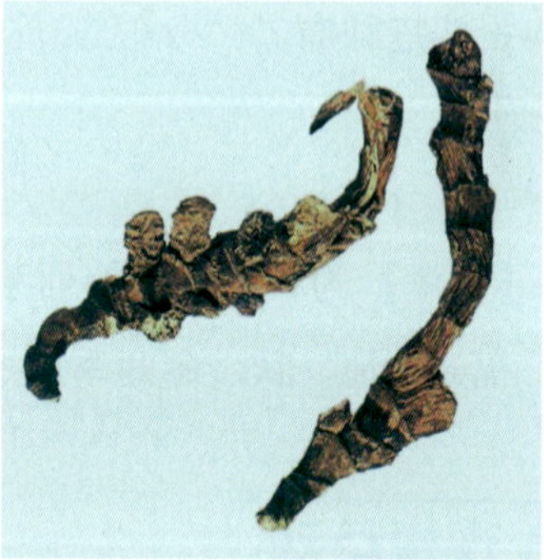

图5 -40　石菖蒲药材图

2. 饮片 为扁圆形片，表面棕褐色或灰棕色，较大切片表面可见有疏密不匀的环节，切面类白色或微红色，内皮层环明显，可见多数筋脉小点。气芳香，味苦，微辛。

【功效主治】开窍豁痰，醒神益智，化湿开胃。用于神昏癫痫，健忘失眠，耳鸣耳聋，脘痞不饥，噤口下痢。

附：藏菖蒲

藏菖蒲又称水菖蒲，为天南星科植物菖蒲 *Acorus calamus* L. 的干燥根茎。呈扁圆柱形，略弯曲，长 4 ~ 20cm，直径 0.8 ~ 2cm；表面灰棕色，节明显，节间长 0.5 ~ 1.5cm，上方有斜三角形的叶痕，左右交互排列，下方具多数凹陷的点状根痕；质硬，断面淡棕色，海绵样，内皮层环明显，有多数小空洞及维管束小点；气香浓烈而特异，味辛。

玉竹（Polygonati Odorati Rhizoma）

【来源】 为百合科植物玉竹 *Polygonatum odoratum*（Mill.）Druce 的干燥根茎。主产于湖南、河南、江苏、广东等地。秋季采挖，除去须根，洗净，晒至柔软后，反复揉搓、晾晒至无硬心，晒干；或蒸透后，揉至半透明，晒干。

课堂互动

通过眼看、手摸、鼻嗅、口尝等方法仔细观察玉竹药材，找出该药材的关键性状特点。

【性状鉴别】

1. **药材** 呈扁长圆柱形，少分枝，长 4 ~ 18cm，直径 0.3 ~ 1.6cm。表面黄白色或淡黄棕色，半透明，具纵皱纹、微隆起的波状环节、白色圆点状的须根痕和圆盘状茎痕。质硬而脆或稍软，易折断，断面黄白色，角质样或显颗粒性，可见散在的筋脉点。气微，味甘，嚼之发黏。

2. **饮片** 为不规则圆形片，表面棕褐色或灰棕色，较大切片可见微隆起的波状环节，切面黄白色，角质样，可见散在的筋脉点，味甘，嚼之发黏。

【功效主治】 养阴润燥，生津止渴。用于肺胃阴伤，燥热咳嗽，咽干口渴，内热消渴。

知母（Anemarrhenae Rhizoma）

【来源】 为百合科植物知母 *Anemarrhena asphodeloides* Bge. 的干燥根茎。主产于河北、山西、河南等地。春、秋两季采挖，去须根、泥沙，晒干，习称"毛知母"；或除去外皮，晒干，称"知母肉"。

课堂互动

通过眼看、手摸、鼻嗅、口尝等方法仔细观察知母药材，找出该药材的关键性状特点。

【性状鉴别】

1. 药材

毛知母 呈长条状，微弯曲，略扁，偶有分枝，一端有浅黄色的茎叶残痕，习称"金包头"；长 3 ~ 15cm，直径 0.8 ~ 1.5cm。表面黄棕色至棕色，上面有一纵向凹沟，具紧密排列的环状节，节上密生黄棕色的残存叶基，由两侧向根茎上方生长，下面隆起而略皱缩，并有凹陷或突起的点状根痕。质硬，易折断，断面黄白色，内皮层环明显，木部有多数散在的筋脉小点。气微，味微甜、略苦，嚼之带黏性。(图 5 - 41)

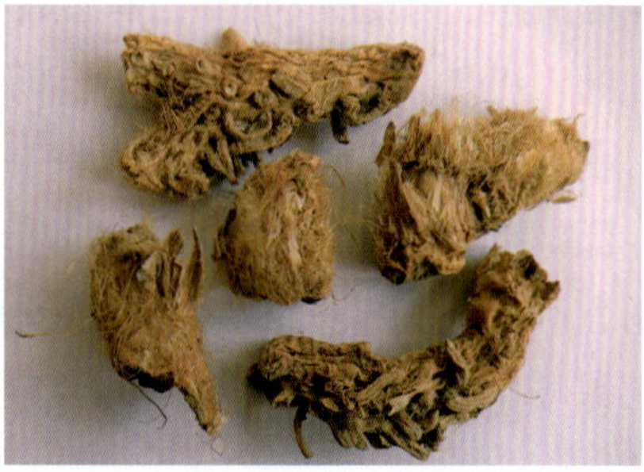

图 5 - 41　知母药材（毛知母）图

知母肉 表面无叶基纤维，白色，有扭曲的沟纹，有时可见叶痕及根痕。

2. 饮片　为扁圆形片，表面黄棕色至棕色，节上密生黄棕色的残存叶基，切面黄白色，内皮层环明显，木部有多数散在的筋脉小点，味微甜、略苦，嚼之带黏性。

【功效主治】清热泻火，滋阴润燥。用于外感热病，高热烦渴，肺热燥咳，骨蒸潮热，内热消渴，肠燥便秘。

羌活 （Notopterygii Rhizoma et Radix）

【来源】为伞形科植物羌活 *Notopterygium incisum* Ting ex H. T. Chang 或宽叶羌活 *Notopterygium franchetii* H. de Boiss. 的干燥根茎和根。主产于四川、青海等地。春、秋两季采挖，除去须根及泥沙，晒干。

课堂互动

通过眼看、手摸、鼻嗅、口尝等方法仔细观察羌活药材，找出该药材的关键性状特点，注意蚕羌的环节、断面油点、气味等。

【性状鉴别】

1. 药材

羌活 根茎入药，呈圆柱形，略弯曲，长 4 ~ 13cm，直径 0.6 ~ 2.5cm；顶端具茎痕。表面棕褐色至黑褐色，外皮脱落处呈黄色；节间缩短，呈紧密隆起的环状，形似蚕，习称

"蚕羌"；或节间延长，形如竹节状，习称
"竹节羌"；节上有多数点状或瘤状突起的
根痕及棕色破碎鳞片。体轻，质脆，易折
断，断面不平整，有多数裂隙，皮部黄棕
色至暗棕色，油润，有棕色油点（习称
"朱砂点"），木部黄白色，射线明显，髓
部黄色至黄棕色。气香浓烈特异，味微苦
而辛。（图5－42）

图5－42　羌活药材（蚕羌）图

宽叶羌活　根茎和根入药，呈类圆柱
形，顶端具茎及叶鞘残基；根类圆锥形，
有纵皱纹和皮孔。表面棕褐色，近根茎处有较密的环纹，长8～15cm，直径1～3cm，习称
"条羌"；有的根茎粗大，不规则结节状，顶部具数个茎基，根较细，习称"大头羌"。质
松脆，易折断，断面略平坦，皮部浅棕色，木部黄白色。气味较淡。

均以条粗、外皮棕褐色、断面朱砂点多、香气浓郁者为佳。

2. 饮片　为不规则圆形片，棕褐色至黑褐色，切面有裂隙，皮部黄棕色至暗棕色，
油润，有棕色油点，木部黄白色，射线明显，髓部黄色至黄棕色。气香特异，味微苦
而辛。

【功效主治】解表散寒，祛风除湿，止痛。主治风寒感冒、风湿痹痛等。

苍术 （Atractylodis Rhizoma）

【来源】为菊科植物茅苍术 *Atractylodes lancea* （Thunb.） DC. 或北苍术 *Atractylodes
chinensis* （DC.） Koidz. 的干燥根茎。茅苍术主产于江苏、湖北等地；北苍术主产于河北、
山西等地。春、秋两季采挖，除去泥沙，晒干，撞去须根。

🏠 **课堂互动**

通过眼看、手摸、鼻嗅、口尝等方法仔细观察苍术药材，找出该药材的关键
性状特点。

【性状鉴别】

1. 药材

茅苍术　呈不规则连珠状或结节状圆柱形，略弯曲，偶有分枝；表面灰棕色，有皱
纹、横曲纹及残留须根；质坚实，断面黄白色或灰白色，散有多数橙黄色或棕红色点状油

室，习称"朱砂点"；暴露稍久，可析出白色细针状结晶，习称"起霜"或"吐脂"；气香特异，味微甘、辛、苦。

北苍术 呈疙瘩状或结节状圆柱形；表面黑棕色，除去外皮者黄棕色；质较疏松，断面散有黄棕色点状油室；香气较淡，味辛、苦。（图5-43）

均以个大、质坚实、断面朱砂点多、香气浓者为佳。

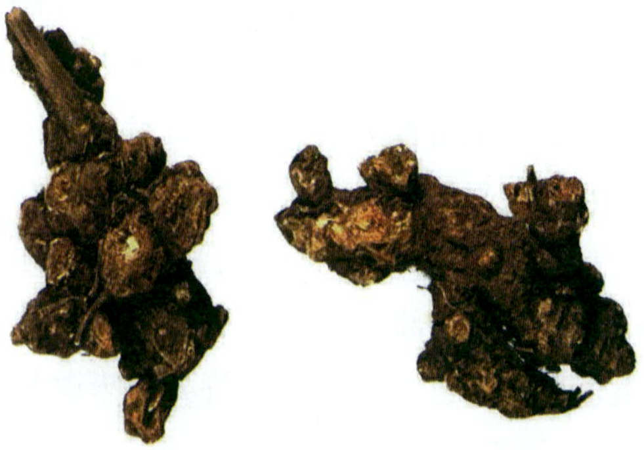

图5-43 苍术药材（北苍术）图

2. 饮片

苍术片 呈类圆形或条形厚片；外皮灰棕色至黑棕色，有皱纹，有时可见根痕；切面黄白色或灰白色，散有多数橙黄色或棕红色油室，有的可析出白色细针状结晶（"起霜"）。

麸炒苍术 形如苍术片；表面深黄色；散有多数棕褐色油室；有焦香气。

【功效主治】燥湿健脾，祛风散寒，明目。主治湿阻中焦、脘腹胀满、泄泻、水肿、风湿痹痛等。

重楼（Paridis Rhizoma）

【来源】为本品为百合科植物云南重楼 *Paris polyphylla* Smith var. *yunnanensis*（Franch.）Hand.-Mazz. 或七叶一枝花 *Paris polyphylla* Smith var. *chinensis*（Franch.）Hara 的干燥根茎。主产于云南、贵州等地。秋季采挖，除去须根，洗净，晒干。

课堂互动

通过眼看、手摸、鼻嗅、口尝等方法仔细观察重楼药材，找出该药材的关键性状特点，注意环节、茎痕、气味等。

【性状鉴别】

1. **药材** 呈结节状扁圆柱形，略弯曲，长5~12cm，直径1.0~4.5cm。表面黄棕色或灰棕色，外皮脱落处呈白色；密具层状突起的粗环纹，一面结节明显，结节上具椭圆形凹陷茎痕，另一面有疏生的须根或疣状须根痕。顶端具鳞叶和茎的残基。质坚实，断面平坦，白色至浅棕色，粉性或角质。气微，味微苦、麻。

2. **饮片** 为不规则圆形厚片，表面黄棕色或灰棕色，边缘具层状突起的粗环纹痕，切面白色至浅棕色，味微苦、麻。

【功效主治】<u>清热解毒，消肿止痛，凉肝定惊</u>。用于疔疮痈肿，咽喉肿痛，蛇虫咬伤，跌扑伤痛，惊风抽搐。

虎杖（Polygoni Cuspidati Rhizoma et Radix）

【来源】为蓼科植物虎杖 *Polygonum cuspidatum* Sieb. et Zucc. 的干燥根茎及根。主产于江苏、浙江、安徽等地。春、秋两季采挖，除去须根，洗净，趁鲜切段或片，晒干。

【性状鉴定】

1. **药材** 呈圆柱形短段。外皮棕褐色，有纵皱纹及须根痕，切面皮部较薄，<u>木部宽广，棕黄色</u>，射线呈放射状，皮部与木部较易分离。<u>根茎髓中空有横隔或呈空洞状，纵剖可见分隔如梯子状</u>。质坚硬。气微，味微苦、涩。（图5-44）

以粗壮、坚实、断面色黄者为佳。

2. **饮片** 为圆柱形短段或不规则长圆形厚片，长1~7cm，直径0.5~2.5cm。外皮棕褐色，有纵皱纹及须根痕，切面皮部较薄，<u>木部宽广，棕黄色</u>，射线放射状，皮部与木部较易分离；<u>根茎髓中空有隔或呈空洞状，纵剖可见分隔</u>。质坚硬，气微，味微苦、涩。

图5-44 虎杖药材图

【功效主治】<u>利湿退黄，清热解毒，散瘀止痛，止咳化痰</u>。主治湿热黄疸、淋浊、风湿痹痛等。

升麻（Cimicifugae Rhizoma）

【来源】为毛茛科植物大三叶升麻 *Cimicifuga heracleifolia* Kom. 、兴安升麻 *Cimicifuga dahurica* (Turcz.) Maxim. 或升麻 *Cimicifuga foetida* L. 的干燥根茎。药材依次称"关升麻""北升麻"和"西升麻"。大三叶升麻、兴安升麻主产于东北及河北等地；升麻主产于四川、陕西等地。秋季采挖，除去泥沙，晒至须根干时，燎去或除去须根，晒干。

🏠 **课堂互动**

通过眼看、手摸、鼻嗅、口尝等方法仔细观察升麻药材，找出该药材的关键性状特点，注意茎痕、切面裂隙等特点。

【性状鉴定】

1. **药材** 呈不规则的长形块状或结节状，多分枝。表面黑褐色或棕褐色，粗糙不平，有坚硬的细须根残留，上面有数个圆形空洞的茎基痕，洞内壁显网状沟纹；下面凹凸不平，具须根痕。体轻，质坚硬，不易折断，断面不平坦，黄绿色或淡黄白色，纤维性，多裂隙。气微，味微苦而涩。（图5－45）

以个大、外皮绿黑色、无细根、断面深绿色者为佳。

2. **饮片** 为不规则形厚片，切面有网状裂隙，黄绿色或淡黄白色，气微，味微苦而涩。（图5－46）

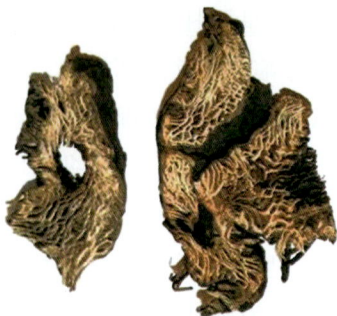

图5－45 升麻药材图   图5－46 升麻饮片图

【功效主治】发表透疹，清热解毒，升举阳气。主治风热头痛、口疮、咽喉肿痛等。

藕节 （Nelumbins Rhizomatis Nodus）

【来源】为睡莲科植物莲 *Nelumbo nucifera* Gaertn. 的干燥根茎节部。秋、冬两季采挖根茎（藕），切取节部，洗净，晒干，除去须根。藕节炭是取净藕节，照炒炭法炒至表面黑褐色或焦黑色，内部黄褐色或棕褐色。

【性状鉴别】

1. **药材** 呈短圆柱形，中部稍膨大，长2～4cm，直径约2cm。表面灰黄色至灰棕色，有残存的须根和须根痕，偶见暗红棕色的鳞叶残基。两端有残留的藕基，表面皱缩有纵纹。质硬，断面有多数类圆形孔。气微，味微甘、涩。

以个大、灰黄色至灰棕色、断面有多数类圆形孔者为佳。

2. **饮片**

藕节炭 形如藕节，表面黑褐色或焦黑色，内部黄褐色或棕褐色。断面可见多数类圆形孔。气微，味微甘、涩。

【功效主治】收敛止血，化瘀。用于吐血、咯血、尿血、崩漏。

黄芩（Scutellariae Radix）

【来源】 为唇形科植物黄芩 *Scutellaria baicalensis* Georgi. 的干燥根。以野生为主，已开始栽培。主产于河北、山西、内蒙古、辽宁等地。以山西产量较大，河北承德产者质量较好。春、秋两季采挖，除去须根及泥沙，晒后撞去粗皮，晒干。

课堂互动

通过眼看、手摸、鼻嗅、口尝等方法仔细观察黄芩药材，找出该药材的关键性状特点。

【性状鉴别】

1. 药材 呈圆锥形，扭曲，长 8～25cm，直径 1～3cm。表面棕黄色或深黄色，有稀疏的疣状细根痕，上部较粗糙，有扭曲的纵皱纹或不规则的网纹，下部有皱纹。质硬而脆，易折断，断面黄色，中心红棕色；老根中心呈枯朽状或中空，暗棕色或棕黑色。气微，味苦。（图5-47）

栽培品较细长，多有分枝。表面浅黄棕色，外皮紧贴，纵皱纹较细腻。断面黄色或浅黄色，略呈角质样。味微苦。

以条长，质坚实，色黄，味苦，无粗皮、杂质、茎芦、碎渣、虫蛀、霉变者为佳。

图5-47 黄芩药材及饮片图

2. 饮片

黄芩片 为类圆形或不规则形薄片；外表皮黄棕色或棕褐色；切面黄棕色或黄绿色，中心红棕色；具放射状纹理。（图5-47）

酒黄芩 形如黄芩片，略带焦斑，微有酒香气。

【功效主治】 清热燥湿，泻火解毒，止血，安胎。主治湿温、暑湿、胸闷呕恶、湿热痞满、泻痢、黄疸、肺热咳嗽、高热烦渴、胎动不安等。

防风（Saposhnikoviae Radix）

【来源】 为伞形科植物防风 *Saposhnikovia divaricata*（Turcz.）Schischk. 的干燥根。主产于东北，习称"关防风"。春、秋两季采挖未抽花茎植株的根，除去须根及泥沙，晒干。

课堂互动

通过眼看、手摸、鼻嗅、口尝等方法仔细观察防风药材，找出该药材的关键性状特点。

【性状鉴别】

1. **药材** 呈长圆锥形或长圆柱形，下部渐细，有的略弯曲，长15~30cm，直径0.5~2cm。表面灰棕色或棕褐色，粗糙；根头部有明显密集的环纹，习称"蚯蚓头"，有的环纹上残存棕褐色毛状叶基（"扫把头"）；环纹下有纵皱纹、横长皮孔及点状突起的细根痕。体轻，质松，易折断，断面不平坦，皮部棕黄色至棕色，有裂隙，木质部黄色。气特异，味微甘。

图5-48 防风饮片图

以条粗壮、断面皮部色浅棕、木部浅黄色者为佳。

2. **饮片** 为类圆形厚片，表面灰棕色或棕褐色，切面皮部棕黄色至棕色，有裂隙，木质部黄色。气特异，味微甘。（图5-48）

【功效主治】祛风解表，胜湿止痛，止痉。主治感冒头痛、风湿痹痛、风疹瘙痒、破伤风。

前胡（Peucedani Radix）

【来源】为伞形科植物白花前胡 *Peucedanum praeruptorum* Dunn 的干燥根。主产于浙江、江西等地。冬季至次春茎叶枯萎或未抽花茎时采挖，除去须根，洗净，晒干或低温干燥。

课堂互动

通过眼看、手摸、鼻嗅、口尝等方法仔细观察前胡药材，找出该药材的关键性状特点，比较与防风的异同。

【性状鉴别】

1. **药材** 呈不规则圆柱形、圆锥形或纺锤形，稍扭曲，下部常有分枝；长3~15cm，直径 1~2cm。外表黑褐色或灰黄色，根头部多有茎痕及纤维状叶鞘残基，根上部有密集的细环纹（习称“蚯蚓头”），下部有纵沟、纵纹及横向皮孔样突起。质较柔软，干者质硬，可折断，断面不整齐，淡黄白色，可见棕色形成层环及放射状纹理，皮部约占根横切面的 3/5，淡黄色，散有多数棕黄色油点，木部黄棕色。气芳香，味微苦、辛。（图 5 - 49）

图 5 - 49 前胡药材图

以根粗壮、皮部厚、质柔软、断面油点多、香气浓者为佳。

2. 饮片

前胡片 为类圆形或不规则薄片，其余性状同药材。

蜜前胡 形如前胡片，表面黄褐色，略具光泽，滋润；味微甜。

【功效主治】降气化痰，散风清热。用于痰热喘满、风热咳嗽痰多等。

知 识 链 接

紫花前胡

紫花前胡为伞形科植物紫花前胡 *Peucedanum decursivum*（Miq.）Maxim. 的干燥根。主产于浙江、江西等地。与白花前胡的主要区别为：根头部偶有残留茎基，无纤维毛状物，茎基常残留膜状叶鞘；断面类白色，皮部较窄，油点少，木部占根面积的 1/2 或更多。本品含紫花前胡苷（$C_{20}H_{24}O_9$）不得少于 0.90%。性味功能同前胡。

白芷 （Angelicae Dahuricae Radix）

【来源】为伞形科植物白芷 *Angelica dahurica*（Fisch. ex Hoffm.）Benth. et Hook. f. 或杭白芷 *A. dahurica*（Fisch. ex Hoffm.）Benth. et Hook. f. var. *formosana*（Boiss.）Shan et Yuan. 的干燥根。白芷产于河南长葛、禹县者习称“禹白芷”；产于河北安国者习称“祁白芷”。杭白芷产于浙江、福建、四川者习称“杭白芷”和“川白芷”。夏、秋间叶黄时采挖，除去须根及泥沙，晒干或低温干燥。

课堂互动

通过眼看、手摸、鼻嗅、口尝等方法仔细观察白芷药材，找出该药材的关键性状特点。

【性状鉴别】

1. 药材

白芷　呈圆锥形，头粗尾细，长 10 ~ 25cm，直径 1.5 ~ 2.5cm，顶端有凹陷的茎痕。表面灰棕色或黄棕色，有横向突起的皮孔散生，习称"疙瘩丁"，有多数纵皱纹及支根痕。质坚实，断面白色或灰白色，粉性，皮部散有多数棕色油点，形成层环棕色，近圆形，木质部约占断面的1/3。气芳香，味辛、微苦。（图 5 – 50）

杭白芷　与白芷的主要区别为略呈钝四棱形，横向皮孔样突起多排成四纵行，习称"四趟疙瘩"。形成层环略呈方形，木质部约占断面的1/2。（图 5 – 51）

图 5 –50　白芷药材及饮片图

图 5 –51　杭白芷药材及饮片图

均以条粗壮、体重、粉性足、香气浓郁者为佳。

2. **饮片**　为类圆形厚片，表面灰棕色或黄棕色，切面白色或灰白色，粉性，皮部散有多数棕色油点，形成层环棕色，近圆形或略成四方形。

【功效主治】解表散寒，祛风止痛，宣通鼻窍，燥湿止带，消肿排脓。主治感冒头痛、眉棱骨痛、鼻塞流涕、鼻衄鼻渊、牙痛、带下、疮疡肿痛。

天花粉（Trichosanthis Radix）

【来源】为葫芦科植物栝楼 *Trichosanthes kirilowii* Maxim. 或双边栝楼 *Trichosanthes rosthornii* Herms. 的干燥根。主产于河南、山东、山西、江苏、安徽、广西、浙江、贵州、陕西、甘肃等地。秋、冬两季采挖，洗净泥土，刮去粗皮，切段或纵剖成瓣，干燥。

课堂互动

　　通过眼看、手摸、鼻嗅、口尝等方法仔细观察天花粉药材，找出该药材的关键性状特点。

【性状鉴别】

1. 药材

　　栝楼根 呈不规则圆柱形、纺锤形或瓣块状，长 8～16cm，直径 1.5～5.5cm。均已刮去外皮，表面白色或黄白色，有纵皱纹、黄色脉纹及略凹陷的横长皮孔痕，有的残存黄棕色外皮。质坚实，断面白色或淡黄色，富粉性，横切面靠外侧可见棕黄色导管小孔，略呈放射状排列，纵切面可见数条纵向平行排列的黄色筋脉纹。气无，味微苦。

　　双边栝楼根 去皮者表面浅灰黄色至棕黄色，断面淡灰黄色，筋脉较多，粉性稍差。气无，味苦涩。

　　以体肥块大、色白、粉性足、质坚细腻、纤维少者为佳；色棕、纤维多者为次。

　　2. 饮片 为类圆形或不规则圆形厚片。表面白色或黄白色，切面可见棕黄色导管小孔，略呈放射状排列。纵切面为不规则长圆形的厚片，可见纵向黄色筋脉纹。气无，味微苦。（图 5–52）

　　【功效主治】清热泻火，生津止渴，消肿排脓。主治热病烦渴，肺热燥咳，内热消渴，疮疡肿毒。不宜与川乌、制川乌、草乌、制草乌、附子同用。

图 5–52　天花粉药材及饮片图

秦艽 （Gentianae Macrophyllae Radix）

　　【来源】为龙胆科植物秦艽 *Gentiana macrophylla* Pall.、麻花秦艽 *G. straminea* Maxim.、粗茎秦艽 *G. crassicaulis* Duthie ex Burk. 或小秦艽 *G. dahurica* Fisch. 的干燥根。前三种按性状不同分别习称"秦艽"和"麻花艽"，后一种习称"小秦艽"。秦艽主产于甘肃、山西、陕西等地。以甘肃产量最大，质量最好。麻花秦艽主产于四川、甘肃、青海、西藏等地。粗茎秦艽主产于西南地区。小秦艽主产于河北、内蒙古及陕西等地。春、秋两季采挖，除去泥沙；秦艽及麻花艽晒软，堆置"发汗"至表面呈红黄色或灰黄色时，摊开晒干，或不经"发汗"直接晒干；小秦艽趁鲜时搓去黑皮，晒干。

![课堂互动]

通过眼看、手摸、鼻嗅、口尝等方法仔细观察秦艽药材，找出该药材的关键性状特点，注意扭曲的纹理、气味等特点。

【性状鉴别】

1. 药材

秦艽 呈类圆柱形，上粗下细，扭曲不直，长 10～30cm，直径 1～3cm。表面黄棕色或灰黄色，有纵向或扭曲的纵皱纹，顶端有残存茎基及纤维状叶鞘。质硬而脆，易折断，断面略显油性，皮部黄色或棕黄色，木部黄色。气特异，味苦、微涩。

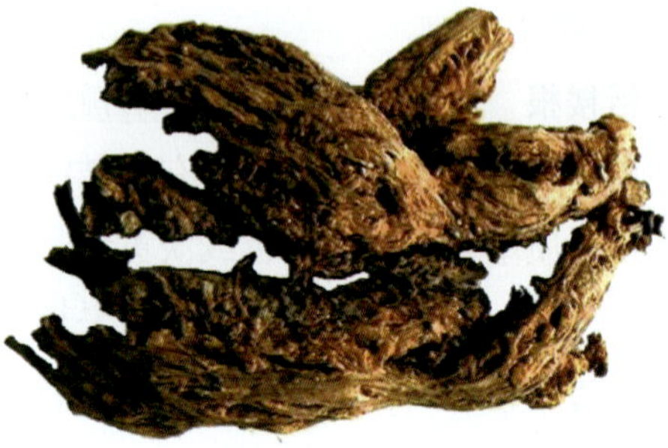

麻花艽 呈类圆锥形，多由数个小根纠

图 5-53 秦艽药材（麻花艽）图

聚拧曲而膨大，直径可达 7cm。表面棕褐色，粗糙，有裂隙呈网状孔纹。质松脆，易折断，断面多呈枯朽状。（图 5-53）

小秦艽 呈类圆锥形或类圆柱形，长 8～15cm，直径 0.2～1cm。表面棕黄色。主根通常 1 个，残存的茎基有纤维状叶鞘，下部多分枝。断面黄白色。

均以粗壮、表面黄棕色或棕褐色，气特异，味苦、微涩者为佳。

2. 饮片 为类圆形或不规则厚片，表面黄棕色或棕褐色，切面略显油性，皮部黄色或棕黄色，木部黄色，或枯朽状。

【功效主治】 祛风湿，清湿热，止痹痛，退虚热。主治风湿痹痛，中风半身不遂，筋脉拘挛，骨节酸痛，湿热黄疸，骨蒸潮热，小儿疳积发热。

![知识链接]

秦艽伪品

1. 龙胆科植物西藏黑秦艽 *Gentiana Waltonii* Burkill 的干燥根。呈类圆锥形或圆柱形，根头分枝，中部绞合成麻花状，下部又分枝。表面棕黑色，有扭曲的纵沟纹和裂隙；质松脆，断面棕黑色，可见淡棕色小点。气微，味苦涩。

2. 唇形科植物甘西鼠尾 *Salvia przewalskii* Maxim 的根及根茎，又名红秦艽。根呈圆锥形，下部数根纠集成麻花状；表面红褐色，有纵沟纹，栓皮脱落处可见木质维管束呈绞丝状；质松脆，断面疏松不整齐，黄色；气微，味淡微涩。

3. 毛茛科植物黑大艽（牛扁）*Aconitum barbatum* Pers. var. *puberulum* Ledeb 根。类圆锥形，根头由数个小根纠集合生，略似麻花状；表面黑褐色，有纵沟和裂隙，表皮易脱落；质松脆，体轻，断面不整齐，中心腐朽；分枝皮部黑色；气微，味苦而麻，有毒。

4. 毛茛科植物高乌头 *Aconitum sinomontanum* Nakai 的干燥根。呈类圆形，稍扁而扭曲，有分枝；表面棕色或棕褐色，有明显网状纹及裂隙；质松脆，断面呈蜂窝状或中空；气微，味苦；有毒。

漏芦（Rhapontici Radix）

【来源】 为菊科植物祁州漏芦 *Rhaponticum uniflorum*（L.）DC. 的干燥根。主产于河北、辽宁、山西等省。春、秋两季采挖，除去须根及泥沙，晒干。

课堂互动

通过眼看、手摸、鼻嗅、口尝等方法仔细观察漏芦药材，找出该药材的关键性状特点。

【性状鉴别】

1. 药材 呈圆锥形或扁片块状，多扭曲，长短不一，直径 1～2.5cm。表面暗棕色、灰褐色或黑褐色，粗糙，具纵沟及菱形的网状裂隙。外层易剥落，根头部膨大，有残茎及鳞片状叶基，顶端有灰白色茸毛。体轻，质脆，易折断，断面不整齐，灰黄色，有裂隙，中心有的呈星状裂隙，灰黑色或棕黑色。气特异，味苦。

以粗壮、断面灰黄色、气特异、味苦者为佳。

2. 饮片 为不规则厚片，暗棕色、灰褐色或黑褐色，切面有裂隙，中心有的呈星状裂隙，灰黑色或棕黑色。

【功效主治】 清热解毒，消痈，下乳，舒筋通脉。主治乳痈肿痛，痈疽发背，瘰疬疮毒，乳汁不通，湿痹拘挛。孕妇慎用。

知识链接

禹州漏芦

禹州漏芦为菊科植物蓝刺头 *Echinops latifolius* Tausch. 或华东蓝刺头 *E. grijisii*

Hance. 的干燥根，主产于河南、山东等省，春、秋两季采挖，除去须根及泥沙，晒干。呈类圆柱形，稍扭曲，长 10～25cm，直径 0.5～1.5cm。表面灰黄色或灰褐色，具纵皱纹，顶端有纤维状棕色硬毛。质硬，断面皮部褐色，木部呈黄黑相间的放射状纹理。气微，味微涩。

甘松（Nardostachyos Radix et Rhizoma）

【来源】为败酱科植物甘松 *Nardostachys chinensis* Batal. 或匙叶甘松 *N. jatamansi* DC. 的干燥根及根茎。甘松主产于四川等省，甘肃、西藏亦产；匙叶甘松主产于西藏等地。春、秋两季采挖，除去泥沙及杂质，晒干或阴干。

课堂互动

通过眼看、手摸、鼻嗅、口尝等方法仔细观察甘松药材，找出该药材的关键性状特点。

【性状鉴别】

1. **药材**　呈圆锥形，多弯曲，长 5～18cm。根茎短小，上端有茎、叶残基，呈狭长的膜质片状或纤维状。外层黑棕色，内层棕色或黄色。根单一或数条交结、分枝或并列，直径 0.3～1cm，表面棕褐色，皱缩，有细根及须根。易折断，断面粗糙，皮部深棕色，常成裂片状，木部黄白色。气特异，味苦而辛，有清凉感。（图 5－54）

图 5－54　甘松药材图

均以条长、粗大，外层黑棕色，内层棕色或黄色，常成裂片状者为佳。

2. **饮片**　为不规则厚片，质松脆，常成裂片状，木部黄白色。气特异，味苦而辛，有清凉感。

【功效主治】理气止痛，开郁醒脾，外用祛湿消肿。内服用于脘腹胀满、食欲不振、呕吐等；外治用于牙痛、脚气肿毒。

紫草（Arnebiae Radix）

【来源】为紫草科植物新疆紫草 *Arnebia euchroma*（Royle）Johnst. 或内蒙紫草 *A. guttata*

Bunge. 的干燥根。新疆紫草主产于新疆、西藏等地。内蒙紫草主产于内蒙古、甘肃等地。春、秋两季采挖，除去泥沙，干燥。

课堂互动

通过眼看、手摸、鼻嗅、口尝等方法仔细观察紫草药材，找出该药材的关键性状特点。

【性状鉴别】

1. 药材

新疆紫草（软紫草） 呈不规则的长圆柱形，多扭曲，长 7 ~ 20cm，直径 1 ~ 2.5cm。表面紫红色或紫褐色，皮部疏松，呈条形片状，常多层重叠，易剥落。顶端有的可见分歧的茎残基。体轻，质松软，易折断，断面不整齐，木部较小，黄白色或黄色。气特异，味微苦、涩。

内蒙紫草 呈圆锥形或圆柱形，扭曲，长 6 ~ 20cm，直径 0.5 ~ 4cm。根头部略粗大，顶端有残茎 1 个或多个，被短硬毛。表面紫红色或暗紫色，皮部略薄，常数层相叠，易剥离。质硬而脆，易折断，断面较整齐，皮部紫红色，木部较小，黄白色。气特异，味涩。

均以条长、粗大、色紫、皮厚者为佳。

2. 饮片 为不规则厚片，常成数层裂片状，易剥离，质硬而脆，切面皮部紫红色，木部较小，黄白色。气特异，味涩。

【功效主治】 清热凉血，活血解毒，透疹消斑。主治血热毒盛，斑疹紫黑，麻疹不透，疮疡，湿疹，水火烫伤。外用熬膏或用植物油浸泡涂擦。

柴 胡（Bupleuri Radix）

【来源】 为伞形科植物柴胡 *Bupleurum chinense* DC. 或狭叶柴胡 *B. scorzonerifolium* Willd. 的干燥根。按性状不同，分别习称"北柴胡"及"南柴胡"。柴胡主产于河北、河南、辽宁、湖北等省。狭叶柴胡主产于湖北、四川、安徽、黑龙江等省。春、秋两季采挖，除去茎叶及泥沙，干燥。

课堂互动

通过眼看、手摸、鼻嗅、口尝等方法仔细观察柴胡药材，找出该药材的关键性状特点，注意北、南柴胡在茎基、颜色等的不同。

【性状鉴别】

1. 药材

北柴胡 呈圆柱形或长圆锥形，长 6～15cm，直径 0.3～0.8cm。根头膨大，顶端残留 3～15 个茎基或有短纤维状叶基，下部有分枝。表面黑褐色或浅棕色，具纵皱纹、支根痕及皮孔。质硬而韧，不易折断，断面显纤维性，皮部浅棕色，木部黄白色。气微香，味微苦。（图 5－55）

图 5－55　北柴胡药材及饮片图

南柴胡 根较细，呈圆锥形，顶端有多数细毛状枯叶纤维，下部多不分枝或稍分枝。表面红棕色或黑棕色，靠近根头处多具细密环纹。易折断，断面略平坦，不显纤维性。具败油气。

均以条粗长、须根少者为佳。

2. 饮片

柴胡片 北柴胡片为不规则厚片；外表皮黑褐色或浅棕色，具纵向皱纹及支根痕；切面淡黄白色，纤维性；质硬；气微香，味微苦。南柴胡片多为类圆形或不规则片；外表皮红棕色或黑褐色；有时可见根头处具细密环纹或有细毛状枯叶纤维；切面黄白色，平坦；具败油气。

醋柴胡 醋北柴胡形如北柴胡片，表面淡棕黄色，微有醋香气，味微苦；醋南柴胡形如南柴胡片，微有醋香气。

【功效主治】疏散退热，疏肝解郁，升举阳气。主治感冒发热、寒热往来、胸胁胀痛、月经不调、子宫脱垂、脱肛等。

知识链接

柴胡伪品

我国柴胡属（Bupleurum）植物有 30 多种。柴胡伪品较多。

1. 竹叶柴胡 为柴胡 *Bupleurum chinense* DC. 或狭叶柴胡 *Bupleurum scorzonerifolium* Willd. 地上部分或带根的全草。茎叶中含芸香苷、皂苷和挥发油等。

2. 大叶柴胡 为大叶柴胡 *Bupleurum longiradiatum* Turcz. 的根，分布于东北地区和河南、陕西、甘肃、安徽、湖南等省。其根茎表面密生环节。有毒，不可作柴胡使用。

3. 银州柴胡 为兴安柴胡 *Bupleurum sibirimm* Vest.、竹叶柴胡（膜缘柴胡）*B. marginatum* Wall . ex DC. 的根，东北和华北地区用。

红大戟（Knoxiae Radix）

【来源】为茜草科植物红大戟 *Knoxia valerianoides* Thorel et Pitard. 的干燥块根。主产于福建、广东、广西、云南等地。秋、冬两季采挖，除去须根，洗净，置沸水中略烫，干燥。

课堂互动

通过眼看、手摸、鼻嗅、口尝等方法仔细观察红大戟药材，找出该药材的关键性状特点。

【性状鉴别】

1. **药材** 呈纺锤形，尾细，偶有分枝，稍弯曲，长 3～10cm，直径 0.6～1.2cm。表面红褐色或红棕色，粗糙，有扭曲的纵皱纹。上端常有细小的茎痕。质坚实，断面皮部红褐色，木部棕黄色。气微，味甘、微辛。（图 5-56）

以表面红褐色或红棕色，质坚实，断面皮部红褐色，木部棕黄色，味甘、微辛者为佳。

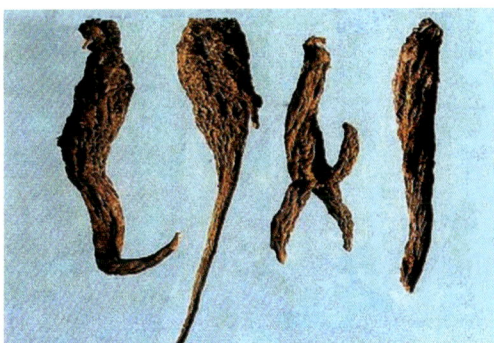

图 5-56 红大戟药材图

2. **饮片** 为类圆形厚片，表面红褐色或红棕色，切面皮部红褐色，木部棕黄色。味甘、微辛。

【功效主治】有小毒；泻水逐饮，攻毒，消肿散结。用于水肿胀满、胸腹积水、痰饮积聚、痈肿疮毒、瘰疬痰核等。不宜与甘草同用。

京大戟（Euphorbiae pekinensis Radix）

【来源】为大戟科植物大戟 *Euphorbia pekinensis* Rupr. 的干燥根。主产于江苏、四川、江西、广西等地。秋、冬两季采挖，洗净，除去残茎及须根，晒干。

【性状鉴定】

1. **药材** 呈圆柱形或圆锥形，长 10～20cm，直径可达 4cm。表面灰棕色至深棕色，粗糙而具侧根，顶端多膨大，上有许多圆形的地上茎痕，向下渐细，有纵直沟纹及横生皮孔与支根痕。质坚硬，不易折断，折断面纤维性，类白色至灰棕色。气微，味苦涩。

以根条均匀、断面纤维性、类白色至灰棕色者为佳。

2. 饮片 为类圆形厚片，表面灰棕色至深棕色，切面类白色至灰棕色。味甘、微辛。

【功效主治】有毒。<u>泻水逐饮，消肿散结</u>。用于水肿胀满，胸腹积水，痰饮积聚，气逆咳喘，二便不利，痈肿疮毒，瘰疬痰核。不宜与甘草同用。

三七（Notoginseng Radix et Rhizoma）

【来源】 为五加科植物三七 *Panax notoginseng*（Burk.）F. H. Chen. 的干燥根及根茎。主产于云南文山及广西田阳、靖西、百色等地。秋季花开前采挖，洗净，分开主根、支根及根茎，干燥。支根习称"筋条"，根茎习称"剪口"。于种植后第 3~4 年秋季开花前采挖，根饱满，质佳者，称"春七"；冬季结籽后采挖，根较松泡，质次者，称"冬七"。

课堂互动

通过眼看、手摸、鼻嗅、口尝等方法仔细观察三七药材，找出该药材的关键性状特点。

【性状鉴别】

1. 药材

三七 主根呈类圆锥形或圆柱形，顶端有茎痕，周围有瘤状突起；长 1~6cm，直径 1~4cm。表面灰褐色或灰黄色，有断续的纵皱纹、支根痕。<u>体重，质坚实，击碎后皮部与木部常分离，断面灰绿色、黄绿色或灰白色</u>，木部微呈放射状排列。<u>气微，味苦回甜</u>。（图 5-57）

以个大、体重质坚、断面灰绿或黄绿色、无裂隙、气味浓厚者为佳。

图 5-57 三七药材图

剪口 呈不规则的皱缩块状及条状，表面有数个明显的茎痕及环纹，断面中心灰绿色或白色，边缘深绿色或灰色。

筋条 呈圆柱形或圆锥形，长 2~6cm，上端直径约 0.8cm，下端直径约 0.3cm。

2. 饮片 为不规则厚片或碎块，皮部与木部常分离，碎面灰绿色、黄绿色或灰白色，木部微呈放射状排列。味苦回甜。

三七的规格等级按每斤（500g）三七包含的个数，分为一等"20 头"、二等"30

头"、三等"40头"、四等"60头"、五等"80头"、六等"120头"、七等"160头"、八等"200头"、九等"250头"、十等"300头"、十一等"无数头"、十二等"筋条"、十三等"绒根"（三七的须根）等。三七的"剪口""筋条"与"绒根"的醇浸出物含量较主根为高。

【显微鉴别】粉末灰黄色。树脂道碎片，内含黄色分泌物。草酸钙簇晶，直径50～80μm，其棱角较钝。导管网纹、梯纹或螺纹导管。淀粉粒单粒圆形、半圆形或圆多角形，脐点点状或裂缝状；复粒由2～10余个分粒组成。木栓细胞呈长方形或多角形，棕色。（图5-58）

【功效主治】散瘀止血，消肿定痛。主治咯血，吐血，衄血，便血，崩漏，外伤出血，胸腹刺痛，跌扑肿痛。孕妇慎用。

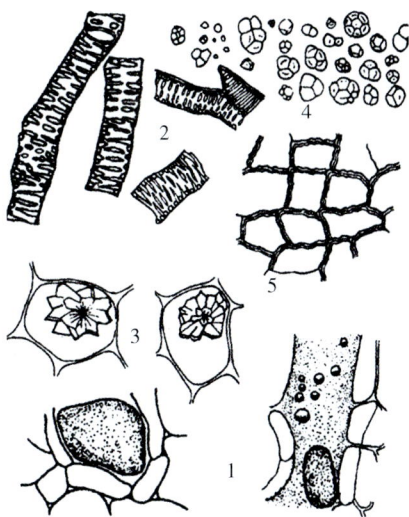

图5-58 三七粉末特征图

1. 树脂道　2. 导管　3. 草酸钙簇晶
4. 淀粉粒　5. 木栓细胞

知 识 链 接

三七的伪品

三七的伪品主要有：

1. **土三七**　为菊科植物菊三七 *Gynura segetum*（Lour.）Merr. 的根茎。呈拳形块状，表面灰棕色或棕黄色，全体有瘤状突起；质坚实，断面淡黄色，环纹不明显，皮部与木部不易分离，中心有髓部；韧皮部有分泌道，薄壁细胞含菊糖。

2. **藤三七**　为落葵科植物落葵薯 *Anredera cordifolia*（Tenore）Steenis 的块茎。呈类圆柱形，珠芽呈不规则的块状；断面粉性，水煮者角质样；味微甜，嚼之有黏性。

3. **莪术**　为姜科植物蓬莪术 *Curcuma phaeocaulis* Val. 、广西莪术 *Curcuma kwangsiensis* S. G. Lee et C. F. Liang 或温郁金 *Curcuma wenyujin* Y. H. Chen et C. Ling 的根茎加工品。呈卵形或圆锥形，表面有环节；断面具蜡样光泽，有内皮层环纹，维管束散列；气香，味辛、微苦。

三棱（Sparganii Rhizoma）

【来源】 为黑三棱科植物黑三棱 *Sparganium stoloniferum* Buch. - Ham. 的干燥块茎。主产于江苏、河南、山东、江西等省。冬季至次年春采挖，洗净，削去外皮，晒干。

课堂互动

通过眼看、手摸、鼻嗅、口尝等方法仔细观察三棱药材，找出该药材的关键性状特点，注意须根痕、刀削痕、气味等特点。

【性状鉴别】

1. 药材 呈圆锥形，略扁，长2～6cm，直径2～4cm。表面黄白色或灰黄色，有刀削痕，须根痕小点状，略呈横向环状排列。体重，入水下沉，质坚实，难折断，横切面黄白色，致密，有不明显的筋脉点散在。气微，味淡，嚼之微有麻辣感。（图5-59）

以个大、坚实者为佳。

图5-59 三棱药材图

2. 饮片 为长圆形厚片，表面黄白色或灰黄色，切面黄白色，致密，有不明显的筋脉小点散在。气微，味淡，嚼之微有麻辣感。

【功效主治】 破血行气，消积止痛。用于癥瘕痞块、痛经、瘀血经闭、胸痹心痛、食积胀痛。

莪术（Curcumae Rhizoma）

【来源】 为姜科植物蓬莪术 *Curcuma phaeocaulis* Val.、广西莪术 *Curcuma kwangsiensis* S. G. Lee et C. F. Liang. 或温郁金 *Curcuma wenyujin* Y. H. Chen et C. Ling. 的干燥根茎。后者习称"温莪术"。蓬莪术主产于四川；温莪术主产于浙江；广西莪术主产于广西壮族自治区。冬季茎叶枯萎后采挖，洗净，蒸或煮至透心，晒干或低温干燥后除去须根及杂质。

课堂互动

通过眼看、手摸、鼻嗅、口尝等方法仔细观察莪术药材，找出该药材的关键性状特点。

【性状鉴别】

1. 药材

蓬莪术 呈卵圆形、长卵形、圆锥形或长纺锤形，顶端多钝尖，基部钝圆，长 2~8cm，直径 1.5~4cm。表面灰黄色至灰棕色，上部环节突起（"蝉腹状"），有圆形微凹的须根痕或残留的须根，有的两侧各有 1 列下陷的芽痕和类圆形的侧生根茎痕，有的可见刀削痕。体重，质坚实，断面灰褐色至蓝褐色，蜡样，常附有灰棕色粉末，皮层与中柱易分离，内皮层环纹棕褐色。气微香，味微苦而辛。（图 5-60）

图 5-60 莪术药材图

广西莪术 环节稍突起，断面黄棕色至棕色，常附有淡黄色粉末，内皮层环纹黄白色。

温莪术 断面黄棕色至棕褐色，常附有淡黄色至黄棕色粉末。气香或微香。

2. 饮片
为长圆形厚片，体重，质坚实，切面灰褐色至蓝褐色，或黄棕色至棕色，或黄棕色至棕色，蜡样，气微香，味微苦而辛。

【功效主治】行气破血，消积止痛。用于癥瘕痞块、经闭、胸痹心痛、食积胀痛。

川乌（Aconiti Radix）

【来源】为毛茛科植物乌头 *Aconitum carmichaelii* Debx. 的干燥母根。主产于四川、陕西、湖北，为栽培品。湖南、云南、河南等亦有种植。6 月下旬至 8 月上旬采挖，除去子根、须根及泥沙，晒干，即为生川乌。

课堂互动

仔细观察川乌药材，找出该药材的关键性状特点。（勿口尝）

【性状鉴定】

1. 药材
呈圆锥形，稍弯曲，长 2~7.5cm，直径 1.2~4cm，顶端常有残茎，中部多向一侧膨大。表面棕褐色或灰棕色，皱缩不平，有瘤状突起的侧根及除去子根后的痕迹。质坚实，饱满，不易折断，断面类白色或浅灰黄色，粉质，可见多角形环纹（形成层）。气微，味辛辣而麻舌。（图 5-61）

图 5-61 川乌药材图

以质坚实、饱满、断面色白有粉性者为佳。

2. 饮片

制川乌饮片 为川乌的炮制加工品。<u>呈不规则或长三角形的片</u>。表面黑褐色或黄褐色，有灰棕色形成层环纹；体轻，质脆，<u>断面有光泽，可见多角形环纹</u>（形成层）；气微，微有麻舌感。

【功效主治】<u>祛风除湿，温经止痛</u>。主治风寒湿痹、心腹冷痛、寒疝作痛等。生品内服宜慎，一般炮制后用，先煎、久煎。不宜与半夏、瓜蒌、瓜蒌子、瓜蒌皮、天花粉、川贝母、浙贝母、平贝母、伊贝母、湖北贝母、白蔹、白及同用。生品孕妇禁用；制川乌孕妇慎用。

草乌（Aconiti Kusnezoffii Radix）

【来源】 为毛茛科植物北乌头 *Aconitum kusnezoffii* Reichb. 的干燥块根。主产于东北、华北各省。秋季茎叶枯萎时采挖，除去须根及泥沙，干燥。

课堂互动

仔细观察草乌药材，找出该药材的关键性状特点，及与川乌的异同。（勿口尝）

【性状鉴定】

1. **药材** 呈不规则长圆锥形，略弯曲，<u>形如乌鸦头</u>。顶端常有残茎和少数不定根残基，<u>有的顶端一侧有一枯萎的芽，一侧有一圆形或扁圆形不定根残基，习称"钉角"</u>。表面灰褐色或黑棕褐色，皱缩，有纵皱纹、点状须根痕和数个瘤状侧根。质硬，断面灰白色或暗灰色，有裂隙，<u>形成层环纹多角形或类圆形</u>，髓部较大或中空。气微，味辛辣、麻舌。

以个大、质坚实、断面色白、有粉性、残茎及须根少者为佳。

2. **饮片** 制草乌饮片为草乌的炮制加工品。呈不规则圆形或近三角形的片；<u>表面黑褐色，稍粗糙</u>，有灰白色多角形形成层环和点状维管束，并有空隙，<u>周边皱缩或弯曲</u>；质脆。气微，味微辛辣，稍有麻舌感。

【功效主治】<u>祛风除湿，温经止痛</u>。主治风寒湿痹、关节疼痛、心腹冷痛等。生品内服宜慎，一般炮制后用。宜先煎、久煎。不宜与半夏、瓜蒌、瓜蒌子、瓜蒌皮、天花粉、川贝母、浙贝母、平贝母、伊贝母、湖北贝母、白蔹、白及同用。孕妇禁用。

附子（Aconiti Lateralis Radix Preparata）

【来源】 为毛茛科植物乌头 *Aconitum carmichaelii* Debx. 的<u>子根加工品</u>。主产于四川、

陕西等地。6月下旬至8月上旬采挖，除去母根、须根及泥沙，习称"泥附子"，加工成盐附子、黑顺片、白附片。选个大、均匀的泥附子，放入食用胆巴的水溶液中浸泡多日，至表面出现大量结晶盐粒（盐霜），为"盐附子"；选择大、中个头的泥附子，浸入食用胆巴的水溶液中数日，煮至透心，水漂，纵切成约5mm的厚片，用调色液使附片染成浓茶色，蒸至现油面光泽后为"黑顺片"；选择大小均匀的泥附子，浸入食用胆巴的水溶液中数日，剥去外皮，纵切成约3mm的片，蒸透为"白附片"。淡附片，取盐附子，用清水浸漂，每日换水2~3次，至盐分漂尽，加水与甘草、黑豆共煮至透心，切开后口尝无麻舌感时，取出，除去甘草、黑豆，切薄片，晒干。炮附片，取黑顺片或白附片，照烫法用沙烫至鼓起，并微变色。

课堂互动

通过眼看、手摸、鼻嗅、口尝等方法仔细观察附子药材，找出该药材不同规格的关键性状特点。

【性状鉴定】

1. 药材

盐附子 呈圆锥形。表面灰黑色，有盐霜。顶端宽大，中央有凹陷的芽痕，周围有瘤状突起的支根或支根痕。质重而坚硬，难折断。横切面灰褐色，有多角形环纹（形成层）。气微，味咸而麻，刺舌。

盐附子以个大、质坚实、灰黑色、表面起盐霜、断面色白者为佳。

2. 饮片

黑顺片 为不规则的纵切片，上宽下窄，外皮黑褐色，切面暗黄色，油润具光泽，半透明，并有数条纵向脉纹（导管束）。质硬而脆，断面角质样。气微，味淡。

白附片 为纵切片，厚约0.3cm，无外皮，黄白色，半透明。

黑顺片以片大、厚薄均匀、表面油润光泽者为佳。白附片以片大、色白、半透明者为佳。（图5-62）

图5-62 附子药材及饮片图

1. 盐附子 2. 黑顺片 3. 白附片

【功效主治】回阳救逆，补火助阳，散寒止痛。主治亡阳虚脱、肢冷脉微、胸痹心痛、脘腹冷痛、肾阳虚衰等。宜先煎、久煎。不宜与半夏、瓜蒌、瓜蒌子、瓜蒌皮、天花粉、川贝母、浙贝母、平贝母、伊贝母、湖北贝母、白蔹、白及同用。

知 识 链 接

关白附

关白附为毛茛科植物黄花乌头 *Aconitum coreanum* (Levl) Raip. 的块根。母根呈圆锥形，子根呈卵形或椭圆形；表面棕褐色，有明显的纵皱纹及横向突起；断面类白色，母根有蜂窝状空隙，子根充实显粉性，可见成环的筋脉点（维管束）。有毒，祛寒湿，止痛。

明党参（Changii Radix）

【来源】为伞形科植物明党参 *Changium smyrnioides* Wolff 的干燥根。4～5月采挖，除去须根，洗净，置沸水中煮至无白心，取出，刮去外皮，漂洗，干燥。

课堂互动

通过眼看、手摸、鼻嗅、口尝等方法仔细观察明党参药材，找出该药材的关键性状特点。

【性状鉴别】

1. 药材　呈细长圆柱形、长纺锤形或不规则条块状，长 6～20cm，直径 0.5～2cm。表面黄白色或淡棕色，光滑或有纵沟纹及须根痕，有的具红棕色斑点。质硬而脆，断面角质样，皮部黄白色，易与木部剥离，木部类白色。气微，味淡。

以个大、表面黄白色或淡棕色，质硬而脆，断面角质样，皮部黄白色，木部类白色者为佳。

2. 饮片　为长圆形厚片，表面黄白色或淡棕色，切面角质样，皮部黄白色，易与木部剥离，木部类白色；气微，味淡。

【功效主治】润肺化痰，养阴和胃，平肝，解毒。用于肺热咳嗽，呕吐反胃，食少口干，目赤眩晕，疗毒疮疡。

百部 （Stemonae Radix）

【来源】 为百部科植物直立百部 *Stemona sessilifolia*（Miq.）Miq.、蔓生百部 *Stemona japonica*（Bl.）Miq. 或对叶百部 *Stemona tuberosa* Lour. 的干燥块根。直立百部和蔓生百部均主产于安徽、江苏、浙江、湖北等地。对叶百部主产于湖北、广东、福建、四川等地。春、秋两季采挖，除去须根，洗净，置沸水中略烫或蒸至无白心，取出，晒干。取百部片，用炼蜜照蜜炙法炮制而成的加工品称蜜百部。

课堂互动

通过眼看、手摸、鼻嗅、口尝等方法仔细观察百部药材，找出并说明该药材有哪些关键性状特征。

【性状鉴别】

1. 药材

直立百部 呈纺锤形，上端较细长，皱缩弯曲，长 5～12cm，直径 0.5～1cm。表面黄白色或淡棕黄色，有不规则深纵沟，间或有横皱纹。质脆，易折断，断面平坦，角质样，淡黄棕色或黄白色，皮部较宽，中柱扁缩。气微，味甘、苦。

蔓生百部 两端稍狭细，表面多不规则皱褶和横皱纹。

对叶百部 呈长纺锤形或长条形，长 8～24cm，直径 0.8～2cm。表面浅黄棕色至灰棕色，具浅纵皱纹或不规则纵槽。质坚实，断面黄白色至暗棕色，中柱较大，髓部类白色。

均以条粗壮、质坚实者为佳。

2. 饮片

百部 呈不规则厚片或不规则的条形斜片。表面灰白色、棕黄色，有深纵皱纹。切面灰白色、淡黄棕色或黄白色，角质样；皮部较厚，中柱扁缩。质韧软。气微，味甘、苦。

蜜百部 形同百部片，表面棕黄色或褐棕色，略带焦斑，稍有黏性。味甜。

【功效主治】 生百部可润肺下气止咳，杀虫灭虱。用于新久咳嗽、肺痨咳嗽、顿咳；外用于头虱、体虱、蛲虫病、阴痒。蜜百部功能润肺止咳。用于阴虚劳嗽。

天冬 （Asparagi Radix）

【来源】 为百合科植物天冬 *Asparagus cochinchinensis*（Lour.）Merr. 的干燥块根。主产于贵州、四川、广西等地。四川所产天冬条粗、黄白色、光亮，为道地药材。秋、冬两季采挖，洗净，除去茎基和须根，置沸水中煮或蒸至透心，趁热除去外皮，洗净，干燥。

课堂互动

通过眼看、手摸、鼻嗅、口尝等方法仔细观察天冬药材，找出并说明该药材有哪些关键性状特征。

【性状鉴别】

1. **药材** 呈长纺锤形，略弯曲，长5~18cm，直径0.5~2cm。表面黄白色至淡黄棕色，半透明，光滑或具深浅不等的纵皱纹，偶有残存的灰棕色外皮，对光透视，可见中央有一条不透明的细木心。质硬或柔润，有黏性，断面角质样，中柱黄白色。气微，味甜、微苦。（图5-63）

以黄白色、肥实致密、半透明者为佳。

2. **饮片** 呈类圆形的薄片。切面淡黄白色或淡棕色，角质样，半透明，具黏性，中心黄白色。气微，味甜、微苦。

图5-63 天冬药材图

【功效主治】养阴润燥，清肺生津。用于肺燥干咳，顿咳痰黏，腰膝酸痛，骨蒸潮热，内热消渴，热病津伤，咽干口渴，肠燥便秘。

麦冬（Ophiopogonis Radix）

【来源】为百合科植物麦冬 *Ophiopogon japonicus* (L. f) Ker - Gawl. 的干燥块根。主产于浙江慈溪、余姚、肖山、杭州者称"杭麦冬"，为道地药材；主产于四川绵阳地区三台县者称"川麦冬"。多为栽培品。浙江于栽培后第三年小满至夏至采挖；四川于栽培第二年清明至谷雨采挖；剪取块根，洗净，反复暴晒、堆置，至七八成干，除去须根，干燥。

课堂互动

通过眼看、手摸、鼻嗅、口尝等方法仔细观察麦冬药材，找出并说明该药材有哪些关键性状特征。

【性状鉴别】

1. **药材** 呈纺锤形，两端略尖，长1.5~3cm，直径0.3~0.6cm。表面淡黄色或灰黄

色，有细纵皱纹。质柔韧，断面黄白色，半透明，中柱细小。气微香，味甘、微苦。（图5-64）

以身干、个肥大、黄白色、半透明、质柔、有香气者为佳。杭麦冬优于川麦冬。

图5-64 麦冬药材图

2. **饮片** 形如麦冬，或为轧扁的纺锤形块片。表面淡黄色或灰黄色，有细纵纹。质柔韧，断面黄白色，半透明，中柱细小。气微香，味甘、微苦。

【显微鉴别】 表皮细胞1列或脱落，根被为3~5列木化细胞。皮层宽广，散有含草酸钙针晶束的黏液细胞，有的针晶直径至10μm；内皮层细胞壁均匀增厚，木化，有通道细胞，外侧为1列石细胞，其内壁及侧壁增厚，纹孔细密。中柱较小，韧皮部束16~22个，木质部由导管、管胞、木纤维以及内侧的木化细胞连结成环层。髓小，薄壁细胞类圆形。

【理化鉴别】 取薄片置紫外线灯（365nm）下观察，显浅蓝色荧光。

【功效主治】 养阴生津，润肺清心。用于肺燥干咳，阴虚痨嗽，喉痹咽痛，津伤口渴，内热消渴，心烦失眠，肠燥便秘。

知 识 链 接

麦冬的混用品

1. 同属植物山麦冬的块根：药材表面粗糙，甜味亦较差；内皮层外侧石细胞较少，韧皮部束约19个；切片在紫外线灯下不显荧光。

2. 同属植物阔叶山麦冬的块根：习称"大麦冬"，块根较大，两端钝圆，长2~5cm，直径0.5~1.5cm；干后坚硬，断面无明显细木心；韧皮部束19~24个；切片在紫外线灯下显蓝色荧光。

山麦冬（Liriopes Radix）

【来源】 为百合科植物湖北麦冬 *Liriope spicata*（Thunb.）Lour. var. *prolifera* Y. T. Ma 或短葶山麦冬 *Liriope muscari*（Decne.）Baily 的干燥块根。主产于四川、浙江、广西等地。夏初采挖，洗净，反复暴晒，堆置，至近干，除去须根，干燥。

课堂互动

通过眼看、手摸、鼻嗅、口尝等方法仔细观察麦冬和山麦冬药材，找出并说明两者性状上的主要区别。

【性状鉴别】

1. 药材

湖北麦冬 呈纺锤形，两端略尖，长 1.2~3cm，直径 0.4~0.7cm。表面淡黄色至棕黄色，具不规则纵皱纹。质柔韧，干后质硬脆，易折断，断面淡黄色至棕黄色，角质样，中柱细小。气微，味甜，嚼之发黏。

短葶山麦冬 稍扁，长 2~5cm，直径 0.3~0.8cm，具粗纵纹。味甘、微苦。

2. 饮片 性状同药材。

【显微鉴别】

湖北麦冬横切面 表皮为 1 列薄壁细胞。外皮层为 1 列细胞。皮层宽广，薄壁细胞含草酸钙针晶束，针晶长 27~60μm。内皮层细胞壁增厚，木化，有通道细胞，外侧为 1~2 列石细胞，其内壁及侧壁增厚，纹孔细密。中柱甚小，韧皮部束 7~15 个，各位于木质部束的星角间，木质部束内侧的木化细胞连结成环层。髓小，薄壁细胞类圆形。

短葶山麦冬横切面 根被为 3~6 列木化细胞。针晶束长 25~46μm。内皮层外侧为 1 列石细胞。韧皮部束 16~20 个。

【理化鉴别】 同麦冬。

【功效主治】 同麦冬。

太子参（Pseudostellariae Radix）

【来源】 为石竹科植物孩儿参 *Pseudostellaria heterophylla*（Miq.）Pax ex Pax et Hoffm. 的干燥块根。主产于江苏、山东、安徽、贵州等地。夏季茎叶大部分枯萎时采挖，洗净，除去须根，置沸水中略烫后晒干或直接晒干。

课堂互动

通过眼看、手摸、鼻嗅、口尝等方法仔细观察太子参药材，找出并说明该药材有哪些关键性状特征。

【性状鉴别】药材呈细长纺锤形或细长条形，稍弯曲，长 3～10cm，直径 0.2～0.6cm。表面灰黄色至黄棕色，较光滑，微有纵皱纹，凹陷处有须根痕。顶端有茎痕。质硬而脆，断面较平坦，周边淡黄棕色，中心淡黄白色，角质样。气微，味微甘。（图 5－65）

以条粗、色黄白、无须根者为佳。

图 5－65　太子参药材图

【功效主治】益气健脾，生津润肺。用于脾虚体倦，食欲不振，病后虚弱，气阴不足，自汗口渴，肺燥干咳。

郁金（Curcumae Radix）

【来源】为姜科植物温郁金 *Curcuma wenyujin* Y．H．Chen et C．Ling、姜黄 *Curcuma longa* L．、广西莪术 *Curcuma kwangsiensis* S．G．Lee et C．F．Liang 或蓬莪术 *Curcuma phaeocaulis* Val．的干燥块根。前二者分别习称"温郁金"和"黄丝郁金"。其余按性状不同习称"桂郁金"或"绿丝郁金"。温郁金主产于浙江、福建、四川等地；黄丝郁金主产于四川、福建、广东、江西等地；桂郁金主产于广西、云南等地；绿丝郁金主产于四川、浙江、福建、广西等地。冬季茎叶枯萎后采挖，除去泥沙和细根，蒸或煮至透心，干燥。浙江地区用郁金的叶烧灰后，与块根拌和，既能使根颜色变黑，又容易晒干。

【性状鉴别】

1. 药材

温郁金　呈长圆形或卵圆形，稍扁，有的微弯曲，两端渐尖，长 3.5～7cm，直径 1.2～2.5cm。表面灰褐色或灰棕色，具不规则纵皱纹，纵纹隆起处色较浅。质坚实，断面灰棕色，角质样；内皮层环明显。气微香，味微苦。

黄丝郁金　呈纺锤形，有的一端细长，长 2.5～4.5cm，直径 1～1.5cm。表面棕灰色或灰黄色，具细皱纹。断面橙黄色，外周棕黄色至棕红色。气芳香，味辛辣。

桂郁金　呈长圆锥形或长圆形，2～6.5cm，直径 1～1.8cm。表面具疏浅纵纹或较粗糙网状皱纹。气微，味微辛苦。

绿丝郁金 呈长椭圆形，较粗壮，长 1.5～3.5cm，直径 1～1.2cm。气微、味淡。

均以质坚实、外皮皱纹细、断面色黄者为佳。一般认为黄丝郁金质量为佳。

2. **饮片** 呈椭圆形或长条形的薄片，外表皮灰黄色、灰褐色至灰棕色，具不规则的纵皱纹。切面灰棕色、橙黄色至灰黑色，角质样，内皮层环明显。（图 5-66）

【功效主治】活血止痛，行气解郁，清心凉血，利胆退黄。用于胸胁刺痛，胸痹心痛，经闭痛经，乳房胀痛，热病神昏，癫痫发狂，血热吐衄，黄疸尿赤。不宜与丁香、母丁香同用。

图 5-66 郁金饮片图

白蔹（Ampelopsis Radix）

【来源】为葡萄科植物白蔹 Ampelopsis japonica（Thunb.）Makino 的干燥块根。主产于华北、东北、华东、中南及陕西、宁夏、四川等地。春、秋两季采挖，除去泥沙和细根，切成纵瓣或斜片，晒干。

【性状鉴别】药材纵瓣呈长圆形或近纺锤形，长 4～10cm，直径 1～2cm。切面周边常向内卷曲，中部有 1 突起的棱线。外皮红棕色或红褐色，有纵皱纹、细横纹及横长皮孔，易层层脱落，脱落处呈淡红棕色。斜片呈卵圆形，长 2.5～5cm，宽 2～3cm。切面类白色或浅红棕色，可见放射状纹理，周边较厚，微翘起或略弯曲。体轻，质硬脆，易折断，折断时，有粉尘飞出。气微，味甘。

【功效主治】清热解毒，消痈散结，敛疮生肌。用于痈疽发背，疔疮，瘰疬，烧烫伤。不宜与川乌、制川乌、草乌、制草乌、附子同用。

香附（Cyperi Rhizoma）

【来源】为莎草科植物莎草 Cyperus rotundus L. 的干燥根茎。主产于山东、浙江、湖南等地。秋季采挖，燎去毛须，置沸水中略煮或蒸透后晒干，或燎后直接晒干。

【性状鉴别】

1. **药材** 多呈纺锤形，有的略弯曲，长 2～3.5cm，直径 0.5～1cm。表面棕褐色或黑褐色，有纵皱纹，并有 6～10 个略隆起的环节，节上有未除净的棕色毛须和须根断痕；去净毛须者较光滑，环节不明显。质硬，经蒸煮者断面黄棕色或红棕色，角质样；生晒者断面色白而显粉性，内皮层环纹明显，中柱色较深，点状维管束散在。气香，味微苦。

2. 饮片

香附 为不规则的厚片或颗粒状。外表皮棕褐色或黑褐色，有时可见环节。切面色白或黄棕色，质硬，内皮层环纹明显。气香，味微苦。

醋香附 形如香附片（粒），表面黑褐色。微有醋香气，味微苦。

【功效主治】疏肝解郁，理气宽中，调经止痛。用于肝郁气滞，胸胁胀痛，疝气疼痛，乳房胀痛，脾胃气滞，脘腹痞闷，胀满疼痛，月经不调，经闭痛经。

川贝母（Fritillariae Cirrhosae Bulbus）

【来源】为百合科植物川贝母 *Fritillaria cirrhosa* D. Don、暗紫贝母 *Fritillaria unibracteata* Hsiao et K. C. Hsia. 甘肃贝母 *Frzitillaria prewalskii* Maxim.、梭砂贝母 *Fritillaria delavayi* Franch.、太白贝母 *Fritillaria taipaiensis* P. Y. Li 或瓦布贝母 *Fritillaria unibracteata* Hsiao et K. C. Hsis var. *wabuensis*（S. Y. Tang S. C. Yue）Z. D. Liu, S. Wang et S. C. Chen 的干燥鳞茎。按药材性状不同分别习称"松贝""青贝""炉贝"和栽培品。川贝母主产于四川、西藏、云南等省区；暗紫贝母主产于四川阿坝藏族自治州、青海等地；甘肃贝母主产于甘肃、青海、四川等省；梭砂贝母主产于云南、四川、青海、西藏等省区；太白贝母主产于重庆、湖北、四川、陕西等省亦产；瓦布贝母主产于四川阿坝藏族自治州。后两者为栽培品。夏、秋两季或积雪融化后采挖，除去须根、粗皮及泥沙，洗净，晒干或低温干燥。

课堂互动

通过眼看、手摸、鼻嗅、口尝等方法仔细观察川贝母药材，找出并说明该药材有哪些关键性状特征。

【性状鉴别】

1. 野生品药材

松贝 呈类圆锥形或近球形，高 0.3~0.8cm，直径 0.3~0.9cm。表面类白色。外层鳞叶 2 瓣，大小悬殊，大瓣紧抱小瓣，未抱部分呈新月形，习称"怀中抱月"；顶部闭合，内有类圆柱形、顶端稍尖的心芽和小鳞叶 1~2 枚；先端钝圆或稍尖，底部平，微凹入，能稳坐不倒，中心有 1 灰褐色的鳞茎盘，偶有残存的须根。质硬而脆，断面白色，富粉性。气微，味微苦。

图 5-67 川贝母（松贝）药材图

（图 5-67）

青贝 呈类扁球形，高 0.4~1.4cm，直径 0.4~1.6cm。外层鳞叶 2 瓣，大小相近，相对抱合，顶端开裂，内有心芽和小鳞叶 2~3 枚及细圆柱形的残茎。（图 5-68）

炉贝 呈长圆锥形，高 0.7~2.5cm，直径 0.5~2.5cm。表面类白色或浅棕黄色，有的具棕色斑点。外层鳞叶 2 瓣，大小相近，相对抱合，顶端开裂而略尖，基部稍尖或较钝。（图 5-69）

图 5-68　川贝母（青贝）药材图

图 5-69　川贝母（炉贝）药材图

2. 栽培品药材 呈类扁球形或短圆柱形，高 0.5~2.0cm，直径 1~2.5cm。表面类白色或浅棕黄色，稍粗糙，有的具浅黄色斑点。外层鳞叶 2 瓣，大小相近，顶部多开裂而较平。

松贝以质坚实、颗粒均匀整齐、顶端不开裂、色洁白、粉性足者为佳，为川贝中之最优品。青贝以粒小均匀、色洁白、粉性足者为佳，品质亦优。炉贝以质坚实、色白者为佳，品质次于松贝、青贝。

【**显微鉴别**】本品粉末类白色或浅黄色。

松贝、青贝及栽培品 淀粉粒甚多，广卵形、长圆形或不规则圆形，有的边缘不平整或略作分枝状，直径 5~64μm，脐点短缝状、点状、人字状或马蹄状，层纹隐约可见。表皮细胞类长方形，垂周壁微波状弯曲，偶见不定式气孔，圆形或扁圆形。螺纹导管直径 5~26μm。

炉贝 淀粉粒广卵形、贝壳形、肾形或椭圆形，直径约至 60μm，脐点人字状、星状或点状，层纹明显。螺纹导管和网纹导管直径可达 64μm。

【**功效主治**】清热润肺，化痰止咳，散结消痈。用于肺热燥咳，干咳少痰，阴虚痨嗽，痰中带血，瘰疬，乳痈，肺痈。不宜与川乌、制川乌、草乌、制草乌、附子同用。

知 识 链 接

川贝母的混伪品

1. 土贝母 为葫芦科植物土贝母的干燥块茎。呈不规则块状，表面淡红棕色或暗棕色，凹凸不平，腹面常有一纵沟，背面多隆起；质坚硬，断面角质样，光亮而平滑。

2. 一轮贝母 为同属植物一轮贝母的鳞茎。鳞茎呈圆锥形，由4~5枚或更多肥厚鳞叶组成；表面浅黄色，透明状，顶端稍尖，基部生多枚鳞芽，一侧具一线纵沟；质坚硬，断面角质样。

3. 丽江山慈菇 为同科植物丽江山慈菇的鳞茎。呈短圆锥形；顶端渐尖，基部常呈脐状凹入或平截；表面黄白或黄棕色，一侧有纵沟，自基部伸至顶端；质坚硬，断面角质或略带粉质，味苦，有麻舌感。

平贝母 （Fritillariae Ussuriensis Bulbus）

【来源】为百合科植物平贝母 *Fritillaria ussuriensis* Maxim. 的干燥鳞茎。主产于东北地区。春季采挖，除去外皮、须根及泥沙，晒干或低温干燥。

【性状鉴别】药材呈扁球形，高0.5~1cm，直径0.6~2cm。表面黄白色至浅棕色，外层鳞叶2瓣，肥厚，大小相近或一片稍大抱合，顶端略平或微凹入，常稍开裂；中央鳞片小。质坚实而脆，断面粉性。气微，味苦。

【功效主治】清热润肺，化痰止咳。用于肺热燥咳，干咳少痰，阴虚痨嗽，咳痰带血。不宜与川乌、制川乌、草乌、制草乌、附子同用。

伊贝母 （Fritillariae Pallidiflorae Bulbus）

【来源】为百合科植物新疆贝母 *Fritillaria walujewii* Regel 或伊犁贝母 *Fritillaria pallidiflora* Schrenk 的干燥鳞茎。主产于新疆。5~7月间采挖，除去泥沙，晒干，再去须根和外皮。

【性状鉴别】

新疆贝母药材 呈扁球形，高0.5~1.5cm，表面类白色，光滑。外层鳞叶2瓣，月牙形，肥厚，大小相近而紧靠。顶端平展而开裂，基部圆钝，内有较大的鳞片和残茎、心芽各1枚。质硬而脆，断面白色，富粉性。气微，味微苦。

伊犁贝母药材 呈圆锥形，较大。表面稍粗糙，淡黄白色，外层鳞叶两瓣，心脏形，肥大，一片较大或近等大，抱合。顶端稍尖，少有开裂，基微凹陷。

【功效主治】清热润肺，化痰止咳。用于肺热燥咳，干咳少痰，阴虚痨嗽，咳痰带血。

不宜与川乌、制川乌、草乌、制草乌、附子同用。

浙贝母（Fritillariae Thunbergii Bulbus）

【来源】 为百合科植物浙贝母 *Fritillaria thunbergii* Miq. 的干燥鳞茎。主产于浙江宁波，江苏、安徽、湖南亦产。多系栽培。初夏植株枯萎时采挖，洗净。按大小分两种规格，直径在 3.5cm 以上者摘除心芽，加工成"大贝"；直径在 3.5cm 以下者整取，加工成"珠贝"。分别撞擦，除去外皮，拌以煅过的贝壳粉，吸去擦出的浆汁，干燥；或取鳞茎，大小分开，洗净，除去心芽，趁鲜切成厚片，洗净，干燥，习称"浙贝片"。

🏠 课堂讨论

浙贝母采收加工时为什么要加煅过的贝壳粉？

【性状鉴别】

大贝药材 为鳞茎外层单瓣鳞叶，略呈新月形，一面凸出，一面凹入，肥厚，高 1～2cm，直径 2～3.5cm。外表面类白色至淡黄色，内表面白色或淡棕色，被有白色粉末。质硬而脆，易折断，断面白色至黄白色，富粉性。气微，味微苦。（图 5-70）

珠贝药材 为完整的鳞茎，呈扁球形，上下略平，形似算盘珠，故称"珠贝"，高 1～1.5cm，直径 1～2.5cm。表面类白色，外层鳞叶 2 瓣，大小相近，肥厚，略呈肾形，互相抱合，内有小鳞叶 2～3 枚及干缩的残茎。

以鳞叶肥厚、质坚实、粉性足、断面色白者为佳。

图 5-70 浙贝母（大贝）药材图

【显微鉴别】 浙贝母粉末置紫外线灯（365nm）下观察，显亮淡绿色荧光。

【功效主治】 清热化痰止咳，解毒散结消痈。用于风热咳嗽，痰火咳嗽，肺痈，乳痈，瘰疬，疮毒。不宜与川乌、制川乌、草乌、制草乌、附子同用。

知 识 拓 展

浙贝母的习用品

百合科植物东贝母的干燥鳞茎在浙江习作浙贝母用。药材呈卵圆形或长圆形，高 1.0～1.3cm，直径0.7～1.0cm；表面白色稍带淡黄色，外层鳞叶2瓣，大小悬殊或相近，抱合，顶端钝圆，不裂或微裂；质坚实，断面白色，粉性；气微，味苦。

半夏 （Pinelliae Rhizoma）

【来源】 为天南星科植物半夏 *Pinellia ternate*（Thunb.）Breit. 的干燥块茎。主产于四川、湖北、河南、江苏、贵州等省，以四川产量大、质量好。夏、秋两季均可采挖，洗净泥土，除去外皮和须根，晒干。取净半夏，加入甘草和生石灰炮制而成的加工品称为法半夏；取净半夏，用生姜和白矾炮制而成的加工品称为姜半夏；取净半夏，用白矾炮制而成的加工品称为清半夏。

课堂互动

通过眼看、手摸、鼻嗅、口尝等方法仔细观察半夏药材，找出并说明该药材有哪些关键性状特征。

【性状鉴别】

1. 药材 呈类球形，有的稍扁斜，直径1～1.5cm。表面白色或浅黄色，顶端有凹陷的茎痕，周围密布麻点状根痕；下面钝圆，较光滑。质坚实，断面洁白，富粉性。气微，味辛辣、麻舌而刺喉。（图5-71）

以个大、质坚实、色白、粉性足者为佳。

2. 饮片

法半夏 呈类球形或破碎成不规则颗粒状。表面淡黄白色、黄色或棕黄色。质较松脆或硬脆，断面黄色或淡黄色，颗粒者质稍硬脆。气微，味淡略甘，微有麻舌感。（图5-72）

图 5-71 半夏药材图

图 5-72 法半夏饮片图

姜半夏 呈片状、不规则颗粒状或类球形。表面棕色至棕褐色。质硬脆，断面淡黄棕色，常具角质光泽。气微香，味淡，微有麻舌感，嚼之略粘牙。（图 5-73）

清半夏 呈椭圆形、类圆形或不规则的片。切面淡灰色至灰白色，可见灰白色点状或短线状维管束迹，有的残留栓皮处下方显淡紫红色斑纹。质脆，易折断，断面略呈角质样。气微，味微涩，微有麻舌感。（图 5-74）

图 5-73 姜半夏饮片图

图 5-74 清半夏饮片图

课堂互动

与生半夏相比，法半夏、姜半夏在形态、色泽及气味有什么不同？有毒，勿多尝！

【显微鉴别】

1. **半夏粉末** 类白色。淀粉粒甚多，单粒类圆形、半圆形或圆多角形，直径 2~

20μm，脐点裂缝状、人字状或星状；复粒由 2～6 分粒组成。草酸钙针晶束存在于椭圆形黏液细胞中，或随处散在，针晶长 20～144μm。螺纹导管直径 10～24μm。

2. **法半夏粉末** 淡黄色至黄色。其余同半夏粉末。

3. **姜半夏粉末** 黄褐色至黄棕色。薄壁细胞可见淡黄色糊化淀粉粒。草酸钙针晶束存在于椭圆形黏液细胞中，或随处散在，针晶长 20～144μm。螺纹导管直径 10～24μm。

4. **清半夏粉末** 同半夏粉末。

【功效主治】半夏及其炮制加工品均不宜与川乌、制川乌、草乌、制草乌、附子同用。

1. **半夏** 燥湿化痰，降逆止呕，消痞散结。用于湿痰寒痰，咳喘痰多，痰饮眩悸，风痰眩晕，痰厥头痛，呕吐反胃，胸脘痞闷，梅核气；外治痈肿痰核。生品内服宜慎。

2. **法半夏** 燥湿化痰。用于痰多咳喘，痰饮眩悸，风痰眩晕，痰厥头痛。

3. **姜半夏** 温中化痰，降逆止呕。用于痰饮呕吐，胃脘痞满。

4. **清半夏** 燥湿化痰。用于湿痰咳嗽，胃脘痞满，痰涎凝聚，咯吐不出。

知 识 链 接

半夏常见伪品

1. 水半夏，为同科植物鞭檐犁头尖的块茎。块茎呈椭圆形或圆锥形，高 0.8～3.0cm，直径 0.5～1.5cm。表面淡黄色，上端类圆形，有凸起的芽痕，下端略尖。气微，味辛辣，麻舌而刺喉。本品与半夏不同，不可代半夏使用。

2. 掌叶半夏的小型块茎作半夏使用。

天南星（Arisaematis Rhizoma）

【来源】为天南星科植物天南星 *Arisaema erubescens*（Wall.）Schott、异叶天南星 *Arisaema heterophyllum* Bl. 或东北天南星 *Arisaema amurense* Maxim. 的干燥块茎。天南星与异叶天南星全国大部分地区均产；东北天南星土产于东北及内蒙古、河北等地。秋、冬两季茎叶枯萎时采挖，除去须根及外皮，干燥。取天南星，用生姜和白矾炮制而成的加工品称为制天南星。生天南星或制天南星细粉与牛、羊或猪胆汁经发酵加工而成的为胆南星。

【性状鉴别】

1. **药材** 呈扁球形，高 1～2cm，直径 1.5～6.5cm。表面类白色或淡棕色，较光滑，顶端有凹陷的茎痕，周围有麻点状根痕，有的块茎周边有小扁球状侧芽（"虎掌"）。质坚硬，不易破碎，断面不平坦，白色，粉性。气微辛，味麻辣。（图 5-75）

以个大、色白、粉性足者为佳。

图 5 - 75　天南星药材（虎掌）图

2. 饮片

生天南星　性状鉴别同药材。

制天南星　呈类圆形或不规则形薄片。黄色或淡棕色。质脆易碎，断面角质状。气微，味涩、微麻。

胆南星　呈方块状或圆柱状。棕黄色、灰棕色或棕黑色。质硬。气微腥，味苦。

【功效主治】

1. 生天南星　散结消肿。外用治痈肿，蛇虫咬伤。孕妇慎用。内服宜慎。

2. 制天南星　燥湿化痰，祛风止痉，散结消肿。用于顽痰咳嗽，风痰眩晕，中风痰壅，口眼㖞斜，半身不遂，癫痫，惊风，破伤风；外用治痈肿，蛇虫咬伤。孕妇慎用。

3. 胆南星　清热化痰，息风定惊。用于痰热咳嗽，咯痰黄稠，中风痰迷，癫狂惊痫。

白附子（Typhonii Rhizoma）

【来源】为天南星科植物独角莲 *Typhonium giganteum* Engl. 的干燥块茎，习称"禹白附"。主产于河南、陕西、湖北、四川等地。秋季采挖，除去须根和外皮，晒干。取净白附子，用生姜和白矾炮制而成的加工品称为制白附子。

【性状鉴别】

1. 药材　呈椭圆形或卵圆形，状如蚕茧，长 2 ~ 5cm，直径 1 ~ 3cm。表面白色至黄白色，略粗糙，有环纹及须根痕，顶端有茎痕或芽痕。质坚硬，断面白色，粉性。气微，味淡、麻辣刺舌。

2. 饮片

生白附子　性状鉴别同药材。

制白附子　为类圆形或椭圆形厚片，

图 5 - 76　制白附子图

外表皮淡棕色，切面黄色，角质样。味淡，微有麻舌感。（图5-76）

【功效主治】祛风痰，定惊搐，解毒散结，止痛。用于中风痰壅，口眼㖞斜，语言謇涩，惊风癫痫，破伤风，痰厥头痛，偏正头痛，瘰疬痰核，毒蛇咬伤。孕妇慎用；生白附子内服宜慎。

知 识 链 接

因药名相近，白附子与附子（白附片）常易混淆。选择大小均匀的泥附子（毛茛科植物乌头的子根的加工品），洗净，浸入胆巴水溶液数日，连同浸液煮至透心，捞出，剥去外皮，纵切成厚约0.3cm的片，用水浸漂，取出，蒸透，晒干，习称"白附片"。

延胡索（Corydalis Rhizoma）

【来源】为罂粟科植物延胡索 *Corydalis yanhusuo* W. T. Wang 的干燥块茎，又称"元胡"。主产于浙江东阳、磐安，湖北、湖南、江苏等省亦产。为"浙八味"之一。多为栽培。夏初茎叶枯萎时采挖，除去须根，洗净，置沸水中煮至恰无白心时，取出，晒干。取净延胡索，照醋炙法炒干，或照醋煮法煮至醋吸尽，切厚片或用时捣碎而成的加工品称为醋延胡索。

课堂互动

通过眼看、手摸、鼻嗅、口尝等方法仔细观察延胡索药材，找出并说明该药材有哪些关键性状特征。

【性状鉴别】

1. 药材 呈不规则的扁球形，直径0.5~1.5cm。表面黄色或黄褐色，有不规则网状皱纹，顶端有略凹陷的茎痕，底部常有疙瘩状突起。质硬而脆，断面黄色，角质样，有蜡样光泽。气微，味苦。（图5-77）

以个大、饱满、质坚实、断面色黄者为佳。

2. 饮片

延胡索 呈不规则的圆形厚片。外表皮黄色或

图5-77 延胡索药材图

黄褐色，有不规则细皱纹。切面黄色，角质样，具蜡样光泽。气微，味苦。

醋延胡索 形如延胡索或片，表面和切面黄褐色，质较硬。微具醋香气。

【功效主治】活血，行气，止痛。用于胸胁、脘腹疼痛，胸痹心痛，经闭痛经，产后瘀阻，跌扑肿痛。

山慈菇（Cremastrae Pseudobulbus，Pleiones Pseudobulbus）

【来源】为兰科植物杜鹃兰 *Cremastra appendiculata*（D. Don）Makino、独蒜兰 *Pleione bulbocodioides*（Franch.）Rolfe 或云南独蒜兰 *Pleione yunnanensis* Rolfe 的干燥假鳞茎。前者习称"毛慈菇"，后二者习称"冰球子"。夏、秋两季采挖，除去地上部分及泥沙，分开大小置沸水锅中蒸煮至透心，干燥。

【性状鉴别】

毛慈菇药材 呈不规则扁球形或圆锥形，顶端渐突起，基部有须根痕。长 1.8～3cm，膨大部直径 1～2cm。表面黄棕色或棕褐色，有纵皱纹或纵沟，中部有 2～3 条微突起的环节（"玉带缠腰"），节上有鳞叶干枯腐烂后留下的丝状纤维。质坚硬，难折断，断面灰白色或黄白色，略呈角质。气微，味淡，带黏性。

冰球子药材 呈圆锥形，瓶颈状或不规则团块，直径 1～2cm，高 1.5～2.5cm。顶端渐尖，尖端断头处呈盘状，基部膨大且圆平，中央凹入，有 1～2 条环节，多偏向一侧。撞去外皮者表面黄白色，带表皮者浅棕色，光滑，有不规则皱纹。断面浅黄色，角质半透明。

【功效主治】清热解毒，化痰散结。用于痈肿疔毒，瘰疬痰核，蛇虫咬伤，癥瘕痞块。

薤白（Allii Macrostemonis Bulbus）

【来源】为百合科植物小根蒜 *Allium macrostemon* Bge. 或薤 *Allium chinense* G. Don 的干燥鳞茎。除新疆、青海外，全国各省区均产。夏、秋两季采挖，洗净，除去须根，蒸透或置沸水中烫透，晒干。

【性状鉴别】

小根蒜药材 呈不规则卵圆形，高 0.5～1.5cm，直径 0.5～1.8cm。表面黄白色或淡黄棕色，皱缩，半透明，有类白色膜质鳞片包被，底部有突起的鳞茎盘。质硬，角质样。有蒜臭，味微辣。

薤药材 呈略扁的长卵形，高 1～3cm，直径 0.3～1.2cm。表面淡黄棕色或棕褐色，具浅纵皱纹。质较软，断面可见鳞叶 2～3 层。嚼之粘牙。

【功效主治】通阳散结，行气导滞。用于胸痹心痛，脘腹痞满胀痛，泻痢后重。

白及（Bletillae Rhizoma）

【来源】 为兰科植物白及 *Bletilla striata*（Thunb.） Reichb. f. 的干燥块茎。主产于贵州、四川、云南、湖北等地。夏、秋两季采挖，除去须根，洗净，置沸水中煮或蒸至无白心，晒至半干，除去外皮，晒干。

【性状鉴别】

1. **药材** 呈不规则扁球形，多有 2 ~ 3 个爪状分枝，长 1.5 ~ 5cm，厚 0.5 ~ 1.5cm。表面灰白色或黄白色，有数圈同心环节和棕色点状须根痕，上面有突起的茎痕，下面有连接另一块茎的痕迹。质坚硬，不易折断，切面类白色，角质样。气微，味苦，嚼之有黏性。（图5 - 78）

以个大、饱满、色白、半透明、质坚实者为佳。

图5 - 78 白及饮片图

2. **饮片** 呈不规则的薄片。外表皮灰白色或黄白色。切面类白色，角质样，半透明，维管束小点状，散生。质脆。气微，味苦，嚼之有黏性。

【功效主治】 收敛止血，消肿生肌。用于咯血，吐血，外伤出血，疮疡肿毒，皮肤皲裂。不宜与川乌、制川乌、草乌、制草乌、附子同用。

泽泻（Alismatis Rhizoma）

【来源】 为泽泻科植物泽泻 *Alisma orientale*（Sam.） Juzep. 的干燥块茎。主产于福建、四川、江西，此外贵州、云南等地亦产。多为栽培品。商品中以福建、江西产者称"建泽泻"；四川、云南、贵州产者称"川泽泻"。冬季茎叶开始枯萎时采挖，洗净，干燥，除去须根和粗皮。取泽泻片，照盐水炙法炮制而成的加工品称盐泽泻。

课堂互动

通过眼看、手摸、鼻嗅、口尝等方法仔细观察泽泻药材，找出并说明该药材有哪些关键性状特征。

【性状鉴别】

1. 药材　呈类球形、椭圆形或卵圆形，长 2 ~ 7cm，直径 2 ~ 6cm。表面淡黄色至淡黄棕色，有不规则的横向环状浅沟纹和多数细小突起的须根痕，底部有的有瘤状芽痕。质坚实，断面黄白色，粉性，有多数细孔。气微，味微苦。（图 5 - 79）

以个大、质坚实、色黄白、光滑、粉性足者为佳。建泽泻个大，圆形而光滑；川泽泻个较小，皮较粗糙。一般认为建泽泻品质较佳。

图 5 - 79　泽泻饮片图

2. 饮片

泽泻　为圆形或椭圆形厚片。外表皮淡黄色至淡黄棕色，可见细小突起的须根痕。切面黄白色至淡黄色，粉性，有多数细孔。气微，味微苦。

盐泽泻　形如泽泻片，表面淡黄棕或黄褐色，偶见焦斑。味微咸。

【功效主治】利水渗湿，泄热，化浊降脂。用于小便不利，水肿胀满，泄泻尿少，痰饮眩晕，热淋涩痛，高脂血症。

天麻（Gastrodiae Rhizoma）

【来源】为兰科植物天麻 *Gastrodia elata* Bl. 的干燥块茎。主产于四川、云南、贵州等地，东北及华北各地亦产。立冬后至次年清明前采挖，立即洗净，蒸透，敞开低温干燥。

🏠 **课堂互动**

通过眼看、手摸、鼻嗅、口尝等方法仔细观察天麻药材，找出"点环轮""鹦哥嘴""肚脐疤"并理解何为角质样特点。

【性状鉴别】

1. 药材　呈椭圆形或长条形，略扁，皱缩而稍弯曲，长 3 ~ 15cm，宽 1.5 ~ 6cm，厚 0.5 ~ 2cm。表面黄白色至淡黄棕色，有纵皱纹及由点状突起（潜伏芽）排列而成的横环纹多轮（"点环轮"），有时可见鳞叶或棕褐色菌索。顶端有红棕色至深棕色鹦嘴状的芽苞（冬麻）或残留茎基（春麻），习称"鹦哥嘴"或"红小瓣"；底部有圆脐形疤痕，习称"肚脐疤"。质坚硬，不易折断，断面较平坦，黄白色至淡棕色，角质样。气微，味甘。

"冬麻"质坚实沉重，有鹦哥嘴，断面明亮（"起镜面"），实心，质佳；"春麻"质轻泡，有残留茎基，段面色晦暗，空心，质次。野生天麻优于家种天麻。（图5-80）

2. **饮片** 呈不规则的薄片，外表皮淡黄色至黄棕色，有时可见点状排成的横环纹痕迹。切面黄白色或淡棕色，角质样，半透明。气微，味甘。

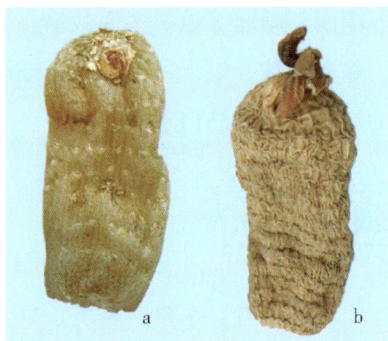

图5-80 天麻药材图

a. 冬麻 b. 春麻

【显微鉴别】黄白色至黄棕色。厚壁细胞椭圆形或类多角形，直径70~180μm，壁厚3~8μm，木化，纹孔明显。草酸钙针晶成束或散在，长25~75（93）μm。用醋酸甘油水装片观察含糊化多糖类物的薄壁细胞无色，有的细胞可见长卵形、长椭圆形或类圆形颗粒，遇碘液显棕色或淡棕紫色。螺纹导管、网纹导管及环纹导管直径8~30μm。

【功效主治】息风止痉，平抑肝阳，祛风通络。用于小儿惊风、癫痫抽搐、破伤风、头痛眩晕、手足不遂、肢体麻木、风湿痹痛。

知 识 链 接

天麻常见伪品

1. 美人蕉科芭蕉芋的块茎。呈扁圆形或长椭圆形，未去皮者表面有3~8个环节，去皮者环节不甚明显。无脐状瘢痕。

2. 紫茉莉科紫茉莉的根。呈长圆锥形，有的分支。断面不平坦，有时可见同心环纹。味淡，有刺激味。

3. 菊科大理菊的块根。表面灰白色或类白色，顶端及末端呈纤维样。质硬，不易折断。

4. 菊科羽裂蟹甲草、双舌蟹甲草的块根。长椭圆形或圆形，表面类棕色，半透明，环节明显，并有须根痕。顶端有残留的茎基。质硬，断面角质样，灰白色或黄白色。味微甜。

白术（Atractylodis Macrocephalae Rhizoma）

【来源】为菊科植物白术 *Atractylodes macrocephala* Koidz. 的干燥根茎。主产于浙江、

安徽、湖南、湖北等地。多为栽培。为"浙八味"之一。冬季下部叶枯黄、上部叶变脆时采挖，除去泥沙，烘干，称烘术；或晒干，称晒术；再除去须根。取白术片，用麸皮蜜炙而成的加工品称麸炒白术。

课堂互动

通过眼看、手摸、鼻嗅、口尝等方法仔细观察白术药材，找出并说明该药材有哪些关键性状特征。

【性状鉴别】

1. **药材** 呈不规则的肥厚团块，长 3～13cm，直径 1.5～7cm。表面灰黄色或灰棕色，有瘤状突起及断续的纵皱和沟纹，并有须根痕，顶端有残留茎基和芽痕。质坚硬，不易折断，断面不平坦，黄白色至淡棕色，有菊花纹及棕黄色的点状油室散在；烘干者断面角质样，色较深或有裂隙。气清香，味甘、微辛，嚼之略带黏性。

以个大、质坚实、断面黄色、香气浓者为佳。

2. **饮片**

白术 呈不规则厚片。表面灰黄色或灰棕色，切面黄白色或淡黄棕色，散生棕黄色的点状油室，木部具放射状纹理，烘干者切面角质样，色较深或有裂隙。质坚实。气清香，味甘、微辛，嚼之略带黏性。（图 5－81）

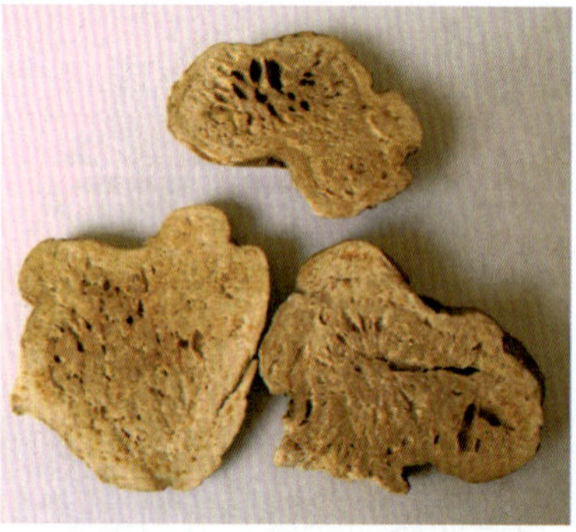

麸炒白术 形如白术片，表面黄棕色，偶见焦斑。略有焦香气。

【功效主治】 健脾益气，燥湿利水，止汗，安胎。用于脾虚食少，腹胀泄泻，痰饮眩悸，水肿，自汗，胎动不安。

图 5－81 白术饮片图

川芎 （Chuanxiong Rhizoma）

【来源】 为伞形科植物川芎 *Ligusticum chuanxiong* Hort. 的干燥根茎。主产于四川省都江堰市、彭州市、崇州市，贵州、云南等地亦产。多为栽培。夏季当茎上的节盘显著突出，并略带紫色时采挖，除去茎叶及泥土，晒至半干后再烘干，撞去须根。

课堂互动

通过眼看、手摸、鼻嗅、口尝等方法仔细观察川芎药材，找出并说明该药材有哪些关键性状特征。

【性状鉴别】

1. **药材**　呈不规则结节状拳形团块，直径2~7cm。表面黄褐色或褐色，粗糙皱缩，有多数平行隆起的轮节，顶端有凹陷的类圆形茎痕，下侧及轮节上有多数小瘤状根痕。质坚实，不易折断，断面黄白色或灰黄色，可见波状环纹（形成层）及错综纹理，散有黄棕色小油点（油室）。气浓香，味苦、辛，稍有麻舌感、后微甜。（图5-82）

以个大、质坚实、断面色黄白、油性大、香气浓者为佳。

2. **饮片**　为不规则厚片，外表皮黄褐色或褐色，有皱缩纹。横切片切面黄白色或灰黄色，散有黄棕色小油点，可见明显波状环纹或多角形纹理。纵切片边缘不整齐，呈蝴蝶状，习称"蝴蝶片"，切面灰白色或黄白色，散有黄棕色小油点。质坚实，气浓香，味苦、辛、微甜。（图5-83）

图5-82　川芎药材　　　　　　　　图5-83　川芎饮片图

【功效主治】活血行气，祛风止痛。用于胸痹心痛，胸胁刺痛，跌扑肿痛，月经不调，经闭痛经，癥瘕腹痛，头痛，风湿痹痛。

知 识 链 接

川芎的习用品

东北少数地区以东川芎作川芎入药。其根茎含挥发油1%~2%，另含川芎内酯、新川芎内酯及尖叶女贞内酯。本品在日本作川芎入药，功能同川芎。

藁本（Ligustici Rhizoma et Radix）

【来源】 为伞形科植物藁本 *Ligusticum sinense* Oliv. 或辽藁本 *Ligusticum jeholense* Nakai et Kitag. 的干燥根茎和根。藁本主产于陕西、甘肃、河南、四川。辽藁本主产于辽宁、吉林、河北等地。秋季茎叶枯萎或次春出苗时采挖，除去泥沙，晒干或烘干。

课堂互动

通过眼看、手摸、鼻嗅、口尝等方法仔细观察藁本药材，找出并说明该药材有哪些关键性状特征。

【性状鉴别】

1. 药材

藁本 根茎呈不规则结节状圆柱形，稍扭曲，有分枝，长 3~10cm，直径 1~2cm。表面棕褐色或暗棕色，粗糙，有纵皱纹，上侧残留数个凹陷的圆形茎基，下侧有多数点状突起的根痕及残根。体轻，质较硬，易折断，断面黄色或黄白色，纤维状，气浓香似芹菜，味辛、苦、微麻。

辽藁本 较小，根茎呈不规则的团块状或柱状，长 1~3cm，直径 0.6~2cm。有多数细长弯曲的根。

2. 饮片

藁本片 呈不规则的厚片。外表皮棕褐色至黑褐色，粗糙。切面黄色至浅黄褐色，具裂隙或孔洞，纤维性。气浓香，味辛、苦、微麻。（图 5-84）

辽藁本片 外表皮可见根痕和残根突起呈毛刺状，或有呈枯朽空洞的老茎残基。切面木部有放射状纹理和裂隙。

图 5-84 藁本片图

【功效主治】 祛风，散寒，除湿，止痛。用于风寒感冒、颠顶疼痛、风湿痹痛。

射干（Belamcandae Rhizoma）

【来源】 为鸢尾科植物射干 *Belamcanda chinensis*（L.）DC. 的干燥根茎。主产于河南、湖北、江苏、安徽等地。春初刚发芽或秋末茎叶枯萎时采挖，除去须根和泥沙，干燥。

课堂互动

通过眼看、手摸、鼻嗅、口尝等方法仔细观察射干药材，找出并说明该药材有哪些关键性状特征。

【性状鉴别】

1. 药材 呈不规则的结节状，长 3 ~ 10cm，直径 1 ~ 2cm。表面黄褐色、棕褐色或黑褐色，皱缩，有较密的环纹。上面有数个圆盘状凹陷的茎痕，偶有茎基残存；下面有残留的细根及根痕。质硬，断面黄色，颗粒性。气微，味苦、微辛。

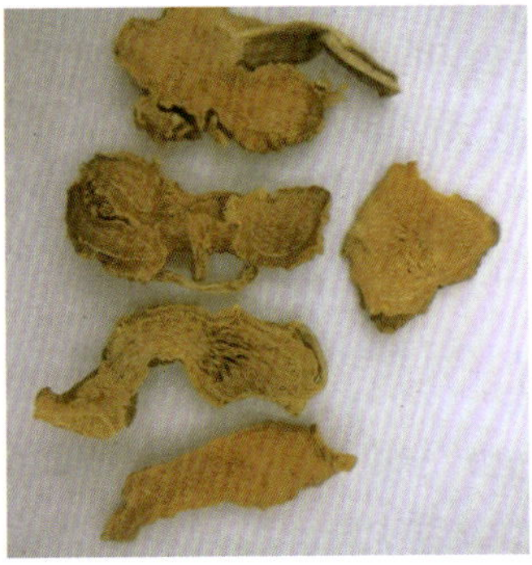

2. 饮片 呈不规则形或长条形的薄片。外表皮黄褐色、棕褐色或黑褐色，皱缩，可见残留的须根和须根痕，有的可见环纹。切面淡黄色或鲜黄色，具散在小筋脉点或筋脉纹，有的可见环纹。气微，味苦、微辛。（图 5 - 85）

图 5 - 85 射干饮片图

【功效主治】清热解毒，消痰，利咽。用于热毒痰火郁结，咽喉肿痛，痰涎壅盛，咳嗽气喘。

干姜 （Zingiberis Rhizoma）

【来源】为姜科多年生草本植物姜 *Zingiber officinale* Rosc. 的干燥根茎。主产于四川、湖北、广东、广西、福建、贵州等地。均系栽培。冬季采挖，除去须根及泥沙，晒干或低温干燥。趁鲜切片晒干或低温干燥者称为"干姜片"。取干姜块，照炒炭法炮制而成的加工品称姜炭。

【性状鉴别】

1. 药材 呈扁平块状，具指状分枝，长 3 ~ 7cm，厚 1 ~ 2cm。表面灰黄色或浅灰棕色，粗糙，具纵皱纹和明显的环节。分枝处常有鳞叶残存，分枝顶端有茎痕或芽。质坚实，断面黄白色或灰白色，粉性或颗粒性，内皮层环纹明显，维管束及黄色油点散在。气香、特异，味辛辣。

2. 饮片

干姜片 呈不规则纵切片或斜切片，具指状分枝，长 1 ~ 6cm，宽 1 ~ 2cm，厚 0.2 ~ 0.4cm。外皮灰黄色或浅黄棕色，粗糙，具纵皱纹及明显的环节。切面灰黄色或灰白色，

略显粉性,可见较多的纵向纤维,有的呈毛状。质坚实,断面纤维性。气香、特异,味辛辣。(图5-86)

姜炭 形如干姜片块,表面焦黑色,内部棕褐色,体轻,质松脆。味微苦,微辣。

【功效主治】温中散寒,回阳通脉,温肺化饮。用于脘腹冷痛、呕吐泄泻、肢冷脉微、寒饮喘咳。

图5-86 干姜片图

金果榄 (Tinosporae Radix)

【来源】为防己科植物青牛胆 *Tinospora sagittata* (Oliv.) Gagnep. 或金果榄 *Tinospora capillipes* Gagnep. 的干燥块根。主产于四川、湖南、广西、贵州。秋、冬两季采挖,除去须根,洗净,晒干。

【性状鉴别】

1. **药材** 呈不规则圆块状,长5~10cm,直径3~6cm。表面棕黄色或淡褐色,粗糙不平,有深皱纹。质坚硬,不易击碎、破开,横断面淡黄白色,导管束略呈放射状排列,色较深。气微,味苦。

2. **饮片** 呈类圆形或不规则厚片。外表皮棕黄色至暗褐色,皱缩,凹凸不平。切面淡黄白色,有时可见灰褐色排列稀疏的放射状纹理,有的具裂隙。气微,味苦。

【功效主治】清热解毒,利咽,止痛。用于咽喉肿痛、痈疽疔毒、泄泻、痢疾、脘腹疼痛。

细辛 (Asari Radix et Rhizoma)

【来源】为马兜铃科植物北细辛 *Asarum heterotropoides* Fr. Schmidt var. *mandshuricum* (Maxim.) Kitag. 、汉城细辛 *Asarum sieboldii* Miq. var. *seoulense* Nakai 或华细辛 *Asarum sieboldii* Miq. 的干燥根和根茎。前两种习称"辽细辛"。北细辛和汉城细辛主产于吉林、辽宁、黑龙江等地;药材商品主要为北细辛,汉城细辛产量小。华细辛主产于陕西、四川、湖北、江西、安徽等省。一般以东北所产"辽细辛"为道地药材。夏季果熟期或初秋采挖,除净地上部分和泥沙,阴干。

课堂互动

通过眼看、手摸、鼻嗅、口尝等方法仔细观察细辛药材，找出并说明该药材有哪些关键性状特征，与徐长卿有什么区别？

【性状鉴别】

1. 药材

北细辛 常卷曲成团。根茎横生，呈不规则圆柱形，具短分枝，长 1~10cm，直径 0.2~0.4cm；表面灰棕色，粗糙，有环形的节，节间长 0.2~0.3cm，分枝顶端有碗状的茎痕。根细长，密生于节上，长 10~20cm，直径约 0.1cm；表面灰黄色，平滑或具纵皱纹；有须根及须根痕；质脆，易折断，断面平坦，黄白色或白色。气辛香，味辛辣、麻舌。

汉城细辛 根茎直径 0.1~0.5cm，节间长 0.1~1cm。

华细辛 根茎长 5~20cm，直径 0.1~0.2cm，节间长 0.2~1cm。气味较弱。

以根色灰黄、杂质少、味辛辣而麻舌者为佳。

2. 饮片 呈不规则的段。根茎呈不规则圆柱形，外表皮灰棕色，有时可见环形的节。根细，外表面灰黄色，平滑或具纵皱纹。切面黄白色或白色。气辛香，味辛辣、麻舌。

【功效主治】 解表散寒，祛风止痛，通窍，温肺化饮。用于风寒感冒、头痛、牙痛、鼻塞流涕、鼻鼽、鼻渊、风湿痹痛、痰饮喘咳。不宜与藜芦同用。

徐长卿 （Cynanchi Paniculati Radix et Rhizoma）

【来源】 为萝藦科植物徐长卿 *Cynanchum paniculatum* （Bge.）Kitag. 的干燥根和根茎。全国各地均产。秋季采挖，除去杂质，阴干。

【性状鉴别】

1. 药材 根茎呈不规则柱状，有盘节，长 0.5~3.5cm，直径 0.2~0.4cm。有的顶端带有残茎，细圆柱形，长约 2cm，直径 0.1~0.2cm，断面中空；根茎节处周围着生多数细长的根。根呈细长圆柱形，弯曲，长 10~16cm，直径 0.1~0.15cm。表面淡黄白色至淡棕黄色或棕色；具微细的纵皱纹，并有纤细的须根。质脆，易折断，断面粉性，皮部类白色或黄白色，形成层环淡棕色，木部细小。气香，味微辛凉。

2. 饮片 呈不规则的段。根茎有节，四周着生多数根。根细圆柱形，表面淡黄白色至淡棕黄色或棕色，有细纵皱纹。切面粉性，皮部类白色或黄白色，形成层环淡棕色，木部细小。气香，味微辛凉。

【功效主治】 祛风，化湿，止痛，止痒。用于风湿痹痛、胃痛胀满、牙痛、腰痛、跌扑伤痛、风疹、湿疹。

白薇 （Cynanchi Atrati Radix et Rhizoma）

【来源】 为萝藦科植物白薇 *Cynanchum atratum* Bge. 或蔓生白薇 *Cynanchum versicolor* Bge. 的干燥根和根茎。主产于山东、安徽、辽宁、湖北等地。春、秋两季采挖，洗净，干燥。

【性状鉴别】 药材<u>根茎粗短，有结节，多弯曲。</u>上面有圆形的茎痕，下面及两侧<u>簇生多数细长的根，状如马尾，</u>根长 10～25cm，直径 0.1～0.2cm。表面棕黄色。质脆，易折断，<u>断面皮部黄白色，木部黄色。</u>气微，味微苦。

以根粗长、色棕黄、杂质少（不得过 4%）者为佳。

【功效主治】 <u>清热凉血，利尿通淋，解毒疗疮。</u>用于温邪伤营发热、阴虚发热、骨蒸劳热、产后血虚发热、热淋、血淋、痈疽肿毒。

紫菀 （Asteris Radix et Rhizoma）

【来源】 为菊科植物紫菀 *Aster tataricus* L. f. 的干燥根和根茎。主产于河北、安徽、河南、黑龙江等地。春、秋两季采挖，除去有节的根茎（习称"母根"）和泥沙，编成辫状晒干，或直接晒干。取紫菀片（段）照蜜炙法炮制而成的加工品称蜜紫菀。

【性状鉴别】

1. **药材** <u>根茎呈不规则块状，</u>大小不一，<u>顶端有茎、叶的残基；</u>质稍硬。<u>根茎簇生多数细根，</u>长 3～15cm，直径 0.1～0.3cm，<u>多编成辫状；表面紫红色或灰红色，有纵皱纹。</u>质较柔韧。气微香，味甜、微苦。（图 5－87）

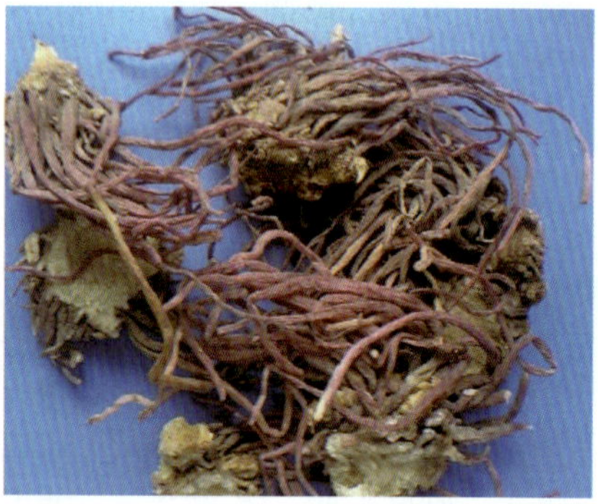

2. **饮片**

紫菀 呈不规则的厚片或段。<u>根外表皮紫红色或灰红色，有纵皱纹。</u>切面淡棕色，中心具棕黄色的木心。气微香，味甜、微苦。

图 5－87 紫菀药材图

蜜紫菀 形如紫菀片（段），表面棕褐色或紫棕色，有蜜香气，味甜。

【功效主治】 <u>润肺下气，消痰止咳。</u>用于痰多喘咳、新久咳嗽、劳嗽咳血。

威灵仙 （Clematidis Radix et Rhizoma）

【来源】 为毛茛科植物威灵仙 *Clematis chinensis* Osbeck、棉团铁线莲 *Clematis hexapetala* Pall. 或东北铁线莲 *Clematis manshurica* Rupr. 的干燥根和根茎。威灵仙主产于江苏、浙江、

江西、湖南等地；棉团铁线莲主产于东北地区及山东省；东北铁线莲主产于东北地区。秋季采挖，除去泥沙，晒干。

课堂互动

仔细观察，比较白薇、紫菀与威灵仙的性状特征有什么主要不同点。

【性状鉴别】

1. 药材

威灵仙 根茎呈柱状，长 1.5～10cm，直径 0.3～1.5cm；表面淡棕黄色；顶端残留茎基；质较坚韧，断面纤维性；下侧着生多数细根。根呈细长圆柱形，稍弯曲，长 7～15cm，直径 0.1～0.3cm；表面黑褐色，有细纵纹，有的皮部脱落，露出黄白色木部；质硬脆，易折断，断面皮部较广，木部淡黄色，略呈方形，皮部与木部常有裂隙。气微，味淡。（图 5-88）

图 5-88 威灵仙药材图

棉团铁线莲 根茎呈短柱状，长 1～4cm，直径 0.5～1cm。根长 4～20cm，直径 0.1～0.2cm；表面棕褐色至棕黑色；断面木部圆形。味咸。

东北铁线莲 根茎呈柱状，长 1～11cm，直径 0.5～2.5cm。根较密集，长 5～23cm，直径 0.1～0.4cm，表面棕黑色，断面木部近圆形。味辛辣。

以根粗长、色黑或棕黑色、无残茎者为佳。

2. 饮片 呈不规则的段。表面黑褐色、棕褐色或棕黑色，有细纵纹，有的皮部脱落，露出黄白色木部。切面皮部较广，木部淡黄色，略呈方形或近圆形，皮部与木部间常有裂隙。

【功效主治】祛风湿，通经络。用于风湿痹痛、肢体麻木、筋脉拘挛、屈伸不利。

龙胆（Gentianae Radix et Rhizoma）

【来源】为龙胆科植物条叶龙胆 *Gentiana manshurica* Kitag.、龙胆 *Gentiana scabra* Bge.、三花龙胆 *Gentiana triflora* Pall. 或坚龙胆 *Gentiana rigescens* Franch. 的干燥根和根茎。前三种称"龙胆"，后一种习称"坚龙胆"。条叶龙胆主产于东北地区，江苏、浙江、安徽等省亦产。龙胆、三花龙胆主产于黑龙江、辽宁、吉林及内蒙古等省区。坚龙胆主产于云南、四川、贵州等省区。春、秋两季采挖，除去地上残茎，洗净，干燥。

课堂互动

通过眼看、手摸、鼻嗅、口尝等方法仔细观察龙胆药材，找出并说明该药材有哪些关键性状特征。

【性状鉴别】

1. 药材

龙胆 根茎呈不规则块状，长 1～3cm，直径 0.3～1cm；表面暗灰棕色或深棕色，上端有茎痕或残留茎基，周围和下端着生多数细长的根。根圆柱形，略扭曲，长 10～20cm，直径 0.2～0.5cm；表面淡黄色或黄棕色，上部多有显著的横皱纹，下部较细，有纵皱纹及支根痕。质脆，易折断，断面略平坦，皮部黄白色或淡黄棕色，木部色较浅，呈点状环列。髓部明显。气微，味甚苦。（图 5-89）

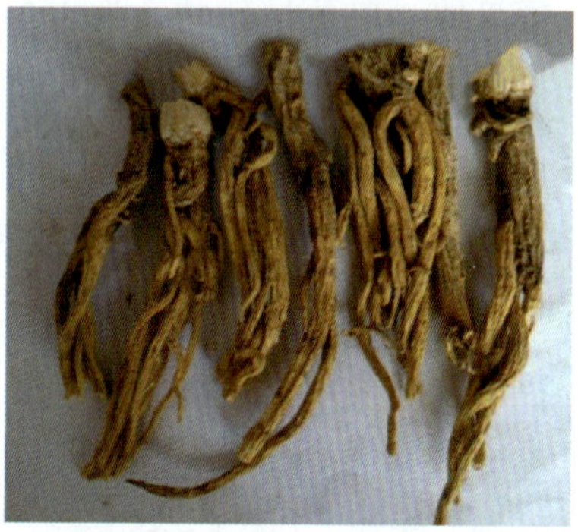

坚龙胆 表面无横皱纹，外皮膜质，易脱落；木部黄白色，易与皮部分离，中央无髓部。

图 5-89 龙胆药材图

以根粗长、色黄棕者为佳。

2. 饮片

龙胆 呈不规则段。根茎呈不规则块片，表面暗灰棕色或深棕色。根圆柱形，表面淡黄色至黄棕色，有横皱纹，或纵皱纹。切面皮部黄白色至棕黄色，木部色较浅，气微，味甚苦。

坚龙胆 呈不规则段。根表面无横皱纹，膜质外皮已脱落，表面黄棕色至深棕色。切面皮部黄棕色，木部色较浅。

【功效主治】清热燥湿，泻肝胆火。用于湿热黄疸、阴肿阴痒、带下、湿疹瘙痒、肝火目赤、耳鸣耳聋、胁痛口苦、惊风抽搐。

知识链接

龙胆常见伪品

小檗科植物桃儿七的干燥根及根茎。根茎结节状，根细长圆柱形，断面平坦，显粉性，皮部类白色，木部细小，淡黄色；气微，味苦，有毒。

茜草（Rubiae Radix et Rhizoma）

【来源】 为茜草科植物茜草 *Rubia cordifolia* L. 干燥根和根茎。主产于陕西、山西、河南等地。春、秋两季采挖，以 8 月中旬至 9 月中旬采者质优，除去泥沙，干燥。取茜草片或段，照炒炭法炮制而成的加工品称茜草炭。

课堂互动

通过眼看、手摸、鼻嗅、口尝等方法仔细观察茜草药材，找出并说明该药材有哪些关键性状特征，注意表面与断面的颜色。

【性状鉴别】

1. 药材 根茎呈结节状，丛生粗细不等的根。根呈圆柱形略弯曲或扭曲，长 10～25cm，直径 0.2～1cm；表面红棕色或暗棕色，具细纵皱纹及少数细根痕；皮部易剥落，露出黄红色木部。质脆，易折断，断面平坦，横切面皮部狭长，紫红色，木部宽广，浅黄红色，导管孔多数。气微，味微苦，久嚼刺舌。

以条粗、表面红棕色、断面红黄色、无茎基者为佳。

2. 饮片

茜草 呈不规则的厚片或段。根呈圆柱形，外表皮红棕色或暗棕色，具细纵纹，皮部脱落处呈黄红色，切面皮部狭长，紫红色，木部宽广，浅黄红色，导管孔多数，气微，味微苦，久嚼刺舌。（图 5 90）

茜草炭 形同茜草片或段，表面黑褐色，内部棕褐色。气微，味苦、涩。

【功效主治】 凉血，祛瘀，止血，通经。用于吐血，衄血，崩漏，外伤出血，瘀阻经闭，关节痹痛，跌扑肿痛。

图 5-90 茜草饮片图

当归（Angelicae Sinensis Radix）

【来源】 为伞形科植物当归 *Angelica sinensis*（Oliv.）Diels 的干燥根。主产于甘肃岷县、武都、漳县、成县、文县等地；湖北、云南、四川等省区也产。以栽培为主。当归一般栽培至第二年秋末采挖，除去茎叶、须根及泥土，放置，待水分稍蒸发后根变软时，捆成小把，上棚，用烟火慢慢熏干。取净当归片，照酒炙法炮制而成的加工品称酒当归。

课堂互动

通过眼看、手摸、鼻嗅、口尝等方法仔细观察当归药材，找出并说明该药材有哪些关键性状特征。

【性状鉴别】

1. **药材** 略呈圆柱形，下部有支根 3 ~ 5 条或更多，长 15 ~ 25cm。表面黄棕色至棕褐色，具纵皱纹及横长皮孔样突起。根头（归头）直径 1.5 ~ 4cm，具环纹，上端圆钝，或具数个明显突出的根茎痕，有紫色或黄绿色的茎及叶鞘的残基；主根（归身）表面凹凸不平；支根（归尾）直径 0.3 ~ 1cm，上粗下细，多扭曲，有少数须根痕。质柔韧，断面黄白色或淡黄棕色，皮部厚，有裂隙及多数棕色点状分泌腔，木部色较淡，形成层环黄棕色。有浓郁的香气，味甘、辛、微苦。

以主根粗长、油润、外皮色黄棕、断面色黄白、气味浓郁者为佳。柴性大、干枯无油或断面呈绿褐色者不可供药用。

2. **饮片**

当归 呈类圆形、椭圆形或不规则薄片，外表皮浅棕色至棕褐色。切面浅棕黄色或黄白色，平坦，有裂隙，中间有浅棕色的形成层环，并有多数棕色的油点，香气浓郁，味甘、辛、微苦。

酒当归 形如当归片。切面深黄色或浅棕黄色，略有焦斑。香气浓郁，略有酒香气。

【功效主治】

1. **当归** 补血活血，调经止痛，润肠通便。用于血虚萎黄，眩晕心悸，月经不调，经闭痛经，虚寒腹痛，风湿痹痛，跌扑损伤，痈疽疮疡，肠燥便秘。

2. **酒当归** 活血通经。用于经闭痛经，风湿痹痛，跌扑损伤。

知识链接

当归常见伪品

华北地区习用同科植物欧当归 *Levisticum officinale* Koch. 的根。主根粗长，顶端常有数个根茎痕；表面灰褐色，有纵皱纹和皮孔疤痕；断面黄白色或浅棕黄色；气微，味稍甜，有麻舌感。

独活（Angelicae Pubescentis Radix）

【来源】 为伞形科植物重齿毛当归 *Angelica pubescens* Maxim. f. *biserrata* Shan et Yuan 的干燥根，习称"川独活"。主产于四川、湖北等地。春初苗刚发芽或秋末茎叶枯萎时采挖，除去须根和泥沙，烘至半干，堆置 2~3 天，发软后再烘至全干。

【性状鉴别】

1. **药材** 根略呈圆柱形，下部有 2~3 分枝或更多，长 10~30cm，根头部膨大，圆锥状，多横皱纹，直径 1.5~3cm，顶端有茎、叶的残基或凹陷。表面灰褐色或棕褐色，具纵皱纹，有横长皮孔样突起及稍突起的细根痕。质较硬，受潮则变软，断面皮部灰白色，有多数散在的棕色油室，木部灰黄色至黄棕色，形成层环棕色。有特异香气，味苦、辛，微麻舌。（图 5-91）

以根条粗壮、油润、香气浓者为佳。

2. **饮片** 呈类圆形薄片。外表皮灰褐色或棕褐色，具皱纹。切面皮部灰白色至灰褐色，有多数散在棕色油点，木部灰黄色至黄棕色，形成层环棕色。有特异香气。味苦、辛，微麻舌。

【功效主治】 祛风除湿，通痹止痛。用于风寒湿痹、腰膝疼痛、少阴伏风头痛、风寒夹湿头痛。

图 5-91 独活饮片图

商陆（Phytolaccae Radix）

【来源】 为商陆科植物商陆 *Phytolacca acinosa* Roxb. 或垂序商陆 *Phytolacca Americana* L. 的干燥根。主产于湖南、湖北、安徽、陕西等地。秋季至次春采挖，除去须根及泥沙，切成块或片，晒干或阴干。取商陆片（块），照醋炙法炮制而成的加工品称醋商陆。

【性状鉴别】

1. **药材** 为横切或纵切的不规则块（片），厚薄不等。外皮灰黄色或灰棕色。横切片弯曲不平，边缘皱缩，直径 2~8cm；切面浅黄棕色或黄白色，木部隆起，形成数个突起的同心性环轮，俗称"罗盘纹"。纵切片弯曲或卷曲，长 5~8cm，宽 1~2cm，木部呈平

133

行条状突起。质硬。气微，味稍甜，久嚼麻舌。

2. 饮片

生商陆 性状检查同药材。（图5－92）

醋商陆 形如商陆片（块）。表面黄棕色，微有醋香气，味稍甜，久嚼麻舌。

【功效主治】 逐水消肿，通利二便，外用解毒散结。用于水肿胀满、二便不通；外治痈肿疮毒。孕妇禁用。

图5－92 商陆饮片图

粉萆薢（Dioscoreae Hypoglaucae Rhizoma）

【来源】 为薯蓣科植物粉背薯蓣 *Dioscorea hypoglauca* Palibin 的干燥根茎。主产于安徽、浙江、江西、福建等地。秋、冬两季采挖，除去须根，洗净，切片，晒干。

【性状鉴别】 药材为不规则的薄片，边缘不整齐，大小不一，厚约0.5mm。有的有棕黑色或灰棕色的外皮。切面黄白色或淡灰棕色，维管束呈小点状散在。质松，略有弹性，易折断，新断面近外皮处显淡黄色。气微，味辛、微苦。

【功效主治】 利湿去浊，祛风除痹。用于膏淋、白浊、白带过多、风湿痹痛、关节不利、腰膝疼痛。

绵萆薢（Dioscoreae Spongiosae Rhizoma）

【来源】 为薯蓣科植物绵萆薢 *Dioscorea spongiosa* J. Q. Xi，M. Mizuno et W. L. Zhao 或福州薯蓣 *Dioscorea futschauensis* Uline ex R. Kunth 的干燥根茎。主产于浙江、福建。秋、冬两季采挖，除去须根，洗净，切片，晒干。

【性状鉴别】 药材为不规则的斜切片，边缘不整齐，大小不一，厚2～5mm。外皮黄棕色至黄褐色，有稀疏的须根残基，呈圆锥状突起。质疏松，略呈海绵状，切面灰白色至浅灰棕色，黄棕色点状维管束散在。气微，味微苦。

【功效主治】 利湿去浊，祛风除痹。用于膏淋、白浊、白带过多、风湿痹痛、关节不利、腰膝疼痛。

土茯苓（Smilacis Glabrae Rhizoma）

【来源】 为百合科植物光叶菝葜 *Smilax glabra* Roxb. 的干燥根茎。主产于广东、湖南、湖北、浙江等地。夏、秋两季采挖，除去须根，洗净，干燥；或趁鲜切成薄片，干燥。

【性状鉴别】

1. 药材 略呈圆柱形，稍扁或呈不规则条块，有结节状隆起，具短分枝，长5～

22cm，直径 2～5cm。表面黄棕色或灰褐色，凹凸不平，有坚硬的须根残基，分枝顶端有圆形芽痕，有的外皮现不规则裂纹，并有残留的鳞叶。质坚硬。切片呈长圆形或不规则形，厚 0.1～0.5cm，边缘不整齐；切面类白色至淡红棕色，粉性，可见点状维管束及多数小亮点；质略韧，折断时有粉尘飞扬，以水湿润后有黏滑感。气微，味微甘、涩。

2. 饮片 呈长圆形或不规则的薄片，边缘不整齐。切面黄白色或红棕色，粉性，可见点状维管束及多数小亮点；以水湿润后有黏滑感。气微，味微甘、涩。

【功效主治】 解毒，除湿，通利关节。用于梅毒及汞中毒所致的肢体拘挛、筋骨疼痛，湿热淋浊、带下、痈肿、瘰疬、疥癣。

片姜黄（Wenyujin Rhizoma Concisum）

【来源】 为姜科植物温郁金 *Curcuma wenyujin* Y. H. Chen et C. Ling 的干燥根茎。冬季茎叶枯萎后采挖，洗净，除去须根，趁鲜纵切厚片，晒干。

【性状鉴别】 药材呈长圆形或不规则的片状，大小不一，长 3～6cm，宽 1～3cm，厚 0.1～0.4cm。外皮灰黄色，粗糙皱缩，有时可见环节及须根痕。切面黄白色至棕黄色，有一圈环纹及多数筋脉小点。质脆而坚实。断面灰白色至棕黄色，略粉质。气香特异，味微苦而辛凉。（图 5-93）

【功效主治】 破血行气，通经止痛。用于胸胁刺痛，胸痹心痛，痛经经闭，癥瘕，风湿肩臂疼痛，跌扑肿痛。孕妇慎用。

图 5-93 片姜黄药材图

百合（Lilii Bulbus）

【来源】 为百合科植物卷丹 *Lilium lancifolium* Thunb.、百合 *Lilium brownii* F. E. Brown var. *viridulum* Baker 或细叶百合 *Lilium pumilum* DC. 的干燥肉质鳞叶。秋季采挖，洗净，剥取鳞叶，置沸水中略烫，干燥。取净百合，用炼蜜照蜜炙法炮制而成的加工品称蜜百合。

【性状鉴别】 药材呈长椭圆形，长 2～5cm，宽 1～2cm，中部厚 0.13～0.4cm。表面黄白色至淡棕黄色，有的微带紫色，有数条纵直平行的白色维管束。顶端稍尖，基部较宽，边缘薄，微波状，略向内弯曲。质硬而脆，断面较平坦，角质样。气微，味微苦。（图 5-94）

图 5-94 百合药材图

135

【功效主治】养阴润肺，清心安神。用于阴虚燥咳、劳嗽咳血、虚烦惊悸、失眠多梦、精神恍惚。

山奈（Kaempferiae Rhizoma）

【来源】为姜科植物山奈 *Kaempferia galanga* L. 的干燥根茎。分布于中国台湾、广东、广西、云南等省区。冬季采挖，洗净，除去须根，切片，晒干。

【性状鉴别】药材多为圆形或近圆形的横切片，直径 1～2cm，厚 0.3～0.5cm。外皮浅褐色或黄褐色，皱缩，有的有根痕或残存须根；切面类白色，粉性，常鼓凸。质脆，易折断。气香特异，味辛辣。

【功效主治】行气温中，消食，止痛。用于胸膈胀满、脘腹冷痛、饮食不消。

人参（Ginseng Radix et Rhizoma）

【来源】为五加科植物人参 *Panax ginseng* C. A. Mey. 的干燥根和根茎。栽培者为"园参"；播种在山林野生状态下自然生长的称"林下山参"，习称"籽海"。主产于吉林、辽宁、黑龙江等省，主为栽培品。多于秋季采挖，洗净；园参除去支根，晒干或烘干，称"生晒参"，如不除去支根晒干或烘干，则称"全须生晒参"；林下参多加工成全须生晒参。近来研究用真空冷冻干燥法加工人参，可防止有效成分总皂苷的损失，提高产品质量，其产品称"冻干参"或"活性参"。

【性状鉴别】

1. **药材** 主根呈纺锤形或圆柱形，长 3～15cm，直径 1～2cm。表面灰黄色，上部或全体有疏浅断续的粗横纹及明显纵皱纹，下部有支根 2～3 条，并着生多数细长的须根，须根上常有不明显的细小疣状突起（"珍珠点"）。根茎（芦头）长 1～4cm，直径 0.3～1.5cm，多拘挛而弯曲，具不定根（芋）和稀疏的凹窝状茎痕（"芦碗"）。质较硬，断面淡黄白色，显粉性，形成层环纹棕黄色，皮部有黄棕色的点状树脂道及放射状裂隙。香气特异，味微苦、甘。（图 5－95）

图 5－95　生晒参药材图

林下山参 主根多与根茎等长或较短，呈圆柱形、菱角形或人字形，长 1～6cm。表面灰黄色，具纵皱纹，上部或中下部有环纹，习称"铁线纹"。支根多为 2～3 条，须根少而细长，清晰不乱，有较明显的疣状突起，习称"珍珠疙瘩"。根茎细长，习称"雁脖芦"，少数粗短，中上部具有稀疏或密集而深陷的茎痕。不定根较细，多下垂，形似枣核，习称"枣核芋"。通常以"芦长碗密枣核芋，紧皮细纹珍珠须"来概述其外形。

均以条粗、质硬、气香、味浓、完整者为佳。

2. 饮片 生晒参呈圆形或类圆形薄片。外表皮灰黄色。切面淡黄白色或类白色，显粉性，形成层环纹棕黄色，皮部有黄棕色点状树脂道及放射状裂隙。体轻，质脆。香气特异，味微苦、甘。（图5-96）

图5-96 生晒参饮片图

【显微鉴别】

生晒参粉末 淡黄白色。树脂道碎片易见，含黄色块状分泌物。草酸钙簇晶直径 20~68μm，棱角锐尖。木栓细胞表面观类方形或多角形，壁细波状弯曲。网纹导管和梯纹导管直径 10~56μm。淀粉粒甚多，单粒类球形、半圆形或不规则多角形，直径 4~20μm，脐点点状或裂缝状；复粒由 2~6 分粒组成。

【功效主治】 大补元气，复脉固脱，补脾益肺，生津养血，安神益智。用于体虚欲脱，肢冷脉微，脾虚食少，肺虚喘咳，津伤口渴，内热消渴，气血亏虚，久病虚羸，惊悸失眠，阳痿宫冷。不宜与藜芦、五灵脂同用。

知 识 链 接

1. 真正的野山参属国家一类保护濒危物种，现我国东北产区一年都难觅几棵，而大量的栽培参、工艺拼接参在冒充山参牟取暴利。因此自《中国药典》（2005 年版）开始，删去了山参和生晒山参的定义。采用人工播种方式，在山林自然环境中不经人工干预生长的"林下参"已形成相当大规模的产业，《中国药典》（2005 年版）开始收载"林下参"。如此修订，既可对山参药材正本清源，又可保证这一物种的可持续发展。

2. **人参的综合利用** ①人参叶：为人参的干燥叶。性微寒，味苦、甘，功能补气、益肺、祛暑、生津；多作提取人参皂苷的原料。同属植物竹节参 *Panax japonicum* C. A. Mey. 的叶称"七叶子"，在部分地区习作人参叶药用，应注意鉴别。②**人参花蕾**：含7种人参皂苷，含量高于叶和根，主要用其制作饮料。③**人参果实**：含10种人参皂苷，可用于制造药物、饮料及化妆品。④**人参露**：在蒸制红参过程中产生的具有芳香气味的蒸气，经冷凝后回收而得。含挥发油及少量人参皂苷。主要用于生产饮料、酒类及化妆品。⑤**人参糖浆**：为加工糖参过程中多次浸渍糖参而剩余的浅黄色糖液。含多种人参成分，可作为生产人参糖果的原料。

3. **高丽参** 为朝鲜产的人参，其原植物与国产人参相同。因加工方法不同有"朝鲜红参"和"朝鲜白参"。主要特征为："马蹄芦"（指双芦头者，状如马蹄，两面与肩齐平），"将军肩"（指芦头以下至下身部分较国产红参宽），"着黄袍"（指主根的上部呈黄棕色），"红裤腿"（指主根的下部呈红棕色）。

知 识 链 接

人参常见伪品

1. 商陆科植物商陆 *Phytolacca acinosa* Roxb. 或垂序商陆 *Phytolacca americana* L. 根的加工品，断面可见数层同心环纹（罗盘纹）；味稍甜后微苦，久嚼麻舌；薄壁细胞中含有大量草酸钙针晶束。本品为峻泻药，有毒，切忌误用。

2. 马齿苋科植物土人参 *Talinum paniculatum*（Jacq.）Gaertn. 根的加工品，根端有残茎，无芦头、芦碗；味淡而微有黏滑感；有簇晶，无树脂道。

3. 豆科植物野豇豆 *Vigna vexillata*（L.）Benth 的根，表面有显著纵纹，无芦头、芦碗及横纹，有豆腥气，不含草酸钙簇晶。

4. 茄科植物华山参（漏斗泡囊草）*Physochlaina infundibularis* Kuang 的根，无芦头、芦碗；味微苦，稍麻舌；无树脂道与草酸钙簇晶，有草酸钙砂晶。本品含阿托品类生物碱，有毒。

此外，尚有桔梗科植物桔梗 *Platycodon grandiflorum*（Jacq.）A. DC.、菊科植物山莴苣 *Lactuca indica* L.、紫茉莉科植物紫茉莉 *Mirabilis jalapa* L. 的根加工混充人参，应注意鉴别。

红参（Ginseng Radix et Rhizoma Rubra）

【来源】 为五加科植物人参 *Panax ginseng* C. A. Mey. 的栽培品经蒸制后的干燥根和根茎。主产于吉林、辽宁和黑龙江。秋季采挖，洗净，蒸制后，干燥。

【性状鉴别】

1. **药材** 主根呈纺锤形、圆柱形或扁方柱形，长3~10cm，直径1~2cm，表面半透明，红棕色，偶有不透明的暗黄褐色斑块，具有纵沟、皱纹及细根痕；上部有时具断续的不明显环纹；下部有2~3条扭曲交叉的支根，并带弯曲的须根或仅具须根残迹。根茎（芦头）长1~2cm，上有数个凹窝状茎痕（芦碗），有的带有1~2条完整或折断的不定根（艼）。质硬而脆，断面平坦，角质样。气微香而特异，味甘、微苦。（图5-97）

图5-97 红参饮片图

2. 饮片 呈类圆形或椭圆形薄片。外表皮红棕色，半透明。切面平坦，角质样。质硬而脆。气微香而特异，味甘、微苦。

【功效主治】大补元气，复脉固脱，益气摄血。用于体虚欲脱，肢冷脉微，气不摄血，崩漏下血。不宜与藜芦、五灵脂同用。

西洋参（Panacis Quinquefolii Radix）

【来源】为五加科植物西洋参 *Panax quinquefolium* L. 的干燥根。均系栽培品。原产于加拿大和美国。我国东北、华北、西北等地引种栽培成功。秋季采挖，挖出根后，除去地上部分及泥土，去芦头、侧根及须根，洗净，晒干或低温干燥。

课堂互动

通过眼看、手摸、鼻嗅、口尝等方法仔细观察西洋参和人参药材，找出两者的不同点。

【性状鉴别】

1. 药材 呈纺锤形、圆柱形或圆锥形，长 3～12cm，直径 0.8～2cm。表面浅黄褐色或黄白色，可见横向环纹及线形皮孔状突起，并有细密浅纵皱纹及须根痕。主根中下部有一至数条侧根，多已折断。有的上端有根茎（芦头），环节明显，茎痕（芦碗）圆形或半圆形，具不定根（艼）或已折断。体重，质坚实，不易折断，断面平坦，浅黄白色，略显粉性，皮部可见黄棕色点状树脂道，形成层环纹棕黄色，木部略呈放射状纹理。气微而特异，味微苦、甘。（图 5-98）

以个大、体重、质坚实、不易折断、断面平坦、浅黄白色、略显粉性、味浓者为佳。

2. 饮片 呈长圆形或类圆形薄片。外表皮浅黄褐色。切面淡黄白色至黄白色，形成层环棕黄色，皮部有黄棕色点状树脂道，近形成层环处较多而明显，木部略呈放射状纹理。气微而特异，味微苦、甘。（图 5-99）

图 5-98　西洋参药材

图 5-99　西洋参饮片图

【功效主治】 补气养阴，清热生津。用于气虚阴亏，虚热烦倦，咳喘痰血，内热消渴，口燥咽干。不宜与藜芦同用。

知 识 链 接

西洋参常见伪品

近年来，常见用人参加工伪充西洋参出售，主根表面有纵沟纹，线状皮孔不明显；断面皮部有放射状裂隙，薄层色谱与西洋参不同。应注意鉴别。

地黄（Rehmanniae Radix）

【来源】 为玄参科植物地黄 *Rehmannia glutinosa* Libosch. 的新鲜或干燥块根。主产于河南省武陟、温县、博爱等县。为"四大怀药"之一。秋季采挖，除去芦头、须根及泥沙，洗净，鲜用者习称"鲜地黄"。将鲜生地缓缓烘焙，至内部变黑，约八成干，捏成团块，习称"生地黄"。取生地黄，照蒸法或用黄酒照酒炖法炮制而成的加工品称熟地黄。

课堂互动

通过眼看、手摸、鼻嗅、口尝等方法仔细观察地黄药材，找出并说明该药材有哪些关键性状特征。

【性状鉴别】

1. 药材

鲜地黄 呈纺锤形或条状，长 8～24cm，直径 2～9cm。外皮薄，表面浅红黄色，具弯曲的纵皱纹、芽痕、横长皮孔样突起以及不规则疤痕。肉质、易断，断面皮部淡黄白色，可见橘红色油点，木部黄白色，导管呈放射状排列。气微，味微甜、微苦。

生地黄 多呈不规则的团块状或长圆形，中间膨大，两端稍细，有的细小，长条状，稍扁而扭曲，长 6～12cm，直径 2～6cm。表面棕黑色或棕灰色，极皱缩，具不规则横曲纹。体重，质较软而韧，不易折断，断面棕黑色或乌黑色，有光泽，具黏性。气微，味微甜。

鲜地黄以粗壮、色红黄者为佳。生地黄以块大、体重、断面乌黑色者为佳。熟地黄以光黑如漆，味甘如饴为佳。

2. 饮片

生地黄 呈类圆形或不规则的厚片，外表皮棕黑色或棕灰色，极皱缩，具不规则的横

曲纹，切面棕黑色或乌黑色，有光泽，具黏性。气微，味微甜。（图 5-100）

熟地黄 为不规则的块片、碎块，大小、厚薄不一。表面乌黑色，有光泽，黏性大。质柔软而带韧性，不易折断，断面乌黑色，有光泽。气微，味甜。（图 5-101）

图 5-100 生地黄饮片

图 5-101 熟地黄图

课堂互动

通过眼看、手摸、鼻嗅、口尝等方法仔细观察生地黄和熟地黄药材，找出并说明两者的鉴别特征有何异同点。

【功效主治】

1. **鲜地黄** 清热生津，凉血，止血。用于热病伤阴，舌绛烦渴，温毒发斑，吐血，衄血，咽喉肿痛。

2. **生地黄** 清热凉血，养阴生津。用于热入营血，温毒发斑，吐血衄血，热病伤阴，舌绛烦渴，津伤便秘，阴虚发热，骨蒸劳热，内热消渴。

3. **熟地黄** 补血滋阴，益精填髓。用于血虚萎黄，心悸怔忡，月经不调，崩漏下血，肝肾阴虚，腰膝酸软，骨蒸潮热，盗汗遗精，内热消渴，眩晕，耳鸣，须发早白。

玄参（Scrophulariae Radix）

【来源】 为玄参科植物玄参 *Scrophularia ningpoensis* Hemsl. 的干燥根。主产于浙江省，四川、湖北、江苏等省亦产。多为栽培品。为著名的"浙八味"之一。冬季茎叶枯萎时采挖，除去根茎、幼芽（供留种栽培用）、须根及泥沙，晒或烘至半干，堆放 3~6 天"发汗"，反复数次至内部变黑色，再晒干或烘干。

通过眼看、手摸、鼻嗅、口尝等方法仔细观察地黄和玄参药材，找出并说明两者的鉴别特征有何异同点。

【性状鉴别】

1. **药材** 呈类圆柱形，中部略粗或上粗下细，有的微弯曲似羊角状，长 6～20cm，直径 1～3cm。表面灰黄色或灰褐色，有不规则的纵沟、横长皮孔样突起及稀疏的横裂纹和须根痕。质坚实，不易折断，断面黑色，微有光泽。气特异似焦糖，味甘、微苦。（图 5－102）

以条粗壮、质坚实、断面黑色、无裂隙者为佳。

2. **饮片** 呈类圆形或椭圆形的薄片，外表皮灰黄色或灰褐色。切面黑色，微有光泽，有的具裂隙。气特异似焦糖，味甘、微苦。（图 5－102）

图 5－102 玄参药材及饮片图

【功效主治】清热凉血，滋阴降火，解毒散结。用于热入营血，温毒发斑，热病伤阴，舌绛烦渴，津伤便秘，骨蒸劳嗽，目赤，咽痛，白喉，瘰疬，痈肿疮毒。不宜与藜芦同用。

大黄（Radix et Rhizoma Rhei）

【来源】为蓼科植物掌叶大黄 *Rheum palmatum* L. 、唐古特大黄 *Rheum tanguticum* Maxim. ex Balf. 、药用大黄 *Rheum officinale* Baill. 的干燥根及根茎。掌叶大黄、唐古特大黄主产于甘肃、青海、西藏等地；药用大黄主产于四川、贵州等地。秋末茎叶枯萎或次春发芽前采挖，除去细根，刮去外皮，切瓣或段，绳穿成串干燥或直接干燥。

课堂互动

请同学们用眼看、手摸、鼻嗅、口尝等方法仔细观察大黄药材，并注意尝气味，找出并说明该药材"星点"特征的含义及气味特点。

【性状鉴别】

1. **药材** 呈类圆柱形、圆锥形、卵圆形或不规则块状，长 3～17cm，直径 3～10cm。去外皮者表面黄棕色至红棕色，有的可见类白色网状纹理（锦纹）及"星点"（异型维管束）散在，残留外皮棕褐色，多具绳孔及粗皱纹。质坚实，有的中心略松软，断面淡红棕色或黄棕色，显颗粒性；根茎髓部宽广，有星点环列或散在；根木部发达，无星点，具放射状纹理，形成层环明显。气清香，味苦而微涩，嚼之粘牙，有沙粒感。（图 5-103）

图 5-103 大黄药材图

以质坚实、气清香、味苦涩者为佳。

2. **饮片** 为类圆形或不规则长圆形片，周边黄棕色至红棕色，可见类白色网状纹理或残存有棕褐色至黑棕色外皮。根茎横切面髓部较大，星点环列或散在；根切面木部发达，具放射状纹埋。气清香，味苦微涩，嚼之粘牙，有沙粒感。

【显微鉴别】黄棕色。草酸钙簇晶大型，直径 20～160μm，有的至 190μm。可见具缘纹孔导管、网纹导管、螺纹导管及环纹导管非木化。淀粉粒甚多，单粒类球形或多角形，直径 3～45μm，脐点星状；复粒由 2～8 分粒组成。

【理化鉴别】

（1）大黄饮片或横断面紫外光灯下显红棕色荧光，不得显亮蓝紫色荧光。

（2）大黄粉末或稀醇浸出液加碱显红色。

【功效主治】泻热通肠，凉血解毒，逐瘀通经。用于实热便秘，积滞腹痛，泻痢不爽，湿热黄疸，血热吐衄，目赤，咽肿，肠痈腹痛，痈肿疔疮，瘀血经闭，跌扑损伤，外治水火烫伤，上消化道出血。孕妇慎用。

知 识 链 接

大黄常见伪品

1. 藏边大黄 蓼科植物藏边大黄 *Rheum emodi* Wall. 的根茎。有少数星点。香气弱，味苦而微涩。新鲜断面荧光灯下显蓝紫色荧光。

2. 河套大黄（波叶大黄） 蓼科植物河套大黄 *Rheum hotaoense* C. Y. Cheng et Kao 的干燥根及根茎。横断面淡黄红色，无星点。味涩而微苦。新鲜断面荧光灯下呈蓝紫色荧光。

3. 华北大黄 蓼科植物华北大黄 *Rheum franzenbachii* Munt. 的根及根茎。断面无星点。气浊，味涩而苦。新鲜断面荧光灯下显蓝紫色荧光。

何首乌（Radix Polygoni Multiflori）

【来源】 为蓼科植物何首乌 *Polygonum multiflorun* Thunb. 的干燥块根。主产于四川、云南、河南、湖北、广西。秋、冬两季叶枯萎时采挖，削去两端，洗净，个大的切块，干燥。取何首乌片或块，用黑豆汁照炖法或蒸法炮制而成的加工品称制首乌。

课堂互动

通过眼看、手摸、鼻嗅、口尝等方法仔细观察何首乌药材，指出并说明该药材有哪些关键性状特点。

【性状鉴别】

1. 何首乌药材 块根团块状或不规则纺锤形。表面多红棕色，有浅沟。体重，质坚实，断面多浅红棕色，粉性，皮部有 4～11 个类圆形异型维管束环列，形成云锦（云朵）样花纹，习称"云锦花纹"。气微，味微苦涩。

制首乌 不规则皱缩状块片，厚约1cm。表面黑褐色或棕褐色，凹凸不平，有的可见云锦纹。质坚硬，断面角质样，棕褐色或黑色。气微，味微甘而苦涩。

以体重坚实、断面浅黄棕色、云锦花纹明显、粉性足者为佳。制首乌以黑褐色、断面角质样、黑色为佳。

2. 饮片

生首乌片　呈不规则的长圆形块片或方块，厚约1cm，外表面红棕色或红褐色，切面浅黄棕色或浅红棕色，皮部具云锦花纹，质坚实，粉性。余同药材。（图5-104）

制首乌　表面黑褐色或棕褐色，凹凸不平。质坚硬，断面角质样，隐现云锦花纹断痕，棕褐色或黑色。余同生首乌片。（图5-104）

图5-104　何首乌饮片
1. 生首乌片　2. 制首乌

【功效主治】

1. **生首乌**　解毒，消痈，润肠通便。用于肠燥便秘、瘰疬疮痈、风疹瘙痒，高脂血症。

2. **制首乌**　补肝肾，益精血，乌须发，强筋骨。用于血虚萎黄、眩晕耳鸣、须发早白、腰膝酸软、肢体麻木、崩漏带下、久疟体虚，高脂血症。

黄连 （Coptidis Rhizoma）

【来源】为毛茛科植物黄连 *Coptis chinensis* Franch.、三角叶黄连 *Coptis deltoidea* C. Y. Cheng et Hsiao 或云连 *Coptis teeta* Wall. 的干燥根茎。以上三种分别习称"味连""雅连""云连"。味连主产于重庆石柱县，四川洪雅、峨眉等地。湖北、陕西、甘肃等地亦产。主要为栽培品，为商品黄连的主要来源。雅连主产于四川洪雅、峨眉等地，为栽培品，极少野生。云连主产于云南德钦、碧江及西藏东南部，原系野生，现有栽培。秋季采挖，除去须根和泥沙，干燥，撞去残留须根。取净黄连，用黄酒照酒炙法炮制而成的加工品称酒黄连；取净黄连，用生姜照姜汁炙法炮制而成的加工品称姜黄连；取净黄连，用吴茱萸的水煎液炮制而成的加工品称萸黄连。

课堂互动

通过眼看、手摸、鼻嗅、口尝等方法仔细观察黄连药材，找出并说明该药材有哪些关键性状特征。对比三种商品黄连在性状和组织特征上有何异同。

【性状鉴别】

1. 药材

味连　多分枝，常弯曲，集聚成簇，形如鸡爪，单枝根茎长3~6cm，直径0.3~0.8cm。表面灰黄色或黄褐色，粗糙，有不规则结节状隆起、须根及须根残基，有的节间表面平滑如茎杆，习称"过桥"。上部多残留褐色鳞叶，顶端常留有残余的茎或叶柄。<u>质硬，断面不整齐，皮部橙红色或暗棕色，木部鲜黄色或橙黄色，呈放射状排列，髓部有的中空。气微，味极苦。</u>

雅连 多为单枝，<u>略呈圆柱形</u>，微弯曲，长 4～8cm，直径 0.5～1cm。"过桥"较长。顶端有少许残茎。

云连 多为单枝，弯曲呈钩状，较细小。（图 5－105）

均以粗壮、坚实、断面<u>皮部橙红色、木部鲜黄色或橙黄色、味极苦</u>者为佳。

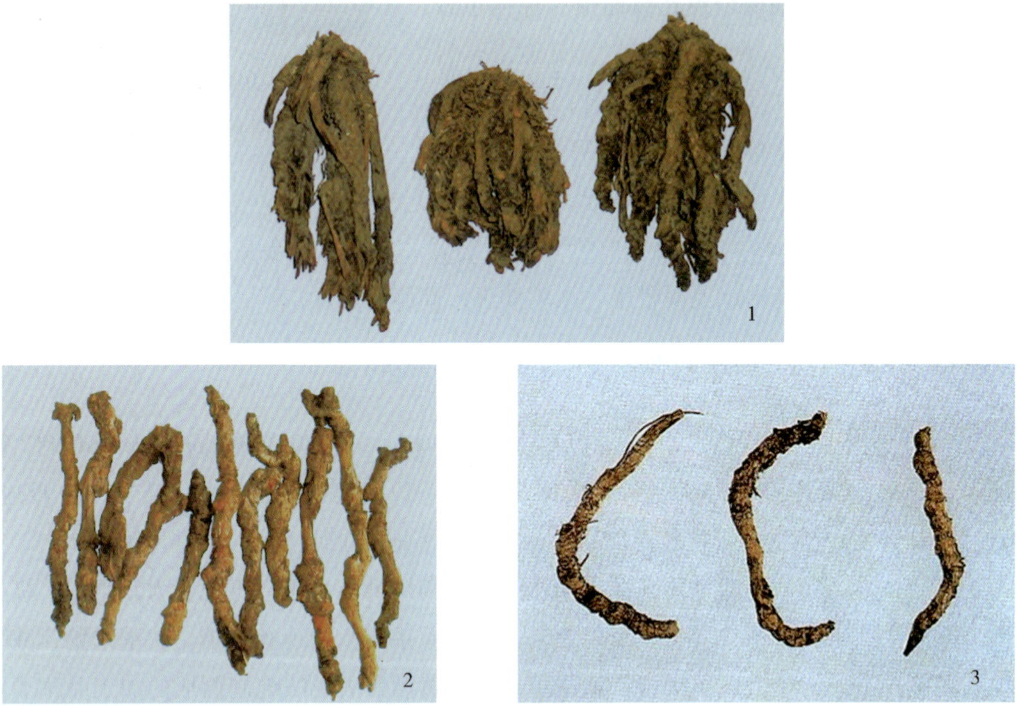

图 5－105 黄连药材图

1. 味连 2. 雅连 3. 云连

2. 饮片

黄连片 呈不规则的薄片，外表皮灰黄色或黄褐色，粗糙，有细小的须根。切面或碎断面鲜黄色或红黄色，具放射状纹理，气微，味极苦。

酒黄连 形如黄连片，色泽加深。略有酒香气。

姜黄连 形如黄连片，表面棕黄色。有姜的辛辣味。

萸黄连 形如黄连片，表面棕黄色。有吴茱萸的辛辣香气。

【显微鉴别】

1. 味连

横切面可见木栓层为数列细胞，其外有表皮，常脱落。皮层较宽，石细胞单个或成群散在。<u>中柱鞘纤维成束或伴有少数石细胞</u>，均显黄色。维管束外韧型，环列。木质部黄色，均木化，<u>木纤维较发达</u>。<u>髓部均为薄壁细胞，无石细胞</u>。

2. **雅连** 横切面可见髓部有石细胞。

3. **云连** 横切面可见皮层、中柱鞘及髓部均无石细胞。

【理化鉴别】 取黄连折断面置紫外线灯（365nm）下观察，显金黄色荧光，木质部尤为明显。

【功效主治】

1. **黄连** 清热燥湿，泻火解毒。用于湿热痞满，呕吐吞酸，泻痢，黄疸，高热神昏，心火亢盛，心烦不寐，心悸不宁，血热吐衄，目赤，牙痛，消渴，痈肿疔疮；外治湿疹、湿疮，耳道流脓。

2. **酒黄连** 善清上焦火热。用于目赤，口疮。

3. **姜黄连** 清胃和胃止呕。用于寒热互结，湿热中阻，痞满呕吐。

4. **萸黄连** 疏肝和胃止呕。用于肝胃不和，呕吐吞酸。

知识链接

含小檗碱成分的资源植物

1. 黄连全株均含生物碱，如雅连在 9～10 月采收的须根含小檗碱达 5% 左右，有时比根茎含量还高，7～10 月枯死前的老叶含小檗碱 2.5%～2.8%。

2. 毛茛科唐松草属（*Thalictrum*）多种植物带根茎的根（习称"马尾黄连"）。

3. 小檗科小檗属（*Berberis*）多种植物的根或根皮。

4. 小檗科十大功劳属（*Mahonia*）多种植物的根或茎。

黄精（Polygonati Rhizoma）

【来源】 为百合科植物滇黄精 *Polygonatum kingianum* Coll. et Hemsl.、黄精 *Polygonatum sibiricum* Red. 或多花黄精 *Polygonatum cyrtonema* Hua 的干燥根茎。按形状不同，习称"大黄精""鸡头黄精""姜形黄精"。滇黄精主产于贵州、广西、云南等地；黄精主产于河北、内蒙古、陕西等地；多花黄精主产于贵州、湖南、云南等地。春、秋两季采挖，除去须根，洗净，置沸水中略烫或蒸至透心，干燥。取净黄精，用黄酒照酒炖法或酒蒸法炮制而成的加工品称酒黄精。

【性状鉴别】

1. **药材**

大黄精 呈肥厚肉质的结节块状，结节长可达 10cm 以上，宽 3～6cm，厚 2～3cm。表面淡黄色至黄棕色，具环节，有皱纹及须根痕，结节上侧茎痕呈圆盘状，圆周凹入，中部突出。质硬而韧，不易折断，断面角质，淡黄色至黄棕色。气微，味甜，嚼之有黏性。

鸡头黄精 呈结节状弯柱形，形似"鸡头"，长 3～10cm，直径 0.5～1.5cm。结节长 2～4cm，略呈圆锥形，常有分枝。表面黄白色或灰黄色，半透明，有纵皱纹，茎痕圆形，直径 0.5～0.8cm。

姜形黄精 呈长条结节块状，长短不等，常数个块状结节相连，略似姜形。表面灰黄或黄褐色，粗糙，结节上侧有突出的圆盘状茎痕，直径 0.8～1.5cm。

均以块大、肥润、色黄、断面透明者为佳。味苦者不可药用。习惯认为姜形黄精质优。

2. 饮片

黄精 呈不规则的厚片。外表皮淡黄色至黄棕色，切面略呈角质样，淡黄色至黄棕色，可见多数淡黄色小筋脉点。质稍硬而韧。气微，味甜，嚼之有黏性。

酒黄精 呈不规则的厚片。表面棕褐色至黑色，有光泽，中心棕色至浅褐色，可见小筋脉点。质较柔软。味甜，微有酒香气。

🏠 **课堂互动**

通过眼看、手摸、鼻嗅、口尝等方法仔细观察酒黄精与熟地黄，找出并说明两者有何异同点。

【**功效主治**】补气养阴，健脾，润肺，益肾。用于脾胃气虚，体倦乏力，胃阴不足，口干食少，肺虚燥咳，劳嗽咳血，精血不足，腰膝酸软，须发早白，内热消渴。

姜黄（Curcumae Longae Rhizoma）

【**来源**】为姜科植物姜黄 *Curcuma longa* L. 的干燥根茎。主产于四川、福建等地。冬季茎叶枯萎时采挖，洗净，蒸或煮至透心，晒干，撞去须根。

【**性状鉴别**】

1. 药材 呈不规则卵圆形、圆柱形或纺锤形，常弯曲，有的具短叉状分枝，长2～5cm，直径1～3cm。表面深黄色，粗糙，有皱缩纹理和明显环节，并有圆形分枝痕及须根痕。质坚实，不易折断，断面棕黄色至金黄色，角质样，有蜡样光泽，内皮层环纹明显，维管束呈点状散在。气香特异，味苦、辛。（图5–106）

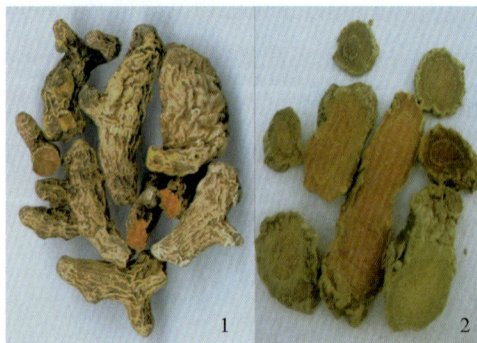

图 5–106 姜黄药材及饮片图

1. 药材　2. 饮片

以圆柱形、外皮有皱纹、断面金黄色、质坚实、香气浓者为佳。

2. 饮片 呈不规则或类圆形的厚片。外表皮深黄色，有时可见环节，<u>切面棕黄色至金黄色，角质样，内皮层环纹明显，维管束呈点状散在</u>。气香特异，味苦、辛。（图 5-106）

【功效主治】<u>破血行气，通经止痛</u>。用于胸胁刺痛，胸痹心痛，痛经经闭，癥瘕，风湿肩臂疼痛，跌扑肿痛。

甘遂（Kansui Radix）

【来源】为大戟科植物甘遂 *Euphorbia kansui* T. N. Liou ex T. P. Wang 的干燥块根。分布于甘肃、山西、陕西等地，已由人工引种栽培。春季开花前或秋末茎叶枯萎后采挖，撞去外皮，晒干。取净甘遂，用醋照醋炙法炮制而成的加工品称醋甘遂。

【性状鉴别】

1. 药材 呈椭圆形、长圆柱形或连珠形，长 1~5cm，直径 0.5~2.5cm。表面类白色或黄白色，凹陷处有棕色外皮残留。质脆，易折断，<u>断面粉性，白色，木部微显放射状纹理</u>；长圆柱状者纤维性较强。气微，味微甘而辣。

2. 饮片

甘遂 性状检查同药材。

醋甘遂 形如甘遂，表面黄色至棕黄色，有的可见焦斑。微有醋香气，味微酸而辣。

【功效主治】<u>泻水逐饮，消肿散结</u>。用于水肿胀满，胸腹积水，痰饮积聚，气逆咳喘，二便不利，风痰癫痫，痈肿疮毒。孕妇禁用；不宜与甘草同用。

葛根（Puerariae Lobatae Radix）

【来源】为豆科植物野葛 *Pueraria lobata*（Willd.）Ohwi 的干燥根。习称野葛。主产于湖南、河南、广东、浙江等地。秋、冬两季采挖，趁鲜切成厚片或小块，干燥。

🏠 课堂互动

通过眼看、手摸、鼻嗅、口尝等方法仔细观察葛根药材，找出并说明该药材有哪些关键性状特征。

【性状鉴别】

1. 药材 呈纵切的长方形厚片或小方块，长 5~35cm，厚 0.5~1cm。<u>外皮淡棕色至棕色，有纵皱纹</u>，粗糙。切面黄白色至淡黄棕色，有的纹理明显。<u>质韧，纤维性强</u>。气微，味微甜。

以块大、质坚实、色白、粉性足、纤维少者为佳。

2. 饮片 呈不规则的厚片、粗丝或边长为 0.5～1.2cm 的方块。切面浅黄棕色至棕黄色。质韧，纤维性强。气微，味微甜。（图 5-107）

【功效主治】解肌退热，生津止渴，透疹，升阳止泻，通经活络，解酒毒。用于外感发热头痛，项背强痛，口渴，消渴，麻疹不透，热痢，泄泻，眩晕头痛，中风偏瘫，胸痹心痛，酒毒伤中。

图 5-107 葛根饮片图

知 识 链 接

1. **粉葛** 为豆科植物甘葛藤 *Pueraria thomsonii* Benth. 的干燥根。表面黄白色或淡棕色，未去外皮的呈灰棕色。体重，质硬，富粉性，横切面可见由纤维形成的浅棕色同心性环纹，纵切面可见由纤维形成的数条纵纹，有的呈绵毛状。气微，味微甜。

由于粉葛与野葛成分含量差异较大，粉葛总黄酮的含量较野葛根为低。经本草考证，前人治病均用野葛，粉葛主要供食用。

2. **葛花** 为野葛未全开放的花，含多种黄酮类成分。可解酒毒，止渴。

乌药（Linderae Radix）

【来源】为樟科植物乌药 *Lindera aggregata*（Sims）Kosterm. 的干燥块根。主产于浙江、江西等地。以浙江产者为道地药材。全年均可采挖，除去细根，洗净，趁鲜切片，晒干，或直接晒干。

【性状鉴别】

1. 药材 多呈纺锤状，略弯曲，有的中部收缩成连珠状，长 6～15cm，直径 1～3cm。表面黄棕色或黄褐色，有纵皱纹及稀疏的细根痕。质坚硬。切片厚 0.2～2mm，切面黄白色或淡黄棕色，射线放射状，可见年轮环纹，中心颜色较深。气香，味微苦、辛，有清凉感。

质老、不呈纺锤状的直根不可供药用。

2. 饮片 呈类圆形的薄片。外表皮黄棕色或黄褐色。切面黄白色或淡黄棕色，有放射状射线，可见年轮环纹。质脆。气香，味微苦、辛，有清凉感。

【功效主治】行气止痛，温肾散寒。用于寒凝气滞，胸腹胀痛，气逆喘急，膀胱虚冷，遗尿尿频，疝气疼痛，经寒腹痛。

金荞麦（Fagopyri Dibotryis Rhizoma）

【来源】为蓼科植物金荞麦 *Fagopyrum dibotrys*（D. Don）Hara 的干燥根茎。产于陕西、江苏等地。冬季采挖，除去茎和须根，洗净、晒干。

【性状鉴别】

1. **药材** 呈不规则团块或圆柱状，常有瘤状分枝，顶端有的有茎残基，长 3～15cm，直径 1～4cm。表面棕褐色，有横向环节和纵皱纹，密布点状皮孔，并有凹陷的圆形根痕和残存须根。质坚硬，不易折断，断面淡黄白色或淡棕红色，有放射状纹理，中央髓部色较深。气微，味微涩。

2. **饮片** 呈不规则的厚片。外表皮棕褐色，或有时脱落。切面淡黄白色或淡棕红色，有放射状纹理，有的可见髓部，颜色较深。气微，味微涩。

【功效主治】清热解毒，排脓祛瘀。用于肺痈吐脓、肺热喘咳、乳蛾肿痛。

拳参（Bistortae Rhizoma）

【来源】为蓼科植物拳参 *Polygonum bistorta* L. 的干燥根茎。春初发芽时或秋季茎叶将枯萎时采挖，除去泥沙，晒干，去须根。

【性状鉴别】

1. **药材** 呈扁长条形或扁圆柱形，弯曲如虾状，有的对卷弯曲，两端略尖，或一端渐细，长 6～13cm，直径 1～2.5cm。表面紫褐色或紫黑色，粗糙，一面隆起，一面稍平坦或略具凹槽，全体密具粗环纹，有残留须根或根痕。质硬，断面浅棕红色或棕红色，维管束呈黄白色点状，排列成环。气微，味苦、涩。

2. **饮片** 呈类圆形或近肾形的薄片。外表皮紫褐色或紫黑色。切面棕红色或浅棕红色，平坦，近边缘有一圈黄白色小点（维管束），气微，味苦、涩。

【功效主治】清热解毒，消肿，止血。用于赤痢热泄，肺热咳嗽，痈肿瘰疬，口舌生疮，血热吐衄，痔疮出血，蛇虫咬伤。

狗脊（Cibotii Rhizoma）

【来源】为蚌壳蕨科植物金毛狗脊 *Cibotium barometz*（L.）J. Sm. 的干燥根茎。主产于福建、四川等省。秋、冬两季采挖，除去泥沙，干燥；或去硬根、叶柄及金黄色茸毛，切厚片，干燥，为"生狗脊片"；蒸后晒至六七成干，切厚片，干燥，为"熟狗脊片"。取生狗脊片，照烫法用砂烫炮制而成的加工品称烫狗脊。

课堂互动

通过眼看、手摸、鼻嗅、口尝等方法仔细观察狗脊药材，找出并说明该药材有哪些关键性状特征。

【性状鉴别】

1. 药材

狗脊　呈不规则的长块状，长 10～30cm，直径 2～10cm。表面深棕色，残留金黄色茸毛，上面有数个红棕色的木质叶柄，下面残存黑色细根。质坚硬，不易折断。无臭，味淡、微涩。

以体肥大、质坚实、无空心、表面有金黄色茸毛者为佳。

生狗脊片　呈不规则长条形或圆形，长 5～20cm，直径 2～10cm，厚 0.15～0.5cm；切面浅棕色，较平滑，近边缘（0.1～0.4cm）处有 1 条棕黄色隆起的木质部环纹或条纹，边缘不整齐，偶有金黄色茸毛残留；质脆，易折断，有粉性。

熟狗脊片　呈黑棕色，质坚硬，木质部环纹或条纹明显。

狗脊片以厚薄均匀、坚实无毛、无空心者为佳。

2. 饮片

狗脊　性状同生狗脊片。

烫狗脊　形如狗脊片，表面略鼓起。棕褐色。气微，味淡、微涩。

【功效主治】　祛风湿，补肝肾，强腰膝。用于风湿痹痛，腰膝酸软，下肢无力。

【附注】　部分地区用乌毛蕨科植物狗脊蕨 *Woodwardia japonica*（L. f.）Sm.、鳞毛蕨科植物半岛鳞毛蕨 *Dryopteris paninsulae* Kitag. 等的根茎作狗脊药用。药材较金毛狗脊瘦小，断面无隆起的木质部环纹。

绵马贯众（Dryopteridis Crassirhizomatis Rhizoma）

【来源】　为鳞毛蕨科植物粗茎鳞毛蕨 *Dryopteris crassirhizoma* Nakai 的干燥根茎和叶柄残基。主产于黑龙江、吉林、辽宁等省，又称"东北贯众"。秋季采挖，削去叶柄、须根，除去泥沙，晒干。取绵马贯众片，照炒炭法炮制而成的加工品称绵马贯众炭。

课堂互动

通过眼看、手摸、鼻嗅、口尝等方法仔细观察绵马贯众药材，找出并说明该药材有哪些关键性状特征。

【性状鉴别】

1. 药材 呈长倒卵形，略弯曲，上端钝圆或截形，下端较尖，有的纵剖为两半，长7～20cm，直径4～8cm。表面黄棕色至黑褐色，密被排列整齐的叶柄残基及鳞片，并有弯曲的须根。叶柄残基呈扁圆形，长3～5cm，直径0.5～1cm；表面有纵棱线，质硬而脆，断面略平坦，棕色，有黄白色维管束5～13个，环列；每个叶柄残基的外侧常有3条须根，鳞片条状披针形，全缘，常脱落。质坚硬，断面略平坦，深绿色至棕色，有黄白色维管束5～13个，环列，其外散有较多的叶迹维管束。气特异，味初淡而微涩，后渐苦、辛。（图5－108）

图5－108　绵马贯众饮片图

以个大、质坚实、叶柄残基断面棕绿色者为佳。

2. 饮片

绵马贯众 呈不规则厚片或碎块，根茎外表皮黄棕色至黑褐色，多被有叶柄残基，有的可见棕色鳞片，切面淡棕色至红棕色，有黄白色维管束小点，环状排列。气味同药材。

绵马贯众炭 呈不规则厚片或碎片。表面焦黑色，内部焦褐色，味涩。

【功效主治】

1. 绵马贯众 清热解毒，驱虫。用于虫积腹痛、疮疡。

2. 绵马贯众炭 收涩止血。用于崩漏下血。

复习思考

一、单项选择题

1. 双子叶植物根类中药的一般特点是（　　　）

　　A. 长圆形或类圆形，断面有放射状结构，有髓，外表有栓皮

　　B. 纺锤形或长圆柱形，断面有环纹，有髓，有栓化组织

C. 圆柱形或纺锤形，断面有环纹及放射状结构，无髓，外表有栓皮

D. 外表无木栓，断面有放射状结构，有髓

2. 单子叶植物根及根茎断面有一圈环纹，它是（　　　）

    A. 形成层　　　　　B. 内皮层　　　　　　C. 外皮层　　　　　D. 木质部

3. 何首乌"云锦花纹"的存在部位为（　　　）

    A. 皮部　　　　　　B. 栓内层　　　　　　C. 木部　　　　　　D. 髓部

4. 大黄具有下列哪种特征（　　　）

    A. 星点　　　　　　B. 蚯蚓头　　　　　　C. 朱砂点　　　　　D. 油头

5. 以下哪项是防风具有的性状特征（　　　）

    A. 罗盘纹　　　　　B. 云锦花纹　　　　　C. 朱砂点　　　　　D. 蚯蚓头

6. 下列药物不是来源于百合科的是（　　　）

    A. 天冬　　　　　　B. 百部　　　　　　　C. 黄精　　　　　　D. 浙贝母

7. 百部的药用部位是（　　　）

    A. 块根　　　　　　B. 根茎　　　　　　　C. 块茎　　　　　　D. 鳞茎

8. 射干的原植物科名和药用部位是（　　　）

    A. 兰科，块茎　　　　　　　　　　B. 百合科，鳞茎

    C. 百合科，根茎　　　　　　　　　D. 鸢尾科，根茎

9. 浙贝母的原植物科名和药用部位是（　　　）

    A. 兰科，块茎　　　　　　　　　　B. 百合科，鳞茎

    C. 百合科，根茎　　　　　　　　　D. 鸢尾科，根茎

10. 药材延胡索的原植物科名是（　　　）

    A. 蓼科　　　　　　B. 毛茛科　　　　　　C. 豆科　　　　　　D. 罂粟科

11. 雅连的原植物为（　　　）

    A. 黄连　　　　　　B. 雅连　　　　　　　C. 三角叶黄连　　　D. 云南黄连

12. 天麻的"鹦哥嘴"指的是（　　　）

    A. 表面的纵皱纹　　　　　　　　　B. 自母麻脱落后的圆脐形瘢痕

    C. 表面的点状突起　　　　　　　　D. 顶端有红棕色至深棕色干枯芽苞

13. 鉴别术语"怀中抱月"是形容（　　　）

    A. 川贝中青贝外层两鳞叶大小相近，相对抱合的形态

    B. 川贝中炉贝外面两鳞叶大小相近，顶端瘦尖的形态

    C. 川贝中松贝外层两鳞片大小悬殊，大瓣紧抱小瓣的形态

    D. 浙贝中的大贝鳞叶一面凹入，一面凸出，呈新月状的形态

14. 切面浅黄棕色或黄白色，木部隆起，形成数个突起的同心性环纹，俗称"罗盘

纹"，该药材为（　　）

    A. 商陆   B. 细辛   C. 大黄   D. 徐长卿

15. 叶柄残茎横切面有 5 ~ 13 个黄白色维管束排列成环的中药是（　　）

    A. 大黄   B. 拳参   C. 狗脊   D. 绵马贯众

16. 根细长，密生于根茎的节上，根表面灰黄色，质脆，易折断，断面黄白色，气辛香，味辛辣者为（　　）

    A. 紫菀   B. 细辛   C. 龙胆   D. 徐长卿

17. 地黄主产于（　　）

    A. 东北及内蒙古东部   B. 河北、山西

    C. 河南   D. 浙江

18. 大黄粉末镜检可见（　　）

    A. 草酸钙簇晶   B. 草酸钙针晶   C. 草酸钙柱晶   D. 草酸钙砂晶

19. 除哪项外均为味连的性状特征（　　）

    A. 多单枝，圆柱型，"过桥" 长

    B. 表面黄褐色，有结节状隆起及须根痕

    C. 断面不整齐，木部鲜黄色或橙黄色

    D. 气微，味极苦

20. 除哪一项外均为绵马贯众性状鉴定特征（　　）

    A. 长倒卵形而稍弯曲

    B. 外表黄棕色至黑褐色

    C. 有稀疏的叶柄残基及鳞片

    D. 叶柄断面有黄白色小点状维管束 5 ~ 13 个环列

21. 川芎的药用部分是（　　）

    A. 地上茎   B. 根茎   C. 根   D. 花

22. 细辛的药用部位是（　　）

    A. 块根   B. 块茎   C. 根茎   D. 根及根茎

23. 天南星的药用部位是（　　）

    A. 块根   B. 块茎   C. 根茎   D. 根及根茎

24. 当归的加工方法是（　　）

    A. 发汗   B. 除去外皮及须根，晒干

    C. 蒸或煮至透心，晒干   D. 以烟火慢慢熏干

25. 太子参的加工方法是（　　）

    A. 发汗   B. 阴干

C. 置沸水中略烫　　　　　　　　　　　　D. 蒸透心，敞开低温干燥

二、多项选择题

1. 关于大黄的来源下列说法正确的是（　　　　）

　　A. 蓼科植物　　　　　　　　　　　　B. 原植物有药用大黄

　　C. 原植物有掌叶大黄　　　　　　　　D. 原植物有唐古特大黄

2. 黄连的来源有（　　　　）

　　A. 味连　　　　　　B. 黄连　　　　　　C. 三角叶黄连　　　　D. 雅连

3. 下列来源于姜科的药材有（　　　　）

　　A. 姜黄　　　　　　B. 知母　　　　　　C. 片姜黄　　　　　　D. 温郁金

4. 大黄的性状特征是（　　　　）

　　A. 有的可见类白色网状纹理，习称"锦纹"

　　B. 除尽外皮者表面黄棕色至红棕色

　　C. 断面淡黄色，颗粒性

　　D. 根茎髓部较大，有星点环列或散在

5. 下列药用部位为块茎的药材有（　　　　）

　　A. 射干　　　　　　B. 半夏　　　　　　C. 泽泻　　　　　　　D. 延胡索

6. 下列主产于河南的道地药材有（　　　　）

　　A. 山药　　　　　　B. 板蓝根　　　　　C. 牛膝　　　　　　　D. 地黄

7. 断面可见髓部的根类药材为（　　　　）

　　A. 何首乌　　　　　B. 川乌　　　　　　C. 龙胆　　　　　　　D. 石菖蒲

三、简答题

1. 何首乌横断面的异形维管束存在于哪个部位，一般有几个？

2. 大黄的主要显微鉴别点是什么？

3. 大黄横断面的星点（异形维管束）存在于什么部位？

4. 简述三种黄连性状、显微特征的异同点。

5. 简述莪术、姜黄及郁金三者在来源上的关系。

6. 简述天麻的来源、性状特征、显微特征。

扫一扫，知答案

第六章
茎木类中药的鉴定

【学习目标】

1. 掌握 15 种茎木类药材的来源、性状鉴别主要特征、功效；沉香等典型代表药材的显微、理化鉴别特征。能正确运用性状鉴定方法和技巧、显微等鉴别方法，准确鉴别茎木类药材。具备"依法鉴定"的观念和意识。

2. 熟悉茎木类药材的功效应用。

3. 了解茎木类药材采收加工和主产地。

4. 培养团结协作，相互尊重，相互交流，敢于质疑，勇于创新的学风；培养换位思考的意识和基本能力。能够正确运用中药鉴定术语，描述药材的特征。

案例导入

小明为中等职业学校中药专业二年级的学生，寒假期间到药店实习。一天，在协助店员验收新进的中药饮片时，发现购进的木通竟是已经被《中国药典》取消药用标准的关木通，立即将情况向药店质量负责人进行了汇报。

关木通和木通由于功效相同，形状相似，临床上常出现混用现象。关木通含马兜铃酸，对肾脏有较强的毒性，长期使用或大剂量服用会引起肾衰竭，2003 年 4 月被国家食品药品监督管理局取消了药品标准。有些中药形状虽然相似，但药效却不尽相同。

本章所载的茎木类药材中木通、沉香等有不少伪品和混淆品，希望同学们通过学习，抓住其主要鉴别特征，确保用药安全有效。

第一节　茎木类中药概述

茎木类中药是茎类中药和木类中药的总称。

茎类中药，主要是指木本植物的茎，以及少数草本植物的茎。包括木本植物的藤茎，如大血藤、鸡血藤、海风藤等；茎枝，如钩藤、桂枝、桑枝等；茎刺，如皂角刺；茎髓，如通草、灯心草等；茎的翅状附属物，如鬼箭羽；草本植物的茎，如苏梗。大部分草本植物的茎，如石斛等，则列入全草类中药。

木类中药，是指药用部位为木本植物形成层以内的部分，统称木材。木材又分为边材和心材，边材含水量较多，颜色较浅；心材蓄积了较多的挥发油、树脂、树胶和色素类物质，颜色较深，质地致密而重，常含有特殊成分。木类中药多用心材，如苏木、降香等。

一、性状鉴定

一般应注意所鉴别中药的性状、大小、粗细、表面特征、颜色、质地、断面及气味等。如为带叶茎枝，其叶则按叶类生药的要求进行观察。

木质藤茎和茎枝多呈圆柱形或扁圆柱形，大小各异；表面多为黄棕色，粗糙、可见裂纹和皮孔，节膨大，具叶痕和枝痕；质地坚实；断面纤维性或裂片状，木部占大部分，呈放射状排列；有的导管小孔明显可见，如青风藤；或有特殊的环纹，如鸡血藤。气味常可帮助鉴别，如海风藤味苦，有辛辣感，青风藤味苦而无辛辣感。草质茎较细长，多呈圆柱形，有的可见数条纵棱。

木类中药多呈不规则的块状、厚片状或长条状。表面颜色不一，有的具棕褐色树脂状条纹、斑块和年轮。可通过质地、密度、气味及水试（是否沉水或水浸显色）或火试（有无特殊香气及其他特殊现象）予以鉴别。

二、显微鉴定

（一）茎类中药的组织构造

一般需观察：①周皮或表皮木栓细胞的形状、层数、增厚情况。②皮层所占比例、细胞的形态及内含物等。③韧皮部有无厚壁组织、分泌组织等。④形成层是否呈环状。⑤木质部注意导管、木薄壁细胞、木纤维及木射线细胞的形态和排列情况。⑥髓部周围是否具薄壁细胞，是否形成环髓纤维或环髓石细胞。⑦还应注意草酸钙结晶、碳酸钙结晶和淀粉粒的有无及其形状等。

双子叶植物木质藤本，栓层较厚，有的有落皮层；导管孔较大；有的具异常构造，如鸡血藤的韧皮部和木质部层状排列成数轮，海风藤的髓部具数个异形维管束，络石藤有内生韧皮部。

（二）木类中药的组织构造

观察木类中药的组织构造通常从三个方向的切面，即横切面、径向纵切面和切向纵切面进行；也可制作解离组织片或粉末片后观察，应注意下列组织特征：

1. **导管** 多具缘纹孔及网纹导管。注意导管分子的形状、大小，纹孔的类型，有无浸填体及形态等。

2. **木纤维** 通常为单个狭长的厚壁细胞，壁厚腔小。有的纤维胞腔中具有横隔，称为分隔纤维。

3. **木薄壁细胞** 细胞壁有时增厚或有单纹孔，多木化。

4. **木射线** 细胞形状与木薄壁细胞相似，射线细胞中常含有淀粉粒或草酸钙结晶，细胞壁亦常增厚或有纹孔。

第二节　常用茎木类中药的鉴定

大血藤（Sargentodoxae Caulis）

【来源】为木通科植物大血藤 *Sargentodoxa cuneata*（Oliv.）Rehd. et Wils. 的干燥藤茎。主产于湖北、四川、江西、河南等省。秋、冬两季采收藤茎，除去细枝及叶，截段，干燥。

课堂互动

通过眼看、手摸、鼻嗅、口尝等方法仔细观察大血藤药材，找出该药材颜色、纹理等关键性状特点。

【性状鉴别】

1. **药材** 呈圆柱形，略弯曲，长30~60cm，直径1~3cm。表面灰棕色，粗糙，栓皮常呈鳞片状剥落，剥落处显暗红棕色，有的可见膨大的节和略凹陷的枝痕或叶痕。质坚体轻，易折断，断面皮部红棕色，有六处向内嵌入木部，木部黄白色，有多数细孔状导管，射线呈放射状排列。气微，味微涩。

以条匀、粗如拇指者为佳。

2. **饮片** 呈类圆形的厚片。外表皮灰棕色，粗糙。切面皮部红棕色，有六处向内嵌入木部，木部黄白色，有多数导管孔。射线呈放射状排列。气微，味微涩。

【功效主治】清热解毒，活血，祛风止痛。用于肠痈腹痛、热毒疮疡、经闭、痛经、跌扑肿痛、风湿痹痛等。

鸡血藤（Spatholobi Caulis）

【来源】为豆科植物密花豆 *Spatholobus suberectus* Dunn 的干燥藤茎。主产于广东、广西、云南等省区。秋、冬两季采收，除去枝叶，切片，晒干。

课堂互动

通过眼看、手摸、鼻嗅、口尝等方法仔细观察鸡血藤药材，找出该药材颜色、质地、多轮同心或偏心环等关键性状特点。

【性状鉴别】呈椭圆形、长矩圆形或不规则的斜切片，厚0.3～1cm。栓皮灰棕色，脱落处呈红褐色，有的可见灰白色斑。质坚硬。切面木部红棕色或棕色，导管孔多数；韧皮部有树脂状分泌物，呈红棕色至黑棕色，与木部相间排列，呈3～8个同心性椭圆形环或偏心性半圆形环；髓部较小，偏向一侧。气微，味涩。（图6-1）

以树脂状分泌物多者为佳。

图6-1 鸡血藤药材图

知识链接

鸡血藤常见伪品

1. **山鸡血藤** 豆科植物香花崖豆藤 *Millettia dielsiana* Harms ex Diels 的藤茎。表面灰棕色，有多数纵长或横长的皮孔；在断面皮部约半径的1/4处有一圈黑棕色树脂状物，木部黄色，可见细密小孔，髓极小。

2. **常绿油麻藤** 豆科植物常绿油麻藤（牛马藤）*M. sempervirens* Hemsl 的藤茎。栓皮灰白色，有细密环纹。韧皮部呈棕褐色，木质部呈棕色，二者相间排列成 4～6 个同心环。

3. 大血藤 木通科植物大血藤 *Sargentodoxa cuneata*（Oliv.）Rehd. et Wils 的干燥藤茎。外皮灰棕色，粗糙。切面皮部红棕色，有六处向内嵌入木部，木部黄白色，有多数导管孔。

【功效主治】活血补血，调经止痛，舒筋活络。用于月经不调、痛经、经闭、风湿痹痛、麻木瘫痪、血虚萎黄等。

木通（Akebiae Caulis）

【来源】为木通科植物木通 *Akebia quinata*（Thunb.）Decne.、三叶木通 *A. trifoliata*（Thunb.）Koidz. 或白木通 *A. trifoliata*（Thunb.）Koidz. var. *australis*（Diels）Rehd. 的干燥藤茎。木通主产于江苏、浙江、安徽、江西等省；三叶木通主产于浙江省；白木通主产于四川省。秋季采收，截取茎部，除去细枝，阴干。

课堂互动

通过眼看、手摸、鼻嗅、口尝等方法仔细观察木通药材，找出该药材颜色、导管排列、气味等关键性状特点。

【性状鉴别】

1. **药材** 呈圆柱形，常稍扭曲，长 30～70cm，直径 0.5～2cm。表面灰棕色至灰褐色，外皮粗糙，有许多不规则的裂纹或纵沟纹，具突起的皮孔。节部膨大或不明显，具侧枝断痕。体轻，质坚实，不易折断，断面不整齐，皮部较厚，黄棕色，可见淡黄色颗粒状小点，木部黄白色，有密集导管小孔，射线呈放射状排列，髓小或有时中空，黄白色或黄棕色。气微，味微苦而涩。

以条匀、断面黄白色、无黑心者为佳。

2. **饮片** 呈圆形、椭圆形或不规则形片。外表皮灰棕色或灰褐色。切面射线呈放射状排列，髓小或有时中空。气微，味微苦而涩。

【功效主治】利尿通淋，清心除烦，通经下乳。用于淋证、水肿、心烦尿赤、口舌生疮、经闭乳少、湿热痹痛等。

知 识 链 接

木通的混淆品

马兜铃科植物东北马兜铃 *Aristolochia manshuriensis* Kom. 的干燥藤茎，称"关木通"。因含有具肾毒性的马兜铃酸，而被《中国药典》取消了药品标准。关木通呈长圆柱形，略扭曲，直径 1～6cm；表面灰黄色或棕黄色；断面黄色或淡黄色，木部宽广，众多小孔状导管排成同心环层，与类白色射线相交而呈蜘蛛网状；髓部扁缩成条状；摩擦栓皮，具樟脑样气；气微，味苦。

川木通（Clematidis Armandii Caulis）

【来源】为毛茛科植物小木通 *Clematis armandii* Franch. 或绣球藤 *Clematis montana* Buch. - Ham. 的干燥藤茎。主产于四川。春、秋两季采收，除去粗皮，晒干，或趁鲜切薄片，晒干。

课堂互动

通过眼看、手摸、鼻嗅、口尝等方法仔细观察川木通药材，找出该药材颜色、导管、气味等关键性状特点，比较与木通有哪些不同。

【性状鉴别】呈长圆柱形，略扭曲，长 50～100cm，直径 2～3.5cm。表面黄棕色或黄褐色，有纵向凹沟及棱线；节处多膨大，有叶痕及侧枝痕。残存皮部易撕裂。质坚硬，不易折断。切片厚 2～4mm，边缘不整齐，残存皮部黄棕色，木部浅黄棕色或浅黄色，有黄白色放射状纹理及裂隙，其间布满导管孔，髓部较小，类白色或黄棕色，偶有空腔。气微，味淡。

以条匀、断面黄白色、无黑心者为佳。

【功效主治】利尿通淋，清心除烦，通经下乳。用于淋证、浮肿、心烦尿赤、口舌生疮、经闭乳少、湿热痹痛等。

钩藤（Uncariae Ramulus cum Uncis）

【来源】为茜草科植物钩藤 *Uncaria rhynchophylla*（Miq.）Miq. ex Havil.、大叶钩藤 *Uncaria macrophylla* Wall.、毛钩藤 *Uncaria hirsuta* Havil.、华钩藤 *Uncaria sinensis*（Oliv.）Havil. 或无柄果钩藤 *Uncaria sessilifructus* Roxb. 的干燥带钩茎枝。主产于广东、广西、贵

州等省区。秋、冬两季采收，去叶，切段，晒干。

课堂互动

通过眼看、手摸、鼻嗅、口尝等方法仔细观察钩藤药材，找出该药材颜色、质地、钩的形状等关键性状特点。

【性状鉴别】

钩藤 为带单钩、双钩的茎枝小段。茎枝呈圆柱形或类方柱形，长 2~3cm，直径 0.2~0.5cm。表面红棕色至紫红色，具细纵纹，光滑无毛，黄绿色至灰褐色者有的可见白色点状皮孔，被黄褐色柔毛。多数枝节上对生两个向下弯曲的钩，或一侧有钩，另一侧为突起的疤痕。钩略扁或稍圆，先端细尖，基部较阔。钩基部的枝上可见叶柄脱落后的窝点状痕迹

图 6-2 钩藤药材图

和环状托叶痕。质坚韧，断面黄棕色，皮部纤维性，髓部黄白色或中空。气微，味淡。（图 6-2）

大叶钩藤 小枝两侧有纵棱，具突起的黄白色小疣点状皮孔。钩枝密被褐色长柔毛，钩长达 3.5cm，表面灰棕色，末端膨大呈小球，折断面有髓或中空。

毛钩藤 枝或钩的表面灰白色或灰棕色，粗糙，有疣状突起，被褐色粗毛。

华钩藤 小枝方柱形，表面黄绿色，钩端渐尖，常留萎缩苞痕，基部扁阔，常有宿存托叶，全缘。

无柄果钩藤 钩枝四面有浅纵沟，具稀疏的褐色柔毛，叶痕明显，钩长 1~1.8cm，表面棕黄色或棕褐色，折断面髓部浅黄白色。

以双钩如锚状、茎细、钩结实、光滑、色紫红、无枯枝者为佳。

【功效主治】 息风定惊，清热平肝。用于肝风内动、惊痫抽搐、高热惊厥、感冒夹惊、小儿惊啼、妊娠子痫、头痛眩晕。

青风藤（Sinomenii Cautis）

【来源】 为防己科植物青藤 *Sinomenium acutum*（Thunb.）Rehd. et Wils. 和毛青藤 *Sinomenium acutum*（Thunb.）Rehd. et Wils. var. *cinereum* Rehd. et Wils. 的干燥藤茎。主产

于江苏、浙江、湖北等省。秋末冬初采割，扎把或切长段，晒干。

课堂互动

通过眼看、手摸、鼻嗅、口尝等方法仔细观察青风藤药材，找出该药材颜色、导管排列、气味等关键性状特点。

【性状鉴别】呈长圆柱形，常微弯曲，直径0.5~2cm。表面绿褐色至棕褐色，有的灰褐色，有细纵纹和皮孔。节部稍膨大，有分枝。体轻，质硬而脆，易折断，断面不平坦，灰黄色或淡灰棕色，皮部窄，木部射线呈放射状排列，髓部淡黄白色或黄棕色。气微，味苦。

以外皮绿褐色、质嫩、断面有"车轮纹"、味苦者为佳。

【功效主治】祛风湿，通经络，利小便。用于风湿痹痛、关节肿胀、麻痹瘙痒等。

海风藤（Piperis Kadsurae Caulis）

【来源】为胡椒科植物风藤 *Piper kadsura*（Choisy）Ohwi 的干燥藤茎。主产于福建、浙江、广东、台湾等省区。夏、秋两季采割，除去根、叶，晒干。

课堂互动

通过眼看、手摸、鼻嗅、口尝等方法仔细观察海风藤药材，找出该药材颜色、断面、气味等关键性状特点。

【性状鉴别】药材呈扁圆柱形，微弯曲，长15~60cm，直径0.3~2cm。表面灰褐色或褐色，粗糙，具纵向棱状纹理及明显的节，节间长3~12cm，节部膨大，上生不定根。体轻，质脆，易折断，断面不整齐，皮部窄，木部宽广，灰黄色，导管孔多数，射线灰白色，放射状排列，皮部与木部交界处常有裂隙，中心有灰褐色的髓。气香似胡椒，味微苦、辛。

以条粗壮、均匀、不脱皮、气香者为佳。

【功效主治】祛风湿，通经络，止痹痛。用于风寒湿痹、肢节疼痛、筋脉拘挛、屈伸不利等。

忍冬藤（Lonicerae Japonicae Caulis）

【来源】为忍冬科植物忍冬 *Lonicera Japonica* Thunb. 的干燥茎枝。主产于山东、河南等省。秋、冬两季采割，晒干。

🏠 **课堂互动**

通过眼看、手摸、鼻嗅、口尝等方法仔细观察忍冬藤药材，找出该药材关键性状特点。

【性状鉴别】

1. **药材** 呈长圆柱形，多分枝，常缠绕成束，直径 1.5 ~ 6mm。节明显，节部有对生叶或叶脱落后的痕迹及分枝。表面棕红色至暗棕色，有的灰绿色，光滑或被茸毛；老茎外皮易成卷剥落而露出灰白色内皮，枝上多节，节间长 6 ~ 9cm，有残叶和叶痕。质脆，易折断，断面纤维性，黄白色，中空。叶多卷曲，破碎不全，黄绿色至棕绿色，两面均被短柔毛。气微，老枝味微苦，嫩枝味淡。

以枝条均匀、带红色外皮、嫩枝稍有毛、质嫩带叶者为佳。

2. **饮片** 呈不规则的段。表面棕红色（嫩枝），有的灰绿色，光滑或被茸毛；外皮易脱落。切面黄白色，中空。偶有残叶，暗绿色，略有茸毛。气微，老枝味微苦，嫩枝味淡。

【功效主治】清热解毒，疏风通络。用于温病发热、热毒血痢、痈肿疮疡、风湿热痹、关节红肿热痛等。

首乌藤（Polygoni Multiflori Caulis）

【来源】为蓼科植物何首乌 *Polygoni multiflorum* Thimb. 的干燥藤茎。主产于河南、湖北、广西、广东等省区。秋、冬两季采割，除去残叶，捆成把或趁鲜切段，干燥。

🏠 **课堂互动**

通过眼看、手摸、鼻嗅、口尝等方法仔细观察首乌藤药材，找出该药材的关键性状特点。

【性状鉴别】

1. **药材** 呈长圆柱形，稍扭曲，具分枝，长短不一，直径 4 ~ 7mm。表面紫红色或紫褐色，粗糙，具扭曲的纵皱纹，节部略膨大，有侧枝痕，外皮菲薄，可剥离。质脆，易折断，断面皮部紫红色，木部黄白色或淡棕色，导管孔明显，髓部疏松，类白色。气微，味微苦涩。

以大小均匀、外皮棕红色者为佳。

2. 饮片 呈圆柱形的段。外表面紫红色或紫褐色。切面皮部紫红色，木部黄白色或淡棕色，导管孔明显，髓部疏松，类白色。气微，味微苦涩。

【功效主治】 养血安神，祛风通络。用于失眠多梦、血虚身痛、风湿痹痛、皮肤瘙痒等。

苏木（Sappan Lignum）

【来源】 为豆科植物苏木 *Caesalpinia appan* L. 的干燥心材。主产于台湾、广东、广西、贵州等省区，印度、马来西亚、泰国亦有分布。多于秋季采伐，除去粗皮及白色边材，取其黄红色或红棕色的心材，干燥。用时刨成薄片或劈成小块片。

课堂互动

通过眼看、手摸、鼻嗅、口尝等方法仔细观察苏木药材，指出该药材颜色、质地、气味等关键性状特点，并尝试进行理化鉴别。

【性状鉴别】 药材呈长圆柱形或对剖半圆柱形，连接根部者则呈不规则稍弯曲的长条形或疙瘩状，长 10～100cm，直径 3～12cm。表面黄红色至棕红色，可见红黄相间的纵向条纹，具刀削痕及细小的凹入油孔。质坚硬，致密。断面强纤维性，略有光泽，年轮明显，有的可见暗棕色、质松、带亮星的髓部。气微，味微涩。

以粗大、质坚实、色黄红、不带白色边材者为佳。

【理化鉴别】

1. 取碎片投于热水，水被染成桃红色，加酸变成黄色，再加碱液，仍变成红色。

2. 取碎片滴加氢氧化钙试液，显深红色。

【功效主治】 活血祛瘀，消肿止痛。用于跌打损伤、骨折筋伤、瘀滞肿痛、经闭痛经、产后瘀阻、胸腹刺痛、痈疽肿痛等。

知识链接

苏木常见伪品

1. 小叶红豆 豆科植物小叶红豆 *Ormosia microphylla* Merr. et L. Chen 的干燥心材。呈不规则圆柱形或块状，大小不一；表面棕红色或紫红色至紫褐色，可见刀削痕和较粗的纵向木质纹理；横切面粗糙，无光泽，同心环不明显；火试，灰呈黑色。小块加氢氧化钙试液，显污绿色或暗褐色。

2. 紫檀 豆科植物紫檀 *Pterocarpus indicus* Willd. 的干燥心材，又称山苏木。呈长条状的块片；显鲜赤色，久置则呈暗色以至带绿色的光泽；导管大型，横切面呈孔点，纵切面呈线条；有红色的树脂样物质，呈油滴状，散布于木纹中，易溶于酒精；质坚而重；水煮之水液不显色；小块加氢氧化钙试液也不变色。

3. 其他 其他木材染色伪制，水煎沸后水液粉红色，取出木材已脱色。

沉香（Aquilariae Lignum Resinatum）

【来源】为瑞香科植物白木香 *Aquilaria sinensis*（Lour.）Gilg 含有树脂的心材。主产于广东、海南、广西、福建等省区。全年均可采收，割取含树脂的心材，除去不含树脂的部分，阴干。

课堂互动

通过眼看、手摸、鼻嗅、口尝等方法仔细观察沉香药材，找出该药材颜色、纹理，质地、气味等关键性状特点。

【性状鉴别】本品呈不规则块、片状或盔帽状，有的为小碎块。表面凹凸不平，有加工后的刀痕，偶有孔洞，可见黑褐色微显光泽的树脂与黄白色不含树脂的木部相间的斑纹，孔洞及凹窝表面多呈朽木状。质较坚实，断面刺状。气芳香，味苦。

以色黑、质坚硬、油性足、香气浓而持久、能沉水者为佳。

【显微鉴别】

1. 横切面 导管呈圆形、多角形，直径 42～128μm，有的含棕色树脂。木射线宽 1～2 列细胞，壁稍厚，木化，有的具壁孔，充满棕色树脂。木纤维多角形，直径 20～45μm，壁稍厚，木化。内含韧皮部呈扁长椭圆状或条带状，常与射线相交，细胞壁薄，非木化，内含棕色树脂；其间散有少数纤维，有的薄壁细胞含草酸钙柱晶。

2. 切向纵切面 具缘纹孔导管，长短不一，多为短节导管。木射线细胞同型性，宽 1～2 列细胞，高 4～20 个细胞。纤维细长，有单纹孔。内含韧皮部细胞长方形。

3. 径向纵切面 木射线排列成横向带状，余同切向纵切面。

4. 粉末 黑棕色。具缘纹孔导管直径约至 128μm，排列紧密，导管内棕色树脂团块常破碎脱出。木纤维为纤维管胞，长梭形，多成束，直径 20～45μm，壁稍厚，有具缘纹孔相交呈十字形或斜裂缝状。木射线细胞，单纹孔较密。内含韧皮部薄壁细胞含黄棕色物质，非木化，有时可见纵斜交错的纹理及菌丝。韧型纤维，壁上具单斜纹孔。草酸钙柱晶，长 69μm，直径 9 ~ 55μm。

【理化鉴别】本品入水下沉，火试燃烧时有油渗出，香气浓郁。

【功效主治】行气止痛，温中止呕，纳气平喘。用于胸腹胀闷疼痛、胃寒呕吐呃逆、肾虚气逆喘急等。

降香（Dalbergiae Odoriferae Lignum）

【来源】为豆科植物降香檀 *Dalbergia odorifera* T. Chen 树干和根的干燥心材。主产于广东、海南等省。全年均可采收，除去边材，阴干。

课堂互动

通过眼看、手摸、鼻嗅、口尝等方法仔细观察降香药材，指出该药材颜色、质地、气味等关键性状特点。

【性状鉴别】本品呈类圆柱形或不规则块状。表面紫红色或红褐色，切面有致密的纹理。质硬，有油性。水试入水下沉，水浸液无色。火烧香气明显，有黑烟及油冒出，残留白色灰烬。气微香，味微苦。

以色紫红、质坚硬、富油性、无白色边材、入水下沉、香气浓者为佳。

【功效主治】化瘀止血，理气止痛。用于吐血、衄血、外伤出血、肝郁胁痛、胸痹刺痛、跌扑伤痛、呕吐腹痛等。

檀香（Santali Albi Lignum）

【来源】为檀香科植物檀香 *Santalum album* L. 树干的干燥心材。主产于印度、马来西亚、澳大利亚及印度尼西亚等地，中国台湾亦有栽培。采得后切成小段，除去边材，阴干。

课堂互动

通过眼看、手摸、鼻嗅、口尝等方法仔细观察檀香药材，指出该药材关键性状特点。

【性状鉴别】本品为长短不一的圆柱形木段，有的略弯曲，一般长约 1m，直径 10 ~ 30cm。外表面灰黄色或黄褐色，光滑细腻，有的具疤节或纵裂，横截面呈棕黄色，显油迹；棕色年轮明显或不明显，纵向劈开纹理顺直。质坚实，不易折断。气清香，燃烧时香气更浓；味淡，嚼之微有辛辣感。

以色黄、质坚而致密、油性大、香味浓厚者为佳。

【功效主治】行气温中，开胃止痛。用于寒凝气滞、胸膈不舒、胸痹心痛、脘腹疼痛、呕吐食少等。

桑寄生（Tasilli Herba）

【来源】为桑寄生科常绿寄生小灌木桑寄生 *Taxillus chinensis*（DC.）Danser 的干燥带叶茎枝，常寄生于构、槐、榆、朴、木棉等树上。主产于福建、广东、广西、海南等省区，又称为"广寄生"。冬季至次春采割，除去粗茎，切段，干燥或蒸后干燥。

课堂互动

通过眼看、手摸、鼻嗅、口尝等方法仔细观察桑寄生药材，指出该药材关键性状特点。

【性状鉴别】药材的茎枝呈圆柱形，长 3 ~ 4cm，直径 0.2 ~ 1cm；表面红褐色或灰褐色，具细纵纹，并有多数细小突起的棕色皮孔，嫩枝有的可见棕褐色茸毛；质坚硬，断面不整齐，皮部薄，红棕色，易与木部分离，木部色较浅。叶多卷曲，具短柄，叶片展平后呈卵形或椭圆形，全缘，长 3 ~ 8cm，宽 2 ~ 5cm，表面黄褐色，幼叶被细茸毛，先端钝圆，基部圆形或宽楔形。气微，味涩。

以枝细、质嫩、色红褐、叶未脱落者为佳。

【功效主治】祛风湿，补肝肾，强筋骨，安胎元。用于风湿痹痛、腰膝酸软、筋骨无力、崩漏经多、妊娠漏血、胎动不安、头晕目眩等。

槲寄生（Visci Herba）

【来源】为桑寄生科常绿寄生小灌木槲寄生 *Viscum coloratum*（Komar.）Nakai 的干燥带叶茎枝。常寄生于榆、桦、梨、枫杨、麻栎等树上。主产于东北、华北地区，又称"北寄生"。冬季至次春采割，除去粗茎，切段，干燥或蒸后干燥。

课堂互动

通过眼看、手摸、鼻嗅、口尝等方法仔细观察槲寄生药材，指出该药材关键性状特点。

【性状鉴别】本品茎枝呈圆柱形，2~5个叉状分枝，长约30cm，直径0.3~1cm；表面黄绿色、金黄色或黄棕色，有纵皱纹，节膨大，节上有分枝或枝痕；体轻，质脆，易折断，断面不平坦，皮部黄色，木部色较浅，射线放射状，髓部常偏向一边。叶对生于枝梢，易脱落，无柄；叶片呈长椭圆状披针形，长2~7cm，宽0.5~1.5cm，先端钝圆，基部楔形，全缘。表面黄绿色，有细皱纹，主脉5出，中间3条明显，革质。气微，味微苦，嚼之有黏性。

以枝嫩、色黄绿、叶多、杂质少者为佳。

【功效主治】祛风湿，补肝肾，强筋骨，安胎元。用于风湿痹痛、腰膝酸软、筋骨无力、崩漏经多、妊娠漏血、胎动不安、头晕目眩等。

桂枝 （Cinnamomi Ramulus）

【来源】为樟科植物肉桂 *Cinnamomum cassia* Presl 的干燥嫩枝。主产于广东、广西等省区。春、夏两季采收，除去叶，晒干，或切片晒干。

课堂互动

通过眼看、手摸、鼻嗅、口尝等方法仔细观察桂枝药材，指出该药材关键性状特点。

【性状鉴别】

1. 药材　呈长圆柱形，多分枝，长30~75cm，粗端直径0.3~1cm。表面红棕色至棕色，有纵棱线、细皱纹及小疙瘩状的叶痕、枝痕和芽痕，皮孔点状。质硬而脆，易折断。切片厚2~4mm，切面皮部红棕色，木部黄白色至浅黄棕色，髓部略呈方形。有特异香气，味甜、微辛，皮部味较浓。

2. 饮片　呈类圆形或椭圆形的厚片。表面红棕色至棕色，有时可见点状皮孔或纵棱线。切面皮部红棕色，木部黄白色或浅黄棕色，髓部类圆形或略呈方形，有特异香气，味甜、微辛。

以质嫩、色棕红、香气浓者为佳。

【功效主治】发汗解肌，温通经脉，助阳化气，平冲降逆。用于风寒感冒、脘腹冷痛、血寒经闭、关节痹痛、痰饮、水肿、心悸、奔豚等。

桑枝 （Mori Ramulus）

【来源】为桑科植物桑 *Morus alla* L. 的干燥嫩枝。全国各地均产。春末夏初采收，去叶，晒干，或趁鲜切片，晒干。

【性状鉴别】

1. **药材** 呈长圆柱形，少有分枝，长短不一，直径 0.5～1.5cm。表面灰黄色或黄褐色，有多数黄褐色点状皮孔及细纵纹，并有灰白色略呈半圆形的叶痕和黄棕色的腋芽。质坚韧，不易折断，断面纤维性。切片厚 0.2～0.5cm，皮部较薄，木部黄白色，射线放射状，髓部白色或黄白色。气微，味淡。

2. **饮片** 本品呈类圆形或椭圆形的厚片。外表皮灰黄色或黄褐色，有点状皮孔。切面皮部较薄，木部黄白色，射线放射状，髓部白色或黄白色。气微，味淡。

以枝细质嫩、断面色黄白者为佳。

【功效主治】祛风湿，利关节。用于风湿痹痛，肩臂、关节酸痛麻木。

通草 （Tetrapanacis Medulla）

【来源】为五加科植物通脱木 *Tetrapanax papyrifera* （Hook.）K. Koch 的干燥茎髓。主产于贵州、云南、四川、湖北等省区。秋季割取茎，截成段，趁鲜取出髓部，理直，晒干。

课堂互动

通过眼看、手摸、鼻嗅、口尝等方法仔细观察通草药材，指出该药材关键性状特点。

【性状鉴别】本品呈圆柱形，长 20～40cm，直径 1～2.5cm。表面白色或淡黄色，有浅纵沟纹。体轻，质松软，稍有弹性，易折断。断面平坦，显银白色光泽，中央有直径 0.3～1.5cm 的空心或具半透明圆形的薄膜，纵剖面薄膜呈梯状排列，实心者少见。商品"方通"为约 10cm 见方的片状物，表面白色，微有光泽；"通丝"则为细长碎纸片状，宽 3～5mm，长短不等。气微，味淡。（图 6-3）

图 6-3 通草药材图

以条粗、色白洁、有弹性者为佳。

【功效主治】清热利尿，通气下乳。用于湿热淋证、水肿尿少、乳汁不下等。

知 识 链 接

小通草 (Stachyuri Medulla/Helwingiae Medulla)

本品为旌节花科植物喜马山旌节花 *Stachyurus himalaicus* Hook. f. et Thoms.、中国旌节花 *Stachyurus chinensis* Franch. 或山茱萸科植物青荚叶 *Helwingia japonica* (Thunb.) Dietr. 的干燥茎髓。主产于西南地区及陕西、甘肃、湖南、湖北、福建、广西等省区。药材呈圆柱形，长 30～50cm，直径 0.5～1cm。表面白色或淡黄色，无纹理。体轻，质松软，捏之能变形，有弹性，易折断。断面平坦，实心，显银白色光泽。水浸后有黏滑感。青荚叶表面有浅纵条纹，质较硬，捏之不易变形。水浸后无黏滑感。气微，味淡。功能清热，利尿，下乳。用于小便不利、淋证、乳汁不下等。（图 6-4）

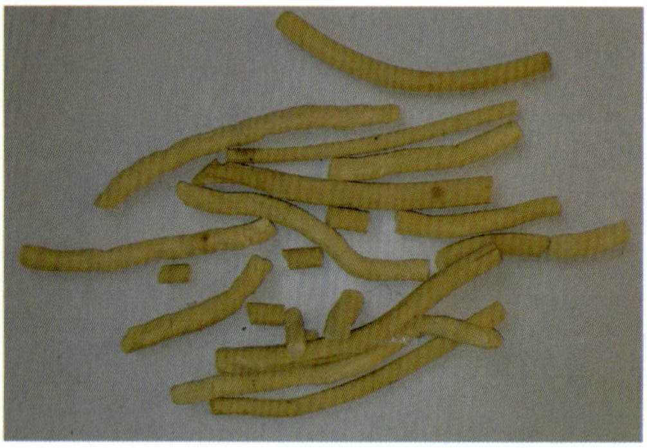

图 6-4 小通草药材图

皂角刺 (Gleditsiae Spina)

【来源】为豆科植物皂荚 *Gleditsia sinensis* Lam. 的干燥棘刺。主产于四川、贵州、云南、山东等地。全年均可采收，干燥或趁鲜切片，干燥。

【性状鉴别】为主刺和 1～2 次分枝的棘刺组成。主刺长圆锥形，长 3～15cm 或更长，基部直径 0.3～1cm；分枝刺长 1～6cm，刺端锐尖。表面紫棕色或棕褐色，光滑。体轻，质坚硬，不易折断。切片厚 0.1～0.3cm，常带有尖细的刺端。木部黄白色，髓部大而疏松，淡红棕色。质脆，不易折断。气微，味淡。（图 6-5）

图 6-5 皂角刺药材图

以刺粗壮、皮紫红色、中心部沙粉状为佳。

【功效主治】消肿托毒，排脓，杀虫。用于痈疽初起或脓成不溃；外治疥癣麻风等。

竹茹（Bambusae Caulis in Taenias）

【来源】为禾本科植物青秆竹 *Bambusae tuldoides* Munro、大头典竹 *Sinocalamus beecheyanus*（Munro）McClure var. *pubescens* P. F. Li 或淡竹 *Phyllostachys nigra*（Lodd.）Munro var. *henonis*（Mitf.）Stapf ex Rendle 的茎秆的干燥中间层。主产于长江流域各省区。全年均可采制，取新鲜茎，除去外皮，将稍带绿色的中间层刮成丝条，或削成薄片，捆扎成束，阴干。前者称"散竹茹"，后者称"齐竹茹"。

【性状鉴别】为卷曲成团的不规则丝条（"散竹茹"），或呈长条形薄片状（"齐竹茹"）。宽窄厚薄不等，浅绿色、黄绿色或黄白色，纤维性。体轻松，质柔韧，有弹性。气微，味淡。

以丝细均匀、色黄绿、质柔软、有弹性者为佳。

【功效主治】清热化痰，除烦，止呕。用于痰热咳嗽、胆火夹痰、惊悸不宁、心烦失眠、中风痰迷、舌强不语、胃热呕吐、妊娠恶阻、胎动不安等。

灯心草（Junci Medulla）

【来源】为灯心草科植物灯心草 *Juncus effuses* L. 的干燥茎髓。主产于广东、江苏、四川、贵州、云南等省区。夏末至秋季割取茎，晒干，取出茎髓，理直，扎成小把。炮制常煅炭为用。

【性状鉴别】呈细圆柱形，长达 90cm，直径 0.1～0.3cm。表面白色或淡黄白色，有细纵纹。体轻，质软，略有弹性，易拉断，断面白色。气微，味淡。（图 6－6）

以条长、粗壮、色白、有弹性者为佳。

图 6－6 灯心草药材图

【功效主治】清心火，利小便。用于心烦失眠、尿少涩痛、口舌生疮。

复习思考

一、单项选择题

1. 木通来源于哪科植物（   ）

    A. 马兜铃科   B. 毛茛科   C. 木通科

    D. 防己科   E. 桔梗科

2. 断面皮部红棕色，有数处向内嵌入木部的药材是（   ）

    A. 沉香   B. 钩藤   C. 茜草

    D. 苏木   E. 大血藤

3. 以含树脂木材入药的是（   ）

    A. 沉香   B. 桔梗   C. 木通

    D. 通草   E. 钩藤

4. 通草的入药部位是（   ）

    A. 根   B. 茎髓   C. 根茎

    D. 藤茎   E. 叶

5. 钩藤入煎剂宜（   ）

    A. 包煎   B. 先煎   C. 另煎

    D. 后下   E. 烊化

6. 具有偏心性髓部的茎木类药材是（   ）

    A. 大血藤   B. 鸡血藤   C. 川木通

    D. 钩藤   E. 茜草

7. 药材横切面射线呈放射状排列的是（   ）

    A. 鸡血藤   B. 防己   C. 钩藤

    D. 通草   E. 木通

8. 钩藤来源于哪科植物（   ）

    A. 茜草科   B. 唇形科   C. 桔梗科

    D. 菊科   E. 毛茛科

9. 鸡血藤主产于（   ）

    A. 河北   B. 山东   C. 河南

    D. 甘肃   E. 广东

10. 沉香的基原植物白木香属于（   ）

    A. 木兰科   B. 瑞香科   C. 樟科

    D. 芸香科   E. 五加科

二、多项选择题

1. 来源于豆科植物的药材是（　　　）

    A. 苏木　　　　　　　　　　B. 大血藤　　　　　　　　　C. 鸡血藤

    D. 钩藤　　　　　　　　　　E. 降香

2. 药材沉香的性状特征是（　　　）

    A. 盔帽状　　　　　　　　　B. 有刀削痕　　　　　　　　C. 棕黑色树脂

    D. 木部黄白色　　　　　　　E. 气芳香

3. 钩藤的原植物有（　　　）

    A. 钩藤　　　　　　　　　　B. 无柄果钩藤　　　　　　　C. 毛钩藤

    D. 大叶钩藤　　　　　　　　E. 攀茎钩藤

4. 以下属于木类中药的有（　　　）

    A. 沉香　　　　　　　　　　B. 桑寄生　　　　　　　　　C. 降香

    D. 通草　　　　　　　　　　E. 苏木

5. 下列药材的药用部位为心材的是（　　　）

    A. 木通　　　　　　　　　　B. 苏木　　　　　　　　　　C. 通草

    D. 降香　　　　　　　　　　E. 钩藤

6. 木通的原植物有（　　　）

    A. 木通　　　　　　　　　　B. 马兜铃　　　　　　　　　C. 绣球藤

    D. 三叶木通　　　　　　　　E. 白木通

7. 茎枝表面有毛的钩藤有（　　　）

    A. 钩藤　　　　　　　　　　B. 大叶钩藤　　　　　　　　C. 华钩藤

    D. 毛钩藤　　　　　　　　　E. 无柄果钩藤

8. 具有异常组织构造的药材有（　　　）

    A. 钩藤　　　　　　　　　　B. 海风藤　　　　　　　　　C. 络石藤

    D. 鸡血藤　　　　　　　　　E. 沉香

三、简答题

1. 茎木类中药为什么多采用心材？

2. 木通和川木通在性状上有何区别？

3. 简述沉香的显微鉴别特征。

4. 简述钩藤的药材来源。

扫一扫，知答案

扫一扫，看课件

第七章
皮类中药的鉴定

【学习目标】

1. 掌握14种皮类药材的来源、性状鉴别特征、功效主治；厚朴、肉桂等药材的显微、理化鉴别特征。能正确运用性状鉴定、显微鉴定等鉴别方法准确鉴别药材。具备"依法鉴定"的观念和意识。

2. 熟悉其他皮类药材的功效主治。

3. 了解皮类药材采收加工、主产地。

4. 养成团结协作，相互尊重，相互交流，敢于质疑，勇于创新的学风；培养换位思考的意识和基本能力。能够正确应用中药鉴定术语描述药材的特征。

案例导入

　　小强和小涛是中职学校中药专业二年级学生，暑假相约到中药材批发市场进行暑期调查。他们边走边看，理论联系实践，收获颇多。他们走到一家摊位前，看见一个贴有"黄柏"标签的袋子，内装物的表面特征与教材上黄柏的描述比较接近。小强取一小片药材放入嘴里嚼了嚼，轻声对小涛说："此药有问题。"远离摊位后，小强进一步解释："正品黄柏气微、味极苦，嚼之有黏性，此药材也是气微、味微苦，但是嚼之无黏性且渣特多，看来可能是劣质药材。"后经调查得知，此种"黄柏"为制药企业将黄柏提取后的药渣，又被不良商贩低价购买，干燥后再次流入药材市场。

　　中药材在性状鉴别的过程中，气味也是其一个主要的性状特征。通过本章节的学习，学生应学会结合性状、外表面、内表面、折断面、气味等多方面的特征对皮类药材进行鉴别，使鉴定结果更加准确。

第一节　皮类中药概述

皮类中药通常是指来源于裸子植物和被子植物（主要为双子叶植物）的茎干、枝和根的形成层以外部分的药材。其中以干皮、枝皮为多，如黄柏、肉桂、杜仲等；根皮较少，如牡丹皮、香加皮等；也有的干皮、枝皮和根皮同时入药，如厚朴。

一、性状鉴定

皮类中药性状鉴定时主要观察药材形状、外表面、内表面、质地、折断面、气味等。在鉴别时，应仔细观察，准确运用鉴定术语。

1. **形状**　干皮多粗大而厚，呈长条状或板片状；枝皮则呈细条状或卷筒状；根皮多呈短片状或短小筒状。一般描述如下：

（1）平坦：皮片呈板片状，较平整，如杜仲、黄柏等。

（2）弯曲：皮片多向内表面横向弯曲，取自较小枝干的皮，易收缩而弯曲。①反曲：皮片向外表面略弯曲，如石榴根皮。②槽状或半管状：如合欢皮。③管状或筒状：如牡丹皮。④单卷状：皮片向一面或两侧重叠卷曲，如肉桂（桂通）。⑤双卷筒状：皮片两侧均向同一面卷起，如厚朴（如意朴）。⑥复卷筒状：几个单卷或双卷状的皮片，相互套叠在一起，如锡兰桂皮。

2. **外表面**　未去栓皮者，多为灰黑色、棕褐色或棕黄色等，粗糙，具纵横裂纹、皱纹或皮孔。皮孔多横向延长，边缘常略隆起而中央凹下，其形状、颜色、排列的方式、分布的密度，常是皮类药材的重要鉴别特征，如牡丹皮的皮孔呈灰褐色、横长略凹陷；合欢皮的皮孔呈红棕色，椭圆形；杜仲的皮孔呈斜方形。有的药材表面有地衣、苔藓等附生物形成的斑纹，如肉桂。少数药材表面有刺毛，如红毛五加皮；有的有钉状物，如海桐皮等。除去栓皮的皮类药材较平滑，如黄柏、桑白皮等。

3. **内表面**　一般较外表面色浅，颜色各不相同，如肉桂呈红棕色，杜仲呈紫褐色，黄柏呈黄色，苦楝皮呈黄白色。有些含油的皮类中药，经刻划可出现油痕，可根据油痕的情况并结合气味等判断该药材的真伪优劣，如肉桂、厚朴等。一般较平滑或具粗细不等的纵向皱纹，有的显网状纹理，如椿皮。

4. **折断面**　皮类中药横向折断面的特征与其组织构造和排列方式密切相关，故此，折断面的特征是皮类中药的重要鉴别依据。

（1）平坦状：组织中富含薄壁细胞而无石细胞或纤维束的皮类中药，一般折断面较平坦，无显著突起物，如牡丹皮、白鲜皮等。

（2）颗粒状：组织中富含石细胞的皮类中药，折断面常呈颗粒状突起，如肉桂等。

（3）纤维状：组织中富含纤维的皮类中药，折断面多显细的纤维状物或刺状物突出，如桑白皮、合欢皮等。

（4）层状：有的皮类中药组织中纤维束与薄壁组织成环带状间隔排列，形成与皮片表面平行排列的薄层，折断时形成明显的层片状，如苦楝皮、黄柏等。

有的皮类中药断面外层较平坦或颗粒状，内层显纤维状，如厚朴等；有的皮类中药在折断时有胶质丝状物相连，如杜仲等；有的皮片因含有较多的淀粉，折断时有粉尘出现，如白鲜皮等。

5. 气味 有些皮类中药外形相似，但气味却完全不同。如香加皮和地骨皮，前者有特殊香气，味苦而有刺激感，后者气味均较微弱（"糟皮白里无香气"为其特征）；肉桂与桂皮外形亦较相似，但肉桂味甜辣微辛，桂皮则味辛而凉。

二、 显微鉴定

皮类药材的显微鉴定通常包括组织构造鉴别和粉末鉴别。

1. 组织构造鉴别 皮类中药的构造由外向内一般可分为周皮、皮层、韧皮部。

（1）周皮：包括木栓层、木栓形成层和栓内层。木栓层细胞多呈扁平形，整齐排列成行，切向延长，含黄棕色或红棕色物质。有的木栓细胞壁不均匀增厚并木化，如肉桂；杜仲的木栓细胞内壁特别增厚。

（2）皮层：皮层中常可见纤维、石细胞和各种分泌组织（油细胞、乳管、黏液细胞等），常见细胞内含物有淀粉粒和草酸钙结晶等。

（3）韧皮部：包括韧皮部束和射线两部分。①韧皮部束：常有厚壁组织、分泌组织及细胞内含物等分布。有的外侧有厚壁组织形成环带或断续的环带，如肉桂等。②射线：分为髓射线和韧皮射线两种。射线的宽度和形状具有鉴别意义。

2. 粉末鉴别 粉末鉴别在鉴别皮类中药时经常用到，注意观察木栓细胞、筛管（或筛胞）、纤维、石细胞、分泌组织及草酸钙结晶等。其中，纤维和石细胞的形状、长度、宽度、纹孔、木化程度和排列情况、分泌组织、淀粉粒及草酸钙结晶的种类、性状等，都是鉴别的重要依据。皮类中药粉末中不应含有木质部组织，如导管、管胞等。

第二节　常用皮类中药的鉴定

厚朴（Magnoliae Officinalis Cortex）

【来源】为木兰科植物厚朴 *Magnolia officinalis* Rehd. et Wils. 或凹叶厚朴 *Magnolia offi-*

cinalis Rehd. et Wils. var. *biloba* Rehd. et Wils. 的干燥干皮、根皮及枝皮。厚朴主产于四川、湖北等省，习称"紫油厚朴"或"川朴"；凹叶厚朴主产于浙江，习称"温朴"。4~6月剥取，根皮和枝皮直接阴干；干皮置沸水中微煮后，堆置阴湿处，"发汗"至内表面变紫褐色或棕褐色时，蒸软，取出，卷成筒状，刮去粗皮，洗净，润透，切丝，干燥。炮制时多切宽丝姜炙。

课堂互动

通过眼看、手摸、鼻嗅、口尝等方法仔细观察厚朴药材，指出该药材关键性状特点。

【性状鉴别】

1. 药材 干皮呈卷筒状或双卷筒状，长30~35cm，厚0.2~0.7cm，习称"筒朴"；近根部的干皮一端展开如喇叭口，长13~25cm，厚0.3~0.8cm，习称"靴筒朴"。外表面灰棕色或灰褐色，粗糙，有时呈鳞片状，易剥落，有明显椭圆形皮孔和纵皱纹，刮去粗皮者显黄棕色。内表面紫棕色或深紫褐色，较平滑，具细密纵纹，划之显油痕，可见多数小亮星。质坚硬，不易折断，断面颗粒性，外层灰棕色，内层紫褐色或棕色，有油性，有时可见多数发亮的厚朴酚与和厚朴酚结晶。气香，味辛辣、微苦。（图7-1）

根皮（根朴） 呈单筒状或不规则块片，有的弯曲似鸡肠，习称"鸡肠朴"。质硬，较易折断，断面纤维性。

枝皮（枝朴） 呈单筒状，长10~20cm，厚0.1~0.2cm。质脆，易折断，断面纤维性。

以皮厚、肉细、油性足、内表面色紫棕而有发亮结晶物、香味浓者为佳。

2. 饮片 呈弯曲的丝条状或单、双卷筒状。外表面灰褐色，有时可见椭圆形皮孔或纵皱纹。内表面紫棕色或深紫褐色，较平滑，具细密纵纹，划之显油痕。切面颗粒性，有油性，有的可见小亮星。气香，味辛辣、微苦。

图7-1 厚朴饮片图

【显微鉴别】粉末显棕色。纤维多成束，直径15~32μm，壁甚厚，有的呈波浪形或一边呈锯齿状，木化，孔沟不明显。石细胞类方形、椭圆形、卵圆形或不规则分枝状，直径11~65μm，有时可见层纹。油细胞呈椭圆形或类圆形，直径50~85μm，含黄棕色油状物。

【功效主治】**燥湿消痰，下气除满**。用于湿滞伤中、脘痞吐泻、食积气滞、腹胀便秘、痰饮喘咳等。

黄柏（Phellodendri Chinense Cortex）

【来源】为芸香科植物黄皮树 *Phellodendron chinensis* Schneid. 的干燥树皮。主产于四川、贵州等省，习称"川黄柏"。3~6月间剥取树龄为十年左右的树皮后，除去粗皮，压成板状，晒干。炮制时多切丝盐炙。

课堂互动

通过眼看、手摸、鼻嗅、口尝等方法仔细观察黄柏药材，指出该药材关键性状特点，比较川黄柏与关黄柏有何异同。

【性状鉴别】

1. 药材 呈板片状或浅槽状，长宽不一，厚1~6mm。外表面黄褐色或黄棕色，平坦或具纵沟纹，有的可见皮孔痕及残存的灰褐色粗皮；内表面暗黄色或淡棕色，具细密的纵棱纹。体轻，质硬，断面纤维性，呈裂片状分层，深黄色。气微，味极苦，嚼之有黏性。

以皮厚、色黄、无栓皮者为佳。

2. 饮片 呈丝条状。外表面黄褐色或黄棕色。内表面暗黄色或淡棕色，具纵棱纹。切面纤维性，呈裂片状分层，深黄色。味极苦。

【显微鉴别】粉末肉眼可见鲜黄色。镜下可见纤维鲜黄色，直径16~38μm，常成束，壁厚腔狭，边缘微波状。纤维束周围细胞含草酸钙方晶，形成晶纤维，含晶细胞壁木化增厚；石细胞鲜黄色，成群或单个散在，类圆形或纺锤形，直径35~128μm，有的呈分枝状，枝端锐尖，壁厚，层纹细密；有的可见大型纤维状的石细胞，长可达900μm；黏液细胞类球形，含黄色无定形黏液汁；草酸钙方晶较多。

【功效主治】**清热燥湿，泻火除蒸，解毒疗疮**。用于湿热泻痢、黄疸尿赤、带下阴痒、热淋涩痛、脚气痿躄、骨蒸劳热、盗汗、遗精、疮疡肿毒、湿疹湿疮。盐黄柏滋阴降火。用于阴虚火旺、盗汗骨蒸。

知识拓展

黄柏的混用品

1. 紫葳科植物木蝴蝶 *Oroxylum indicum*（L.）Vent. 的干燥树皮。卷筒状或不规则片状，外表面灰黄白色或灰棕黄色，栓皮厚，有的呈鳞片状；内表面淡黄或红棕色；质稍轻，断面淡黄或暗棕黄色；气微，味微苦涩，嚼之渣甚多。

2. 杨柳科植物山杨 *Populus davidiana* Dode 的树皮加工而成。呈微卷曲的丝状，厚 2~5mm，全体被染成鲜黄色；味淡，嚼之微有麻舌感。

此外，还有芸香科植物湖北吴萸（水黄柏）*Erodia henryi* Dode 或臭辣树 *Erodia fargesii* Dode 的树皮；小檗科小檗属（*Berberis*）多种植物的树皮混作黄柏应用，应注意鉴别。

知识链接

关黄柏

关黄柏为芸香科植物黄檗 *Phellodendron amurense* Rupr. 的干燥树皮。主产于吉林、辽宁等省。药材呈板片状或浅槽状，长宽不一，厚 2~4mm。外表面黄绿色或淡棕黄色，较平坦，有不规则的纵裂纹，皮孔痕小而少见，偶有灰白色的粗皮残留。内表面黄色或黄棕色。体轻，质较硬，断面鲜黄色或黄绿色，纤维性，有的呈裂片状分层。气微，味极苦，嚼之有黏性。功效为清热燥湿，泻火除蒸，解毒疗疮。

杜仲 （Eucommiae Cortex）

【来源】 为杜仲科植物杜仲 *Eucommia ulmoides* Oliv. 的干燥树皮。主产于湖北、四川、贵州、云南等省区。4~6月剥取树皮，刮去粗皮，堆置"发汗"至内皮呈紫褐色，取出晒干。炮制时多切丝、块盐炙。

课堂互动

通过眼看、手摸、鼻嗅、口尝等方法仔细观察杜仲药材，指出该药材关键性状特点。

【性状鉴别】

1. 药材 呈板片状或两边稍向内卷的块片，大小不一，厚 3~7mm。外表面淡棕色或灰褐色，未刮去粗皮者可见明显的皱纹或纵裂槽纹，具斜方形皮孔，有的可见地衣斑，刮去粗皮者显淡棕色而平滑。内表面暗紫色，光滑。质脆，易折断，断面有细密、富弹性、银白色的橡胶丝相连（可拉至1cm以上才断）。气微，味稍苦，嚼之有胶状感。（图7-2）

181

以皮厚、块大、去净粗皮、内表面暗紫色、断面橡胶丝多者为佳。

2. 饮片 呈小方块或丝状。外表面淡棕色或灰褐色，有明显的皱纹。内表面暗紫色，光滑。断面有细密、银白色、富弹性的橡胶丝相连。气微，味稍苦。

【功效主治】补肝肾，强筋骨，安胎。用于肝肾不足，腰膝酸痛，筋骨无力，头晕目眩，妊娠漏血，胎动不安。

图7-2 杜仲药材图

知识拓展

杜仲的混用品

1. 夹竹桃科藤杜仲 *Parabarium micranthum*（Wall.）Pierre.、毛杜仲 *Parabarium huaitingii* Chun et Tsiang 的干燥树皮。

2. 卫矛科植物白杜 *Euonymus bungeanus* Maxim.、正木（大叶黄杨）*Euonymus japonicus* L. 的干燥树皮。

以上植物的树皮冒充杜仲，应注意鉴别。

肉桂（Cinnamomi Cortex）

【来源】为樟科植物肉桂 *Cinnamomum cassia* Presl 的干燥树皮。主产于广东、广西、云南、福建等地省区。多于秋季剥取，阴干。

课堂互动

通过眼看、手摸、鼻嗅、口尝等方法仔细观察肉桂药材，指出该药材关键性状特点。

【性状鉴别】呈槽状或卷筒状，长30～40cm，宽或直径3～10cm，厚0.2～0.8cm；外表面灰棕色，稍粗糙，有不规则的细皱纹和横向突起的皮孔，有的可见灰白色的地衣斑纹；内表面红棕色，略平坦，有细纵纹，划之显油

图7-3 肉桂药材图

痕；质硬而脆，易折断，断面不平坦，外层棕色而较粗糙，内层红棕色而油润，两层间有1条浅黄棕色的线纹（石细胞环带）。气香浓烈，味甜、辣。（图7-3）

以皮细、油性大、香气浓、味甜辣、嚼之渣少者为佳。

知 识 链 接

食用桂皮

为同属植物阴香 *Cinnamomum burmanni* Blume、天竺桂 *Cinnamomum japonicum* Sieb 及细叶香桂 *Cinnamomum chingii* Metcalf 的树皮。呈槽板片状或不规则块状，厚0.1~0.6cm；外表面灰棕或灰褐色，内表面红棕色，划之油痕不明显；质硬而脆，易折断，断面红棕色，粗糙，无黄棕色线纹（石细胞环带）；具丁香气，味辛辣而不甜。主要用作香料或调味品。

【显微鉴别】粉末显红棕色。纤维大多单个散在，少数2~3个并列，长梭形，平直或波状弯曲，长195~920μm，直径25~50μm，壁极厚，木化，纹孔不明显；石细胞类方形或类圆形，直径32~88μm，壁常三面增厚，一面菲薄，木化；油细胞类圆形或长圆形，直径45~108μm，含黄色油滴状物；草酸钙针晶较细小，散在于射线细胞中；木栓细胞多角形，含红棕色物；淀粉粒极多，圆球形或多角形，直径10~20μm；草酸钙结晶片状。

【功效主治】补火助阳，引火归元，散寒止痛，温通经脉。用于阳痿宫冷、腰膝冷痛、肾虚作喘、虚阳上浮、眩晕目赤、心腹冷痛、虚寒吐泻、寒疝腹痛、痛经经闭等。

知 识 拓 展

肉桂的伪品

为樟科柴桂 *Cinnamomum wilsonii* Gamble 的树皮，习称"柴桂皮"。主产于云南，尼泊尔、苏丹、印度亦有分布。呈槽状、半筒状、不规则块状，厚0.1~1.5cm；外表面灰棕色，粗糙，有时可见灰白色斑纹；内表面红棕色，划之油痕明显；质坚硬，断面不平坦，内外层分层明显，外层较厚，切面有众多略具光泽的黄白色斑点，内层较薄，深棕色，油性强；具肉桂气并夹樟气，味辣，微甜；水浸液黏液质甚多，呈团块状。此外，木兰科植物大花八角 *Illicium macranthum* A. C. Smith. 的干燥树皮，产于广东、云南等地，误作为肉桂使用，本品有毒，应注意鉴别。

秦皮 （Fraxini Cortex）

【来源】 为木犀科植物苦枥白蜡树 *Fraxinus rhynchophylla* Hance、白蜡树 *Fraxinus Chinensis* Roxb.、尖叶白蜡树 *Fraxinus szaboana* Lingelsh. 或宿柱白蜡树 *Fraxinus Stylosa* Lingelsh. 的干燥枝皮或干皮。苦枥白蜡树主产于东北三省，白蜡树主产于四川，尖叶白蜡树、宿柱白蜡树主产于陕西。春、秋两季剥取，晒干。

课堂互动

通过眼看、手摸、鼻嗅、口尝等方法仔细观察秦皮药材，指出该药材关键性状特点。尝试进行秦皮的理化鉴别，观察荧光。

【性状鉴别】

1. 药材

枝皮 呈卷筒状或槽状，长 10～60cm，厚 1.5～3mm。外表面灰白色、灰棕色至黑棕色或相间呈斑状，平坦或稍粗糙，并有灰白色圆点状皮孔及细斜皱纹，有的具分枝痕。内表面黄白色或棕色，平滑。质硬而脆，断面纤维性，黄白色。气微，味苦。

干皮 长条状片，厚 3～6mm。外表面灰棕色，具龟裂状沟纹及红棕色圆形或横长的皮孔。质坚硬，断面纤维性较强。

以条长、外皮薄而光滑者为佳。

2. 饮片

本品为长短不一的丝条状。外表面灰白色、灰棕色或黑棕色。内表面黄白色或棕色，平滑。切面纤维性。质硬。气微，味苦。

【理化鉴别】 取本品，加热水浸泡，浸出液在日光下可见碧蓝色荧光。

【功效主治】 清热燥湿，收涩止痢，止带，明目。用于湿热泻痢、赤白带下、目赤肿痛、目生翳膜等。

苦楝皮 （Meliae Cretex）

【来源】 为楝科植物川楝 *Melia toosendan* Sieb. et Zucc. 或楝 *Melia azedarach* L. 的干燥树皮和根皮。川楝主产于四川、云南等省，楝主产于山西、甘肃、山东等省。春、秋两季剥取，晒干，或除去粗皮，晒干。

【性状鉴别】

1. 药材

呈不规则板片状、槽状或半卷筒状，长宽不一，厚 2～6mm。外表面灰棕色或灰褐色，粗糙，有交织的纵皱纹及点状灰棕色皮孔，除去粗皮者淡黄色。内表面类白色或淡黄色。质韧，不易折断，<u>断面纤维性</u>，<u>呈层片状</u>，<u>易剥离</u>。气微，味苦。

取苦楝皮一段，用手折叠揉搓，可分为多层薄片，<u>层层黄白相间</u>，<u>每层薄片有极细的</u><u>网纹</u>。

根皮以皮厚、张大、纤维性强者为佳；干皮以光滑、皮孔密集的幼树皮为佳。

2. 饮片 呈不规则的丝状。外表面灰棕色或灰褐色，除去粗皮者呈淡黄色。内表面类白色或淡黄色。切面纤维性，略呈层片状，易剥离。气微，味苦。

【功效主治】 <u>杀虫</u>，<u>疗癣</u>。用于蛔虫病、蛲虫病、虫积腹痛；外治疥癣瘙痒。

合欢皮 （Albiziae Cortex）

【来源】 为豆科植物合欢 *Albizia julibrissin* Durazz. 的干燥树皮。主产于湖北、江苏、安徽、浙江等省。夏、秋两季剥取，晒干。

课堂互动

通过眼看、手摸、鼻嗅、口尝等方法仔细观察合欢皮药材，指出该药材关键性状特点。

【性状鉴别】 呈卷曲筒状或半筒状，长 40～80cm，厚 0.1～0.3cm。外表面灰棕色至灰褐色，稍有纵皱纹，有的成浅裂纹，<u>密生明显的椭圆形横向皮孔</u>，棕色或棕红色，偶有突起的横棱或较大的圆形枝痕，常附有地衣斑；<u>内表面淡黄棕色或黄白色</u>，平滑，<u>具细密</u><u>纵纹</u>。质硬而脆，易折断，<u>断面呈纤维性片状</u>，淡黄棕色或黄白色。<u>气微香，味淡、微</u><u>涩、稍刺舌</u>，而后喉头有不适感。

以皮嫩、皮孔明显者为佳。

【功效主治】 <u>解郁安神，活血消肿</u>。用于心神不安、忧郁失眠、肺痈、疮肿、跌扑伤痛等。

牡丹皮 （Moutan Cortex）

【来源】 为毛茛科植物牡丹 *Paeonia suffruticosa* Andr. 的干燥根皮。主产于安徽、四川、河南、山东等省，安徽铜陵凤凰山所产者称为"凤丹皮"，质量最佳。秋季采挖根部，除去细根和泥沙，剥取根皮，晒干或刮去粗皮，除去木心，晒干。前者习称连丹皮，后者习称刮丹皮。

课堂互动

通过眼看、手摸、鼻嗅、口尝等方法仔细观察牡丹皮药材，指出该药材关键性状特点。

【性状鉴别】

1. **药材**　连丹皮呈筒状或半筒状，有纵剖开的裂缝，略向内卷曲或张开，长5～20cm，直径0.5～1.2cm，厚0.1～0.4cm。外表面灰褐色或黄褐色，有多数横长皮孔样突起和细根痕，栓皮脱落处粉红色。内表面淡灰黄色或浅棕色，有明显的细纵纹，常见发亮的结晶（丹皮酚）。质硬而脆，易折断，断面较平坦，淡粉红色，粉性。气芳香，味微苦而涩。

刮丹皮外表面有刮刀削痕，外表面淡红棕色或淡灰黄色，有时可见灰褐色斑点状残存外皮。

以条粗长、皮厚、无木心、断面白色、粉性足、结晶多、香气浓者为佳。

2. **饮片**　本品呈圆形或卷曲形的薄片。连丹皮外表面灰褐色或黄褐色，栓皮脱落处粉红色；刮丹皮外表面红棕色或淡灰黄色。内表面有时可见发亮的结晶。切面淡粉红色，粉性。气芳香，味微苦而涩。

【功效主治】清热凉血，活血化瘀。用于热入营血、温毒发斑、吐血衄血、夜热早凉、无汗骨蒸、经闭痛经、跌扑伤痛。

五加皮（Acanthopanacis Cortex）

【来源】为五加科植物细柱五加 *Acanthopanax gracilistylus* W. W. Smith 的干燥根皮。主产于湖北、河南、四川、湖南等省。夏、秋两季采挖根部，洗净，剥取根皮，晒干。

【性状鉴别】呈不规则卷筒状，长5～15cm，直径0.4～1.4cm，厚约0.2cm。外表面灰褐色，有稍扭曲的纵皱纹和横长皮孔样瘢痕，内表面淡黄色或灰黄色，有细纵纹。体轻，质脆，易折断，断面不整齐，灰白色。气微香，味微辣而苦。

以皮厚、粗大、断面灰白色、气香、无木心者为佳。

【功效主治】祛风除湿，补益肝肾，强筋壮骨，利水消肿。用于风湿痹病、筋骨痿软、小儿行迟、体虚乏力、水肿、脚气等。

香加皮（Periplocae Cortex）

【来源】为萝藦科植物杠柳 *Periploca sepium* Bge. 的干燥根皮。主产于山西、河南、河北、山东等省。春、秋两季采挖，剥取根皮，晒干。

课堂互动

通过眼看、手摸、鼻嗅、口尝等方法仔细观察香加皮药材，指出该药材关键性状特点。

【性状鉴别】

1. 药材 呈卷筒状或槽状，少数呈不规则的片状，长 3～10cm，直径 1～2cm，厚 0.2～0.4cm。外表面灰棕色或黄棕色，栓皮松软常呈鳞片状，易剥落。内表面淡黄色或淡黄棕色，较平滑，有细纵纹。体轻，质硬脆，易折断，断面不整齐，黄白色。有特异香气，味苦。

以块大、皮厚、香气浓、无木心者为佳。

2. 饮片 呈不规则的厚片。外表面灰棕色或黄棕色，栓皮常呈鳞片状。内表面淡黄色或淡黄棕色，有细纵纹。切面黄白色。有特异香气，味苦。

【功效主治】利水消肿，祛风湿，强筋骨。用于下肢浮肿、心悸气短、风寒湿痹、腰膝酸软。

白鲜皮（Dictamni Cortex）

【来源】为芸香科植物白鲜 *Dictamnus dasycarpus* Turcz. 的干燥根皮。主产于东北、华北、华东等地区。春、秋两季采挖根部，除去泥沙和粗皮，剥取根皮，干燥。

课堂互动

通过眼看、手摸、鼻嗅、口尝等方法仔细观察白鲜皮药材，指出该药材关键性状特点。

【性状鉴别】呈卷筒状，长 5～15cm，直径 1～2cm，厚 0.2～0.5cm。外表面灰白色或淡灰黄色，具细纵皱纹和细根痕，常有突起的颗粒状小点；内表面类白色，有细纵纹。质脆，折断时有粉尘飞扬，断面不平坦，略呈层片状，剥去外层，迎光可见闪烁的小亮点。有羊膻气，味微苦。（图7-4）

图 7-4 白鲜皮药材图

以条大、皮厚、色灰白者为佳。

【功效主治】<u>清热燥湿，祛风解毒</u>。用于湿热疮毒、黄水淋漓、湿疹、风疹、疥癣疮癞、风湿热痹、黄疸尿赤等。

地骨皮（Lycii Cortex）

【来源】为茄科植物枸杞 *Lycium chinense* Mill. 或宁夏枸杞 *Lycium barbarum* L. 的干燥根皮。主产于河北、河南、山西、陕西等地。春初或秋后采挖根部，洗净，剥取根皮，晒干。

课堂互动

通过眼看、手摸、鼻嗅、口尝等方法仔细观察地骨皮药材，指出该药材关键性状特点。比较五加皮、香加皮、地骨皮的异同。

【性状鉴别】<u>呈筒状或槽状</u>，长 3～10cm，直径 0.5～1.5cm，厚 0.1～0.3cm。外表面灰黄色至棕黄色，粗糙，<u>具不规则纵裂纹，易成鳞片状剥落，</u>内表面黄白色至灰黄色，较平坦，有细纵纹。<u>体轻，质脆，易折断捏碎（习称"糟皮粉渣"）</u>。断面不平坦，外层黄棕色，<u>内层灰白色（习称"白里"）</u>。气微，味微甘而后苦。

以块大、肉厚、无木心与杂质者为佳。

【功效主治】<u>凉血除蒸，清肺降火</u>。用于阴虚潮热、骨蒸盗汗、肺热咳嗽、咯血、衄血、内热消渴等。

桑白皮（Mori Cortex）

【来源】为桑科植物桑 *Morus alba* L. 的干燥根皮。主产于河南、安徽、浙江、江苏、湖南、四川等省。秋末叶落时至次春发芽前采挖根部，刮去黄棕色粗皮，纵向剖开，剥取根皮，晒干。炮制常切丝蜜炙。

【性状鉴别】

1. **药材** 呈扭曲的卷筒状、槽状或板片状，长短宽窄不一，厚 1～4mm。<u>外表面白色或淡黄白色</u>，较平坦，<u>有的残留橙黄色或棕黄色鳞片状粗皮</u>，内表面黄白色或灰黄色，<u>有细纵纹</u>。体轻，<u>质韧，纤维性强，难折断，易纵向撕裂</u>，撕裂时有白色粉尘飞扬。气微，<u>味微甘</u>。

以色白、皮厚、柔韧、粉性足者为佳。

2. **饮片** 呈不规则的丝条状。表面深黄色或棕黄色，略具光泽，滋润，纤维性强，易纵向撕裂。气微，味甜。

【功效主治】泻肺平喘，利水消肿。用于肺热喘咳、水肿胀满尿少、面目肌肤浮肿等。

椿皮（Ailanthi Cortex）

【来源】为苦木科植物臭椿 *Ailanthus altissima*（Mill.）Swingle 的干燥根皮或干皮。主产于浙江、河北、湖北等省。全年均可剥取，晒干，或刮去粗皮晒干。炮制常切丝麸炒。

【性状鉴别】根皮呈不整齐的片状或卷片状，大小不一，厚 0.3~1cm。外表面灰黄色或黄褐色，粗糙，有多数纵向皮孔样突起和不规则纵、横裂纹，除去粗皮者显黄白色。内表面淡黄色，较平坦，密布梭形小孔或小点。质硬而脆，断面外层颗粒性，内层纤维性。气微，味苦。

干皮呈不规则板片状，大小不一，厚 0.5~2cm。外表面灰黑色，极粗糙，有深裂。

【功效主治】清热燥湿，收涩止带，止泻，止血。用于赤白带下、湿热泻痢、久泻久痢、便血、崩漏等。

土荆皮（Pseudolaricis Cortex）

【来源】为松科植物金钱松 *Pseudolarix amabilis*（Nelson）Rehd. 的干燥根皮或近根树皮。主产于江苏、安徽、浙江等省。夏季剥取，晒干。

【性状鉴别】

1. **药材** 根皮呈不规则的长条状，扭曲而稍卷，大小不一，厚 2~5mm。外表面灰黄色，粗糙，有皱纹和灰白色横向皮孔样突起，粗皮常呈鳞片状剥落，剥落处红棕色。内表面黄棕色至红棕色，平坦，有细致的纵向纹理。质韧，折断面呈裂片状，可层层剥离。气微，味苦而涩。

树皮呈板片状，厚约至 8mm，粗皮较厚。外表面龟裂状，内表面较粗糙。

以形大、黄褐色、有纤维而无栓皮者为佳。

2. **饮片** 本品呈条片状或卷筒状。外表面灰黄色，有时可见灰白色横向皮孔样突起。内表面黄棕色至红棕色，具细纵纹。切面淡红棕色至红棕色，有时可见有细小白色结晶，可层层剥离。气微，味苦而涩。

【功效主治】杀虫，疗癣，止痒。用于疥癣瘙痒。

复习思考

一、单项选择题

1. 芸香科植物黄皮树的干燥树皮为（　　　）

　A. 关黄柏　　　　　　　　　B. 杜仲　　　　　　　　　　C. 肉桂

      D. 黄柏   E. 牡丹皮

2. 牡丹皮的药用部位是（　　　）

    A. 树皮   B. 干皮   C. 枝皮

    D. 根皮   E. 心材

3. 折断面连有细密、银白色、富有弹性的橡胶丝的药材为（　　　）

    A. 牡丹皮   B. 黄柏   C. 肉桂

    D. 厚朴   E. 杜仲

4. 植物的干皮、枝皮、根皮及花均可入药的为（　　　）

    A. 白蜡树   B. 肉桂   C. 厚朴

    D. 牡丹   E. 杜仲

5. 具有补肝肾、强筋骨、安胎功效的药材是（　　　）

    A. 五加皮   B. 黄柏   C. 杜仲

    D. 肉桂   E. 香加皮

6. 牡丹皮内表面常见的闪亮结晶为（　　　）

    A. 丹皮酚   B. 牡丹苷   C. 芍药苷

    D. 挥发油   E. 丹皮酸

7. 杜仲的药用部位是（　　　）

    A. 心材   B. 枝皮   C. 干皮

    D. 根皮   E. 树皮

8. 厚朴来源于哪科植物（　　　）

    A. 杜仲科   B. 木兰科   C. 樟科

    D. 毛茛科   E. 芸香科

9. 内表面红棕色，划之显油痕，质硬而脆，断面不平坦，气浓烈，味甜、辣的药材为（　　　）

    A. 香加皮   B. 厚朴   C. 杜仲

    D. 肉桂   E. 桑白皮

10. 剥取10多年生肉桂树的干皮，将两端削成斜面，夹在木制的凹凸板中间晒干的药材是（　　　）

    A. 桂通   B. 桂皮   C. 肉桂

    D. 桂枝   E. 企边桂

11. 香加皮的基原植物杠柳属于（　　　）

    A. 蓼科   B. 豆科   C. 萝藦科

    D. 五加科   E. 芸香科

12. 热水浸出液呈黄绿色荧光，日光下显碧蓝色荧光的药材是（　　）

    A. 秦皮   B. 黄柏   C. 五加皮

    D. 地骨皮   E. 白鲜皮

二、多项选择题

1. 皮类药材的组织结构包括（　　）

    A. 韧皮部   B. 周皮   C. 木质部

    D. 皮层   E. 形成层

2. 下列药材中以根皮入药的是（　　）

    A. 牡丹皮   B. 香加皮   C. 黄柏

    D. 秦皮   E. 五加皮

3. 厚朴的商品药材有（　　）

    A. 靴筒朴   B. 姜朴   C. 根朴

    D. 枝朴   E. 筒朴

4. 厚朴的原植物为（　　）

    A. 大叶厚朴   B. 川朴   C. 厚朴

    D. 温朴   E. 凹叶厚朴

5. 下列药材中以树皮入药的是（　　）

    A. 桑白皮   B. 厚朴   C. 杜仲

    D. 肉桂   E. 牡丹皮

6. 厚朴粉末的主要显微特征有（　　）

    A. 黏液细胞   B. 晶纤维   C. 油细胞

    D. 纤维   E. 分枝状石细胞

7. 厚朴的药材规格按产地可分为（　　）

    A. 根朴   B. 筒朴   C. 枝朴

    D. 川朴   E. 温朴

8. 对黄柏粉末特征描述正确的是（　　）

    A. 油细胞   B. 晶纤维   C. 味苦

    D. 分枝石细胞   E. 石细胞及纤维束均为黄色

9. 对牡丹皮的粉末显微特征描述正确的是（　　）

    A. 淀粉粒多形   B. 含油细胞   C. 黏液细胞

    D. 含草酸钙簇晶   E. 可见木栓细胞

10. 对牡丹皮描述正确的是（　　）

    A. 气清香，味淡

B. 主含丹皮酚

C. 内表面常见发亮的结晶

D. 断面较平坦、粉性，淡粉红色

E. 毛茛科植物牡丹的干燥根皮

11. 下面药用部位为根皮的是（　　　　）

A. 地骨皮　　　　　　　　B. 桑白皮　　　　　　　　C. 白鲜皮

D. 合欢皮　　　　　　　　E. 牡丹皮

12. 产地加工需要"发汗"的药材有（　　　　）

A. 厚朴　　　　　　　　　B. 肉桂　　　　　　　　　C. 杜仲

D. 降香　　　　　　　　　E. 地骨皮

三、简答题

1. 简述皮类中药材折断面的性状。

2. 厚朴和肉桂分别有哪些药材规格？

3. 简述牡丹皮的性状鉴别和显微鉴别。

4. 简述黄柏与关黄柏在来源和性状方面的区别。

扫一扫，知答案

第 八 章

叶类中药的鉴定

扫一扫，看课件

【学习目标】

1. 掌握 10 种叶类药材的来源、性状鉴别主要特征、功效主治；典型代表药材番泻叶的显微、理化鉴别特征。能正确运用性状鉴定方法和技巧、显微等鉴别方法，准确鉴别药材。具备"依法鉴定"的观念和意识。

2. 熟悉其他叶类药材的功效主治。

3. 了解叶类药材采收加工、主产地。

4. 养成团结协作，相互尊重，相互沟通的学风；培养换位思考的意识和基本能力。能够正确运用中药鉴定术语描述药材特征。

案例导入

小明的爸爸最近有点上火，大便干燥不畅，前天去县城办事，在路边看到有卖中草药的小贩，就顺便买了点番泻叶泡水喝。可是用了两天效果一直不明显，准备去找医生看看，正好见到儿子小明周末回家，便拿着剩下的药来询问小明。小明在市里一职业学校药学专业学习，拿着爸爸的药与书上记载的番泻叶比对，结合自己学过的课堂知识，发现这药不是番泻叶，而是常见的混淆品罗布麻叶！于是便给爸爸详细讲了番泻叶的鉴别特点，爸爸边听边点头夸赞小明：孩子，学得不错，以后我也要多学习，免得再上当买到假药。

叶类药材加工干燥后，大多皱缩破碎，形态不太完整，鉴别中应主要观察比较稳定的特征，如边缘的锯齿有无、叶面颜色及毛茸、气味等，完整叶最好以水浸润展开观察形状，以使鉴定结果更加准确。

第一节　叶类中药概述

叶类中药一般采用植物完整、成熟的干燥叶，多为单叶，如枇杷叶、艾叶；少数为复叶的小叶，如番泻叶；有时尚带有部分嫩枝，如侧柏叶等；个别以叶的一部分入药，如桂丁，为肉桂叶柄。

一、性状鉴定

叶类中药多皱缩卷曲易碎，需湿润摊平后观察。观察时要注意叶的形状、颜色、表面特征及气味等。

1. **形状**　注意观察叶片的形状、长度及宽度、叶缘、叶端、叶基、叶片的分裂及叶脉等特征。

2. **颜色**　叶片一般呈灰绿色或暗绿色，常因加工、储藏等因素使其颜色变黄或呈绿棕色；少数叶片呈紫色、蓝紫色等特殊颜色。

3. **表面特征**　叶片的表面特征是叶类生药鉴别的重要依据。观察叶片上、下表面的色泽及有无毛茸和腺点；有的具角质层，光滑无毛；有的被毛；有的对光透视可见透明的腺点。也可借助解剖镜或放大镜仔细观察毛茸、腺点、腺鳞等。

4. **气味**　气味也是叶类生药的鉴别依据，如艾叶气清香；有些叶片则需破碎、揉搓后再闻。

二、显微鉴定

叶的组织构造常由叶的表皮、叶肉及叶中脉三个部分构成。通常在叶片中脉处做横切片，同时还应制作叶片的上、下表面制片及粉末制片。

1. **表皮**　横切面主要观察上下表皮细胞特征及附属物，如角质层、蜡被、结晶体、毛茸的种类和形态及内含物等。腺毛和非腺毛的类型、气孔的数目及气孔轴式亦是叶类中药的重要鉴定特征。

表面制片主要观察上下表皮细胞的形状、气孔的类型及密度等。

2. **叶肉**　通常分为栅栏组织和海绵组织两部分。

栅栏组织若只分布于上表皮细胞的下方，称"异面叶"，若上下表皮细胞内侧均有栅栏组织，称"等面叶"。海绵组织常占叶肉的大部分，内有侧脉维管束分布，应注意是否有草酸钙结晶、分泌组织与厚壁组织的存在。

3. **中脉**　从叶片中脉横切面观，可知上下表面的凹凸程度与维管束的数目和排列方式。维管束外围有时为纤维或石细胞构成的维管束鞘，如蓼大青叶；有的为双韧型维管束，如罗布麻叶。

第二节 常用叶类中药的鉴定

枇杷叶（Eriobotryae Folium）

【来源】为蔷薇科植物枇杷 *Eriobotrya japonica*（Thunb.）Lindl. 的干燥叶。主产于华东、中南及西南地区。以江苏产者量大，称为"苏杷叶"，广东产者质佳，称为"广杷叶"。全年可采收，晒到七八成干时，扎成小把，再晒干。

课堂互动

通过眼看、手摸、鼻嗅、口尝等方法仔细观察枇杷叶药材，找出并说明该药材有哪些关键性状特点。

【性状鉴别】叶片呈长圆形或倒卵形，长 12～30cm，宽 4～9cm。先端渐尖，基部楔形，边缘有疏锯齿，近基部全缘。上表面灰绿色、黄棕色或红棕色，较光滑；下表面密被黄色茸毛，主脉于下表面显著突起，侧脉羽状，叶柄极短，被棕黄色茸毛。叶片革质，脆，易折断。气微，味微苦。（图 8－1）

以叶片完整而厚、色灰绿者为佳。

【功效主治】清肺止咳，降逆止呕。用于肺热咳喘痰稠、胃热烦渴呕哕。止咳宜蜜炙用，止呕宜生用。

图 8－1 枇杷叶饮片图

桑叶（Mori Folium）

【来源】为桑科植物桑 *Morus alba* L. 的干燥叶。主产于安徽、浙江、江苏、四川、湖南等地。初霜后采收，除去杂质，晒干。

课堂互动

通过眼看、手摸、鼻嗅、口尝等方法仔细观察桑叶药材，找出并说明该药材有哪些关键性状特点。

【性状鉴别】 药材多皱缩、破碎。完整者有柄，叶片展平后呈卵形或宽卵形，长8～15cm，宽7～13cm。先端渐尖，基部截形、圆形或心形，边缘有锯齿或钝锯齿，有的不规则分裂。上表面黄绿色或浅黄棕色，有的有小疣状突起；下表面颜色稍浅，叶脉突出，小脉网状，脉上被疏毛，脉基具簇毛。质脆。气微，味淡、微苦涩。（图8-2）

图8-2 桑叶药材图

【功效主治】 疏散风热，清热润肺，清肝明目。用于风热感冒、肺热燥咳、头晕头痛、目赤昏花。润肺止咳宜蜜炙用。

紫苏叶（Perillae Folium）

【来源】 为唇形科植物紫苏 Perilla frutescens (L.) Britt. 的干燥叶（或带嫩枝）。全国各地均有栽培。夏季枝叶茂盛时采收，除去杂质，晒干。

课堂互动

通过眼看、手摸、鼻嗅、口尝等方法仔细观察紫苏叶药材，找出并说明该药材有哪些关键性状特点。

【性状鉴别】 叶片多皱缩卷曲、破碎，完整者展开呈卵圆形，长4～11cm，宽2.5～9cm。先端长尖或急尖，基部圆形或宽楔形，边缘具圆锯齿。两面紫色或上表面绿色，下表面紫色，疏生灰白色毛，有多数凹点状腺鳞。叶柄长2～7cm，紫色或紫绿色。质脆。带嫩枝者，枝的直径2～5mm，紫绿色，断面中部有髓。气清香，味微辛。（图8-3）

以叶完整、色紫、香气浓者为佳。

图8-3 紫苏叶药材图

【功效主治】 解表散寒，行气和胃。用于风寒感冒、咳嗽呕恶、妊娠呕吐、鱼蟹中毒。

大青叶（Isatidis Folium）

【来源】 为十字花科植物菘蓝 Isatis indigotica Fort. 的干燥叶。主产于江苏、安徽、河北、陕西等地。夏、秋两季分2～3次采收，除去杂质，晒干。

🏠 **课堂互动**

通过眼看、手摸、鼻嗅、口尝等方法仔细观察大青叶药材，找出并说明该药材有哪些关键性状特点。

【性状鉴别】叶片多皱缩卷曲，有的破碎。完整叶片展平后呈长椭圆形至长圆状倒披针形，长5～20cm，宽2～6cm；上表面暗灰绿色，有的可见色较深稍突起的小点；先端钝，全缘或微波状，基部狭窄下延至叶柄呈翼状；叶柄长4～10cm，淡棕黄色。质脆。气微，味微酸、苦、涩。（图8-4）

以叶片完整、色暗灰绿者为佳。

【功效主治】清热解毒，凉血消斑。用于温病高热、神昏、发斑发疹、痄腮、喉痹、丹毒、痈肿。

图8-4 大青叶药材图

蓼大青叶 （Polygoni Tinctorii Folium）

【来源】为蓼科植物蓼蓝 *Polygonum tinctorium* Ait. 的干燥叶。主产于辽宁、河北、山西、江苏、安徽、山东、陕西等地。夏、秋两季枝叶茂盛时采收两次，除去茎枝和杂质，干燥。

🏠 **课堂互动**

通过眼看、手摸、鼻嗅、口尝等方法仔细观察蓼大青叶药材，找出并说明该药材有哪些关键性状特点。

【性状鉴别】叶多皱缩、破碎，完整者展平后呈椭圆形，长3～8cm，宽2～5cm。蓝绿色或黑蓝色，先端钝，基部渐狭，全缘。叶脉浅黄棕色，于下表面略突起。叶柄扁平，偶带膜质托叶鞘，质脆。气微，味酸涩而稍苦。（图8-5）

以叶厚、蓝绿色者为佳。

【功效主治】清热解毒，凉血消斑。

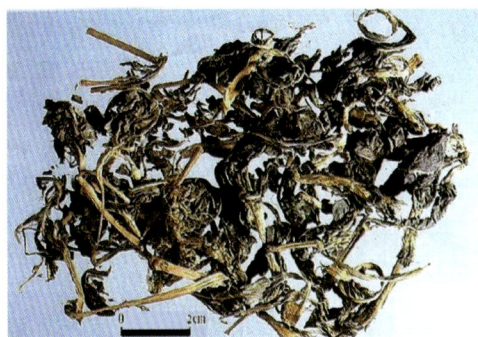

图8-5 蓼大青叶药材图

用于温病发热、发斑发疹、肺热咳喘、喉痹、痄腮、丹毒、痈肿。

艾叶（Artemisiae Argyi Folium）

【来源】为菊科植物艾 *Artemisia argyi* Levl. et Vant. 的干燥叶。我国大部分地区均有分布，主产于山东、安徽等地。夏季花未开时采摘，除去杂质，晒干。

🏠 课堂互动

通过眼看、手摸、鼻嗅、口尝等方法仔细观察艾叶药材，找出并说明该药材有哪些关键性状特点。

【性状鉴别】叶片多皱缩、破碎，有短柄。完整叶片展开后呈卵状椭圆形，羽状深裂，裂片椭圆状披针形，边缘有不规则的粗锯齿；上表面灰绿色或深黄绿色，有稀疏的柔毛和腺点；下表面密生灰白色茸毛。质柔软，揉搓可成茸团。气清香，味苦。（图8-6）

以色青、背面灰白色、茸毛多、叶厚、质柔软而韧、香气浓郁者为佳。

【功效主治】温经止血，散寒止痛；外用祛湿止痒。用于吐血，衄血，崩漏，月经过多，胎漏下血，少腹冷痛，经寒不调，宫冷不孕；外治皮肤瘙痒。醋艾炭温经止血，用于虚寒性出血。

图8-6 艾叶药材图

番泻叶（Sennae Folium）

【来源】为豆科植物狭叶番泻 *Cassia angustifolia* Vahl 或尖叶番泻 *Cassia acutifolia* Delile 的干燥小叶。狭叶番泻叶主产于印度、埃及、苏丹等国，在花开放前摘取叶片，阴干后用水压机打包。尖叶番泻叶主产于埃及，我国广东、海南及云南等地亦有栽培。夏、秋两季果实将成熟时，剪取枝条，摘取叶片，晒干，按全叶、碎叶分别包装。

🏠 课堂互动

通过眼看、手摸、鼻嗅、口尝等方法仔细观察番泻叶药材，找出并说明该药材有哪些关键性状特点。

【性状鉴别】

狭叶番泻叶 小叶片呈长卵形或卵状披针形，大多完整，平展，长1.5～5cm，宽0.4～2cm，叶端急尖，叶基稍不对称，全缘。上表面黄绿色，下表面浅黄绿色，无毛或近无毛，叶脉稍隆起。革质。气微弱而特异，味微苦，稍有黏性。

尖叶番泻叶 呈披针形或长卵形，略卷曲，叶端短尖或微突，叶基不对称；两面均有细短毛茸。

以叶大、完整、干燥、色绿、梗少、无黄叶者为佳。（图8-7）

图8-7 番泻叶药材图

【显微鉴别】粉末呈淡绿色或黄绿色。①晶纤维多，草酸钙方晶直径12～15μm，常形成晶鞘纤维。②非腺毛单细胞，长100～350μm，直径12～25μm，壁厚，具疣状突起。③草酸钙簇晶存在于叶肉薄壁细胞中，直径9～20μm。④上下表皮细胞表面观多角形，垂周壁平直；上下表面均有气孔，主为平轴式，副卫细胞大多为2个，也有3个。

【功效主治】泄热行滞，通便，利水。用于热结积滞、便秘腹痛、水肿胀满。

罗布麻叶 （Apocyni Veneti Folium）

【来源】为夹竹桃科植物罗布麻 *Apocynum venetum* L. 的干燥叶。主产于西北、华北及东北等地区。夏季采收，除去杂质，干燥。

课堂互动

通过眼看、手摸、鼻嗅、口尝等方法仔细观察罗布麻叶药材，找出并说明该药材有哪些关键性状特点。

【性状鉴别】叶多皱缩卷曲，有的破碎，完整的叶片展平后呈椭圆状披针形或卵圆状披针形，长2～5cm，宽0.5～2cm；淡绿色或灰绿色，先端钝，有小芒尖，基部钝圆或楔形，边缘具细齿，常反卷，两面无毛，叶脉于下表面明显突起；叶柄细，长约4mm。质脆。气微、味淡。（图8-8）

图8-8 罗布麻叶药材图

以叶完整、色绿者为佳。

【功效主治】平肝安神，清热利水。用于肝阳眩晕、心悸失眠、浮肿尿少。

石韦（Pyrrosiae Folium）

【来源】为水龙骨科植物庐山石韦 *Pyrrosia shearreri*（Bak.）Ching、石韦 *Pyrrosia lingua*（Thunb.）Farwell 或有柄石韦 *Pyrrosia petiolosa*（Christ）Ching 的干燥叶。前两者习称"大叶石韦"，后者习称"小叶石韦"。庐山石韦主产于江西、湖南、四川等地；石韦及有柄石韦主产于东北、华北等地区。全年均可采收，除去根茎和根，晒干或阴干。

课堂互动

通过眼看、手摸、鼻嗅、口尝等方法仔细观察石韦药材，找出并说明该药材有哪些关键性状特点。

【性状鉴别】

庐山石韦 叶片略皱缩，展开后叶呈披针形，长 10～25cm，宽 3～5cm，先端渐尖，基部耳状偏斜，全缘，边缘常向内卷曲；上表面黄绿色或灰绿色，散布黑色圆形小凹点；下表面密生红棕色星状毛，有的侧脉间布满棕色圆点状孢子囊群。叶柄具四棱，长10～20cm，直径 1.5～3mm，略扭曲，有纵槽。叶片革质。气微，味微涩苦。

石韦 叶片披针形或长圆披针形，长 8～12cm，宽 1～3cm。基部楔形，对称。孢子囊群在侧脉间，排列紧密而整齐。叶柄长 5～10cm，直径约 1.5mm。

有柄石韦 叶片多卷曲呈筒状，展平后呈长圆形或卵状长圆形，长 3～8cm，宽 1～2.5cm。基部楔形，对称；下表面侧脉不明显，布满孢子囊群。叶柄长 3～12cm，直径约1mm。

均以叶厚、完整、杂质少者为佳。（图8–9）

【功效主治】利尿通淋，清肺止咳，凉血止血。用于热淋、血淋、石淋，小便不通，淋沥涩痛，肺热喘咳，吐血，衄血，尿血，崩漏。

图8–9 石韦药材图

淫羊藿（Epimedii Folium）

【来源】 为小檗科植物淫羊藿 *Epimedium brevicornu* Maxim.、箭叶淫羊藿 *Epimedium sagittatum*（Sieb. et Zucc.）Maxim.、柔毛淫羊藿 *Epimedium pubescens* Maxim. 或朝鲜淫羊藿 *Epimedium koreanum* Nakai 的干燥叶。主产于东北地区及山东、湖南、江西等地。夏、秋季茎叶茂盛时采收，晒干或阴干。

课堂互动

通过眼看、手摸、鼻嗅、口尝等方法仔细观察淫羊藿药材，找出并说明该药材有哪些关键性状特点。

【性状鉴别】

淫羊藿 三出复叶；小叶片卵圆形，长 3～8cm，宽 2～6cm；先端微尖，顶生小叶基部心形，两侧小叶较小，偏心形，外侧较大，呈耳状，边缘具黄色刺毛状细锯齿；上表面黄绿色，下表面灰绿色，主脉 7～9 条，基部有稀疏细长毛，细脉两面突起，网脉明显；小叶柄长 1～5cm。叶片近革质。气微，味微苦。

箭叶淫羊藿 三出复叶，小叶片长卵形至卵状披针形，长 4～12cm，宽 2.5～5cm；先端渐尖，两侧小叶基部明显偏斜，外侧呈箭形。下表面疏被粗短伏毛或近无毛。叶片革质。

柔毛淫羊藿 叶下表面及叶柄密被茸毛状柔毛。

朝鲜淫羊藿 小叶较大，长 4～10cm，宽 3.5～7cm，先端长尖。叶片较薄。

以色黄绿、无枝梗、叶整齐不碎者为佳。（图 8－10）

图 8－10 淫羊藿药材图

【功效主治】 补肾阳，强筋骨，祛风湿。用于肾阳虚衰、阳痿遗精、筋骨痿软、风湿痹痛、麻木拘挛。

知 识 链 接

巫山淫羊藿为小檗科植物巫山淫羊藿 *Epimedium wushanense* T. S. Ying 的干燥

叶。二回三出复叶，小叶片披针形至狭披针形，长9~23cm，宽1.8~4.5cm，先端渐尖或长渐尖，边缘具刺齿，侧生小叶基部的裂片偏斜，内边裂片小，圆形，外边裂片大，三角形，渐尖。下表面被茸毛或秃净。近革质。气微，味微苦。具有补肾阳、强筋骨、祛风湿功效。

侧柏叶 （Platycladi Cacumen）

【来源】为柏科植物侧柏 *Platycladus orientalis* （L.） Franco 的干燥枝梢及叶。我国特产，除新疆、青海外，遍及全国。多为栽培。多在夏、秋两季采收，阴干。

课堂互动

通过眼看、手摸、鼻嗅、口尝等方法仔细观察侧柏叶药材，找出并说明该药材有哪些关键性状特点。

【性状鉴别】多分枝，小枝扁平。叶细小鳞片状，先端钝，交互对生，贴伏于枝上，深绿色或黄绿色。质脆，易折断。气清香，味苦涩、微辛。（图8-11）

以枝嫩、色深绿、无碎末者为佳。

【功效主治】凉血止血，化痰止咳，生发乌发。用于吐血、衄血、咯血、便血，崩漏下血，肺热咳嗽，血热脱发，须发早白。

图8-11 侧柏叶药材图

银杏叶 （Ginkgo Folium）

【来源】为银杏科植物银杏 *Ginkgo biloba* L. 的干燥叶。一般为人工栽培。栽培地区北至辽宁，南达广东，东起浙江，西达陕西、甘肃，西南到四川、贵州、云南等地。秋季叶尚绿时采收，及时干燥。

课堂互动

通过眼看、手摸、鼻嗅、口尝等方法仔细观察银杏叶药材，找出并说明该药材有哪些关键性状特点。

【性状鉴别】多皱折或破碎，完整者呈扇形，长3～12cm，宽5～15cm。黄绿色或浅棕黄色，上缘呈不规则的波状弯曲，有的中间凹入，深者可达叶长的4/5。具二叉状平行叶脉，细而密，光滑无毛，易纵向撕裂。叶基楔形，叶柄长2～8cm。体轻。气微，味微苦。（图8－12）

【功效主治】活血化瘀，通络止痛，敛肺平喘，化浊降脂。用于瘀血阻络、胸痹心痛、中风偏瘫、肺虚咳喘、高脂血症。

图8－12 银杏叶药材图

知 识 链 接

银杏

银杏树是古老的树种，具有神奇的疗效。2亿5千多年前侏罗纪恐龙掌控地球时，银杏已经是最繁盛的植物之一。地球生命历经千亿年的变动，尤其是第四世纪冰川覆盖之后，只有银杏仍保持它最原始的面貌，在生物演化学史上被称为"活化石"。其叶、果实、种子均有较高的药用价值，临床用途不断扩大。

荷叶（Nelumbinis Folium）

【来源】为睡莲科植物莲 *Nelumbo nucifera* Gaertn. 的干燥叶。全国大部分地区均产。夏、秋两季采收，晒至七八成干时，除去叶柄，折成半圆形或折扇形，干燥。

课堂互动

通过眼看、手摸、鼻嗅、口尝等方法仔细观察荷叶药材，找出并说明该药材有哪些关键性状特点。

【性状鉴别】呈半圆形或折扇形，展开后呈类圆形，全缘或稍呈波状，直径20～50cm。上表面深绿色或黄绿色，较粗糙；下表面淡灰棕色，较光滑，有粗脉21～22条，自中心向四周射出，中心有突起的叶柄残基。质脆，易破碎。稍有清香气，味微苦。（图8－13）

图8－13 荷叶药材图

以叶大、整洁、色绿者为佳。

【功效主治】清暑化湿，升发清阳，凉血止血。用于暑热烦渴、暑湿泄泻、脾虚泄泻、血热吐衄、便血崩漏。荷叶炭收涩化瘀止血。用于出血症和产后血晕。

枸骨叶（Ilicis Cornutae Folium）

【来源】为冬青科植物枸骨 *Ilex cornuta* Lindl. ex Paxt. 的干燥叶。主产于长江中、下游各省。秋季采收，除去杂质，晒干。

课堂互动

通过眼看、手摸、鼻嗅、口尝等方法仔细观察枸骨叶药材，找出并说明该药材有哪些关键性状特点。

【性状鉴别】呈类长方形或矩圆状长方形，偶有长卵圆形，长 3～8cm，宽 1.5～4cm。先端具 3 枚较大的硬刺齿，顶端 1 枚常反曲，基部平截或宽楔形，两侧有时各具刺齿 1～3 枚，边缘稍反卷；长卵圆形叶常无刺齿。上表面黄绿色或绿褐色，有光泽，下表面灰黄色或灰绿色。叶脉羽状，叶柄较短，革质，硬而厚。气微，味微苦。（图 8－14）

图 8－14　枸骨叶药材图

以叶大、色绿者为佳。

【功效主治】清热养阴，益肾，平肝。用于肺痨咯血、骨蒸潮热、头晕目眩。

棕榈（Trachycarpi Petiolus）

【来源】为棕榈科植物棕榈 *Trachycarpus fortunei*（Hook. f.）H. Wendl. 的干燥叶柄。除西藏外，我国秦岭以南地区均有分布，在南方各地广泛栽培。采棕时割取旧叶柄下延部分和鞘片，除去纤维状的棕毛，晒干。

课堂互动

通过眼看、手摸、鼻嗅、口尝等方法仔细观察棕榈药材，找出并说明该药材有哪些关键性状特点。

【性状鉴别】呈长条板状，一端较窄而厚，另端较宽而稍薄，大小不等。表面红棕色，粗糙，有纵直皱纹；一面有明显的凸出纤维，纤维的两侧着生多数棕色茸毛。质硬而韧，不易折断，断面纤维性。气微，味淡。（图 8-15）

【功效主治】收敛止血。用于吐血、衄血、尿血、便血、崩漏。

图 8-15　棕榈药材图

复习思考

一、单项选择题

1. 侧柏叶的药用部位是（　　　）

   A. 叶　　　　　　B. 枝梢及叶　　　　C. 鳞片　　　　　D. 小叶

2. 商品大青叶来源于（　　　）

   A. 十字花科的菘蓝　　　　　　　B. 爵床科的马蓝

   C. 蓼科的蓼蓝　　　　　　　　　D. 马鞭草科的路边青

3. 枇杷叶来源于（　　　）

   A. 蔷薇科　　　　B. 豆科　　　　　　C. 十字花科　　　D. 木兰科

4. 以下哪项不属于淫羊藿的来源（　　　）

   A. 淫羊藿　　　　B. 巫山淫羊藿　　　C. 箭叶淫羊藿　　D. 柔毛淫羊藿

二、简答题

请简述叶类中药的组织结构及显微鉴别注意点。

扫一扫，知答案

扫一扫，看课件

第九章

花类中药的鉴定

案例导入

魏老伯最近偶感风寒，鼻炎加重，医生给他开了几剂汤药。他看着药包里一种毛茸茸的东西感到奇怪，就去咨询中药专业学生刘佳。刘佳看着魏老伯手中的东西，未等魏老伯开口，便道：伯伯，你是有鼻炎吧？魏老伯诧异之下，随即说明来意，并详细询问了这种药材的识别特征、功效作用及用法等。临走时还不停夸赞刘佳学习好，有出息。

同学们，你知道这种中药是什么吗？

花类药材特征一般比较明显，易于鉴别。学习中注意观察花的形态、色泽、气味；有的花类药材易出现混淆品和伪品，除仔细观察各部分特征外，可借用水试方法，必要时采用显微鉴别等方法鉴别。

第一节 花类中药概述

花类中药一般指以植物未开放的花蕾或刚开放的花为药用的药材，通常包括完整的花、花序或花的某一部分。完整的花有的是已开放的单花，如洋金花、槐花、红花；有的是尚未开放的花蕾，如辛夷、金银花、丁香。药用花序也可分为已开放的花序，如菊花、旋覆花；未开放的花序，如款冬花。而夏枯草的药用部位实际上是带花的果穗。有的仅为花的某一部分，如雄蕊（莲须）、花柱（玉米须）、柱头（西红花）、花粉粒（松花粉、蒲黄）等。

一、 性状鉴定

花的形状多样，大多有鲜艳的颜色和香气。常见的有圆锥状、棒状、团簇状、丝状、粉末状等；颜色一般较新鲜时稍暗淡，气味也较新鲜时淡。花类中药性状应重点观察花的类型、形状、颜色及气味等特征。鉴别时应注意观察萼片、花瓣、雄蕊和雌蕊的数目及其着生位置、形状、颜色、有无被毛、气味等特征。以花序入药者，除观察单朵花外，还需注意花序类别、苞片的数目、形状及小花的数目和形状等。菊科植物还需观察花序托的形状、有无被毛等。

如果花序或花很小，肉眼不易辨认，可先将干燥药材放于水中浸泡，再行解剖并借助放大镜、解剖镜观察清楚。

二、 显微鉴定

花类中药一般多作表面制片和粉末观察。

1. **苞片与萼片**　与叶构造相似，通常叶肉组织不明显，鉴定时以观察表面观为主。注意上、下表皮细胞的形状，气孔和毛茸的有无、分布与类型，分泌组织及草酸钙结晶的类型及分布等。

2. **花冠**　花冠的构造与萼片相似，但构造变异较大。注意有无毛茸及少数气孔及气孔类型。有无分泌组织，如油室（丁香）、管状分泌组织（红花）。导管类型一般仅为少数螺纹导管。

3. **雄蕊**　雄蕊包括花丝和花药两部分。花丝构造简单，有时被毛茸，如闹羊花花丝下部被两种非腺毛。显微鉴别时应注意观察花粉粒的形状、大小、外壁的雕纹、萌发孔的数目和分布等。如丁香的花粉粒形状类三角形，红花的花粉粒形状为圆球形且有三个萌发孔等，有重要鉴定意义。

4. **雌蕊**　包括子房、花柱、柱头三部分。主要应观察子房壁表皮细胞、花柱表皮细胞、柱头表皮细胞。

5. **花梗和花托** 横切面构造与茎相似，应注意观察表皮、皮层、内皮层、维管束及髓部是否明显，有无厚壁组织、分泌组织及草酸钙结晶、淀粉粒等。

花类中药粉末重点观察花粉粒、花粉囊内壁细胞、非腺毛、腺毛、草酸钙结晶及分泌组织等特征。

第二节　常用花类中药的鉴定

辛夷（Magnoliae Flos）

【来源】 为木兰科植物望春花 *Magnolia biondii* Pamp.、玉兰 *Magnolia denudata* Desr. 或武当玉兰 *Magnolia sprengeri* Pamp. 的干燥花蕾。主产于河南、湖北、安徽、四川、陕西等地。玉兰多为庭园栽培。冬末春初花未开时采收，除去枝梗，阴干。

课堂互动

通过眼看、手摸、鼻嗅、口尝等方法仔细观察辛夷药材，找出并说明该药材有哪些关键性状特点。

【性状鉴别】

望春花 呈长卵形，似毛笔头，长 1.2~2.5cm，直径 0.8~1.5cm。基部常具短梗，长约 5mm，梗上有类白色点状皮孔。苞片 2~3 层，每层 2 片，两层苞片间有小鳞芽，苞片外表面密被灰白色或灰绿色茸毛，内表面类棕色，无毛；花被片 9，棕色，外轮花被片 3，条形，约为内两轮长的 1/4，呈萼片状，内两轮花被片 6，每轮 3，轮状排列。雄蕊和雌蕊多数，螺旋状排列。体轻，质脆。气芳香，味辛凉而稍苦。

玉兰 长 1.5~3cm，直径 1~1.5cm，基部枝梗较粗壮，皮孔浅棕色。苞片外表面密被灰白色或灰绿色茸毛。花被片 9，内外轮同型。

武当玉兰 长 2~4cm，直径 1~2cm，基部枝梗粗壮，皮孔红棕色。苞片外表面密被淡黄色或淡黄绿色茸毛。有的最外层苞片茸毛已脱落而呈黑褐色。花被片 10~12（15），内外轮无显著差异。

以完整、内瓣紧密、无枝梗、香气浓者为佳。（图 9-1）

【功效主治】 散风寒，通鼻窍。用于风寒头痛、鼻塞流涕、鼻鼽、鼻渊。

图 9-1　辛夷药材图

厚朴花（Magnoliae Officinalis Flos）

【来源】为木兰科植物厚朴 *Magnolia officinalis* Rehd. et Wils. 或凹叶厚朴 *Magnolia officinalis* Rehd. et Wils. var. *biloba* Rehd. et Wils. 的干燥花蕾。主产于四川、湖北、浙江、福建等地。多为栽培品。春季花未开放时采摘，稍蒸后，晒干或低温干燥。

课堂互动

通过眼看、手摸、鼻嗅、口尝等方法仔细观察厚朴花药材，找出并说明该药材有哪些关键性状特点。

【性状鉴别】呈圆锥形，长 4 ~ 7cm，基部直径 1.5 ~ 2.5cm。红棕色至棕褐色。花被多为 12 片，肉质，外层的呈长方倒卵形，内层的呈匙形。雄蕊多数，花药条形，淡黄棕色，花丝宽而短。心皮多数，分离，螺旋状排列于圆锥形的花托上。花梗长 0.5 ~ 2cm，密被灰黄色茸毛，偶无毛。质脆，易破碎。气香，味淡。（图 9 - 2）

图 9 - 2　厚朴花药材图

【功效主治】芳香化湿，理气宽中。用于脾胃湿阻气滞、胸脘痞闷胀满、纳谷不香。

金银花（Lonicerae Japonicae Flos）

【来源】为忍冬科植物忍冬 *Lonicera japonica* Thunb. 的干燥花蕾或带初开的花。主产于山东、河南等地，全国大部分地区均产。多为栽培。山东、河南产的金银花分别习称"东银花"或"济银花"和"密银花"或"怀银花"。夏初花开放前采收，干燥。

课堂互动

通过眼看、手摸、鼻嗅、口尝等方法仔细观察金银花药材，找出并说明该药材有哪些关键性状特点。

【性状鉴别】呈棒状，上粗下细，略弯曲，长 2 ~ 3cm，上部较粗，直径约 3mm，下部较细，直径约为 1.5mm。表面黄白色或绿白色，久贮色渐深，密被短柔毛。偶见叶状苞片。花萼绿色，先端5裂，裂片有毛，长约2mm。开放者花冠筒状，先端二唇形；雄蕊5枚，附于筒壁，黄色；雌蕊1，子房无毛。气清香，味淡、微苦。（图9-3）

以花未开放、色绿白、滋润丰满、身干、无枝叶、无杂质、香气浓者为佳。

图9-3　金银花药材图

【显微鉴别】粉末浅黄棕色或黄绿色。①腺毛较多，头部倒圆锥形、类圆形或略扁圆形，4~33细胞，排成2~4层，直径30~64（108）μm，柄部1~5细胞，长可达700μm。②非腺毛有两种：一种为厚壁非腺毛，单细胞，长可达900μm，表面有微细疣状或泡状突出，有的具螺纹；另一种为薄壁非腺毛，单细胞，甚长，弯曲或皱缩，表面有微细疣状突起。③草酸钙簇晶直径6~45μm。④花粉粒类圆形或三角形，表面具细密短刺及细颗粒状雕纹，3孔沟。

【功效主治】清热解毒，疏散风热。用于痈肿疔疮、喉痹、丹毒、热毒血痢、风热感冒、温病发热。

知 识 链 接

山银花

为忍冬科植物灰毡毛忍冬 *Lonicera macranthoides* Hand. - Mazz.、红腺忍冬 *Lonicera hypoglauca* Miq.、华南忍冬 *Lonicera confusa* DC. 或黄褐毛忍冬 *Lonicera fulvotomentosa* Hsu et S. C. Cheng 的干燥花蕾或带初开的花。

1. **灰毡毛忍冬**　呈棒状而稍弯曲。表面黄色或黄绿色。总花梗集结成簇，开放者花冠裂片不及全长一半。质稍硬，手捏稍有弹性。气清香，味微苦甘。

2. **红腺忍冬**　表面黄白色至黄棕色，疏被毛或无毛。萼筒无毛，先端5裂，裂片长三角形，被毛，开放者花冠下唇反转，花柱无毛。

3. **华南忍冬**　萼筒和花冠密被灰白色毛。

4. **黄褐毛忍冬**　花冠表面淡黄棕色或黄棕色，密被黄色茸毛。性味功能同金银花。

月季花（Rosae Chinensis Flos）

【来源】为蔷薇科植物月季 *Rosa chinensis* Jacq. 的干燥花。主产于湖北、四川和甘肃等地。全年均可采收，花微开时采摘，阴干或低温干燥。

【课堂互动】

　　通过眼看、手摸、鼻嗅、口尝等方法仔细观察月季花药材，找出并说明该药材有哪些关键性状特点。

　　【性状鉴别】呈类球形，直径 1.5 ~ 2.5cm。花托长圆形，萼片5，暗绿色，先端尾尖；花瓣呈覆瓦状排列，有的散落，长圆形，紫红色或淡紫红色；雄蕊多数，黄色。体轻，质脆。气清香，味淡、微苦。（图9-4）

　　【功效主治】活血调经，疏肝解郁。用于气滞血瘀、月经不调、痛经、闭经、胸肋胀痛。

图9-4　月季花药材图

玫瑰花（Rosae Rugosae Flos）

　　【来源】为蔷薇科植物玫瑰 *Rosa rugosa* Thunb. 的干燥花蕾。主产于我国华北、西北和西南等地区。现栽培分布各地。春末夏初花将开放时分批采摘，及时低温干燥。

【课堂互动】

　　通过眼看、手摸、鼻嗅、口尝等方法仔细观察玫瑰花药材，找出并说明该药材有哪些关键性状特点。

　　【性状鉴别】略呈半球形或不规则团状，直径 0.7 ~ 1.5cm。残留花梗上被细柔毛，花托半球形，与花萼基部合生；萼片5，披针形，黄绿色或棕绿色，被有细柔毛；花瓣多皱缩，展平后宽卵形，呈覆瓦状排列，紫红色，有的黄棕色；雄蕊多数，黄褐色；花柱多数，柱头在花托口集成头状，略突出，短于雄蕊。体轻，质脆。气芳香浓郁，味微苦涩。（图9-5）

　　【功效主治】行气解郁，和血，止痛。用于肝胃气痛、食少呕恶、月经不调、跌扑伤痛。

图9-5　玫瑰花药材图

款冬花（Farfarae Flos）

【来源】 为菊科植物款冬 *Tussilago farfara* L. 的干燥花蕾。主产于河南、甘肃、山西等省。12月或地冻前当花尚未出土时采挖，除去花梗及泥沙，阴干。

课堂互动

通过眼看、手摸、鼻嗅、口尝等方法仔细观察款冬花药材，找出并说明该药材有哪些关键性状特点。

【性状鉴别】 呈长圆棒状。单生或2~3个基部连生，习称"连三朵"。长1~2.5cm，直径0.5~1cm。上端较粗，下端渐细或带有短梗，外面被有多数鱼鳞状苞片。苞片外表面紫红色或淡红色，内表面密被白色絮状茸毛。体轻，撕开后可见白色茸毛。气香，味微苦而辛，嚼之呈棉絮状。（图9-6）

以蕾大、肥壮、色紫红鲜艳、花梗短者为佳。

【功效主治】 润肺下气，止咳化痰。用于新久咳嗽、喘咳痰多、劳嗽咳血。

图9-6 款冬花药材图

丁香（Caryophylli Flos）

【来源】 为桃金娘科植物丁香 *Eugenia caryophyllata* Thunb. 的干燥花蕾。主产于坦桑尼亚、印度尼西亚及马来西亚等国，我国海南及广东等地有栽培。通常在9月至次年3月间，当花蕾由绿色转为红色时采摘，除去花梗，晒干。

课堂互动

通过眼看、手摸、鼻嗅、口尝等方法仔细观察丁香药材，找出并说明该药材有哪些关键性状特点。

【性状鉴别】 略呈研棒状，长1~2cm。花冠圆球形，直径0.3~0.5cm，花瓣4，复瓦状抱合，棕褐色至褐黄色，花瓣内为雄蕊和花柱，搓碎后可见众多黄色细粒状的花药。萼筒圆柱状，略扁，有的稍弯曲，长0.7~1.4cm，直径0.3~0.6cm，红棕色或棕褐色，上

部有4枚三角状的萼片，十字状分开。质坚实，富油性。气芳香浓烈，味辛辣、有麻舌感。（图9-7）

水试：将丁香投入水中，则先萼管垂直下沉，久则沉入水底。

以完整、个大、油性足、颜色深红、香气浓郁、入水萼筒下沉者为佳。

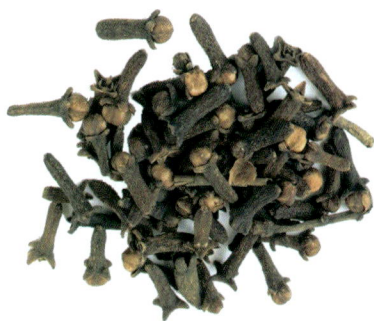

图9-7　丁香药材图

【显微鉴别】粉末暗红棕色。①纤维梭形，顶端钝圆，壁较厚。②花粉粒众多，极面观三角形，赤道表面观双凸镜形，具3副合沟。③草酸钙簇晶众多，直径4～26μm，存在于较小的薄壁细胞中。④油室多破碎，分泌细胞界限不清，含黄色油状物。

【功效主治】温中降逆，补肾助阳。用于脾胃虚寒、呃逆呕吐、食少吐泻、心腹冷痛、肾虚阳痿。

知 识 链 接

母丁香

为桃金娘科植物丁香的干燥近成熟果实，又名"鸡舌香"。药材呈卵圆形或长椭圆形，长1.5～3cm，直径0.5～1cm。表面黄棕色或褐棕色，有细皱纹；顶端有四个宿存萼片向内弯曲成钩状；基部有果梗痕；果皮与种仁可剥离，种仁由两片子叶合抱而成，棕色或暗棕色，显油性，中央具一明显的纵沟，形如鸡舌；内有胚，细杆状。质硬难折断。气香，味麻辣。功效同丁香，但效力较弱。

图9-8　母丁香药材图

密蒙花（Buddlejae Flos）

【来源】为马钱科植物密蒙花 *Buddleja officinalis* Maxim. 的干燥花蕾和花序。主产于湖北、四川、河南、陕西、云南等地。春季花未开放时采收，除去杂质，干燥。

通过眼看、手摸、鼻嗅、口尝等方法仔细观察密蒙花药材，找出并说明该药材有哪些关键性状特点。

【性状鉴别】多为花蕾密聚的花序小分枝，呈不规则圆锥状，长1.5~3cm。表面灰黄色或棕黄色，密被茸毛。花蕾呈短棒状，上端略大，长0.3~1cm，直径0.1~0.2cm；花萼钟状，先端4齿裂；花冠筒状，与萼等长或稍长，先端4裂，裂片卵形；雄蕊4，着生在花冠管中部。质柔软。气微香，味微苦、辛。（图9-9）

图9-9 密蒙花药材图

以花蕾密集、色灰黄、茸毛多、质柔软者为佳。

【功效主治】清热泻火，养肝明目，退翳。用于目赤肿痛、多泪羞明、目生翳膜、肝虚目暗、视物昏花。

芫花（Genkwa Flos）

【来源】为瑞香科植物芫花 Daphne genkwa Sieb. et Zucc. 的干燥花蕾。主产于河北、山西、陕西、甘肃、山东、江苏、安徽、浙江、江西、福建、台湾、河南、湖北、湖南、四川、贵州等省区。春季花未开放时采收，除去杂质，干燥。

通过眼看、手摸、鼻嗅、口尝等方法仔细观察芫花药材，找出并说明该药材有哪些关键性状特点。

【性状鉴别】常3~7朵簇生于短花轴上，基部有苞片1~2片，多脱落为单朵。单朵呈棒槌状，多弯曲，长1~1.7cm，直径约1.5mm；花被筒表面淡紫色或灰绿色，密被短柔毛，先端4裂，裂片淡紫色或黄棕色。质软。气微，味甘、微辛。（图9-10）

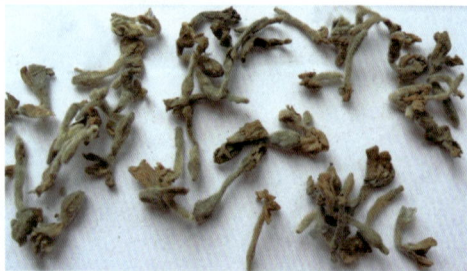

图9-10 芫花药材图

以花未开放而整齐、色淡紫者为佳。

【功效主治】泻水逐饮；外用杀虫疗疮。用于水肿胀满、胸腹积水、痰饮积聚、气逆咳喘、二便不利；外治疥癣秃疮、痈肿、冻疮。

槐花（Sophorae Flos）

【来源】为豆科植物槐 *Sophora japonica* L. 的干燥花及花蕾。花习称"槐花"，花蕾习称"槐米"。主产于河北、山东、河南等地。夏季花开放或花蕾形成时采收，及时干燥，除去枝、梗及杂质。

课堂互动

通过眼看、手摸、鼻嗅、口尝等方法仔细观察槐花药材，找出并说明该药材有哪些关键性状特点。

【性状鉴别】

槐花 皱缩而卷曲，花瓣多散落。完整者花萼钟状，黄绿色，先端5浅裂；花瓣5，黄色或黄白色，1片较大，近圆形，先端微凹，其余4片长圆形。雄蕊10，其中9个基部连合，花丝细长。雌蕊圆柱形，弯曲。体轻。气微，味微苦。

图9-11 槐花（槐米）药材图

槐米 呈卵形或椭圆形，似米粒，长2~6mm，直径约2mm。花萼下部有数条纵纹。萼的上方为黄白色未开放的花瓣。花梗细小。体轻，手捻即碎。气微，味微苦涩。（图9-11）

槐花以黄白色、整齐、无枝梗者为佳；槐米以粒大、色黄绿者为佳。

知识链接

槐角

为槐的干燥成熟果实。呈连珠状，长1~6cm，直径0.6~1cm。表面黄绿色或黄褐色，皱缩而粗糙，背缝线一侧呈黄色。质柔润，干燥皱缩，易在收缩处折断，断面黄绿色，有黏性。种子1~6粒，肾形，表面光滑，棕黑色，一侧有灰白色圆形种脐；子叶2，黄绿色。果肉气微，味苦，种子嚼之有豆腥气。具有清热泻火、凉血止血功效。

【功效主治】凉血止血，清肝泻火。用于便血、痔血、血痢、崩漏、吐血、衄血、肝热目赤、头痛眩晕。

菊花（Chrysanthemi Flos）

【来源】为菊科植物菊 *Chrysanthemum morifolium* Ramat. 的干燥头状花序。主产于安徽、河南、浙江、江苏等地。9~11月花盛开时分批采收，阴干或焙干，或熏、蒸后晒干。药材按产地和加工方法不同，分为"亳菊""滁菊""贡菊""杭菊""怀菊"。

课堂互动

通过眼看、手摸、鼻嗅、口尝等方法仔细观察菊花药材，找出并说明该药材有哪些关键性状特点。

【性状鉴别】

亳菊 呈倒圆锥形或圆筒形，有时稍压扁呈扇形，直径1.5~3cm，离散。总苞碟状；总苞片3~4层，卵形或椭圆形，草质，黄绿色或褐绿色，外面被柔毛，边缘膜质。花托半球形，无托片或托毛。舌状花数层，雌性，位于外围，类白色，劲直，上举，纵向折缩，散生金黄色腺点；管状花多数，两性，位于中央，为舌状花所隐藏，黄色，顶端5齿裂。瘦果不发育，无冠毛。体轻，质柔润，干时松脆。气清香，味甘、微苦。

滁菊 呈不规则球形或扁球形，直径1.5~2.5cm。舌状花类白色，不规则扭曲，内卷，边缘皱缩，有时可见淡褐色腺点；管状花大多隐藏。

贡菊 呈扁球形或不规则球形，直径1.5~2.5cm。舌状花白色或类白色，斜升，上部反折，边缘稍内卷而皱缩，通常无腺点；管状花少，外露。

杭菊 呈碟形或扁球形，直径2.5~4cm，常数个相连成片。舌状花类白色或黄色，平展或微折叠，彼此粘连，通常无腺点；管状花多数，外露。

怀菊 呈不规则球形或扁球形，直径1.5~2.5cm。多数为舌状花，舌状花类白色或黄色，有的带有浅红色或棕红花的花瓣，不规则扭曲，内卷，边缘皱缩，有时可见腺点；管状花大多隐藏。

均以花朵完整不散、颜色新鲜、气清香、少梗叶者为佳。（图9-12）

图9-12 菊花药材图

【功效主治】散风清热，平肝明目，清热解毒。用于风热感冒、头痛眩晕、目赤肿痛、眼目昏花、疮痈肿毒。

野菊花（Chrysanthemi Indici Flos）

【来源】为菊科植物野菊 *Chrysanthemum indicum* L. 的干燥头状花序。主产于吉林、辽宁、河北、河南、山西、陕西、甘肃、青海、新疆、山东、江苏、浙江、安徽、福建、江西、湖北、四川、深圳、云南、广西、贵州、湖南等地。秋、冬两季花初开放时采摘，晒干，或蒸后晒干。

🏠 课堂互动

通过眼看、手摸、鼻嗅、口尝等方法仔细观察野菊花药材，找出并说明该药材有哪些关键性状特点。

【性状鉴别】呈类球形，直径0.3~1cm，棕黄色。总苞由4~5层苞片组成，外层苞片卵形或条形，外表面中部灰绿色或浅棕色，通常被白毛，边缘膜质；内层苞片长椭圆形，膜质，外表面无毛。总苞基部有的残留总花梗。舌状花1轮，黄色至棕黄色，皱缩卷曲；管状花多数，深黄色。体轻，气芳香，味苦。

以完整、色黄、香气浓味苦、无杂质者为佳。

【功效主治】清热解毒，泻火平肝。用于疔疮痈肿、目赤肿痛、头痛眩晕。

旋覆花（Inulae Flos）

【来源】为菊科植物旋覆花 *Inula japonica* Thunb. 或欧亚旋覆花 *Inula britannica* L. 的干燥头状花序。主产于东北、华北、华东、华中及广西等地。夏、秋两季花开放时采收，除去杂质，阴干或晒干。

🏠 课堂互动

通过眼看、手摸、鼻嗅、口尝等方法仔细观察旋覆花药材，找出并说明该药材有哪些关键性状特点。

【性状鉴别】呈扁球形或类球形毛团头，直径1~2cm。总苞由多数苞片组成，呈覆瓦状排列，苞片披针形或条形，灰黄色，长4~11mm；总苞基部有时残留花梗，苞片及花梗表面被白色茸毛，舌状花 1 列，黄色，长约 1cm，多卷曲，常脱落，先端 3 齿裂；管状花多数，棕黄色，长约 5mm，先端 5 齿裂；子房顶端有多数白色冠毛，长 5～6mm。有的可见椭圆形小瘦果。体轻，易散碎。气微，味微苦。（图 9-13）

图 9-13　旋覆花药材图

【功效主治】降气，消痰，行水，止呕。用于风寒咳嗽、痰饮蓄结、胸隔痞闷、喘咳痰多、呕吐噫气、心下痞硬。

红花（Carthami Flos）

【来源】为菊科植物红花 Carthamus tinctorius L. 的干燥花。主产于河南、河北、浙江、四川等地。夏季花由黄变红时采摘，晒干或阴干。

课堂互动

通过眼看、手摸、鼻嗅、口尝等方法仔细观察红花药材，找出并说明该药材有哪些关键性状特点。

【性状鉴别】为不带子房的管状花，长 1～2cm。表面红黄色或红色。花冠筒细长，先端 5 裂，裂片呈狭条形，长 5～8mm；雄蕊 5，花药聚合成筒状，黄白色；柱头长圆柱形，顶端微分叉。质柔软。气微香，味微苦。（图 9-14）

水试：红花浸入水中，水染成金黄色，红花不褪色。

以花冠色红、无枝叶杂质、质柔软、手握软如茸毛者为佳。

图 9-14　红花药材图

【显微鉴别】粉末橙黄色。①花冠、花丝、柱头碎片多见，有长管状分泌细胞，常位于导管旁，直径约至 66μm，含黄棕色至红棕色分泌物。②花冠裂片顶端表皮细胞外壁突起呈短茸毛状。③柱头及花柱上部表皮细胞分化成圆锥形单细胞毛，先端尖或稍钝。④花粉粒类圆形、椭圆形或橄榄形，直径约至 60μm，具 3 个萌发孔，外壁有齿状突起。⑤草酸钙方晶存在于薄壁细胞中，直径 2～6μm。

【功效主治】活血通经，散瘀止痛。用于经闭、痛经、恶露不行、癥瘕痞块、胸痹心痛、瘀滞腹痛、胸胁刺痛、跌扑损伤、疮疡肿痛。

西红花 （Croci Stigma）

【来源】 为鸢尾科植物番红花 *Crocus sativus* L. 的干燥柱头。主产于西班牙、希腊和法国；现我国浙江、江苏、上海等地有少量栽培。

🏠 **课堂互动**

通过眼看、手摸、鼻嗅、口尝等方法仔细观察西红花药材，找出并说明该药材有哪些关键性状特点。

【性状鉴别】 呈线形，三分枝，长约3cm。暗红色，上部较宽而略扁平，顶端边缘呈不整齐的齿状，内侧有一短裂隙，下端有时残留一小段黄色花柱。体轻，质松软，无油润光泽，干燥后质脆易断。气特异，微有刺激性，味微苦。（图9－15）

取本品浸水中，可见橙黄色呈直线下降，并逐渐扩散，水被染成黄色，无沉淀。柱头呈喇叭状，有短缝；在短时间内，用针拨之不破碎。

图9－15 西红花药材图

【功效主治】 活血化瘀，凉血解毒，解郁安神。用于经闭癥瘕、产后瘀阻、温毒发斑、忧郁痞闷、惊悸发狂。

合欢花 （Albiziae Flos）

【来源】 为豆科植物合欢 *Albizia julibrissin* Durazz. 的干燥花序或花蕾。主产于我国东北至华南及西南等地。夏季花开放时择晴天采收或花蕾形成时采收，及时晒干。前者习称"合欢花"，后者习称"合欢米"。

🏠 **课堂互动**

通过眼看、手摸、鼻嗅、口尝等方法仔细观察合欢花药材，找出并说明该药材有哪些关键性状特点。

【性状鉴别】

合欢花　头状花序，皱缩成团。总花梗长 3~4cm，有时与花序脱离，黄绿色，有纵纹，被稀疏毛茸。花全体密被毛茸，细长而弯曲，长 0.7~1cm，淡黄色或黄褐色，无花梗或几无花梗。花萼筒状，先端有 5 小齿；花冠筒长约为萼筒的 2 倍，先端 5 裂，裂片披针形；雄蕊多数，花丝细长，黄棕色至黄褐色，下部合生，上部分离，伸出花冠筒外。气微香，味淡。

以干燥、色黄、梗短、无杂质、花不碎者为佳。

合欢米　呈棒槌状，长 2~6mm，膨大部分直径约 2mm，淡黄色至黄褐色，全体被毛茸，花梗极短或无。花萼筒状，先端有 5 小齿；花冠未开放；雄蕊多数，细长并弯曲，基部连合，包于花冠内。气微香，味淡。

【功效主治】解郁安神。用于心神不安、忧郁失眠。

洋金花（Daturae Flos）

【来源】为茄科植物白花曼陀罗 *Datura metel* L. 的干燥花，习称"南洋金花"。主产于江苏、福建、浙江等地。4~11 月花初开时采收，晒干或低温干燥。

课堂互动

通过眼看、手摸、鼻嗅、口尝等方法仔细观察洋金花药材，找出并说明该药材有哪些关键性状特点。

【性状鉴别】多皱缩成条状，完整者长 9~15cm。花萼呈筒状，长为花冠的 2/5，灰绿色或灰黄色，先端 5 裂，基部具纵脉纹 5 条，表面微有茸毛；花冠呈长喇叭状，淡黄色或黄棕色，先端 5 浅裂，裂片有短尖，短尖下有明显的纵脉纹 3 条，两裂片之间微凹；雄蕊 5，花丝贴生于花冠筒内，长为花冠的 3/4；雌蕊 1，柱头棒状。烘干品质柔韧，气特异；晒干品质脆。气微，味微苦。（图 9-16）

以朵大、不破碎、花冠肥厚者为佳。

【功效主治】平喘止咳，解痉定痛。用于哮喘咳嗽、脘腹冷痛、风湿痹痛、小儿慢惊；外科麻醉。

图 9-16　洋金花药材图

蒲黄（Typhae Pollen）

【来源】 为香蒲科植物水烛香蒲 *Typha angustifolia* L.、东方香蒲 *Typha orientalis* Presl 或同属植物的干燥花粉。水烛香蒲主产于江苏、浙江、山东及安徽、湖北等地。东方香蒲产于贵州、山东、山西及东北各地。夏季采收蒲棒上部的黄色雄花序，晒干后碾轧，筛取花粉。剪取雄花后，晒干，成为带有雄花的花粉，即为"草蒲黄"。

课堂互动

通过眼看、手摸、鼻嗅、口尝等方法仔细观察蒲黄药材，找出并说明该药材有哪些关键性状特点。

【性状鉴别】药材呈黄色粉末。体轻，易飞扬，手捻之有滑腻感，易附着于手指上，放水中则飘浮水面。气微，味淡。（图9-17）

以粉细、质轻、色鲜黄、光滑、纯净、无杂质者为佳。市场曾见蒲黄中掺入淀粉、玉米细粉、黄土等杂质。颜色比正品浅或深，手捻较涩，显微鉴别可见异物。

图9-17 蒲黄药材图

【功效主治】止血，化瘀，通淋。用于吐血、衄血、咯血、崩漏、外伤出血、经闭痛经、胸腹刺痛、跌扑肿痛、血淋涩痛。

松花粉（Pini Pollen）

【来源】 为松科植物马尾松 *Pinus massoniana* Lamb.、油松 *Pinus tabulieformis* Carr. 或同属数种植物的干燥花粉。辽东半岛及山东、江苏、浙江、福建和台湾等地有栽培。春季花刚开时，采摘花穗，晒干，收集花粉，除去杂质。

课堂互动

通过眼看、手摸、鼻嗅、口尝等方法仔细观察松花粉药材，找出并说明该药材有哪些关键性状特点。

【性状鉴别】淡黄色的细粉。体轻，易飞扬，手捻有滑润感。气微，味淡。（图9-18）

图 9 - 18　松花粉药材图

【功效主治】收敛止血，燥湿敛疮。用于外伤出血、湿疹、黄水疮、皮肤糜烂、脓水淋漓。

莲须（Nelumbinis Stamen）

【来源】为睡莲科植物莲 *Nelumbo nucifera* Gaertn. 的干燥雄蕊。分布于我国南北各省。夏季花开时选晴天采收，盖纸晒干或阴干。

课堂互动

　　通过眼看、手摸、鼻嗅、口尝等方法仔细观察莲须药材，找出并说明该药材有哪些关键性状特点。

【性状鉴别】呈线性。花药扭转、纵裂，长 1.2 ~ 1.5cm，直径约 0.1cm，淡黄色或棕黄色。花丝纤细，稍弯曲，长 1.5 ~ 1.8cm，淡紫色。气微香，味涩。（图 9 - 19）

　　以干燥、完整、色淡黄、枝软者为佳。

【功效主治】固肾涩精。用于遗精滑精、带下、尿频。

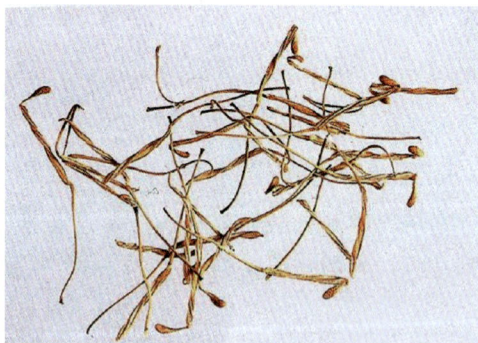

图 9 - 19　莲须药材图

莲房（Nelumbinis Receptaculum）

【来源】为睡莲科植物莲 *Nelumbo nucifera* Gaertn. 的干燥花托。分布于我国南北各省。

课堂互动

通过眼看、手摸、鼻嗅、口尝等方法仔细观察莲房药材，找出并说明该药材有哪些关键性状特点。

秋季果实成熟时采收，除去果实，晒干。

【性状鉴别】呈倒圆锥状或漏斗状，多撕裂，直径5~8cm，高4.5~6cm。表面灰棕色至紫棕色，具细纵纹和皱纹，顶面有多数圆形空穴，基部有花梗残基。质疏松，破碎面海绵样，棕色。气微，味微涩。

以个大、紫棕色、无梗者为佳。

【功效主治】化瘀止血。用于崩漏、尿血、痔疮出血、产后瘀阻、恶露不尽。

谷精草（Eriocauli Flos）

【来源】为谷精草科植物谷精草 *Eriocaulon buergerianum* Koern. 干燥带花茎的头状花序。主产于江苏、浙江、湖北等地。秋季采收，将花序连同花茎拔出，晒干。

课堂互动

通过眼看、手摸、鼻嗅、口尝等方法仔细观察谷精草药材，找出并说明该药材有哪些关键性状特点。

【性状鉴别】头状花序呈半球形，直径4~5mm。底部有苞片层层紧密排列，苞片淡黄绿色，有光泽，上部边缘密生白色短毛；花序顶部灰白色。揉碎花序，可见多数黑色花药和细小黄绿色未成熟的果实。花茎纤细，长短不一，直径不及1mm，淡黄绿色，有数条扭曲的棱线。质柔软。气微，味淡。（图9-20）

以花序粒大、灰白色、体结实者为佳。

【功效主治】疏散风热，明目退翳。用于风热目赤、肿痛羞明、眼生翳膜、风热头痛。

图9-20 谷精草药材图

复习思考

一、单项选择题

1. 雄蕊在花类中药显微鉴定上具有重要意义，下列不作为鉴定特征的是（   ）

    A. 花粉粒的形状　　　　　　　　　　B. 花粉粒的大小

    C. 花粉粒萌发孔或萌发沟的状况　　　D. 花药的表皮细胞

2. 辛夷的药用部位是（   ）

    A. 花序　　　　　B. 花　　　　　C. 花瓣　　　　　D. 花蕾

3. 呈长卵形，似毛笔头，苞片外表面密被灰白色或灰绿色具光泽的长茸毛，内表面无毛，有此特征的花类药材是（   ）

    A. 丁香　　　　　B. 金银花　　　　C. 菊花　　　　　D. 辛夷

4. 进口的药材是（   ）

    A. 番泻叶　　　　B. 洋金花　　　　C. 菊花　　　　　D. 旋覆花

5. 以干燥的头状花序入药的药材是（   ）

    A. 菊花　　　　　B. 洋金花　　　　C. 丁香　　　　　D. 松花粉

6. 菊花的药用部位是（   ）

    A. 干燥花　　　　　　　　　　　　　B. 干燥的头状花序

    C. 干燥的花蕾　　　　　　　　　　　D. 干燥柱头

7. 洋金花来源于（   ）

    A. 菊科　　　　　B. 茄科　　　　　C. 桃金娘科　　　D. 鸢尾科

8. 金银花来源于（   ）

    A. 菊科　　　　　B. 茄科　　　　　C. 桃金娘科　　　D. 忍冬科

9. 金银花主产于（   ）

    A. 湖北及湖南　　　　　　　　　　　B. 山东及河南

    C. 四川及安徽　　　　　　　　　　　D. 四川及湖北

10. 槐花来源于豆科植物槐的干燥（   ）

    A. 花萼　　　　　B. 花蕊　　　　　C. 花蕾及花　　　D. 花冠

11. 习称"连三朵"的药材是（   ）

    A. 款冬花　　　　B. 金银花　　　　C. 辛夷　　　　　D. 洋金花

12. 款冬花为菊科植物款冬的干燥（   ）

    A. 花蕾　　　　　　　　　　　　　　B. 花

    C. 头状花序　　　　　　　　　　　　D. 未开放的头状花序

13. 呈研棒状，上部有4枚三角状萼片，十字状分开的药材是（   ）

    A. 辛夷　　　　　B. 丁香　　　　　C. 洋金花　　　　D. 红花

14. 红花浸水中，水染成（　　　）

    A. 红色　　　　　　B. 黄色　　　　　　　C. 金黄色　　　　　　D. 粉红色

15. 花头撕开后可见白色丝状绵毛的药材为（　　　）

    A. 辛夷　　　　　　B. 丁香　　　　　　　C. 槐花　　　　　　　D. 款冬花

16. 西红花的药用部位是（　　　）

    A. 干燥花粉　　　　B. 干燥头状花序　　　C. 干燥花蕾　　　　　D. 干燥柱头

17. 药材浸水中，水被染成黄色，先端呈喇叭状，内侧有一短缝的是（　　　）

    A. 西红花　　　　　B. 红花　　　　　　　C. 金银花　　　　　　D. 洋金花

18. 花头（头状花序）撕开有白色丝状棉毛，嚼之呈棉絮状的药材是（　　　）

    A. 菊花　　　　　　B. 款冬花　　　　　　C. 辛夷　　　　　　　D. 槐花

二、配伍选择题

    A. 菊花　　　　　　B. 夏枯草　　　　　　C. 红花

    D. 西红花　　　　　E. 蒲黄

1. 以头状花序入药的药材是（　　　）

2. 以花入药的药材是（　　　）

3. 以花粉入药的药材是（　　　）

4. 以果穗入药的药材是（　　　）

扫一扫，知答案

扫一扫，看课件

第 十 章

果实及种子类中药的鉴定

【学习目标】

1. 掌握70种果实及种子类药材的来源、性状鉴定主要特征；典型代表药材的显微、理化鉴定特征。能正确运用性状鉴定、显微等鉴定等方法准确鉴定药材。具备"依法鉴定"的观念和意识。

2. 熟悉果实及种子类中药饮片的功效主治。

3. 了解果实及种子类药材的采收加工、主产地。

4. 养成团结协作，相互尊重，相互沟通学风，培养换位思考的意识和基本能力。学会用中药鉴定术语描述药材的特征。

案例导入

一天，李大爷拿来一些从集市地摊买来的"乌梅"咨询在医院药房实习的小刘，想了解一下乌梅的功效及用法。小刘利用学校学过的中药鉴定知识仔细观察这些药材，发现这些乌梅是假的！小刘狠狠谴责了不良药贩后，安抚懊恼的刘大爷，告诉他以后买药要来正规药店，千万不要在小摊处买自己不认识、不了解的中药材，并详细介绍了乌梅的识别特征、功能主治等。

同学们，你能用前面学习过的鉴别方法辨认药材吗？

果实及种子类中药在植物药中占有较大比例，极为常用。实际应用中时有伪品、混乱品出现。本章将带领大家学习果实及种子类中药鉴定知识。

第一节 果实及种子类中药概述

果实及种子类中药是指以果实或种子为药用部位的一类中药。分为果实类中药和种子类中药。果实和种子是植物体的两种不同器官，但商品药材未严格区分。果实大多包含着种子，与种子一起入药，如马兜铃、枸杞子等；有些以果实贮存、销售，临用时再剥去果皮取出种子入药，如砂仁、巴豆等。这两类中药关系密切，故列入一章叙述。

果实类中药大多在成熟期采收，少数果实需在近成熟时或幼果期采集，过期则功效发生变化或不易干燥。干燥温度不宜过高，以减少维生素类成分的破坏。

一、果实类中药

果实类中药通常采用完全成熟或将近成熟的果实，少数为幼果，如枳实。多数采用完整的果实，如五味子、枸杞子。有的采用果实的一部分，如山茱萸为果肉，大腹皮为果皮，陈皮为部分果皮；有的仅用中果皮的维管束组织，如橘络、丝瓜络；有的采用带有部分果皮的果柄，如甜瓜蒂（苦丁香）；有的仅用宿萼，如柿蒂。有的采用整个果穗，如桑椹。有的用果实的加工品，如麦芽。

1. 性状鉴定 鉴别果实类中药时，通常应注意观察其形状、大小、颜色、表面、质地、断面、气味等特征，以及有无残存苞片、花萼、雄蕊、花柱基及果柄。观察所含种子的性状特征，如形状、大小、色泽及表面特征，注意其数目和生长的部位。

果实类中药的表面大多干缩而有皱纹，肉质果尤为明显，如乌梅；果皮表面常稍有光泽，如栀子；有的具有毛茸，如蔓荆子、吴茱萸；有的可见凹下的油点，如陈皮、吴茱萸。一些伞形科植物的果实表面具有隆起的肋线，如小茴香、蛇床子。有的果实具有纵直棱角，如使君子。果实表面残存的附属物如<u>顶端</u>有花柱基，<u>基部</u>有果柄或有果柄脱落的痕迹，如枳实、香橼；有的带有宿存的花被，如地肤子。对于完整的果实，应剖开果皮观察内部的种子特征。

某些果实类中药常具有浓烈的香气和特殊的味道，如枳壳、花椒有浓烈的香气，枸杞子味甜，鸦胆子味极苦。气味对鉴定果实种子类中药真伪优劣有重要意义。

2. 显微鉴定 完整的果实由果皮及种子组成。观察组织横切片，果皮包括外果皮、中果皮及内果皮。

（1）外果皮：与叶的下表皮相当。通常为 1 列表皮细胞，外被角质层，内含色素或有色物质，偶有气孔存在；有的为石细胞，如核桃。表皮细胞有的被毛茸，多数为非腺毛，少数为腺毛，如吴茱萸；有的被腺鳞，如蔓荆子。有的表皮细胞中含有色物质或色素，如花椒。有的表皮细胞间镶有油细胞，如五味子。

（2）中果皮：与叶肉组织相当，通常较厚，大多由薄壁细胞组成，在中部有细小的维管束散在，薄壁细胞中有时含淀粉粒，有的有石细胞、油细胞、油室或油管等，如枳壳的中果皮内有油室，小茴香的中果皮内有油管。

（3）内果皮：与叶的上表皮相当，大多由 1 列薄壁细胞组成。也有的内果皮细胞全为石细胞，如胡椒。有些核果的内果皮则由多层石细胞组成硬壳，如乌梅的核壳。伞形科植物果实的内果皮，常 5 ~ 8 个狭长的薄壁细胞并列为一群，各群以斜角联合呈镶嵌状，称为镶嵌细胞。

二、种子类中药

种子类中药大多采用完整的成熟种子，包括种皮和种仁两部分，种仁又分为胚乳和胚。也有用种子的一部分，有的用种皮，如绿豆衣；有的用假种皮，如龙眼肉；有的用去种皮的种仁，如肉豆蔻；有的用胚，如莲子心；有的则用种子的加工品，如大豆黄卷为发了芽的种子，淡豆豉为发酵加工品。

1. 性状鉴定 种子类中药的性状鉴别主要应注意其形状、大小、颜色、表面纹理、种脐、合点和种脊的位置及形态、质地、纵横剖面以及气味等。

种子形状大多呈圆球形、类圆球形或扁圆球形，少数呈线形、纺锤形或心形。表面常有各种纹理，如王不留行具颗粒状突起；也有的具毛茸，如马钱子；除常有的种脐、合点和种脊外，少数种子还有种阜存在，如巴豆。剥去种皮可见种仁部分，有的种子具有发达的胚乳，如马钱子；无胚乳的种子则子叶特别肥厚，如苦杏仁。有的种子水浸后种皮显黏性，如车前子、葶苈子；有的种子水浸后种皮呈龟裂状，如牵牛子。

2. 显微鉴定 种子的构造包括种皮、胚乳和胚三部分，主要鉴别特征是种皮。

（1）种皮：位于种子的最外层，通常只有一层种皮，但有的种子有两层种皮，即有内外种皮的区分。种皮常由下列一种或数种组织组成，如表皮层、栅状细胞层、油细胞层、色素层、石细胞层、营养层。

（2）胚乳：通常由含有多量脂肪油和糊粉粒的薄壁细胞组成，有时细胞中还含有淀粉粒或草酸钙结晶。

（3）胚：胚是种子中未发育的幼体，包括胚根、胚茎、胚芽和子叶四部分。

在植物器官中只有种子含有糊粉粒，糊粉粒是种子中贮藏的颗粒状蛋白质，其形状、大小及构造常依植物种类而异，在中药鉴定中有着重要的意义。

第二节　常用果实及种子类中药鉴定

瓜蒌（Trichosanthis Fructus）（附：瓜蒌皮、瓜蒌子）

【来源】为葫芦科植物栝楼 *Trichosanthes kirilowii* Maxim. 或双边栝楼 *Trichosanthes rosthornii* Harms 的干燥成熟果实。主产于山东、江苏、安徽等省。秋季果实成熟时，连果梗剪下，置通风处阴干。

🏠 **课堂互动**

通过眼看、手摸、鼻嗅、口尝等方法仔细观察瓜蒌药材，找出并说明该药材有哪些关键性状特点。

【性状鉴别】

1. **药材**　呈类球形或宽椭圆形，长 7 ~ 15cm，直径 6 ~ 10cm。表面橙红色或橙黄色，皱缩或较光滑，顶端有圆形花柱残基，基部略尖，具残存的果梗。轻重不一。质脆，易破开，内表面黄白色，有红黄色丝络，果瓤橙黄色，黏稠，与多数种子黏结成团。具焦糖气，味微酸、甜。（图 10 – 1）

以外皮橙红色、完整不破、皮厚、皱缩、糖性足者为佳。

2. **饮片**　呈不规则的丝或块状。外表面橙红色或橙黄色，皱缩或较光滑；内表面黄白色，有红黄色丝络，果瓤橙黄色，与多数种子黏结成团。具焦糖气，味微酸、甜。（图 10 – 2）

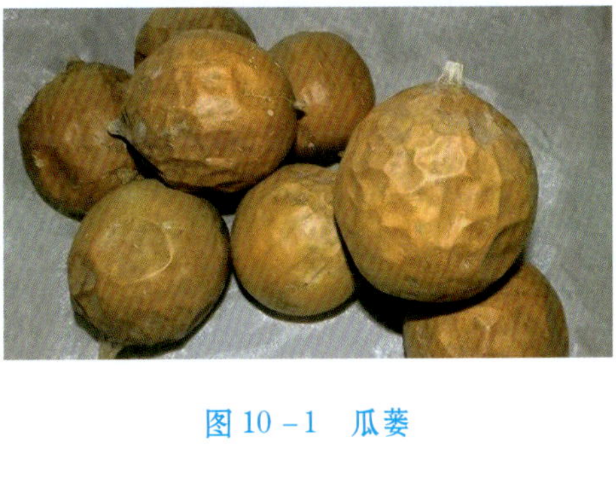

图 10 – 1　瓜蒌

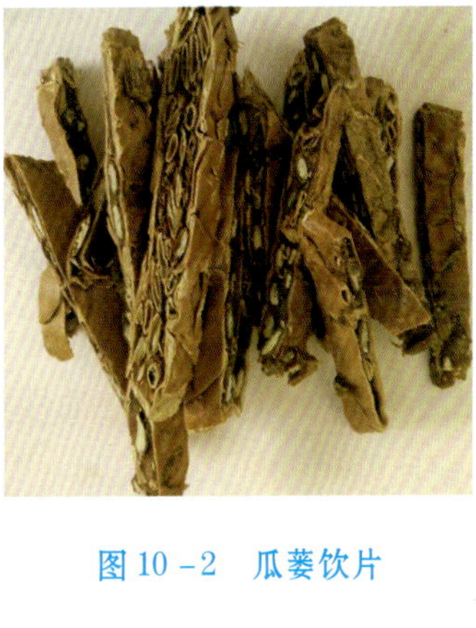

图 10 – 2　瓜蒌饮片

【功效主治】 清热涤痰，宽胸散结，润燥滑肠。用于肺热咳嗽、痰浊黄稠、胸痹心痛、结胸痞满、乳痈、肺痈、肠痈、大便秘结。不宜与川乌、制川乌、草乌、制草乌、附子同用。

附药：瓜蒌皮（Trichosanthis Pericarpium）

【来源】 为葫芦科植物栝楼 *Trichosanthes kirilowii* Maxim. 或双边栝楼 *Trichosanthes rosthornii* Harms 的干燥成熟果皮。洗净，稍晾，切丝，晒干后得。

【性状鉴别】 常切成 2 至数瓣，边缘向内卷曲，长6～12cm。外表面橙红色或橙黄色，皱缩，有的残存果梗；内表面黄白色。质较脆，易折断。具焦糖气，味淡、微酸。

以外皮橙红色，内部黄白色，洁净无瓤、瓣，大小均匀者为佳。（图 10-3）

【功效主治】 清热化痰，利气宽胸。用于痰热咳嗽、胸闷胁痛。不宜与川乌、制川乌、草乌、制草乌、附子同用。

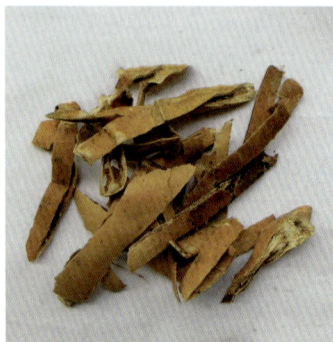

图 10-3 瓜蒌皮饮片

附药：瓜蒌子（Trichosanthis Semen）

【来源】 为葫芦科植物栝楼 *Trichosanthes kirilowii* Maxim. 或双边栝楼 *Trichosanthes rosthornii* Harms 的干燥成熟种子。除去杂质和干瘪的种子，洗净，晒干。用时捣碎。

【性状鉴别】

1. 药材

栝楼 呈扁平椭圆形，长 12～15mm，宽 6～10mm，厚约 3.5mm。表面浅棕色至棕褐色，平滑，沿边缘有 1 圈沟纹。顶端较尖，有种脐，基部钝圆或较狭。种皮坚硬；内种皮膜质，灰绿色，子叶 2，黄白色，富油性。气微，味淡。（图10-4）

双边栝楼 较大而扁，长 15～19mm，宽 8～10mm，厚约 2.5mm。表面棕褐色，沟纹明显而环边较宽。顶端平截。

图 10-4 瓜蒌子

以大小均匀、饱满，种仁油性大者为佳。种仁味苦者不宜作瓜蒌子药用。

2. 饮片

瓜蒌子 性状鉴别同药材。

炒瓜蒌子 呈扁平椭圆形，表面浅褐色至棕褐色，平滑，偶有焦斑，沿边缘有 1 圈沟纹。种皮坚硬；内种皮膜质，灰绿色，子叶 2，黄白色，富油性。气略焦香，味淡。

【功效主治】润肺化痰，滑肠通便。用于燥咳痰黏、肠燥便秘。不宜与川乌、制川乌、草乌、制草乌、附子同用。

川楝子（Toosendan Fructus）

【来源】为楝科植物川楝 *Melia toosendan* Sieb. et Zucc. 的干燥成熟果实（核果）。主产于四川、湖北、贵州等省。秋季果实成熟时采收，除去杂质，干燥。

课堂互动

用眼看、手摸、鼻嗅、口尝等方法仔细观察川楝子药材，并注意形状、大小、色泽、表面、味，找出该药材的主要特征。

【性状鉴别】

1. **药材** 呈类球形，直径 2～3.2cm。表面金黄色至棕黄色，微有光泽，少数凹陷或皱缩，具深棕色小点。顶端有花柱残痕，基部凹陷，有果梗痕。外果皮革质，与果肉间常成空隙，果肉松软，淡黄色，遇水润湿显黏性。果核球形或卵圆形，质坚硬，两端平截，有 6～8 条纵棱，内分 6～8 室。每室含黑棕色长圆形的种子 1 粒。气特异，味酸苦。（图 10-5）

图 10-5 川楝子药材图

以个大、饱满、外皮色金黄、果肉色黄白者为佳。

2. **饮片**

川楝子 性状鉴别同药材。用时捣碎。

炒川楝子 呈半球状、厚片或不规则的碎块，表面焦黄色，偶见焦斑。气焦香，味酸、苦。

【功效主治】疏肝泄热，行气止痛，杀虫。用于肝郁化火，胸胁、脘腹胀满，疝气疼痛，虫积腹痛。有小毒。

蔓荆子（Viticis Fructus）

【来源】为马鞭草科植物单叶蔓荆 *Vitex trifolia* L. var. *Simplicifolia* Cham. 或蔓荆 *Vitex* trifolia L. 的干燥成熟果实。主产于山东、江西、福建等省。秋季果实成熟时采收，除去杂质，晒干。

课堂互动

用眼看、手摸、鼻嗅、口尝等方法仔细观察蔓荆子药材，并注意形状、大小、表面、气，找出该药材的主要鉴别特征。

【性状鉴别】

1. **药材** 呈球形，直径 4 ~ 6mm。表面灰黑色或黑褐色，被灰白色粉霜状茸毛，有纵向浅沟 4 条，顶端微凹，基部有灰白色宿萼及短果梗。萼长为果实的 1/3 ~ 2/3，5 齿裂，其中 2 裂较深，密被茸毛。体轻，质坚韧，不易破碎，横切面可见 4 室，每室有种子 1 枚。气特异而芳香，味淡、微辛。（图 10 - 6）

以粒大、饱满、气味浓者为佳。

图 10 - 6　蔓荆子药材图

2. **饮片**

蔓荆子　性状鉴别同药材。

炒蔓荆子　形如蔓荆子，表面黑色或黑褐色，基部有的可见残留宿萼和短果梗。气特异而芳香，味淡、微辛。

【功效主治】疏散风热，清利头目。用于风热感冒、头痛头风、目赤肿痛、目昏多泪。

王不留行（Vaccariae Semen）

【来源】为石竹科植物麦蓝菜 *Vaccaria segetalis*（Neck.）Garcke. 的干燥成熟种子。全国大部分地区有产。秋季果实成熟、果皮尚未开裂时采割植株，晒干，打下种子，除去杂质，再晒干。

课堂互动

用眼看、手摸、鼻嗅、口尝等方法仔细观察王不留行药材，并注意形状、大小、表面，找出主要鉴别特征。

【性状鉴别】

1. **药材**　呈球形，直径约 2mm。表面黑色，少数红棕色，略有光泽，有细密颗粒状突起，一侧有 1 凹陷纵沟。质硬，胚乳白色，胚弯曲成环，子叶 2。气微，味微涩、苦。

以颗粒饱满、均匀、色黑者为佳。

2. **饮片**

王不留行　性状鉴别同药材。

炒王不留行　呈类球形爆花状，表面白色，质松脆。

【功效主治】活血通经，下乳消肿，利尿通淋。用于经闭、痛经、乳汁不下、乳痈肿痛、淋证涩痛。孕妇慎用。

芥子（Sinapis Semen）

【来源】为十字花科植物白芥 *Sinapis alba* L. 或芥 *Brassica juncea*（L.）Czern. et Coss. 的干燥成熟种子。前者习称"白芥子"，主产于山西、山东、安徽等地。后者习称"黄芥子"，产于全国各地。夏末秋初果实成熟时采割植株，晒干，打下种子，除去杂质。

课堂互动

用眼看、手摸、鼻嗅、口尝等方法仔细观察芥子药材，并注意看表面和嗅气尝味，找出该药材主要鉴别特征。

【性状鉴别】

1. **药材**

白芥子　呈球形，直径 1.5～2.5mm。表面灰白色至淡黄色，具细微的网纹，有明显的点状种脐。种皮薄而脆，破开后内有白色折叠的子叶，有油性。气微，味辛辣。

黄芥子　较小，直径 1～2mm。表面黄色至棕黄色，少数呈暗红棕色。研碎后加水浸湿，则产生辛烈的特异臭气。

以粒大饱满者为佳。

2. **饮片**

芥子　性状鉴别同药材。用时捣碎。

炒芥子　形如芥子，表面淡黄色至深黄色（炒白芥子）或深黄色至棕褐色（炒黄芥子），偶有焦斑。有香辣气。

【功效主治】温肺豁痰利气，散结通络止痛。用于寒痰咳嗽，胸胁胀痛，痰滞经络，关节麻木、疼痛，痰湿流注，阴疽肿毒。

紫苏子（Perillae Fructus）

【来源】为唇形科植物紫苏 *Perilla frutescens*（L.）Britt. 的干燥成熟果实。主产于湖北、河南、山东等省。秋季果实成熟时采收，除去杂质，晒干。

课堂互动

用眼看、手摸、鼻嗅、口尝等方法仔细观察紫苏子药材，并注意大小、表面、质地、气味，找出该药材主要鉴别特征。

【性状鉴别】

1. 药材 呈卵圆形或类球形，直径约1.5mm。表面灰棕色或灰褐色，有微隆起的暗紫色网纹，基部稍尖，有灰白色点状果梗痕。果皮薄而脆，易压碎。种子黄白色，种皮膜质，子叶2，类白色，有油性。压碎有香气，味微辛。（图10-7）

以粒饱满、均匀、色灰棕、油性足者为佳。

图10-7 紫苏子药材图

2. 饮片

紫苏子 性状鉴别同药材。

炒紫苏子 形如紫苏子，表面灰褐色，有细裂口，有焦香气。

【功效主治】降气化痰，止咳平喘，润肠通便。用于痰壅气逆、咳嗽气喘、肠燥便秘。

菟丝子（Cuscutae Semen）

【来源】为旋花科植物南方菟丝子 *Cuscuta australis* R. Br. 或菟丝子 *Cuscuta chinensis* Lam. 的干燥成熟种子。主产于山东、河南、河北等省。秋季果实成熟时采收植株，晒干，打下种子，除去杂质。

课堂互动

用眼看、手摸、鼻嗅、口尝等方法仔细观察菟丝子药材，并注意形状、大小、表面、质地，找出该药材主要鉴别特征。

【性状鉴别】

1. **药材** 呈类球形，直径 1～2mm。表面灰棕色至棕褐色，粗糙，种脐线形或扁圆形。质坚实，不易以指甲压碎。气微，味淡。

经水泡煮后种皮破裂，露出黄白色卷旋状的胚，形似"吐丝"。（图10－8）

以颗粒饱满、均匀者为佳。

2. **饮片**

菟丝子 性状鉴别同药材。

盐菟丝子 形如菟丝子，表面棕黄色，裂开，略有香气。

图 10 － 8 菟丝子药材图

【功效主治】补益肝肾，固精缩尿，安胎，明目，止泻；外用消风祛斑。用于肝肾不足，腰膝酸软，阳痿遗精，遗尿尿频，肾虚胎漏，胎动不安，目昏耳鸣，脾肾虚泻；外治白癜风。

五味子（Schisandrae Chinensis Fructus）（附：南五味子）

【来源】为木兰科植物五味子 *Schisandra chinensis*（Turcz.）Baill. 的干燥成熟果实。习称"北五味子"。主产于吉林、辽宁、黑龙江等省，河北亦产。秋季果实完全成熟时采摘，晒干或蒸后晒干，除去果梗和杂质。

课堂互动

用眼看、手摸、鼻嗅、口尝等方法仔细观察五味子药材，并注意大小、表面、味，找出该药材主要鉴别等特征。

【性状鉴别】

1. **药材** 呈皱缩不规则的球形或扁球形，直径 5～8mm。表面红色、紫红色或暗红色，皱缩，显油润；有的表面呈黑红色或久贮出现"白霜"。果肉柔软，种子1～2，呈肾形，长 4～5mm，宽 3～4mm，表面棕黄色，有光泽，种皮薄而脆，较易破碎，种仁呈钩状，黄白色，半透明，富有油性。果肉气微，味酸微甜；种子破碎后，有香气，味辛、微苦。（图10－9）

图 10 － 9 五味子药材图

以粒大、果皮紫红、肉厚、柔润者为佳。

2. 饮片

五味子 性状鉴别同药材。用时捣碎。

醋五味子 形如五味子，表面乌黑色，油润，稍有光泽。有醋香气。

【显微鉴别】粉末暗紫色。果皮表皮细胞表面观类多角形，垂周壁略呈连珠状增厚，表面有角质线纹，有的散有油细胞。种皮表皮石细胞，淡黄色或淡黄棕色，表面观呈多角形或长多角形，大小均匀，直径18~50μm，壁厚，孔沟极细密。种皮内层石细胞呈多角形、类圆形或不规则形，直径约至83μm，最长可达160μm，壁稍厚，纹孔较大，孔沟稍粗，胞腔明显。油细胞呈类圆形，内含油滴。内胚乳细胞多角形，含脂肪油滴及糊粉粒。中果皮细胞皱缩，含暗棕色物，并含淀粉粒。

【功效主治】收敛固涩，益气生津，补肾宁心。用于久咳虚喘，梦遗滑精，遗尿尿频，久泻不止，自汗盗汗，津伤口渴，内热消渴，心悸失眠。

附：南五味子（Schisandrae Sphenantherae Fructus）

【来源】为木兰科植物华中五味子 *Schisandra sphenanthera* Rehd. et Wils. 的干燥成熟果实。秋季果实成熟时采摘，晒干，除去果梗和杂质。

【性状鉴别】

1. 药材 呈球形或扁球形，直径4~6mm。表面棕红色至暗棕色，干瘪，皱缩，果肉常紧贴于种子上。种子1~2，肾形，表面棕黄色，有光泽，种皮薄而脆。果肉气微，味微酸。（图10-10）

2. 饮片

南五味子 性状鉴别同药材。用时捣碎。

图10-10 南五味子药材图

醋南五味子 形如南五味子，表面棕黑色，油润，稍有光泽。微有醋香气。

【功效主治】收敛固涩，益气生津，补肾宁心。用于久咳虚喘，梦遗滑精，遗尿尿频，久泻不止，自汗盗汗，津伤口渴，内热消渴，心悸失眠。

乌梅（Mume Fructus）

【来源】为蔷薇科植物梅 *Prunus mume*（Sieb.）Sieb. et Zucc. 的干燥近成熟果实。主产于四川、浙江、福建等省。秋季果实近成熟时采收，低温烘干后闷至色变黑。

课堂互动

用眼看、手摸、鼻嗅、口尝等方法仔细观察乌梅药材，并注意看表面、尝味，找出该药材表面、气味等特征。

【性状鉴别】

1. 药材　呈类球形或扁球形，直径 1.5～3cm。表面乌黑色或棕黑色，皱缩不平，基部有圆形果梗痕。果核坚硬，椭圆形，棕黄色，表面有凹点；种子扁卵形，淡黄色。气微，味极酸。（图 10－11）

以个大、外皮乌黑、肉厚核小、柔润、味极酸者为佳。

2. 饮片

乌梅　性状鉴别同药材。

乌梅肉　乌黑色或棕黑色，皱缩；味极酸。

乌梅炭　形如乌梅，皮肉鼓起，表面焦黑色。味略酸有苦味。

图 10－11　乌梅药材图

【功效主治】敛肺，涩肠，生津，安蛔。用于肺虚久咳，久泻久痢，虚热消渴，蛔厥呕吐腹痛。

知识链接

乌梅既可药用，又可用于制作保健饮料，需求量较大，市场常有将未成熟的山杏果实或桃的幼果干燥后，经醋制冒充乌梅出售，由于外形极相似，不易区别，使得乌梅成为医药市场中问题较多的药材之一。有经验的药工常剥去果肉后，以种子鉴别区分。乌梅果核椭圆形，棕黄色，表面具多数凹点；山杏果核扁圆形，棕黑色，表面呈细网状，边缘锋利；幼桃果核表面有多数脑状沟纹。

吴茱萸（Euodiae Fructus）

【来源】为芸香科植物吴茱萸 *Euodia rutaecarpa*（Juss.）Benth.、石虎 *Euodia rutaecarpa*（Juss.）Benth. var. *officinalis*（Dode）Huang 或疏毛吴茱萸 *Euodia rutaecarpa*（Juss.）Benth. var. *bodinieri*（Dode）Huang 的干燥近成熟果实。主产于贵州、广西、湖南等省区。8～11月果实尚未开裂时，剪下果枝，晒干或低温干燥，除去枝、叶果梗等杂质。

课堂互动

用眼看、手摸、鼻嗅、口尝等方法仔细观察吴茱萸药材，并注意嗅气尝味（本品有小毒，尝味时切勿咽下），找出该药材主要鉴别特征。

【性状鉴别】

1. 药材　呈球形或略呈五角状扁球形，直径 2 ~ 5mm。表面暗黄绿色至褐色，粗糙，有多数点状突起或凹下的油点。顶端有五角星状的裂隙，基部残留被有黄色茸毛的果梗。质硬而脆，横切面可见子房 5 室，每室有淡黄色种子 1 粒。气芳香浓郁，味辛辣而苦。

以粒大、饱满、气味浓者为佳。

2. 饮片

吴茱萸　性状鉴别同药材。

制吴茱萸　形如吴茱萸，表面棕褐色至暗褐色。

【功效主治】散寒止痛，降逆止呕，助阳止泻。用于厥阴头痛，寒疝腹痛，寒湿脚气，经行腹痛，脘腹胀痛，呕吐吞酸，五更泄泻。有小毒。

莱菔子（Raphani Semen）

【来源】为十字花科植物萝卜 *Raphanus sativus* L. 的干燥成熟种子。全国各地均产，以浙江绍兴等地产者为佳，称"杜萝卜子"。夏季果实成熟时采割植株，晒干，搓出种子，除去杂质，再晒干。

课堂互动

用眼看、手摸、鼻嗅、口尝等方法仔细观察莱菔子药材，并注意药材表面，找出该药材主要鉴别特征。

【性状鉴别】

1. 药材　呈类卵圆形或椭圆形，稍扁，长 2.5 ~ 4mm。表面黄棕色、红棕色或灰棕色。一端有深棕色圆形种脐，一侧有数条纵沟。种皮薄而脆，子叶 2，黄白色，有油性。气微，味淡、微苦辛。（图 10 - 12）

以粒大、饱满、坚实、油性大、表面红棕色、

图 10 - 12　莱菔子药材图

无杂质者为佳。

2. 饮片

莱菔子 性状鉴别同药材。用时捣碎。

炒莱菔子 形如莱菔子，表面微鼓起，色泽加深，质酥脆，气味香。

【功效主治】消食除胀，降气化痰。用于饮食停滞，脘腹胀痛，大便秘结，积滞泻痢，痰壅喘咳。

胡芦巴（Trigonellae Semen）

【来源】为豆科植物胡芦巴 *Trigonella foenum – graecum* L. 的干燥成熟种子。主产于河南、安徽、四川等地。夏、秋种子成熟采收，晒干，搓下或打下种子，除净杂质。

课堂互动

用眼看、手摸、鼻嗅、口尝等方法仔细观察胡芦巴药材，并注意嗅气，找出该药材主要鉴别特征。

【性状鉴别】

1. **药材** 略呈扁斜方形或矩形，长 3～4mm，宽 2～3mm，厚约 2mm。表面黄绿色或黄棕色，平滑，两侧各具深斜沟 1 条，相交处有点状种脐。质坚硬，不易破碎。种皮薄，胚乳呈半透明状，具黏性；子叶 2，淡黄色，胚根弯曲，肥大而长。有特殊香气，味淡微苦，嚼之有豆腥气。（图 10 – 13）

以个大、饱满、无杂质者为佳。

2. 饮片

胡芦巴 性状鉴别同药材。用时捣碎。

炒胡芦巴 微鼓起，有裂纹，表面黄棕色，气香。

图 10 – 13 胡芦巴药材图

盐胡芦巴 微鼓起，色泽加深，气香，味微咸苦。

【功效主治】温肾，祛寒，止痛。主要用于肾阳不足，寒湿凝滞下焦的疝痛，经寒腹痛及寒湿脚气等。

急性子（Impatientis Semen）

【来源】为凤仙花科植物凤仙花 *Impatiens balsamina* L. 的干燥成熟种子。夏、秋季果实即将成熟时采收，晒干，除去果皮和杂质。

课堂互动

用眼看、手摸、鼻嗅、口尝等方法仔细观察急性子药材，并注意药材表面，找出该药材主要鉴别特征。

【性状鉴别】

1. **药材** 呈椭圆形、扁圆形或卵圆形，长 2~3mm，宽 1.5~2.5mm。表面棕褐色或灰褐色，粗糙，有稀疏的白色或浅黄棕色小点，种脐位于狭端，稍突出。质坚实，种皮薄，子叶灰白色，半透明，油质。气微，味淡、微苦。（图 10-14）

以粒大、饱满、坚实、无杂质者为佳。

图 10-14 急性子药材图

2. **饮片** 同药材

【功效主治】破血，软坚，消积。用于癥瘕痞块，经闭，噎膈。孕妇慎用。有小毒。

火麻仁（Cannabis Semen）

【来源】为桑科植物大麻 *Cannabis sativa* L. 的干燥成熟果实。秋季果实成熟时采收，除去杂质，晒干。

课堂互动

用眼看、手摸、鼻嗅、口尝等方法仔细观察火麻仁药材，并注意药材表面，

2. 饮片

青果 性状鉴别同药材。用时打碎。

【功效主治】<u>清热解毒，利咽，生津</u>。用于咽喉肿痛、咳嗽痰黏、烦热口渴、鱼蟹中毒。

使君子（Quisqualis Fructus）

【来源】为使君子科植物使君子 *Quisqualis indica* L. 的干燥成熟果实。秋季果皮变紫黑色时采收，除去杂质，干燥。

课堂互动

用眼看、手摸、鼻嗅、口尝等方法仔细观察使君子药材，并注意表面、断面、气味，找出该药材主要鉴别特征。

【性状鉴别】

1. **药材** 呈椭圆形或卵圆形，<u>具5条光滑纵棱</u>，偶有4～9棱，长2.5～4cm，直径约2cm。表面黑褐色至紫黑色，平滑，微具光泽。顶端狭尖，基部钝圆，有明显圆形的果梗痕。质坚硬，<u>横切面多呈五角星形，棱角处壳较厚，中间呈类圆形空腔</u>。种子长椭圆形或纺锤形，长约2cm，直径约1cm；表面棕褐色或黑褐色，有多数纵皱纹；种皮薄，易剥离；子叶2，黄白色，有油性，断面有裂隙。<u>种子气微香，味微甜</u>。

以个大、表面紫黑色、具光泽、仁饱满、色黄白者为佳。

2. 饮片

使君子 除去杂质，用时捣碎。性状鉴别同药材。

使君子仁 呈长椭圆形或纺锤形，长约2cm，直径约1cm。表面棕褐色或黑褐色，有多数纵皱纹。种皮易剥离，子叶2，黄白色，有油性，断面有裂隙。气微香，味微甜。

炒使君子仁 形如使君子仁，表面黄白色，有多数纵皱纹；有时可见残留有棕褐色种皮。气香，味微甜。

【功效主治】<u>杀虫消积</u>。用于蛔虫病、蛲虫病、虫积腹痛、小儿疳积。服药时忌饮浓茶。

胖大海（Sterculiae Lychnophorae Semen）

【来源】为梧桐科植物胖大海 *Sterculia lychnophora* Hance 的干燥成熟种子。4～6月果实开裂时采收成熟的种子，晒干。

课堂互动

用眼看、手摸、鼻嗅、口尝等方法仔细观察胖大海药材，并注意形状、表面、味，找出该药材主要鉴别特征。

【性状鉴别】呈纺锤形或椭圆形，长2~3cm，直径1~1.5cm。先端钝圆，基部略尖而歪，具浅色的圆形种脐。表面棕色或暗棕色，微有光泽，具不规则的干缩皱纹。外层种皮极薄，质脆，易脱落。中层种皮较厚，黑褐色，质松易碎，遇水膨胀成海绵状。断面可见散在的树脂状小点。内层种皮可与中层种皮剥离，稍革质，内有2片肥厚胚乳，广卵形；子叶2枚，菲薄，紧贴于胚乳内侧，与胚乳等大。气微，味淡，嚼之有黏性。（图10-22）

图10-22 胖大海药材图

以个大、外表皮细、有细皱及光泽、洁净、无破皮、水浸膨胀性强者为佳。

【功效主治】清热润肺，利咽开音，润肠通便。用于肺热声哑、干咳无痰、咽喉干痛、热结便闭、头痛目赤。

白果（Ginkgo Semen）

【来源】为银杏科植物银杏 *Ginkgo biloba* L. 的干燥成熟种子。秋季种子成熟时采收，除去肉质外种皮，洗净，稍蒸或略煮后，烘干。

课堂互动

用眼看、手摸、鼻嗅、口尝等方法仔细观察白果药材，并注意形状、表面，找出该药材主要鉴别特征。

【性状鉴别】

1. **药材** 略呈椭圆形，一端稍尖，另一端钝，长1.5~2.5cm，宽1~2cm，厚约1cm。表面黄白色或淡棕黄色，平滑，具2~3条棱线。中种皮（壳）骨质，坚硬。内种皮膜质，红褐色或黄棕色。种仁宽卵球形或椭圆形，一端淡棕色，另一端金黄色，横断面外层黄色，胶质样，内层淡黄色或淡绿色，粉性，中间有空隙。气微，味甘、微苦（有毒，且勿咽下！）。

以壳色黄白、种仁饱满、断面色淡黄者为佳。

2. 饮片

炒白果仁 一端黄棕色，另一端黄色，有焦斑，有香气。

【功效主治】敛肺定喘，止带缩尿。用于痰多咳喘、带下白浊、遗尿尿频。生食有毒。

榧子（Torreyae Semen）

【来源】为红豆杉科植物榧 *Torreya grandis* Fort. 的干燥成熟种子。秋季种子成熟时采收，除去肉质假种皮，洗净，晒干。

课堂互动

用眼看、手摸、鼻嗅、口尝等方法仔细观察榧子药材，并注意表面、气味，找出该药材主要鉴别特征。

【性状鉴别】药材呈卵圆形或长卵圆形，长 2 ~ 3.5cm，直径 1.3 ~ 2cm。表面灰黄色或淡黄棕色，有纵皱纹，一端钝圆，可见椭圆形的种脐，另端稍尖。种皮质硬，厚约 1mm。种仁表面皱缩，外胚乳灰褐色，膜质；内胚乳黄白色，肥大，富油性。气微，味微甜而涩。（图 10 – 23）

以完整、种仁饱满、色黄白者为佳。

【功效主治】杀虫消积，润肺止咳，润燥通便。用于钩虫病、蛔虫病、绦虫病、虫积腹痛、小儿疳积、肺燥咳嗽、大便秘结。

图 10 –23　榧子药材图

肉豆蔻（Myristicae Semen）

【来源】为肉豆蔻科植物肉豆蔻 *Myristica fragrans* Houtt. 的干燥种仁。

课堂互动

用眼看、手摸、鼻嗅、口尝等方法仔细观察肉豆蔻药材，并注意表面、断面，找出该药材主要鉴别特征。

【性状鉴别】

1. **药材** 呈卵圆形或椭圆形，长 2～3cm，直径 1.5～2.5cm。表面灰棕色或灰黄色，有时外被白粉（石灰粉末）。全体有浅色纵行沟纹和不规则网状沟纹。种脐位于宽端，呈浅色圆形突起，合点呈暗凹陷。种脊呈纵沟状，连接两端。质坚，断面显棕黄色相杂的大理石花纹，宽端可见干燥皱缩的胚，富油性。气香浓烈，味辛。

以个大、体重、质坚实、破开后油性足、花纹明显、香气浓、味辛者为佳。

2. **饮片**

肉豆蔻 性状鉴别同药材。

麸煨肉豆蔻 形如肉豆蔻，表面为棕褐色，有裂隙。气香，味辛。

【功效主治】温中行气，涩肠止泻。用于脾胃虚寒、久泻不止、脘腹胀痛、食少呕吐。

金樱子（Rosae Laevigatae Fructus）

【来源】为蔷薇科植物金樱子 *Rosa laevigata* Michx. 的干燥成熟果实。10～11 月果实成熟变红时采收，干燥，除去毛刺。

课堂互动

用眼看、手摸、鼻嗅、口尝等方法仔细观察金樱子药材，并注意药材表面，找出该药材主要鉴别特征。

【性状鉴别】

1. **药材** 为花托发育而成的假果，呈倒卵形，长 2～3.5cm，直径 1～2cm。表面红黄色或红棕色，有突起的棕色小点，系毛刺脱落后的残基。顶端有盘状花萼残基，中央有黄色柱基，下部渐尖。质硬。切开后，花托壁厚 1～2mm，内有多数坚硬的小瘦果，内壁及瘦果均有淡黄色绒毛。气微，味甘、微涩。

以个大、色红黄、去净毛刺者为佳。

2. **饮片**

金樱子肉 呈倒卵形纵剖瓣。表面红黄色或红棕色，有突起的棕色小点。顶端有花萼残基，下部渐尖。花托壁厚 1～2mm，内面淡黄色，残存淡黄色茸毛。气微，味甘、微涩。

【功效主治】固精缩尿，固崩止带，涩肠止泻。用于遗精滑精、遗尿尿频、崩漏带下、久泻久痢。

栀子（Gardeniae Fructus）

【来源】为茜草科植物栀子 *Gardenia jasminoides* Ellis 的干燥成熟果实。9～11 月果实成熟呈红黄色时采收，除去果梗和杂质，蒸至上气或置沸水中略烫，取出，干燥。

课堂互动

用眼看、手摸、鼻嗅、口尝等方法仔细观察栀子药材，并注意大小、表面，找出该药材主要鉴别等特征。

【性状鉴别】

1. 药材 呈长卵圆形或椭圆形，<u>长1.5~3.5cm，直径1~1.5cm</u>。表面红黄色或棕红色，<u>具6条翅状纵棱</u>，棱间常有1条明显的纵脉纹，并有分枝。顶端残存萼片，基部稍尖，有残留果梗。果皮薄而脆，略有光泽；内表面色较浅，有光泽，<u>具2~3条隆起的假隔膜</u>。种子多数，扁卵圆形，集结成团，<u>深红色或红黄色，表面密具细小疣状突起</u>。气微，味微酸而苦。（图10-24）

图10-24 栀子药材图

种子浸入水中，水被染成鲜黄色。

以皮薄、饱满、色红黄者为佳。

2. 饮片

栀子 呈不规则的碎块。果皮表面红黄色或棕红色，有的可见翅状纵棱。种子多数，扁卵圆形，深红色或红黄色。气微，味微酸而苦。

炒栀子 形如栀子碎块，黄褐色。

知识链接

焦栀子（Gardeniae Fructus Praeparatus）

为栀子的炮制加工品。取栀子，或碾碎，照清炒法（通则0213）用中火炒至表面焦褐色或焦黑色，果皮内表面和种子表面为黄棕色或棕褐色，取出，放凉。本品形状同栀子或为不规则的碎块，表面焦褐色或焦黑色。果皮内表面棕色，种子表面为黄棕色或棕褐色，气微，味微酸而苦。功能凉血止血。用于血热吐血、衄血、尿血、崩漏。

【功效主治】<u>泻火除烦，清热利湿，凉血解毒</u>；外用消肿止痛。用于热病心烦、湿热

253

黄疸、淋证涩痛、血热吐衄、目赤肿痛、火毒疮疡；外治扭挫伤痛。

知 识 链 接

市场多有"水栀子"掺假情况。水栀子又称"大栀子"，为同属植物大花栀子 *Gardenia jasminoides* Ellis var. *grandiflora* Nakai 的干燥果实。部分地区混作栀子使用。与栀子的主要区别：果大，长圆形，长 3 ~ 6cm，直径 1.5 ~ 2cm。翅状纵棱较高，且多卷褶，顶端宿萼较大，果皮较厚，内仁深黄带红色。浸入水中，水被染成棕红色。不作内服，外敷作伤科药，主要用作工业染料。

苍耳子（Xanthii Fructus）

【来源】为菊科植物苍耳 *Xanthium sibiricum* Patr. 的干燥成熟带总苞的果实。秋季果实成熟时采收，干燥，除去梗、叶等杂质。

课堂互动

用眼看、手摸、鼻嗅、口尝等方法仔细观察苍耳子药材，并注意表面，找出该药材主要鉴别特征。

【性状鉴别】

1. **药材** 呈纺锤形或卵圆形，长 1 ~ 1.5cm，直径 0.4 ~ 0.7cm。表面黄棕色或黄绿色，全体有钩刺，顶端有 2 枚较粗的刺，分离或相连，基部有果梗痕。质硬而韧，横切面中央有纵膈膜，2 室，各有 1 枚瘦果。瘦果略呈纺锤形，一面较平坦，顶端具 1 突起的花柱基，果皮薄，灰黑色，具纵纹。种皮膜质，浅灰色，子叶 2，有油性。气微，味微苦。

以粒大、饱满、色黄绿者为佳。

2. **饮片**

苍耳子 性状鉴别同药材。

炒苍耳子 形如苍耳子，表面黄褐色，有刺痕。微有香气。

【功效主治】散风寒，通鼻窍，祛风湿。用于风寒头痛、鼻塞流涕、鼻衄、鼻渊、风疹瘙痒、湿痹拘挛。有毒。

枸杞子（Lycii Fructus）

【来源】为茄科植物宁夏枸杞 *Lycium barbarum* L. 的干燥成熟果实。夏、秋两季果实呈红色时采收，热风烘干，除去果梗，或晾至皮皱后，晒干，除去果梗。

课堂互动

用眼看、手摸、鼻嗅、口尝等方法仔细观察枸杞子药材，并注意表面、气味，找出该药材主要鉴别特征。

【性状鉴别】呈类纺锤形或椭圆形，长 6 ～ 20mm，直径 3 ～ 10mm。表面红色或暗红色，顶端有小突起状的花柱痕，基部有白色的果梗痕。果皮柔韧，皱缩，果肉肉质，柔润。种子 20 ～ 50 粒，类肾形，扁而翘，长 1.5 ～ 1.9mm，宽 1 ～ 1.7mm，表面浅黄色或棕黄色。气微，味甜。

以粒大、色红油润、肉厚籽小、无破籽、干籽、油籽者为佳。

【功效主治】滋补肝肾，益精明目。用于虚劳精亏、腰膝酸痛、眩晕耳鸣、阳痿遗精、内热消渴、血虚萎黄、目昏不明。

巴豆（Crotonis Fructus）

【来源】为大戟科植物巴豆 *Croton tiglium* L. 的干燥成熟果实。秋季果实成熟时采收，堆置 2 ～ 3 天，摊开，干燥。

课堂互动

用眼看、手摸、鼻嗅、口尝（有毒勿多尝，切勿咽下！）等方法仔细观察巴豆药材，并注意形状、表面，找出该药材主要鉴别特征。

【性状鉴别】呈卵圆形，一般具三棱，长 1.8 ～ 2.2cm，直径 1.4 ～ 2cm。表面灰黄色或稍深，粗糙，有纵线 6 条，顶端平截，基部有果梗痕。破开果壳，可见 3 室，每室含种子 1 粒。种子呈略扁的椭圆形，长 1.2 ～ 1.5cm，直径 0.7 ～ 0.9cm，表面棕色或灰棕色，一端有小点状的种脐和种阜的疤痕，另端有微凹的合点，其间有隆起的种脊；外

图 10 - 25 巴豆药材图

种皮薄而脆，内种皮呈白色薄膜；<u>种仁黄白色</u>，油质。<u>气微，味辛辣</u>。（图10 – 25）

以粒饱满、种仁黄白色、油性足者为佳。

【功效主治】<u>外用蚀疮</u>。用于恶疮疥癣、疣痣。孕妇禁用；不宜与牵牛子同用。有大毒。

知 识 链 接

巴豆霜（Crotonis Semen Pulveratum）

为巴豆的炮制加工品。取巴豆仁，照制霜法（通则0213）制霜，或取仁碾细后，照含量测定项下的方法测定脂肪油的含量，加适量的淀粉，使脂肪油含量符合规定，混匀，即得。药材为粒度均匀、疏松的淡黄色粉末，显油性。

莲子（Nelumbinis Semen）

【来源】为睡莲科植物莲 *Nelumbo nucifera* Gaertn. 的干燥成熟种子。秋季果实成熟时采割莲房，取出果实，除去果皮，干燥。

课堂互动

用眼看、手摸、鼻嗅、口尝等方法仔细观察莲子药材，并注意表面，找出该药材主要鉴别特征。

【性状鉴别】

1. 药材　略呈椭圆形或类球形，长1.2 ~ 1.8cm，直径0.8 ~ 1.4cm。表面红棕色，有细纵纹和较宽的脉纹。<u>一端中心呈乳头状突起，深棕色，多有裂口，其周边略下陷</u>。质硬，种皮薄，不易剥离。子叶2，黄白色，肥厚，<u>中有空隙，具绿色莲子心</u>。气微，味甘、微涩；莲子心味苦。

以粒个大、饱满、质坚实者为佳。

2. 饮片　略浸，润透，切开，去心，干燥。略呈类半球形。表面红棕色，有细纵纹和较宽的脉纹。一端中心呈乳头状突起，深棕色，多有裂口，其周边略下陷。质硬，种皮薄，不易剥离。子叶黄白色，肥厚，中有空隙。气微，味微甘、微涩。

【功效主治】<u>补脾止泻，止带、益肾涩精，养心安神</u>。用于脾虚泄泻、带下、遗精、心悸失眠。

知 识 链 接

莲子心（Nelumbinis Plumula）

　　为睡莲科植物莲的成熟种子中的干燥幼叶及胚根。略呈细圆柱形，长 1 ~ 1.4cm，直径 0.2cm。幼叶绿色，一长一短，卷成箭形，先端向下反折，两幼叶间可见细小胚芽。胚根圆柱形，长约 3mm，黄白色。质脆，易折断，断面有数个小孔。气微，味苦。功能清心安神，交通心肾，涩精止血。用于热入心包、神昏谵语、心肾不交、失眠遗精、血热吐血。

　　"五莲一节"系睡莲科多年生水生草本植物莲的产品，它全身都是良药，被人们誉为"治病之宝"。五莲一节系指莲子、莲子心、莲叶、莲须、莲房、藕节。

芡实（Euryales Semen）

　　【来源】为睡莲科植物芡 *Euryale ferox* Salisb. 的干燥成熟种仁。秋末冬初采收成熟果实，除去果皮，取出种子，洗净，再除去硬壳（外种皮），晒干。以麸皮炒芡实，得麸炒芡实。

课堂互动

　　用眼看、手摸、鼻嗅、口尝等方法仔细观察芡实药材，并注意表面、味，找出该药材主要鉴别特征。

　　【性状鉴别】

　　1. 药材　呈类球形，多为破粒，完整者直径 5 ~ 8mm。表面有棕红色或红褐色内种皮，一端黄白色，约占全体 1/3，有凹点状的种脐痕，除去内种皮显白色。质较硬，断面白色，粉性。气微，味淡。（图 10 - 26）

　　以颗粒饱满、均匀、粉性强、少破碎、无皮壳者为佳。

　　2. 饮片

　　芡实　性状鉴别同药材。

　　麸炒芡实　形如芡实，表面黄色或微黄色。味淡、微酸。

图 10 - 26　芡实药材图

【功效主治】益肾固精，补脾止泻，除湿止带。用于遗精滑精、遗尿尿频、脾虚久泻、白浊、带下。

女贞子（Ligustri Lucidi Fructus）

【来源】为木犀科植物女贞 *Ligustrum lucidum* Ait. 的干燥成熟果实。冬季果实成熟时采收，除去枝叶，稍蒸或置沸水中略烫后，干燥；或直接干燥。

🏠 **课堂互动**

用眼看、手摸、鼻嗅、口尝等方法仔细观察女贞子药材，并注意形状、表面、味，找出该药材主要鉴别特征。

【性状鉴别】

1. **药材** 呈卵形、椭圆形或肾形，长 6～8.5mm，直径 3.5～5.5mm。表面黑紫色或灰黑色，皱缩不平。基部有果梗痕或具宿萼及短梗。体轻。外果皮薄，中果皮较松软，易剥离，内果皮木质，黄棕色，具纵棱，破开后种子通常为 1 粒，肾形，紫黑色，油性。气微，味甘、微苦涩。

以粒大、饱满、色灰黑、质坚实者为佳。

2. **饮片**

女贞子 除去杂质，洗净，干燥。性状鉴别同药材。

酒女贞子 形如女贞子，表面黑褐色或灰黑色，常附有白色粉霜。微有酒香气。

【功效主治】滋补肝肾，明目乌发。用于肝肾阴虚、眩晕耳鸣、腰膝酸软、须发早白、目暗不明、内热消渴、骨蒸潮热。

鸦胆子（Bruceae Fructus）

【来源】为苦木科植物鸦胆子 *Brucea javanica*（L.）Merr. 的干燥成熟果实。秋季果实成熟时采收，除去杂质，晒干。

🏠 **课堂互动**

用眼看、手摸、鼻嗅、口尝等方法仔细观察鸦胆子药材，并注意表面、味，找出该药材主要鉴别特征。

【性状鉴别】呈卵形，长 6～10mm，宽 4～7mm。表面黑色或棕色，有隆起的网状皱纹，网眼呈不规则的多角形，两侧有明显的棱线，顶端渐尖，基部有凹陷的果梗痕。果壳质硬而脆，种子卵形，长 5～6mm，直径 3～5mm，表面类白色或黄白色，具网纹；种皮薄，子叶乳白色，富油性。气微，味极苦。

以粒大、饱满、种仁色白、油性足者为佳。

【功效主治】清热解毒，截疟，止痢；外用腐蚀赘疣。用于痢疾、疟疾；外治赘疣、鸡眼。有小毒。

小茴香（Foeniculi Fructus）

【来源】为伞形科植物茴香 *Foeniculum vulgare* Mill. 的干燥成熟果实。主产于山西、内蒙古、黑龙江等地。我国大部分地区均有栽培。秋季果实初熟时采割植株，晒干，打下果实，除去杂质。

🏠 课堂互动

用眼看、手摸、鼻嗅、口尝等方法仔细观察小茴香药材，并注意嗅尝气味，找出该药材主要鉴别特征。

【性状鉴别】

1. **药材** 为双悬果，呈圆柱形，有的稍弯曲，长 4～8mm，直径 1.5～2.5mm。表面黄绿色或淡黄色，两端略尖，顶端残留有黄棕色突起的柱基，基部有时有细小的果梗。分果呈长椭圆形，背面有纵棱 5 条，接合面平坦而较宽。横切面略呈五边形，背面的四边约等长，切面有淡棕色油管 6 个。有特异香气，味微甜、辛。（图 10－27）

以颗粒饱满、色黄绿、香气浓郁者为佳。

图 10－27　小茴香药材图

2. **饮片**

小茴香　性状鉴别同药材。

盐小茴香　形如小茴香，微鼓起，色泽加深，偶有焦斑。味微咸。

【显微鉴别】粉末绿黄色或黄棕色。外果皮细胞多角形，壁稍厚，气孔不定式，类圆形，副卫细胞 4 个。网纹细胞类长方形或类圆形，壁厚，微木化，具网状壁孔。油管碎片黄棕色或深红棕色，常已破碎。分泌细胞多角形，含棕色分泌物。内果皮细胞为镶嵌状细胞，表面观狭长，壁菲薄，常 5～8 个细胞为一组，以其长轴相互作不规则镶嵌排列。内胚乳细胞多角形，内含糊粉粒，每个糊粉粒中含细小簇晶 1 个。草酸钙簇晶存在于内胚乳细胞中。此外，有木薄壁细胞等。

【功效主治】散寒止痛，理气和胃。由于寒疝腹痛、睾丸偏坠、痛经、少腹冷痛、脘腹胀痛、食少吐泻。盐小茴香暖肾散寒止痛。用于寒疝腹痛、睾丸偏坠、经寒腹痛。

知 识 链 接

在吉林、甘肃、内蒙古、四川、贵州、山西、广西等省区的医药市场常有将伞形科植物莳萝 *Anethum graveolens* L. 的果实误作小茴香销售。其识别要点为：莳萝外形较小而圆，每分果呈广椭圆形，扁平，背面有 3 条不甚明显的肋线，两侧肋线延伸作翅状。气芳香，味辛凉。

蛇床子（Cnidii Fructus）

【来源】为伞形科植物蛇床 *Cnidium monnieri*（L.）Cuss. 的干燥成熟果实（双悬果）。夏秋两季果实成熟时采收，晒干。

课堂互动

用眼看、手摸、鼻嗅、口尝等方法仔细观察蛇床子药材，并注意表面、接合面、气味，找出该药材主要鉴别特征。

【性状鉴别】本品为双悬果，呈椭圆形，长 2～4mm，直径约 2mm。表面灰黄色或灰褐色，顶端有 2 枚向外弯曲的柱基，基部偶有细梗。分果的背面有薄而突起的纵棱 5 条，接合面平坦，有 2 条棕色略突起的纵棱线。果皮松脆，揉搓易脱落。种子细小，灰棕色，显油性。气香，味辛凉，有麻舌感。

以黄绿色、手搓之有辛辣香气、颗粒饱满者为佳。

【功效主治】燥湿祛风，杀虫止痒，温肾壮阳。用于阴痒带下、湿疹瘙痒、湿痹腰痛、肾虚阳痿、宫冷不孕。有小毒。

薏苡仁（Coicis Semen）

【来源】为禾本科植物薏苡 *Coix lacryma - jobi* L. var. *ma - yuen*（Roman.）Stapf 的干

燥成熟种仁。秋季果实成熟时采割植株，晒干，打下果实，再晒干，除去外壳、黄褐色种皮和杂质，收集种仁。

课堂互动

用眼看、手摸、鼻嗅、口尝等方法仔细观察薏苡仁药材，并注意表面，找出该药材主要鉴别特征。

【性状鉴别】

1. **药材** 呈宽卵形或长椭圆形，长 4～8mm，宽 3～6mm。表面乳白色，光滑，偶有残存的黄褐色种皮；一端钝圆，另端较宽而微凹，有 1 淡棕色点状种脐。背面圆凸，腹面有 1 条较宽而深的纵沟。质坚实，断面白色，粉性。味微甜。（图 10－28）

以粒大、饱满、色白、无破碎者为佳。

2. **饮片**

薏苡仁 性状鉴别同药材。

麸炒薏苡仁 形如薏苡仁，微鼓起，表面微黄色。

图 10－28 薏苡仁药材图

【功效主治】利水渗湿，健脾止泻，除痹，排脓，解毒散结。用于水肿、脚气、小便不利、脾虚泄泻、湿痹拘挛、肺痈、肠痈、赘疣、癌肿。孕妇慎用。

柏子仁（Platycladi Semen）

【来源】本品为柏科植物侧柏 *Platycladus orientalis*（L.）Franco 的干燥成熟种仁。秋、冬两季采收成熟种子，晒干，除去种皮，收集种仁。照制霜法制霜，得柏子仁霜。

课堂互动

用眼看、手摸、鼻嗅、口尝等方法仔细观察柏子仁药材，并注意质地，找出该药材主要鉴别特征。

【性状鉴别】

1. **药材** 本品呈长卵形或长椭圆形，长 4～7mm，直径 1.5～3mm。表面黄白色或淡黄棕色，外包膜质内种皮，顶端略尖，有深褐色的小点，基部钝圆。质软，富油性。气微香，味淡。

以粒大、饱满、色黄白者为佳。

2. 饮片

柏子仁 性状鉴别同药材。

柏子仁霜 为均匀、疏松的淡黄色粉末，微显油性，气微香。

【功效主治】养心安神，润肠通便，止汗。用于阴血不足、虚烦失眠、心悸怔忡、肠燥便秘、阴虚盗汗。

马钱子 （Strychni Semen）

【来源】为马钱科植物马钱 Strychnos nux – vomica L. 的干燥成熟种子。主产于印度、越南、泰国、缅甸等国，多为进口。冬季采收成熟果实，取出种子，晒干。

课堂互动

用眼看、手摸、鼻嗅、口尝等方法仔细观察马钱子药材，并注意尝味（本品有大毒，尝味时切勿咽下!），找出药材主要鉴别特征。

【性状鉴别】

1. 药材
呈钮扣状圆板形，常一面隆起，一面稍凹下，直径 1.5～3cm，厚 0.3～0.6cm。表面密被灰棕或灰绿色绢状茸毛，自中间向四周呈辐射状排列，有丝样光泽。边缘稍隆起，较厚，有突起的珠孔，底面中心有突起的圆点状种脐。质坚硬，平行剖面可见淡黄白色胚乳，角质状，子叶心形，叶脉 5～7 条。气微，味极苦。

以粒大、饱满、表面附有灰绿色、细密毛茸、质坚硬、无破碎者为佳。

2. 饮片

制马钱子 形如马钱子，两面均膨胀鼓起，边缘较厚。表面棕褐色或深棕色，质坚脆，平行剖面可见棕褐色或深棕色的胚乳。微有香气，味极苦。（图 10 – 29）

【显微鉴别】

1. 种子横切面
种皮表皮细胞分化成单细胞毛，向一方倾斜，基部膨大，壁极厚，木化，有纵长扭曲的纹孔。种皮内层为颓废的棕色薄壁细胞。内胚乳细胞多角形，可见胞间连丝，细胞中含脂肪油滴及糊粉粒。

2. 粉末
灰黄色。非腺毛单细胞，基部膨大似

图 10 – 29 制马钱子药材图

石细胞，壁极厚，多碎断，木化。胚乳细胞多角形，壁厚，内含脂肪油及糊粉粒。

【功效主治】 通络止痛，散结消肿。用于跌打损伤、骨折肿痛、风湿顽痹、麻木瘫痪、痈疽疮毒、咽喉肿痛。孕妇禁用；不宜久服及生用；运动员慎用；有毒成分能经皮肤吸收，外用不宜大面积涂敷。

知 识 链 接

云南马钱子

同属植物云南马钱 *S. pierriana* A. W. Hill 的干燥成熟种子，主产于云南南部。呈扁椭圆形或扁圆形，边缘较薄而微翘，子叶卵形，叶脉 3 条。种子表皮毛茸平直或多少扭曲，毛肋常分散。功效与马钱子相同。另同属植物海南马钱 *S. hainanensis* Merr. et Chum. 和密花马钱 *S. confertiflora* Marr. et Chum. 的种子中亦含有马钱子碱和番木鳖碱。

木鳖子（Momordicae Semen）

【来源】 为葫芦科植物木鳖 *Momordica cochinchinensis*（Lour.）Spreng. 的干燥成熟种子。秋季采收成熟果实，剖开，晒至半干，除去果肉，取出种子，干燥。

课堂互动

用眼看、手摸、鼻嗅、口尝等方法仔细观察木鳖子药材，并注意形状、表面、气味，找出该药材主要鉴别特征。

【性状鉴别】

1. 药材 呈扁平圆板状，中间稍隆起或微凹陷，直径 2～4cm，厚约 0.5cm。表面灰棕色至黑褐色，有网状花纹，在边缘有数个齿状突起，其中较大的一个上有浅黄色种脐。外种皮质硬而脆，内种皮灰绿色，茸毛样。子叶 2，黄白色，富油性。有特殊的油腻气，味苦。（图 10 - 30）

以饱满、外壳不破裂、种仁色黄白者为佳。

2. 饮片

木鳖子仁 本品内种皮灰绿色，茸毛样。子叶 2，黄

图 10 - 30 木鳖子药材图

白色，富油性。有特殊的油腻气，味苦。用时捣碎。

木鳖子霜 为白色或灰白色的松散粉末。有特殊的油腻气，味苦。

【功效主治】消肿散结，攻毒疗疮。用于疮疡肿毒、乳痈、瘰疬、痔瘘、干癣、秃疮。孕妇慎用。有毒。

桃仁（Persicae Semen）

【来源】为蔷薇科植物桃 *Prunus persica*（L.）Batsch 或山桃 *Prunus davidiana*（Carr.）Franch. 的干燥成熟种子。果实成熟后采收，除去果肉和核壳，取出种子，晒干。

课堂互动

用眼看、手摸、鼻嗅、口尝等方法仔细观察桃仁药材，并注意形状、大小、表面、味，找出该药材主要鉴别特征。

【性状鉴别】

1. 药材

桃仁 呈扁长卵形，长 1.2～1.8cm，宽 0.8～1.2cm，厚 0.2～0.4cm。表面黄棕色至红棕色，密布颗粒状突起。一端尖，中部膨大，另端钝圆稍偏斜，边缘较薄。尖端一侧有短线形种脐，圆端有颜色略深不甚明显的合点，自合点处散出多数纵向维管束。种皮薄，子叶2，类白色，富油性。气微，味微苦。（图10-31）

山桃仁 呈类卵圆形，较小而肥厚，长约 0.9cm，宽约 0.7cm，厚约 0.5cm。

以颗粒饱满、均匀、完整者为佳。

图10-31 桃仁药材图

2. 饮片

桃仁 性状鉴别同药材。用时捣碎。

燀桃仁 呈扁长卵形，长 1.2～1.8cm，宽 0.8～1.2cm，厚 0.2～0.4cm。表面浅黄白色，一端尖，中部膨大，另端钝圆稍偏斜，边缘较薄。子叶2，富油性。气微香，味微苦。

燀山桃仁 呈类卵圆形，较小而肥厚，长约1cm，宽约 0.7cm，厚约 0.5cm。

炒桃仁 呈扁长卵形，长 1.2～1.8cm，宽 0.8～1.2cm，厚 0.2～0.4cm。表面黄色至棕黄色，可见焦斑。一端尖，中部膨大，另端钝圆稍偏斜，边缘较薄。子叶2，富油性。

气微香，味微苦。

炒山桃仁 2 枚子叶多分离，完整者呈类卵圆形，较小而肥厚。长约 1cm，宽约 0.7cm，厚约 0.5cm。

【功效主治】活血祛瘀，润肠通便，止咳平喘。用于经闭痛经、癥瘕痞块、肺痈肠痈、跌扑损伤、肠燥便秘、咳嗽气喘。孕妇慎用。

苦杏仁（Armeniacae Semen Amarum）

【来源】为蔷薇科植物山杏 *Prunus armeniaca* L. var. *ansu* Maxim. 、西伯利亚杏 *Prunus sibirica* L. 、东北杏 *Prunus mandshurica*（Maxim.）Koehne 或杏 *Prunus armeniaca* L. 的干燥成熟种子。夏季采收成熟果实，除去果肉和核壳，取出种子，晒干。

课堂互动

用眼看、手摸、鼻嗅、口尝等方法仔细观察苦杏仁药材，并注意形状、表面、味，找出该药材形状、表面、味等特征。

【性状鉴别】

1. 药材 呈扁心形，长 1 ~ 1.9cm，宽 0.8 ~ 1.5cm，厚 0.5 ~ 0.8cm。表面黄棕色至深棕色，一端尖，另端钝圆，肥厚，左右不对称，边缘钝，尖端一侧有短线形种脐，圆端合点处向上具多数深棕色的脉纹。种皮薄，子叶 2，乳白色，富油性。气微，味苦。（图 10 - 32）

苦杏仁与水共研即产生苯甲醛样特殊香气。

以颗粒圆满、完整、味苦者为佳。

2. 饮片

苦杏仁 性状鉴别同药材。用时捣碎。

燀苦杏仁 呈扁心形。表面乳白色或黄白色，一端尖，另端钝圆，肥厚，左右不对称，富油性。有特异的香气，味苦。

炒苦杏仁 形如燀苦杏仁，表面黄色至棕黄色，微带焦斑。有香气，味苦。

【功效主治】降气止咳平喘，润肠通便。用于咳嗽气喘、胸满痰多、肠燥便秘。有小毒。内服不宜过量，以免中毒。

图 10 - 32 苦杏仁药材图

知 识 链 接

1. 甜杏仁为杏、山杏栽培品的种子，味淡、微甜不苦。稍大，基部略对称，苦杏仁苷含量约0.17%，脂肪油40%~60%。止咳作用较弱，具润肠通便作用。多供食品用。

2. 苦杏仁中毒急救用亚硝酸盐或硫代硫酸钠。

郁李仁（Pruni Semen）

【来源】为蔷薇科植物欧李 *Prunus humilis* Bge.、郁李 *Prunus japonica* Thunb. 或长柄扁桃 *Prunus pedunculata* Maxim. 的干燥成熟种子。前两种习称"小李仁"，后一种习称"大李仁"。夏、秋两季采收成熟果实，除去果肉和核壳，取出种子，干燥。

课堂互动

用眼看、手摸、鼻嗅、口尝等方法仔细观察郁李仁药材，并注意形状、表面、味，找出该药材主要鉴别特征。

【性状鉴别】

1. 药材

小李仁 呈卵形，长5~8mm，直径3~5mm。表面黄白色或浅棕色。一端尖，另端钝圆。尖端一侧有线形种脐，圆端中央有深色合点，自合点处向上具多条纵向维管束脉纹。种皮薄，子叶2，乳白色，富油性。气微，味微苦。（图10-33）

大李仁 长6~10mm，直径5~7mm。表面黄棕色。

以颗粒饱满、完整、色黄白者为佳。

图10-33 郁李仁药材图

2. 饮片

苦杏仁 性状鉴别同药材。

【功效主治】润肠通便，下气利水。用于津枯肠燥、食积气滞、腹胀便秘、水肿、脚气、小便不利。孕妇慎用。

酸枣仁（Ziziphi Spinosae Semen）

【来源】为鼠李科植物酸枣 *Ziziphus jujuba* Mill. var. *spinosa*（Bunge）Hu ex H. F. Chou 的干燥成熟种子。秋末冬初采收成熟果实，除去果肉和核壳，收集种子，晒干。

课堂互动

用眼看、手摸、鼻嗅、口尝等方法仔细观察酸枣仁药材，并注意表面，找出该药材主要鉴别特征。

【性状鉴别】

1. **药材** 呈扁圆形或扁椭圆形，长 5～9mm，宽 5～7mm，厚约 3mm。表面紫红色或紫褐色，平滑有光泽，有的有裂纹。有的两面均呈圆隆状突起；有的一面较平坦，中间有 1 条隆起的纵线纹；另一面稍突起。一端凹陷，可见线形种脐；另一端有细小突起的合点。种皮较脆，胚乳白色，子叶 2，浅黄色，富油性。气微，味淡。

以粒大、饱满、完整、外皮紫红色、种仁黄白色者为佳。

2. **饮片**

酸枣仁 性状鉴别同药材。用时捣碎。

炒酸枣仁 形如酸枣仁。表面微鼓起，微具焦斑。略有焦香气，味淡。

【功效主治】养心补肝，宁心安神，敛汗，生津。用于虚烦不眠、惊悸多梦、体虚多汗、津伤口渴。

补骨脂（Psoraleae Fructus）

【来源】为豆科植物补骨脂 *Psoralea corylifolia* L. 的干燥成熟果实。秋季果实成熟时采收果序，晒干，搓出果实，除去杂质。

课堂互动

用眼看、手摸、鼻嗅、口尝等方法仔细观察补骨脂药材，并注意形状、表面、气，找出该药材主要鉴别特征。

【性状鉴别】

1. **药材** 呈肾形，略扁，长 3～5mm，宽 2～4mm，厚约 1.5mm。果皮黑色、黑褐色或灰褐色，具细微网状皱纹。顶端圆钝，有一小突起，凹侧有果梗痕。质硬。<u>果皮薄，与种子不易分离</u>；种子1枚，子叶2，黄白色，有油性。<u>气香，味辛、微苦。</u>

以颗粒饱满、黑褐色者为佳。

2. 饮片

补骨脂 性状鉴别同药材。

盐补骨脂 形如补骨脂。表面黑色或黑褐色，微鼓起。气微香，味微咸。

【功效主治】<u>温肾助阳，纳气平喘，温脾止泻；外用消风祛斑。</u>用于肾阳不足、阳痿遗精、遗尿尿频、腰膝冷痛、肾虚作喘、五更泄泻；外用治白癜风、斑秃。

牛蒡子（Arctii Fructus）

【来源】为菊科植物牛蒡 *Arctium Lappa* L. 的干燥成熟果实。秋季果实成熟时采收果序，晒干，打下果实，除去杂质，再晒干。

课堂互动

用眼看、手摸、鼻嗅、口尝等方法仔细观察牛蒡子药材，并注意形状、大小、表面，找出该药材主要鉴别特征。

【性状鉴别】

1. 药材 呈长倒卵形，略扁，微弯曲，长5~7mm，宽2~3mm。表面灰褐色，带紫黑色斑点，有数条纵棱，通常中间1~2条较明显。顶端钝圆，稍宽，<u>顶面有圆环</u>，中间具点状花柱残迹；基部略窄，着生面色较淡。果皮较硬，子叶2，淡黄白色，富油性。<u>气微，味苦后微辛而稍麻舌。</u>（图10–34）

以粒大、饱满、外皮灰褐者为佳。

图10–34 牛蒡子药材图

2. 饮片

牛蒡子 性状鉴别同药材。用时捣碎。

炒牛蒡子 形如牛蒡子，色泽加深，略鼓起。微有香气。

【功效主治】<u>疏散风热，宣肺透疹，解毒利咽。</u>用于风热感冒、咳嗽痰多、麻疹、风疹、咽喉肿痛、痄腮、丹毒、痈肿疮毒。

南鹤虱（Carotae Fructus）（附：鹤虱）

【来源】 为伞形科植物植物野胡萝卜 *Daucus carota* L. 的干燥成熟果实。秋季果实成熟时割取果枝，晒干，打下果实，除去杂质。

🏠 **课堂互动**

用眼看、手摸、鼻嗅、口尝等方法仔细观察南鹤虱药材，并注意大小、表面、气味，找出该药材主要鉴别特征。

【性状鉴别】 为双悬果，呈椭圆形，多裂为分果，分果长 3 ~ 4mm，宽 1.5 ~ 2.5mm。表面淡绿棕色或棕黄色，顶端有花柱残基，基部钝圆，背面隆起，具 4 条窄翅状次棱，翅上密生 1 列黄白色钩刺，刺长约 1.5mm，次棱间的凹下处有不明显的主棱，其上散生短柔毛，接合面平坦，有 3 条脉纹，上具柔毛。种仁类白色，有油性。体轻。搓碎时有特异香气，味微辛、苦。

以粒大、饱满者为佳。

【功效主治】 杀虫消积。用于蛔虫病、蛲虫病、绦虫病、虫积腹痛、小儿疳积。有小毒。

附：鹤虱（Carpesii Fructus）

【来源】 为菊科植物天名精 *Carpesium abrotanoides* L. 的干燥成熟果实。秋季果实成熟时采收、晒干、除去杂质。

🏠 **课堂互动**

用眼看、手摸、鼻嗅、口尝等方法仔细观察鹤虱药材，并注意大小、表面，找出该药材主要鉴别特征。

【性状鉴别】 为瘦果，呈圆柱状，细小，长 3 ~ 4mm，直径不及 1mm。表面黄褐色或暗褐色，具多数纵棱。顶端收缩呈细喙状，先端扩展成灰白色圆环；基部稍尖，有着生痕迹。果皮薄，纤维性，种皮菲薄透明，子叶 2，类白色，稍有油性。气特异，味微苦。

以粒均匀、饱满者为佳。

【功效主治】 杀虫消积。用于蛔虫病、蛲虫病、绦虫病、虫积腹痛、小儿疳积。有小毒。

沙苑子（Astragali Complanati Semen）

【来源】 为豆科植物扁茎黄芪 *Astragalus complanatus* R. Br. 的干燥成熟种子。秋末冬初果实成熟尚未开裂时采割植株，晒干，打下种子，除去杂质，晒干。

课堂互动

用眼看、手摸、鼻嗅、口尝等方法仔细观察沙苑子药材，并注意形状、大小、表面、气味，找出该药材主要鉴别特征。

【性状鉴别】

1. 药材 略呈肾形而稍扁，长 2~2.5mm，宽 1.5~2mm，表面光滑，褐绿色或灰褐色，边缘一侧微凹处具圆形种脐。质坚硬，不易破碎。子叶 2，淡黄色，胚根弯曲，长约 1mm。气微，味淡，嚼之有豆腥味。

以颗粒饱满、色绿褐者为佳。

2. 饮片

沙苑子 性状鉴别同药材。

盐沙苑子 形如沙苑子，表面鼓起，深褐绿色或深灰褐色。气微，味微咸，嚼之有豆腥味。

【功效主治】补肾助阳，固精缩尿，养肝明目。用于肾虚腰痛、遗精早泄、遗尿尿频、白浊带下、眩晕、目暗昏花。

车前子（Plantaginis Semen）

【来源】为车前科植物车前 *Plantago asiatica* L. 或平车前 *Plantago depressa* Willd. 的干燥成熟种子。夏、秋两季种子成熟时采收果穗，晒干，搓出种子，除去杂质。

课堂互动

用眼看、手摸、鼻嗅、口尝等方法仔细观察车前子药材，并注意大小、表面、水试，找出该药材主要鉴别特征。

【性状鉴别】

1. 药材 呈椭圆形、不规则长圆形或三角状长圆形，略扁，长约 2mm，宽约 1mm。表面黄棕色至黑褐色，有细皱纹，一面有灰白色凹点状种脐。质硬。气微，味淡。热水浸泡溶出大量黏液。

以粒大、均匀饱满、色黑者为佳。

2. 饮片

车前子　性状鉴别同药材。

盐车前子　形如车前子，表面黑褐色。气微香，味微咸。

【功效主治】清热利尿通淋，渗湿止泻，明目，祛痰。用于热淋涩痛、水肿胀满、暑湿泄泻、目赤肿痛、痰热咳嗽。

葶苈子（Descurainiae Semen，Lepidii Semen）

【来源】为十字花科植物播娘蒿 *Descurainia sophia*（L.）Webb. ex Prantl. 或独行菜 *Lepidium apetalum* Willd. 的干燥成熟种子。前者习称"南葶苈子"，后者习称"北葶苈子"。夏季果实成熟时采割植株，晒干，搓出种子，除去杂质。

课堂互动

用眼看、手摸、鼻嗅、口尝等方法仔细观察葶苈子药材，并注意大小、表面、水试，找出该药材主要鉴别特征。

【性状鉴别】

1. 药材

南葶苈子　呈长圆形略扁，长 0.8～1.2mm，宽约 0.5mm。微有光泽，具纵沟 2 条，其中 1 条较明显。一端钝圆，另端微凹或较平截，种脐类白色，位于凹入端或平截处。气微，味微辛、苦，略带黏性。

北葶苈子　呈扁卵形，长 1～1.5mm，宽 0.5～1mm。表面棕色或红棕色，一端钝圆，另一端尖而微凹，种脐位于凹入端。表面有细微颗粒状突起，并有 2 条纵列浅槽。味微辛辣，黏性较强。热水浸泡溶出大量黏液（图 10-35）

图 10-35　葶苈子药材图

以籽粒充实、均匀、色黄棕、无杂质者为佳。

2. 饮片

葶苈子　性状鉴别同药材。

炒葶苈子　形如葶苈子，微鼓起，表面棕黄色。有油香气，不带黏性。

【功效主治】泻肺平喘，行水消肿。用于痰涎壅肺、喘咳痰多、胸胁胀满、不得平卧、胸腹水肿、小便不利。

青葙子 （Celosiae Semen）

【来源】 为苋科植物青葙 *Celosia argentea* L. 的干燥成熟种子。秋季果实成熟时采割植株或摘取果穗，晒干，收集种子，除去杂质。

课堂互动

　　用眼看、手摸、鼻嗅、口尝等方法仔细观察青葙子药材，并注意形状、大小、表面，找出该药材主要鉴定特征。

【性状鉴别】 呈扁圆形，少数呈圆肾形，直径 1~1.5mm。表面黑色或红黑色，光亮，中间微隆起，侧边微凹处有种脐。种皮薄而脆。气微，味淡。

　　以粒饱满、色黑、光亮者为佳。

【功效主治】 清肝泻火，明目退翳。用于肝热目赤、目生翳膜、视物昏花、肝火眩晕。本品扩散瞳孔作用，青光眼患者禁用。

山楂 （Crataegi Fructus）

【来源】 为蔷薇科植物山里红 *Crataegus pinnatifida* Bge. var. *major* N. E. Br. 或山楂 *Crataegus pinnatifida* Bge. 的干燥成熟果实。习称"北山楂"。秋季果实成熟时采收，切片，干燥。

课堂互动

　　用眼看、手摸、鼻嗅、口尝等方法仔细观察山楂药材，并注意表面、味，找出该药材主要鉴别特征。

【性状鉴别】

1. **药材** 为圆形片，皱缩不平，直径 1~2.5cm，厚 0.2~0.4cm。外皮红色，具皱纹，有灰白色小斑点。果肉深黄色至浅棕色。中部横切片具 5 粒浅黄色果核，但核多脱落而中空。有的片上可见短而细的果柄或花萼残迹。气微清香，味酸、微甜。（图 10-36）

图 10-36　山楂药材图

以片大、皮红、肉厚、核少者为佳。

2. 饮片

净山楂　性状鉴别同药材。

炒山楂　形如山楂片，果肉黄褐色，偶见焦斑。气清香，味酸、微甜。

焦山楂　形如山楂片，表面焦褐色，内部黄褐色。有焦香气。

知 识 链 接

山楂叶

为蔷薇科植物山里红或山楂的干燥叶。功能活血化瘀，理气通脉，化浊降脂。用于气滞血瘀胸痹心痛、胸闷憋气、心悸健忘、眩晕耳鸣、高脂血症。

南山楂

为蔷薇科植物野山楂 *Crataegus cuneata* Sieb. et Zucc. 的干燥成熟果实。类球形，较小，表面棕色至棕红色，坚硬，核大，果肉薄。味酸、微涩。

【功效主治】消食健胃，行气散瘀，化浊降脂。用于肉食积滞、胃脘胀满、泻痢腹痛、瘀血经闭、产后瘀阻、心腹刺痛、胸痹心痛、疝气疼痛、高脂血症。焦山楂消食导滞作用增强。用于肉食积滞、泻痢不爽。

木瓜（Chaenomelis Fructus）

【来源】为蔷薇科植物贴梗海棠 *Chaenomeles speciosa*（Sweet）Nakai 的干燥近成熟果实。夏、秋两季果实绿黄时采收，置沸水中烫至外皮灰白色，对半纵剖，晒干。

课堂互动

用眼看、手摸、鼻嗅、口尝等方法仔细观察木瓜药材，并注意表面、味，找出该药材主要鉴别特征。

【性状鉴别】

1. **药材**　呈长圆形，多纵剖成两半，长 4～9cm，宽 2～5cm，厚 1～1.5cm。外表面紫红色或红棕色，有不规则的深皱纹；剖面边缘向内卷曲，果肉红棕色，中心部分凹陷，棕黄色；种子扁长三角形，多脱落。质坚硬。气微清香，味酸。

以外皮缩皱、色紫红、质坚实、味酸者为佳。

2. 饮片 呈类月牙形薄片。外表紫红色或棕红色，有不规则的深皱纹。切面棕红色。气微清香，味酸。

【功效主治】舒筋活络，和胃化湿。用于湿痹拘挛、腰膝关节酸重疼痛、暑湿吐泻、转筋挛痛、脚气水肿。

知 识 链 接

在中药市场，常有将"光皮木瓜"作为木瓜（又称皱皮木瓜）出售。光皮木瓜来源于蔷薇科植物木瓜（榠楂）*Chaenomeles sinensis*（Thouin）Koehne 的干燥成熟果实，其外表面红棕色，光滑或稍粗糙，种子多数密集，扁三角形，果肉显颗粒性，味微酸涩，嚼之有沙粒感。另外，南方产的水果木瓜叫番木瓜，不能作此药用。

陈皮（Citri Reticulatae Pericarpium）（附：橘核）

【来源】为芸香科植物橘 *Citrus reticulata* Blanco 及其栽培变种的干燥成熟果皮。药材分为"陈皮"和"广陈皮"。采摘成熟果实，剥取果皮，晒干或低温干燥。

课堂互动

用眼看、手摸、鼻嗅、口尝等方法仔细观察陈皮药材，并注意表面、质地、气味，找出该药材主要鉴别特征。

【性状鉴别】

1. 药材

陈皮 常剥成数瓣，基部相连，有的呈不规则的片状，厚1~4mm。外表面橙红色或红棕色，有细皱纹和凹下的点状油室；内表面浅黄白色，粗糙，附黄白色或黄棕色筋络状维管束。质稍硬而脆。气香，味辛、苦。

广陈皮 常3瓣相连，形状整齐，厚度均匀，约1mm。点状油室较大，对光照视，透明清晰。质较柔软。

以片大、整齐、色鲜艳、质柔软、香气浓者为佳。

图10-37 陈皮药材图

2. 饮片 呈不规则的条状或丝状。外表面橙红色或红棕色，有细皱纹和凹下的点状油室。内表面浅黄白色，粗糙，附黄白色或黄棕色筋络状维管束。气香，味辛、苦。（图10－37）

【功效主治】理气健脾，燥湿化痰。用于脘腹胀满、食少吐泻、咳嗽痰多。

知 识 链 接

栽培变种主要有茶枝柑 *Citrus reticulata* 'Chachi'（广陈皮）、大红袍 *Citrus reticulata* 'Dahongpao'、温州蜜柑 *Citrus reticulata* 'Unshiu'、福橘 *Citrus reticulata* 'Tangerina'。

附：橘核（Citri Reticulatae Semen）

【来源】为芸香科植物橘 *Citrus reticulata* Blanco 及其栽培变种的干燥成熟种子。果实成熟后收集，晒干。照盐水炙法炒干，得盐橘核。

课堂互动

用眼看、手摸、鼻嗅、口尝等方法仔细观察橘核药材，并注意形状、表面，找出该药材主要鉴别特征。

【性状鉴别】

1. 药材 本品略呈卵形，长0.8~1.2cm，直径0.4~0.6cm。表面淡黄白色或淡灰白色，光滑，一侧有种脊棱线，一端钝圆，另端渐尖成小柄状。外种皮薄而韧，内种皮菲薄，淡棕色，子叶2，黄绿色，有油性。气微，味苦。（图10－38）

以粒大、色淡黄白者为佳。

2. 饮片

橘核 性状鉴别同药材。

【功效主治】理气，散结，止痛。用于疝气疼痛、睾丸肿痛、乳痈乳癖。

图10－38 橘核药材图

橘红（Citri Exocarpium Rubrum）

【来源】为芸香科植物橘 *Citrus reticulata* Blanco 及其栽培变种的干燥成熟外层果皮。

秋末冬初果实成熟后采收，用刀削下外果皮，晒干或阴干。

课堂互动

用眼看、手摸、鼻嗅、口尝等方法仔细观察橘红药材，并注意形状、表面、气，找出该药材主要鉴别特征。

【性状鉴别】药材呈长条形或不规则薄片状，边缘皱缩向内卷曲，其薄如纸。外表面黄棕色或橙红色，存放后呈棕褐色，密布黄白色突起或凹下的油室。内表面黄白色，密布凹下透光小圆点。质脆易碎。气芳香，味微苦、麻。

以片大、橙红色、气香浓者为佳。

【功效主治】理气宽中，燥湿化痰。用于咳嗽痰多、食积伤酒、呕恶痞闷。

化橘红（Citri Grandis Exocarpium）

【来源】为芸香科植物科化州柚 *Citrus grandis* 'Tomentosa' 或柚 *Citrus grandis* （L.）Osbeck 未成熟或近成熟的干燥外层果皮。前者习称"毛橘红"，后者习称"光七爪""光五"。夏季果实未成熟时采收，置沸水中略烫后，将果皮割成 5 或 7 瓣，除去果瓤和部分中果皮，压制成形，干燥。

课堂互动

用眼看、手摸、鼻嗅、口尝等方法仔细观察化橘红药材，并注意形状、表面、气味，找出该药材主要鉴别特征。

【性状鉴别】

毛橘红 呈对折的七角或展平的五角星状，单片呈柳叶形。完整者展平后直径 15 ~ 28cm，厚 0.2 ~ 0.5cm。外表面黄绿色，密布茸毛，有皱纹及小油室；内表面黄白色或淡黄棕色，有脉络纹。质脆，易折断，断面不整齐，外缘有 1 列不整齐的下凹的油室，内侧稍柔而有弹性。气芳香，味苦、微辛。

光七爪 外表面黄绿色至黄棕色，无毛。

以片薄、均匀、气味浓者为佳。

【功效主治】理气宽中，燥湿化痰。用于咳嗽痰多、食积伤酒、呕恶痞闷。

佛手（Citri Sarcodactylis Fructus）

【来源】为芸香科植物佛手 *Citrus medica* L. var. *sarcodactylis* Swingle 的干燥果实。秋季果实尚未变黄或变黄时采收，纵切成薄片，晒干或低温干燥。

课堂互动

用眼看、手摸、鼻嗅、口尝等方法仔细观察佛手药材，并注意表面、质地、气味，找出该药材主要鉴别特征。

【性状鉴别】为类椭圆形或卵圆形的薄片，常皱缩或卷曲，长 6～10cm，宽 3～7cm，厚 0.2～0.4cm。顶端稍宽，常有 3～5 个手指状的裂瓣，基部略窄，有的可见果梗痕。外皮黄绿色或橙黄色，有皱纹和油点。果肉浅黄白色或浅黄色，散有凹凸不平的线状或点状维管束。质硬而脆，受潮后柔韧。气香，味微甜后苦。（图 10－39）

图 10－39　佛手药材图

以片大、皮色绿、果肉白、质柔软、香气浓者为佳。

【功效主治】疏肝理气，和胃止痛，燥湿化痰。用于肝胃气滞、胸胁胀痛、胃脘痞满、食少呕吐、咳嗽痰多。

香橼（Citri Fructus）

【来源】为芸香科植物枸橼 *Citrus medica* L. 或香圆 *Citrus wilsonii* Tanaka 的干燥成熟果实。秋季果实成熟时采收。趁鲜切片，晒干或低温干燥。香圆亦可整个或对剖两半后，晒干或低温干燥。

课堂互动

用眼看、手摸、鼻嗅、口尝等方法仔细观察香橼药材，并注意表面、气味，找出该药材主要鉴别特征。

【性状鉴别】

枸橼 呈球形或长圆球形片，直径 4～10cm，厚 0.2～0.5cm。横切片外果皮黄色或黄绿色，边缘呈波状，散有多数凹入的油点。中果皮厚 1～3cm，黄白色或淡棕黄色，有不规则的网状突起的维管束；瓤囊 10～17 室。纵切片中心柱较粗壮。质柔韧。气清香，味微甜而苦辛。以片色黄白、香气浓者为佳。（图 10－40）

图 10－40 香橼药材图

香圆 呈类球形、半球形或圆片，直径 4～7cm。表面黑绿色或黄棕色，密被凹陷的小油点及网状隆起的粗皱纹，顶端有花柱残痕及隆起的环圈（习称"金钱环"），基部有果梗残基。质坚硬。剖面或横切薄片，边缘油点明显；中果皮厚约 0.5cm；瓤囊 9～11 室，棕色或淡红棕色，间或有黄白色种子。气香，味酸而苦。

以个大、皮粗、色黑绿、香气浓者为佳。

【功效主治】疏肝理气，宽中，化痰。用于肝胃气滞、胸胁胀痛、脘腹痞满、呕吐噫气、痰多咳嗽。

枳壳（Aurantii Fructus）

【来源】为芸香科植物酸橙 *Citrus aurantium* L. 及其栽培变种的干燥未成熟果实。7 月果皮尚绿时采收，自中部横切为两半，晒干或低温干燥。

课堂互动

用眼看、手摸、鼻嗅、口尝等方法仔细观察枳壳药材，并注意形状、大小、表面、气味，找出该药材主要鉴别特征。

【性状鉴别】

1. 药材 呈半球形，直径 3～5cm。外果皮棕褐色至褐色，有颗粒状突起，突起的顶端有凹点状油室；有明显的花柱残迹或果梗痕。切面中果皮黄白色，光滑而稍隆起，厚 0.4～1.3cm，边缘散有 1～2 列油室，瓤囊 7～12 瓣，少数至 15 瓣，汁囊干缩呈棕色至棕褐色，内藏种子。质坚硬，不易折断。气清香，味苦、微酸。

以个大、外皮青绿色、中果皮肉厚、色白（习称"青皮白口"）、香气浓者为佳。

2. 饮片

枳壳 呈不规则弧状条形薄片。切面外果皮棕褐色至褐色，中果皮黄白色至黄棕色，近外缘有 1～2 列点状油室，内侧有的有少量紫褐色瓤囊。

麸炒枳壳 形如枳壳片，色较深，偶有焦斑。

【功效主治】理气宽中，行滞消胀。用于胸胁气滞、胀满疼痛、食积不化、痰饮内停、脏器下垂。孕妇慎用。

知 识 链 接

栽培变种主要有黄皮酸橙 *Citrus aurantium* 'Huangpi'、代代花 *Citrus aurantium* 'Daidai'、朱栾 *Citrus aurantium* 'Chuluan'、塘橙 *Citrus aurantium* 'Tangcheng'。

枳实（Aurantii Fructus Immaturus）

【来源】为芸香科植物酸橙 *Citrus aurantium* L. 及其栽培变种或甜橙 *Citrus sinensis* Osbeck 的干燥幼果。5～6 月收集自落的果实，除去杂质，自中部横切为两半，晒干或低温干燥，较小者直接晒干或低温干燥。

课堂互动

用眼看、手摸、鼻嗅、口尝等方法仔细观察枳实药材，并注意形状、大小、表面、气味，找出该药材主要鉴别特征。

【性状鉴别】

1. **药材** 呈半球形，少数为球形，直径 0.5～2.5cm。外果皮黑绿色或棕褐色，具颗粒状突起和皱纹，有明显的花柱残迹或果梗痕。切面中果皮略隆起，厚 0.3～1.2cm，黄白色或黄褐色，边缘有 1～2 列油室，瓤囊棕褐色。质坚硬。气清香，味苦、微酸。（图 10-41）

以外果皮黑绿色、肉厚色白、瓣小、质坚实、香气浓者为佳。以身干、无杂质、无虫

图 10-41 枳实药材图

279

蛀、无霉变，最大直径不超过 2.5cm 者为合格。直径超过 2.5cm 者作枳壳药用。

2. 饮片

枳实 呈不规则弧状条形或圆形薄片。切面外果皮黑绿色至暗棕绿色，中果皮部分黄白色至黄棕色，近外缘有 1~2 列点状油室，条片内侧或圆片中央具棕褐色瓤囊。气清香，味苦、微酸。

麸炒枳实 形如枳实片，色较深，有的有焦斑。气焦香，味微苦、微酸。

【功效主治】破气消积，化痰散痞。用于积滞内停、痞满胀痛、泻痢后重、大便不通、痰滞气阻、胸痹、结胸、脏器下垂。孕妇慎用。

青皮（Citri Reticulatae Pericarpium Viride）

【来源】为芸香科植物橘 *Citrus reticulata* Blanco 及其栽培变种的干燥幼果或未成熟果实的果皮。5~6 月收集自落的幼果，晒干，习称"个青皮"；7~8 月采收未成熟的果实，在果皮上纵剖成四瓣至基部，除尽瓤瓣，晒干，习称"四花青皮"。

🏠 课堂互动

　　用眼看、手摸、鼻嗅、口尝等方法仔细观察青皮药材，并注意表面、气味，找出该药材主要鉴别特征。

【性状鉴别】

1. 药材

四花青皮 果皮剖成 4 裂片，裂片长椭圆形，长 4~6cm，厚 0.1~0.2cm。外表面灰绿色或黑绿色，密生多数油室；内表面类白色或黄白色，粗糙，附黄白色或黄棕色小筋络。质稍硬，易折断，断面边缘有油室 1~2 列。气香，味苦、辛。

以外皮黑绿色、内面色白、香气浓者为佳。

个青皮 呈类球形，直径 0.5~2cm。表面灰绿色或黑绿色，微粗糙，有细密凹下的油室，顶端有稍突起的柱基，基部有圆形果梗痕。质硬，断面果皮黄白色或淡黄棕色，厚 0.1~0.2cm，外缘有油室 1~2 列。瓤囊 8~10 瓣，淡棕色。气清香，味酸、苦、辛。

以黑绿色、个匀、坚实、香气浓者为佳。

2. 饮片

青皮 呈类圆形厚片或不规则丝状。表面灰绿色或黑绿色，密生多数油室，切面黄白色或淡黄棕色，有时可见瓤囊 8~10 瓣，淡棕色。气香，味苦、辛。

醋青皮 形如青皮片或丝，色泽加深，略有醋香气，味苦、辛。

【功效主治】<u>疏肝破气，消积化滞</u>。用于胸胁胀痛、疝气疼痛、乳癖、乳痈、食积气滞、脘腹胀痛。

山茱萸（Corni Fructus）

【来源】为山茱萸科植物山茱萸 *Cornus officinalis* Sieb. et Zucc. 的干燥成熟果肉。秋末冬初果皮变红时采收果实，用文火烘或置沸水中略烫后，及时除去果核，干燥。

课堂互动

用眼看、手摸、鼻嗅、口尝等方法仔细观察山茱萸药材，并注意形状、大小、表面、味，找出该药材主要鉴别特征。

【性状鉴别】

1. **药材** 呈不规则的片状或囊状，长 1～1.5cm，宽 0.5～1cm。<u>表面紫红色至紫黑色，皱缩，有光泽</u>。顶端有的有圆形宿萼痕，基部有果梗痕；<u>内表面不平滑，有数条纵向筋脉</u>。质柔软。气微，<u>味酸、涩、微苦</u>。

以肉厚、柔软、色紫红者为佳。

2. **饮片**

山萸肉 性状鉴别同药材。

酒萸肉 形如山茱萸，表面紫黑色或黑色，质滋润柔软。微有酒香气。

【功效主治】<u>补益肝肾，收涩固脱</u>。用于眩晕耳鸣、腰膝酸痛、阳痿遗精、遗尿尿频、崩漏带下、大汗虚脱、内热消渴。

槟榔（Arecae Semen）（附：大腹皮）

【来源】为棕榈科植物槟榔 *Areca catechu* L. 的干燥成熟种子。春末至秋初采收成熟果实，用水煮后，干燥，除去果皮，取出种子，干燥。

课堂互动

用眼看、手摸、鼻嗅、口尝等方法仔细观察槟榔药材，并注意表面、断面，找出该药材主要鉴别特征。

【性状鉴别】

1. **药材** 呈扁球形或圆锥形，高 1.5 ~ 3.5cm，底部直径 1.5 ~ 3cm。表面淡黄棕色或淡红棕色，具稍凹下的网状沟纹，底部中心有圆形凹陷的珠孔，其旁有 1 明显瘢痕状种脐。质坚硬，不易破碎，断面可见棕色种皮与白色胚乳相间的大理石样花纹。气微，味涩、微苦。(图 10 – 42)

以个大、体重、坚实、无破裂者为佳。

2. **饮片**

槟榔 呈类圆形的薄片。切面可见棕色种皮与白色胚乳相间的大理石样花纹。气微，味涩、微苦。

炒槟榔 形如槟榔片，表面微黄色，可见大理石样花纹。

【功效主治】杀虫，消积，行气，利水，截疟。用于绦虫病、蛔虫病、姜片虫病、虫积腹痛、积滞泻痢、里急后重、水肿脚气、疟疾。

图 10 – 42　槟榔药材图

知 识 链 接

焦槟榔

为槟榔的炮制加工品。呈类圆形薄片，直径 1.5 ~ 3cm，厚 1 ~ 2mm。表面焦黄色，可见大理石样花纹。质脆，易碎。气微，味涩、微苦。功能消食导滞。用于食积不消，泻痢后重。

附：大腹皮（Arecae Pericarpium）

【来源】为棕榈科植物槟榔 *Areca catechu* L. 的干燥果皮。冬季至次春采收未成熟的果实，煮后干燥，纵剖两瓣，剥取果皮，习称"大腹皮"；春末至秋初采收成熟果实，煮后干燥，剥取果皮，打松，晒干，习称"大腹毛"。

课堂互动

用眼看、手摸、鼻嗅、口尝等方法仔细观察大腹皮药材，并注意形状，找出该药材主要鉴别特征。

【性状鉴别】

1. 药材

大腹皮 略呈椭圆形或长卵形瓢状，长 4～7cm，宽 2～3.5cm，厚 0.2～0.5cm。外果皮深棕色至近黑色，具不规则的纵皱纹及隆起的横纹，顶端有花柱残痕，基部有果梗及残存萼片。内果皮凹陷，褐色或深棕色，光滑呈硬壳状。体轻，质硬，纵向撕裂后可见中果皮纤维。气微，味微涩。（图 10－43）

以色深褐、皱皮结实者为佳。

大腹毛 略呈椭圆形或瓢状。外果皮多已脱落或残存。中果皮棕毛状，黄白色或淡棕色，疏松质柔。内果皮硬壳状，黄棕色或棕色，内表面光滑，有时纵向破裂。气微，味淡。

以色黄白、质柔韧者为佳。

图 10－43 大腹皮药材图

【功效主治】行气宽中，行水消肿。用于湿阻气滞、脘腹胀闷、大便不爽、水肿胀满、脚气浮肿、小便不利。

连翘（Forsythiae Fructus）

【来源】为木犀科植物连翘 *Forsythia suspensa*（Thunb.）Vahl 的干燥果实。秋季果实初熟尚带绿色时采收，除去杂质，蒸熟，晒干，习称"青翘"；果实熟透时采收，晒干，除去杂质，习称"老翘"。

课堂互动

用眼看、手摸、鼻嗅、口尝等方法仔细观察连翘药材，并注意表面、颜色，找出该药材主要鉴别特征。

【性状鉴别】呈长卵形至卵形，稍扁，长 1.5～2.5cm，直径 0.5～1.3cm。表面有不规则的纵皱纹和多数突起的小斑点，两面中间各有 1 条明显的纵沟。顶端锐尖，基部有小果梗或已脱落。青翘多不开裂，表面绿褐色，突起的灰白色小斑点较少；质硬；种子多数，黄绿色，细长，一侧有翅。老翘自顶端开裂或裂成两瓣向外翘起，表面黄棕色或红棕色，内表面多为浅黄棕色，平滑，具一纵隔；质脆；种子棕色，多已脱落。气微香，味苦。

"青翘"以色较绿、不开裂者为佳；"老翘"以色较黄、瓣大、壳厚者为佳。

【功效主治】清热解毒，消肿散结，疏散风热。用于痈疽、瘰疬、乳痈、丹毒、风热感冒、温病初起、温热入营、高热烦渴、神昏发斑、热淋涩痛。

八角茴香（Anisi Stellati Fructus）

【来源】为木兰科植物八角茴香 *Illicium verum* Hook. F. 的干燥成熟果实。秋、冬两季果实由绿变黄时采摘，置沸水中略烫后干燥或直接干燥。

课堂互动

用眼看、手摸、鼻嗅、口尝等方法仔细观察八角茴香药材，并注意形状、大小、表面、气味，找出该药材主要鉴别特征。

【性状鉴别】为聚合果，多由 8 个蓇葖果组成，放射状排列于中轴上。蓇葖果长 1 ～ 2cm，宽 0.3 ～ 0.5cm，高 0.6 ～ 1cm；外表面红棕色，有不规则皱纹，顶端呈鸟喙状，短钝而平直，喙约 1mm，无锐尖，无钩；上侧多开裂；内表面淡棕色，平滑，有光泽；质硬而脆。果梗长 3 ～ 4cm，连于果实基部中央，弯曲，常脱落。每个蓇葖果含种子 1 粒，扁卵圆形，长约 6mm，红棕色或黄棕色，光亮，尖端有种脐；胚乳白色，富油性。气芳香，味辛、甜。（图 10 - 44）

图 10 - 44　八角茴香药材图

以个大、完整、红棕色、香气浓者为佳。

【功效主治】温阳散寒，理气止痛。用于寒疝腹痛、肾虚腰痛、胃寒呕吐、脘腹冷痛。

荜茇（Piperis Longi Fructus）

【来源】为胡椒科植物荜茇 *Piper longum* L. 的干燥近成熟或成熟果穗。果穗由绿变黑时采收，除去杂质，晒干。

课堂互动

用眼看、手摸、鼻嗅、口尝等方法仔细观察荜茇药材，并注意形状、表面、气味，找出该药材主要鉴别特征。

【性状鉴别】药材呈圆柱形，稍弯曲，由多数小浆果集合而成，长 1.5~3.5cm，直径 0.3~0.5cm。表面黑褐色或棕色，有斜向排列整齐的小突起。基部有果穗梗残存或脱落。质硬而脆，易折断，断面不整齐，颗粒状。小浆果球形，直径约 0.1cm。有特异香气，味辛辣。

以条肥大饱满、坚实、色黑褐、气味浓者为佳。

【功效主治】温中散寒，下气止痛。用于脘腹冷痛、呕吐、泄泻、寒凝气滞、胸痹心痛、头痛、牙痛。

胡椒（Piperis Fructus）

【来源】为胡椒科植物胡椒 *Piper nigrum* L. 的干燥近成熟或成熟果实。秋末至次春果实呈暗绿色时采收，晒干，为黑胡椒；果实变红时采收，用水浸渍数日，擦去果肉，晒干，为白胡椒。

课堂互动

用眼看、手摸、鼻嗅、口尝等方法仔细观察胡椒药材，并注意形状、大小、表面、气味，找出该药材主要鉴别特征。

【性状鉴别】

黑胡椒 呈球形，直径 3.5~5mm。表面黑褐色，具隆起网状皱纹，顶端有细小花柱残迹，基部有自果轴脱落的疤痕。质硬，外果皮可剥离，内果皮灰白色或淡黄色。断面黄白色，粉性，中有小空隙。气芳香，味辛辣。

白胡椒 表面灰白色或淡黄白色，平滑，顶端与基部间有多数浅色线状条纹。

【功效主治】温中散寒，下气，消痰。用于胃寒呕吐、腹痛泄泻、食欲不振、癫痫痰多。

桑椹（Mori Fructus）

【来源】为桑科植物桑 *Morus alba* L. 的干燥果穗。4~6月果实变红时采收，晒干，或略蒸后晒干。

课堂互动

用眼看、手摸、鼻嗅、口尝等方法仔细观察桑椹药材，并注意形状、大小、表面，找出该药材主要鉴别特征。

【性状鉴别】为聚花果，由多数小瘦果集合而成，呈长圆形，长 1~2cm，直径 0.5~0.8cm。黄棕色、棕红色或暗紫色，有短果序梗。小瘦果卵圆形，稍扁，长约 2mm，宽约 1mm，外具肉质花被片 4 枚。气微，味微酸而甜。

以个大、完整、肉厚、色紫红、糖质多、无杂质者为佳。

【功效主治】滋阴补血，生津润燥。用于肝肾阴虚、眩晕耳鸣、心悸失眠、须发早白、津伤口渴、内热消渴、肠燥便秘。

覆盆子（Rubi Fructus）

【来源】为蔷薇科植物华东覆盆子 *Rubus chingii* Hu 的干燥果实。夏初果实由绿变绿黄时采收，除去梗、叶，置沸水中略烫或略蒸，取出，干燥。

课堂互动

用眼看、手摸、鼻嗅、口尝等方法仔细观察覆盆子药材，并注意形状、表面，找出该药材主要鉴别特征。

【性状鉴别】由多数小核果聚合而成，呈圆锥形或扁圆锥形，高 0.6~1.3cm，直径 0.5~1.2cm。表面黄绿色或淡棕色，顶端钝圆，基部中心凹入。宿萼棕褐色，下有果梗痕。小果易剥落，每个小果呈半月形，背面密被灰白色茸毛，两侧有明显的网纹，腹部有突起的棱线。体轻，质硬。气微，味微苦涩。（图10-45）

以个大、完整、饱满、结实、色灰绿、无叶梗、无杂质者为佳。

图 10-45 覆盆子药材图

【功效主治】益肾固精缩尿，养肝明目。用于遗精滑精、遗尿尿频、阳痿早泄、目暗昏花。

决明子（Cassiae Semen）

【来源】为豆科植物决明 *Cassia obtusifolia* L. 或小决明 *Cassia tora* L. 的干燥成熟种子。秋季采收成熟果实，晒干，打下种子，除去杂质。

课堂互动

　　用眼看、手摸、鼻嗅、口尝等方法仔细观察决明子药材，并注意形状、大小、表面，找出该药材主要鉴别特征。

【性状鉴别】

1. 药材

　　决明　略呈菱状方形或短圆柱形，两端平行倾斜，长3~7mm，宽2~4mm。表面绿棕色或暗棕色，平滑有光泽。一端较平坦，另端斜尖，背腹面各有1条突起的棱线，棱线两侧各有1条斜向对称而色较浅的线形凹纹。质坚硬，不易破碎。子叶2，黄色，呈"S"形折叠并重叠。气微，味微苦。

　　小决明　呈短圆柱形，较小，长3~5mm，宽2~3mm。表面棱线两侧各有1条宽广的浅黄棕色色带。

　　均以颗粒饱满、绿棕色、光亮者为佳。

2. 饮片

　　决明子　性状鉴别同药材。用时捣碎。

　　炒决明子　形如决明子，微鼓起，表面绿褐色或暗棕色，偶见焦斑。微有香气。

【功效主治】清热明目，润肠通便。用于目赤涩痛、羞明多泪、头痛眩晕、目暗不明、大便秘结。

白扁豆（Lablab Semen Album）

【来源】为豆科植物扁豆 *Dolichos lablab* L. 的干燥成熟种子。秋、冬两季采收成熟果实，晒干，取出种子，再晒干。

课堂互动

　　用眼看、手摸、鼻嗅、口尝等方法仔细观察白扁豆药材，并注意形状、表面、味，找出该药材主要鉴别特征。

【性状鉴别】

　　1. 药材　本品呈扁椭圆形或扁卵圆形，长8~13mm，宽6~9mm，厚约7mm。表面淡黄白色或淡黄色，平滑，略有光泽，一侧边缘有隆起的白色眉状种阜。质坚硬。种皮薄而

脆，子叶 2，肥厚，黄白色。气微，味淡，嚼之有豆腥气。（图 10 - 46）

2. 饮片

白扁豆 性状鉴别同药材。用时捣碎。

炒白扁豆 微黄色具焦斑。用时捣碎。

【功效主治】健脾化湿，和中消暑。用于脾胃虚弱、食欲不振、大便溏泻、白带过多、暑湿吐泻、胸闷腹胀。炒白扁豆建脾化湿。用于脾虚泄泻、白带过多。

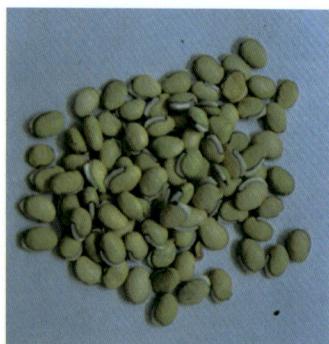

图 10 - 46 白扁豆药材图

牵牛子（Pharbitidis Semen）

【来源】为旋花科植物裂叶牵牛 *Pharbitis nil*（L.）Choisy 或圆叶牵牛 *Pharbitis purpurea*（L.）Voigt 的干燥成熟种子。秋末果实成熟、果壳未开裂时采割植株，晒干，打下种子，除去杂质。

课堂互动

用眼看、手摸、鼻嗅、口尝（有毒，勿多尝，勿咽下！）等方法仔细观察牵牛子药材，并注意形状、表面，找出该药材主要鉴别特征。

【性状鉴别】

1. **药材** 似橘瓣状，长 4 ~ 8mm，宽 3 ~ 5mm。表面灰黑色或淡黄白色，背面有一条浅纵沟，腹面棱线的下端有一点状种脐，微凹。质硬，横切面可见淡黄色或黄绿色皱缩折叠的子叶，微显油性。加水浸泡后种皮呈龟裂状，手捻有明显的黏滑感。气微，味辛、苦，有麻感。

以籽粒饱满、无果壳者为佳。

2. **饮片**

牵牛子 性状鉴别同药材。用时捣碎。

炒牵牛子 形如牵牛子，表面黑褐色或黄棕色，稍鼓起。微具香气。

【功效主治】泻水通便，消痰涤饮，杀虫攻积。用于水肿胀满、二便不通、痰饮积聚、气逆喘咳、虫积腹痛。孕妇禁用；不宜与巴豆、巴豆霜同。有毒。

槐角（Sophorae Fructus）

【来源】 为豆科植物槐 *Sophora japonica* L. 的干燥成熟果实。冬季采收，除去杂质，干燥。

课堂互动

用眼看、手摸、鼻嗅、口尝等方法仔细观察槐角药材，并注意形状、表面，找出该药材主要鉴别特征。

【性状鉴别】

1. **药材** 呈连珠状，长 1~6cm，直径 0.6~1cm。表面黄绿色或黄褐色，皱缩而粗糙，背缝线一侧呈黄色。质柔润，干燥皱缩，易在收缩处折断，断面黄绿色，有黏性。种子 1~6 粒，肾形，长约 8mm，表面光滑，棕黑色，一侧有灰白色圆形种脐；质坚硬，子叶 2，黄绿色。果肉气微，味苦，种子嚼之有豆腥气。（图 10-47）

图 10-47 槐角药材图

2. **饮片**

槐角 性状鉴别同药材。

蜜槐角 形如槐角，表面稍隆起呈黄棕色至黑褐色，有光泽，略有黏性。具蜜香气，味微甜、苦。

【功效主治】 清热泻火，凉血止血。用于肠热便血、痔肿出血、肝热头痛、眩晕目赤。

蒺藜（Tribuli Fructus）

【来源】 为蒺藜科植物蒺藜 *Tribulus terrestris* L. 的干燥成熟果实。秋季果实成熟时采割植株，晒干，打下果实，除去杂质。

课堂互动

用眼看、手摸、鼻嗅、口尝等方法仔细观察蒺藜药材，并注意表面，找出该药材主要鉴别特征。

【性状鉴别】

1. **药材** 由5个分果瓣组成，呈放射状排列，直径7～12 mm。常裂为单一的分果瓣，分果瓣呈斧状，长3～6mm；背部黄绿色，隆起，有纵棱和多数小刺，并有对称的长刺和短刺各1对，两侧面粗糙，有网纹，灰白色。质坚硬。气微，味苦、辛。

以饱满坚实、背面淡黄绿色者为佳。

2. **饮片**

蒺藜 性状鉴别同药材。

炒蒺藜 多为单一的分果瓣，分果瓣呈斧状，长3～6mm；背部棕黄色，隆起，有纵棱，两侧面粗糙，有网纹。气微香，味苦、辛。

【功效主治】 平肝解郁，活血祛风，明目，止痒。用于头痛眩晕、胸胁胀痛、乳闭乳痈、目赤翳障、风疹瘙痒。有小毒。

地肤子（Kochiae Fructus）

【来源】 为藜科植物地肤 *Kochia scoparia*（L.）Schrad. 的干燥成熟果实。秋季果实成熟时采收植株，晒干，打下果实，除去杂质。

课堂互动

用眼看、手摸、鼻嗅、口尝等方法仔细观察地肤子药材，并注意形状、大小、表面，找出该药材形状、大小、表面等特征。

【性状鉴别】 呈扁球状五星形，直径1～3mm。外被宿存花被，表面灰绿色或浅棕色，周围具膜质小翅5枚，背面中心有微突起的点状果梗痕及放射状脉纹5～10条；剥离花被，可见膜质果皮，半透明。种子扁卵形，长约1mm，黑色。气微，味微苦。

以色灰绿、饱满者为佳。

【功效主治】 清热利湿，祛风止痒。用于小便涩痛、阴痒带下、风疹、湿疹、皮肤瘙痒。

夏枯草（Prunellae Spica）

【来源】 为唇形科植物夏枯草 *Prunella vulgaris* L. 的干燥果穗。夏季果穗呈棕红色时采收，除去杂质，晒干。

课堂互动

用眼看、手摸、鼻嗅、口尝等方法仔细观察夏枯草药材，并注意形状、表面，找出该药材主要鉴别特征。

【性状鉴别】呈圆柱形，略扁，长 1.5 ~ 8cm，直径 0.8 ~ 1.5cm；淡棕色至棕红色。全穗由数轮至 10 数轮宿萼与苞片组成，每轮有对生苞片 2 片，呈扇形，先端尖尾状，脉纹明显，外表面有白毛。每一苞片内有花 3 朵，花冠多已脱落，宿萼二唇形，内有小坚果 4 枚，卵圆形，棕色，尖端有白色突起。体轻，气微，味淡。

以穗长、红棕色、无茎枝者为佳。

【功效主治】清肝泻火，明目，散结消肿。用于目赤肿痛、目珠夜痛、头痛眩晕、瘰疬、瘿瘤、乳痈、乳癖、乳房胀痛。

天仙子（Hyoscyami Semen）

【来源】为茄科植物莨菪 *Hyoscyamus niger* L. 的干燥成熟种子。夏、秋两季果皮变黄色时，采摘果实，暴晒，打下种子，筛去果皮、枝梗，晒干。

课堂互动

用眼看、手摸、鼻嗅等方法仔细观察天仙子药材，并注意形状、表面，找出该药材主要鉴别特征。

【性状鉴别】呈类扁肾形或扁卵形，直径约1mm。表面棕黄色或灰黄色，有细密的网纹，略尖的一端有点状种脐。切面灰白色，油质，有胚乳，胚弯曲。气微，味微辛。

以颗粒大、饱满者为佳。

【功效主治】解痉止痛，平喘，安神。用于胃脘挛痛，喘咳，癫狂。心脏病、心动过速、青光眼患者及孕妇禁用。有大毒。

千金子（Euphorbiae Semen）

【来源】为大戟科植物续随子 *Euphorbia lathyris* L. 的干燥成熟种子。夏、秋两季果实成熟时采收，除去杂质，干燥。

用眼看、手摸、鼻嗅等方法仔细观察千金子药材，并注意表面，找出该药材主要鉴别特征。

【性状鉴别】药材呈椭圆形或倒卵形，长约 5mm，直径约 4mm。表面灰棕色或灰褐色，具不规则网状皱纹，网孔凹陷处灰黑色，形成细斑点。二侧有纵沟状种脊，顶端为突起的合点，下端为线形种脐，基部有类白色突起的种阜或具脱落后的疤痕。种皮薄脆，种仁白色或黄白色，富油质。气微，味辛。（图 10-48）

以颗粒饱满、种仁色白、油性足者为佳。

图 10-48 千金子药材图

【功效主治】泻下逐水，破血消癥；外用疗癣蚀疣。用于二便不通、水肿、痰饮、积滞胀满、血瘀经闭；外治顽癣、赘疣。有毒。孕妇禁用。

知识链接

千金子霜（Euphorbiae Semen Pulveratum）

为千金子的炮制加工品。为均匀、疏松的淡黄色粉末，微显油性。味辛辣。功效应用同千金子。

石榴皮（Granati Pericarpium）

【来源】为石榴科植物石榴 *Punica granatum* L. 的干燥果皮。秋季果实成熟后收集果皮，晒干。

用眼看、手摸、鼻嗅、口尝等方法仔细观察石榴皮药材，并注意形状、表面，找出该药材主要鉴别特征。

【性状鉴别】

1. 药材　呈不规则的片状或瓢状，大小不一，厚1.5～3mm。外表面红棕色、棕黄色或暗棕色，略有光泽，粗糙，有多数疣状突起，有的有突起的筒状宿萼及粗短果梗或果梗痕。内表面黄色或红棕色，有隆起呈网状的果蒂残痕。质硬而脆，断面黄色，略显颗粒状。气微，味苦涩。（图10-49）

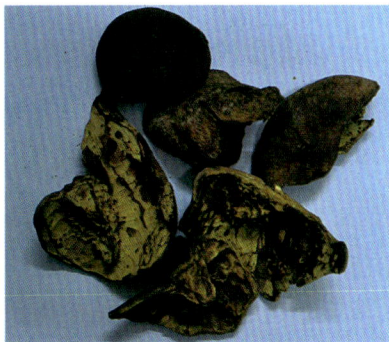

2. 饮片

石榴皮　呈不规则的长条状或不规则的块状。外表面红棕色、棕黄色或暗棕色，略有光泽，有多数疣状突起，有时可见筒状宿萼及果梗痕。内表面黄色或红棕色，有种子脱落后的小凹坑及隔瓢残迹。切面黄色或鲜黄色，略显颗粒状。气微，味苦涩。

石榴皮炭　形如石榴皮丝或块，表面黑黄色，内部棕褐色。

【功效主治】涩肠止泻，止血，驱虫。用于久泻、久痢、便血、脱肛、崩漏、带下、虫积腹痛。

图 10-49　石榴皮材图

复习思考

一、单项选择题

1. 火麻仁的药用部位是（　　）
   A. 种子 　　　　　　　B. 成熟果实 　　　　　　C. 果肉
   D. 近成熟果实 　　　　E. 幼果

2. 下列中药外果皮表皮细胞间嵌有油细胞的是（　　）
   A. 枳壳 　　　　　　　B. 小茴香 　　　　　　　C. 巴豆
   D. 砂仁 　　　　　　　E. 五味子

3. 五味子主产于（　　）
   A. 广东、四川、云南 　　B. 吉林、辽宁、黑龙江 　　C. 新疆、青海、内蒙古
   D. 河北、山西、陕西 　　E. 四川、贵州、陕西

4. 苦杏仁主要的镇咳成分是（　　）
   A. 苦杏仁苷 　　　　　B. 苦杏仁苷酶 　　　　　C. 脂肪油
   D. 苯甲醛 　　　　　　E. 蛋白质

5. 下列中药表皮细胞中单独或成群地散列着石细胞的是（　　）
   A. 山楂 　　　　　　　B. 陈皮 　　　　　　　　C. 苦杏仁

D. 马钱子　　　　　　　　　E. 牵牛子

6. 下列以双悬果入药的中药是（　　　）

    A. 五味子　　　　　　　　　B. 小茴香　　　　　　　　　C. 豆蔻

    D. 巴豆　　　　　　　　　　E. 草果

7. 下列中药糊粉粒中含有小簇晶的是（　　　）

    A. 桃仁　　　　　　　　　　B. 五味子　　　　　　　　　C. 马钱子

    D. 小茴香　　　　　　　　　E. 胖大海

8. 下列中药属于果肉入药的是（　　　）

    A. 五味子　　　　　　　　　B. 马兜铃　　　　　　　　　C. 山茱萸

    D. 山楂　　　　　　　　　　E. 木瓜

9. 下列中药嚼之有豆腥味的是（　　　）

    A. 沙苑子　　　　　　　　　B. 马钱子　　　　　　　　　C. 金樱子

    D. 枸杞子　　　　　　　　　E. 栀子

10. 中药性状呈钮扣状的是（　　　）

    A. 火麻仁　　　　　　　　　B. 砂仁　　　　　　　　　　C. 桃仁

    D. 马钱子　　　　　　　　　E. 枸杞子

11. 马钱子胚乳加 1% 钒酸铵硫酸液 1 滴，胚乳即显紫色，是检查下列哪个成分（　　　）

    A. 马钱子碱　　　　　　　　B. 马钱子次碱　　　　　　　C. 番木鳖碱

    D. 番木鳖次碱　　　　　　　E. 伪马钱碱

12. 下列中药的断面可见棕色种皮与白色胚乳相间的大理石样花纹的是（　　　）

    A. 槟榔　　　　　　　　　　B. 栀子　　　　　　　　　　C. 木瓜

    D. 五味子　　　　　　　　　E. 酸枣仁

13. 具有清热解毒、消肿散结、疏散风热功效的中药是（　　　）

    A. 木瓜　　　　　　　　　　B. 马兜铃　　　　　　　　　C. 槟榔

    D. 草果　　　　　　　　　　E. 连翘

14. 下列中药形似橘瓣，有麻舌感的是（　　　）

    A. 栀子　　　　　　　　　　B. 牵牛子　　　　　　　　　C. 五味子

    D. 马钱子　　　　　　　　　E. 金樱子

15. 下列中药遇水膨胀成海绵状的是（　　　）

    A. 苦杏仁　　　　　　　　　B. 草果　　　　　　　　　　C. 胖大海

    D. 豆蔻　　　　　　　　　　E. 吴茱萸

二、多项选择题

1. 下列中药以近成熟的果实入药的是（　　　）

A. 五味子　　　　　　B. 木瓜　　　　　　　C. 小茴香

D. 乌梅　　　　　　　E. 吴茱萸

2. 下列中药含有苦杏仁苷的有（　　　）

A. 决明子　　　　　　B. 苦杏仁　　　　　　C. 金樱子

D. 桃仁　　　　　　　E. 乌梅

3. 中药表面可见凹下的油点的是（　　　）

A. 酸枣仁　　　　　　B. 槟榔　　　　　　　C. 苦杏仁

D. 陈皮　　　　　　　E. 吴茱萸

4. 小茴香具有（　　　）

A. 簇晶　　　　　　　B. 油管碎片　　　　　C. 镶嵌细胞

D. 网纹细胞　　　　　E. 针晶

5. 来源于姜科的中药有（　　　）

A. 砂仁　　　　　　　B. 豆蔻　　　　　　　C. 火麻仁

D. 酸枣仁　　　　　　E. 葶苈子

6. 五味子的鉴别特征是（　　　）

A. 浆果　　　　　　　B. 肾形种子　　　　　C. 导管多螺纹

D. 与水共研即产生苯甲醛样特殊香气　　　　E. 味极酸

7. 苦杏仁的正品来源是（　　　）

A. 山杏　　　　　　　B. 东北杏　　　　　　C. 杏

D. 西伯利亚杏　　　　E. 野杏

8. 马钱子的鉴别特征是（　　　）

A. 表面有丝样光泽　　B. 含吲哚类生物碱　　C. 浆果

D. 子叶心形　　　　　E. 味极苦

9. 下列哪些中药以成熟种子入药（　　　）

A. 苦杏仁　　　　　　B. 沙苑子　　　　　　C. 乌梅

D. 牵牛子　　　　　　E. 金樱子

10. 来源于芸香科植物的中药有（　　　）

A. 金樱子　　　　　　B. 沙苑子　　　　　　C. 枳壳

D. 吴茱萸　　　　　　E. 陈皮

三、简答题

1. 北五味子与南五味子在来源和性状鉴别特征上有何不同？

2. 简述小茴香粉末的显微特征。

3. 马钱子的性状鉴别要点和功效各是什么？

扫一扫，知答案

扫一扫，看课件

第十一章

全草类中药的鉴定

【学习目标】

1. 掌握25种草类药材的来源、性状鉴别主要特征、功效主治。典型代表药材的显微、理化鉴别特征。能正确运用性状鉴定、显微等鉴别方法，准确鉴别药材。具备"依法鉴定"的观念和意识。

2. 熟悉其他草类药材的功效主治。

3. 了解草类药材采收加工、主产地。

4. 养成团结协作，相互尊重，相互沟通的学风，培养换位思考的意识和基本能力。能够使用中药鉴定术语描述药材的特征。

案例导入

一天，小红从花草市场买了一盆"薄荷"，她的小姨来家做客，小姨是药用植物研究所的研究员。看到小红买回来的"薄荷"告诉小红，这是留兰香，又称南薄荷，形态和气味与薄荷相似，市场多有混淆，不作中药薄荷使用，并详细介绍了薄荷的识别特征、作用、用法用量等。

同学们，你能用前面学习过的鉴别方法辨认药材吗？

草类药材在干燥后皱缩变形，包装运输又易致破碎，在鉴定中难度较大，实际应用中时有伪品、混淆品出现，本章将带领大家学习全草类药材的鉴别知识。

第一节　草类中药概述

草类中药主要来源于草本植物。带根入药者称"全草"，如蒲公英、车前草；有的不带根，称"地上部分"，如泽兰、薄荷等；个别药材来源于小灌木的草质枝梢如麻黄，或药用肉质茎，如肉苁蓉、锁阳；此外，还有少数单纯以根、茎、叶入药的品种，如大蓟、石斛、石韦，按习惯也列入草类。

一、性状鉴定

可按药材或饮片的性状，分别参照根和根茎、茎、叶或果实的基本特征等进行鉴别。草类中药常因采收加工、包装或运输而破碎、皱缩，如有完整的叶、花、果实可在水中浸泡展开后进行观察。

二、显微鉴定

根据药材的性状可分为两类：带有茎、叶的药材，宜制成茎、叶两种横切片，如薄荷、广藿香等；药用茎或以茎为主的药材，宜制茎的横切片，如石斛、麻黄等。

1. **茎内部构造观察要点** 表皮及附属物、皮层、韧皮部、形成层、木质部、髓部。

2. **茎粉末显微鉴定要点** 主要观察表皮及附属物、纤维、导管、分泌组织等。

3. **叶内部构造观察要点** 上下表皮及附属物、栅栏组织、海绵组织、厚角组织、维管束。

4. **叶粉末显微构造观察要点** 表皮细胞、气孔及轴式、腺毛、非腺毛、腺鳞、纤维、叶肉组织碎片、分泌组织碎片、草酸钙结晶等。

第二节　常用草类中药鉴定

泽兰（Lycopi Herba）

【来源】为唇形科植物毛叶地瓜儿苗 *Lycopus lucidus* Tilrcz. var. *hirtus* Regel 的干燥地上部分。夏、秋两季茎叶茂盛时采割，晒干。全国大部分地区均产。

课堂互动

通过眼看、手摸、鼻嗅、口尝等方法仔细观察泽兰药材，注意茎、叶的特征，找出并说明该药材有哪些关键性状特点。

【性状鉴别】

1. **药材** 茎呈方柱形，少分枝，四面均有浅纵沟，长 50~100cm，直径 0.2~0.6cm；

表面黄绿色或带紫色，节处紫色明显，有白色茸毛；质脆，断面黄白色，髓部中空。叶对生，有短柄或近无柄；叶片多皱缩，展平后呈披针形或长圆形，长 5～10cm；上表面黑绿色或暗绿色，下表面灰绿色，密具腺点，两面均有短毛；先端尖，基部渐狭，边缘有锯齿。轮伞花序腋生，花冠多脱落，苞片和花萼宿存，小包片披针形，有缘毛，花萼钟形，5 齿。气微，味淡。（图 11-1）

以质嫩、叶多、色绿者为佳。

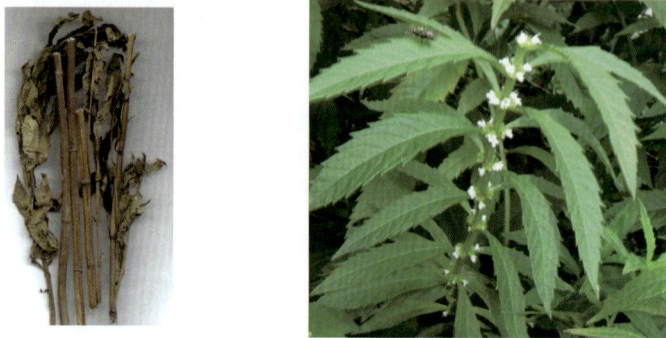

图 11-1　泽兰药材图

2. **饮片**　呈不规则的段。茎方柱形，四面均有浅纵沟。表面黄绿色或带紫色，节处紫色明显，有白色茸毛，切面黄白色，中空。叶多破碎，碎片边缘可见锯齿。有时可见轮伞花序。气微，味淡。（图 11-2）

【功效主治】活血调经，祛瘀消痈，利水消肿。用于月经不调、经闭、痛经、产后瘀血腹痛、疮痈肿毒、水肿腹水。

图 11-2　泽兰饮片图

薄荷（Menthae Haplocalycis Herba）

【来源】为唇形科植物薄荷 *Mentha haplocalyx* Briq. 的干燥地上部分。夏、秋两季茎叶茂盛或花开至三轮时，选晴天，分次采割，晒干或阴干。阴干的品质较佳，通常分两次收割，第一次（头刀）在 7 月中下旬，主要供提取薄荷油用；第二次（二刀）在 10 月中下旬，主要供药用。主产于江苏、安徽、浙江、江西、河南、四川等省。以江苏苏州、太仓产者为道地药材，习称"苏薄荷"。

课堂互动

通过眼看、手摸、鼻嗅、口尝等方法仔细观察薄荷药材或饮片，注意茎叶形状、颜色、气味，找出并说明该药材有哪些关键性状特点。特别注意薄荷的气味特点。

【性状鉴别】

1. **药材** 茎呈方柱形，有对生分枝，长15~40cm，直径0.2~0.4cm；表面紫棕色或淡绿色，棱角处具茸毛，节间长2~5cm；质脆，断面白色，髓部中空。叶对生，有短柄；叶片皱缩卷曲，完整者展平后呈宽披针形、长椭圆形或卵形，长2~7cm，宽1~3cm；上表面深绿色，下表面灰绿色，稀被茸毛，有凹点状腺鳞。轮伞花序腋生，花萼钟状，先端5齿裂，花冠淡紫色。揉搓后有特殊清凉香气，味辛凉。（图11-3）

以叶多（不得少于30%）、色深绿、气味浓者为佳。

2. **饮片** 不规则的段。茎方柱形，表面紫棕色或淡绿色，具纵棱线，棱角处具茸毛。切面白色，中空。叶多破碎，上表面深绿色，下表面灰绿色，稀被茸毛。轮伞花序腋生，花萼钟状，先端5齿裂，花冠淡紫色。揉搓后有特殊清凉香气，味辛凉。（图11-4）

图11-3 薄荷药材图

图11-4 薄荷饮片图

【显微鉴别】粉末绿色。腺鳞头部顶面观呈圆形，侧面观扁球形，由8个细胞组成；内含淡黄色分泌物，柄单细胞，极短。非腺毛1~8细胞，稍弯曲，壁厚，外壁有疣状突起。小腺毛为单细胞头、单细胞柄。叶片下表面垂周壁波状弯曲，有众多直轴式气孔。叶肉及表皮薄壁细胞内有淡黄色针簇状或呈扇形橙皮苷结晶。（图11-5）

【功效主治】疏散风热，清利头目，利咽，透疹，疏肝行气。用于风热感冒、风温初起、头痛、目赤、喉痹、口疮、风疹、麻疹、胸胁胀闷。

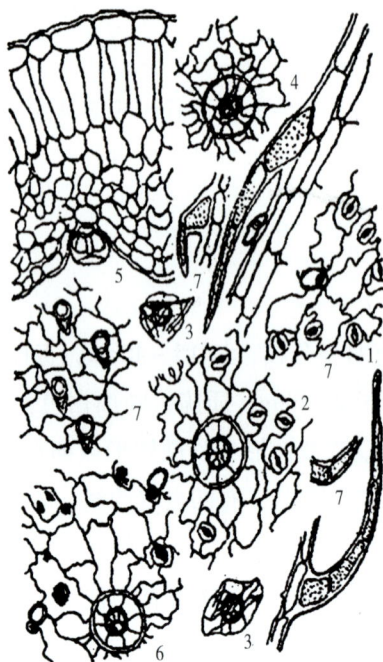

图 11-5　薄荷（叶）粉末特征图

1. 表皮　2. 腺鳞（顶面观）　3. 腺鳞（示角质层皱缩）

4. 腺鳞（底面观）　5. 腺鳞（侧面观）　6. 橙皮苷结晶　7. 非腺毛

知 识 链 接

　　《中国药典》（2015 年版）一部规定，本品叶不得少于 30%，水分不得少于 15.0%，挥发油的含量不得少于 0.8%（mL/g）。

　　薄荷临床常鲜用，而且薄荷饮片容易散失气味，注意贮藏。

　　龙脑薄荷为唇形科植物龙脑薄荷 *Mentha aruensis* L. var. *malinuaudi*（Levi）C. Y. Wu et H. W. Li. 的地上部分。栽培于江苏（苏州、太仓），主供出口。习惯认为该种为薄荷珍品。本品茎上部开然扭曲呈螺旋上升，枝梗红褐色，切间短，叶较肥厚，香气浓郁。

荆芥（Schizonepetae Heral）

　　【来源】为唇形科植物荆芥 *Schizonepetae tenuifolia* Briq. 的干燥地上部分。夏、秋两季花开到顶、穗绿时采割，除去杂质，晒干。主产于江苏、河北、浙江、江西等省，多为栽培。

课堂互动

通过眼看、手摸、鼻嗅、口尝等方法仔细观察荆芥药材，找出并说明该药材有哪些关键性状特点，比较荆芥和荆芥穗药用部分有何不同。

【性状鉴别】

1. **药材** 茎呈方柱形，上部有分枝，长 50~80cm，直径 0.2~0.4cm；表面淡黄绿色或淡紫红色，被短柔毛；体轻，质脆，断面类白色，多不空心。叶对生，多已脱落，叶片 3~5 羽状分裂，裂片细长。穗状轮伞花序顶生，长 2~9cm，直径约 0.7cm。花冠多脱落，宿萼钟状，先端 5 齿裂，淡棕色或黄绿色，被短柔毛；小坚果棕黑色。气芳香，味微涩而辛凉。

以色淡黄绿、穗长而密、香气浓者为佳。

2. **饮片** 呈不规则的段。茎呈方柱形，表面淡黄绿色或淡紫红色，被短柔毛。切面类白色，实心。叶多已脱落。穗状轮伞花序。气芳香，味微涩而辛凉。（图 11-6）

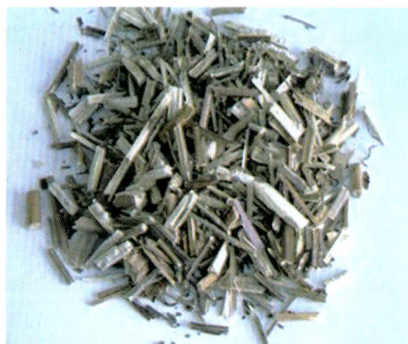

a. 荆芥药材　　　　　　　　b. 荆芥饮片

图 11-6　荆芥药材及饮片图

知 识 链 接

荆芥穗

为唇形科植物荆芥 *Schizonepetae tenuifolia* Briq. 的干燥花穗。夏、秋两季花开到顶、穗绿时采摘，除去杂质，晒干。

药材性状：穗状轮伞花序呈圆柱形，长 3~15cm，直径约 7mm。花冠多脱落，宿萼黄绿色，钟形，质脆易碎，内有棕黑色小坚果。气芳香，味微涩而辛凉。

功效与荆芥相似。

【功效主治】解表散风，透疹，消疮。用于感冒、头痛、麻疹、风疹、疮疡初起。

益母草（Leonuri Herra）

【来源】为唇形科植物益母草 *Leonurus japonicus* Houtt. 的新鲜或干燥地上部分。鲜品春季幼苗期至初夏花前期采割；干品夏季茎叶茂盛、花未开或初开时采割，晒干，或切段晒干。全国大部分地区均产，栽培或野生。

课堂互动

通过眼看、手摸、鼻嗅、口尝等方法仔细观察益母草药材，找出并说明该药材有哪些关键性状特点。

【性状鉴别】

1. 药材

鲜益母草 幼苗期无茎，基生叶圆心形，5～9 浅裂，每裂片有 2～3 钝齿。花前期茎呈方柱形，上部多分枝，四面凹下成纵沟，长 30～60cm，直径 0.2～0.5cm；表面青绿色；质鲜嫩，断面中部有髓。叶交互对生，有柄；叶片青绿色，质鲜嫩，揉之有汁；下部茎生叶掌状 3 裂，上部叶羽状深裂或浅裂成 3 片，裂片全缘或具少数锯齿。气微，味微苦。（图 11 - 7）

图 11 - 7　益母草药材图

干益母草 茎方柱形，上部多分枝，四面凹下成纵沟；表面灰绿色或黄绿色；体轻，质韧，断面中部有髓。叶片灰绿色，多皱缩、破碎，易脱落。轮伞花序腋生，小花淡紫色，花萼筒状，花冠二唇形。多已脱落，每个茎节上留下一轮多刺的花萼，摸之扎手。切段者长约 2cm。

以质嫩、叶多、色灰绿者为佳。质老、枯黄、无叶者不可供药用。

2. 饮片

呈不规则的段。茎方形，四面凹下成纵沟，灰绿色或黄绿色。切面中部有白髓。叶片灰绿色，多皱缩、破碎。轮伞花序腋生，花黄棕色，花萼筒状，花冠二唇形。多已脱落，茎节上留下一轮多刺的花萼，摸之扎手。气微，味微苦。（图 11 - 8）

【功效主治】活血调经，利尿消肿，清热解毒。用于月经不调、痛经经闭、恶露不尽、水肿尿少、疮疡肿毒。

图 11 - 8　益母草饮片图

知 识 链 接

茺蔚子

为唇形科植物益母草 Leonurus japonicus Houtt. 的干燥成熟果实。秋季果实成熟时采割地上部分，晒干，打下果实，除去杂质。广泛分布于全国各地。具有活血调经，清肝明目的功效。用于月经不调、经闭痛经、目赤翳障、头晕胀痛。

紫苏梗（Perillae Cailisl）

【来源】 为唇形科植物紫苏 Perilla frutescens（L.）Britt. 的干燥茎。秋季果实成熟后采割，除去杂质，晒干，或趁鲜切片，晒干。主产于江苏、浙江、河北等省区，多为栽培。

课堂互动

通过眼看、手摸、鼻嗅、口尝等方法仔细观察紫苏梗的药材，找出并说明该药材有哪些关键性状特点。

【性状鉴别】

1. **药材** 茎呈方柱形，四棱钝圆，长短不一，直径 0.5～1.5cm。表面紫棕色或暗紫色，四面有纵沟和细纵纹，节部稍膨大，有对生的枝痕和叶痕。体轻，质硬，断面裂片状。切片厚 2～5mm，常呈斜长方形，木部黄白色，呈放射状，射线细密，髓部白色，疏松或脱落。气微香，味淡。（图 11-9）

以外皮紫棕、有香气者为佳。

2. **饮片** 呈类方形的厚片。表面紫棕色或暗紫色，有的可见对生的枝痕和叶痕。切面木部黄白色，有细密的放射状纹理，髓部白色，疏松或脱落。气微香，味淡。（图 11-10）

图 11-9 紫苏梗药材图

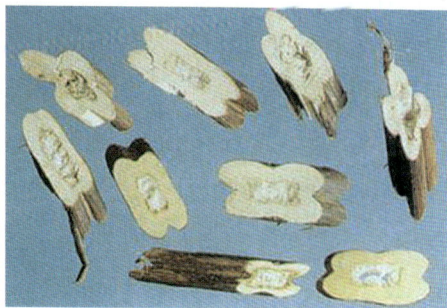

图 11-10 紫苏梗饮片图

【功效主治】理气宽中，止痛，安胎。用于胸膈痞闷、胃脘疼痛、嗳气呕吐、胎动不安。

广藿香（Pogostemonis Hernal）

【来源】为唇形科植物广藿香 *Pogostemon cablin*（Blanco）Benth. 的干燥地上部分。枝叶茂盛时采割，日晒夜闷，反复至干。主产于广东及海南省，分别习称"石牌广藿香"和"海南广藿香"。台湾、广西、云南等省区有栽培。

课堂互动

通过眼看、手摸、鼻嗅、口尝等方法仔细观察广藿香药材，找出并说明该药材有哪些关键性状特点。

【性状鉴别】

1. **药材** 茎略呈方柱形，多分枝，枝条稍曲折，长30~60cm，直径0.2~0.7cm；表面被柔毛；质脆，易折断，断面中部有髓，不空心；老茎类圆柱形，直径1~2cm，被灰褐色栓皮。叶对生，皱缩成团，展平后叶片呈卵形或椭圆形，长4~9cm，宽3~7cm；两面均被灰白色茸毛；先端短尖或钝圆，基部楔形或钝圆，边缘具大小不规则的钝齿；叶柄细，长2~5cm，被柔毛。气香特异，味微苦。（图11-11）

以茎粗、叶多（不得少于20%）、不带须根、香气浓郁者为佳。

图11-11 广藿香药材图

2. **饮片** 呈不规则的段。茎略呈方柱形，表面灰褐色、灰黄色或带红棕色，被柔毛。切面有白色髓，不空心。叶破碎或皱缩成团，完整者展平后呈卵形或椭圆形，两面均被灰白色茸毛；基部楔形或钝圆，边缘具大小不规则的钝齿；叶柄细，被柔毛。气香特异，味微苦。

【功效主治】芳香化浊，和中止呕，发表解暑。用于湿浊中阻、脘痞呕吐、暑湿表证、湿温初起、发热倦怠、胸闷不舒、寒湿闭暑、腹痛吐泻、鼻渊头痛。

香薷（Moslae Herba）

【来源】为唇形科植物石香薷 *Mosla chinensis* Maxim. 或江香薷 *Moda chinensis* 'Jiangxiangru'的干燥地上部分。前者习称"青香薷"，后者习称"江香薷"。夏季茎叶茂盛、花盛时择晴天采割，除去杂质，阴干。主产于江西、河北、河南等省。

课堂互动

通过眼看、手摸、鼻嗅、口尝等方法仔细观察香薷药材，找出并说明该药材有哪些关键性状特点。

【性状鉴别】

1. 药材

青香薷 长 30～50cm，基部紫红色，上部黄绿色或淡黄色，全体密被白色茸毛。茎方柱形，基部类圆形，直径 1～2mm，节明显，节间长 4～7cm；质脆，易折断。叶对生，多皱缩或脱落，叶片展平后呈长卵形或披针形，暗绿色或黄绿色，边缘有 3～5 疏浅锯齿。穗状花序顶生及腋生，苞片圆卵形或圆倒卵形，脱落或残存；花萼宿存，钟状，淡紫红色或灰绿色，先端 5 裂，密被茸毛。小坚果 4，直径 0.7～1.1mm，近圆球形，具网纹。气清香而浓，味微辛而凉。（图 11－12）

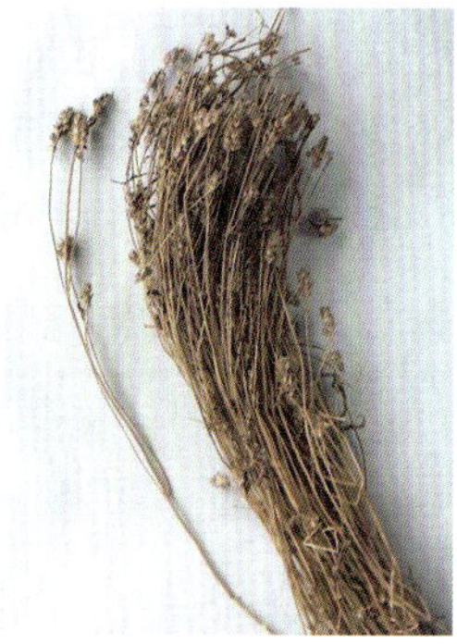

图 11－12 香薷药材图

江香薷 长 55～66cm。表面黄绿色，质较柔软。叶片边缘有 5～9 疏浅锯齿。果实直径 0.9～1.4mm，表面具疏网纹。

以枝嫩、穗多、香气浓郁者为佳。

2. 饮片 为不规则的段状，茎、叶、花、穗混合。全体密被白色茸毛，茎方形，有明显的节，直径 1～2mm；质脆，易折断。叶多皱缩，暗绿色或黄绿色。花序穗状，花萼钟状。气清香而浓，味微辛而凉。

【功效主治】发汗解表，化湿和中。用于暑湿感冒、恶寒发热、头痛无汗、腹痛吐泻、水肿、小便不利。

半枝莲 （Scutellariae Barbatae Herba）

【来源】为唇形科植物半枝莲 *Scutellaria barbata* D, Don 的干燥全草。夏、秋两季茎叶茂盛时采挖，洗净，晒干。主产于河北、陕西、山西、江苏等省。

课堂互动

通过眼看、手摸、鼻嗅、口尝等方法仔细观察半枝莲药材，找出并说明该药材有哪些关键性状特点。

【性状鉴别】

1. **药材** 长 15～35cm，无毛或花轴上疏被毛。根纤细。茎丛生，较细，方柱形；表面暗紫色或棕绿色，断面空心较大；叶对生，有短柄；叶片多皱缩，展平后呈三角状卵形或披针形，长 1.5～3cm，宽 0.5～1cm；先端钝，基部宽楔形，全缘或有少数不明显的钝齿；上表面暗绿色，下表面灰绿色。花单生于茎枝上部叶腋，花萼裂片钝或较圆；花冠二唇形，棕黄色或浅蓝紫色，长约 1.2cm，被毛。果实扁球形，浅棕色。气微，味微苦。(图 11-13)

以枝嫩、叶多、色暗绿者为佳。

2. **饮片** 呈不规则的段。茎方柱形，中空较大，表面暗紫色或棕绿色。叶对生，多破碎，上表面暗绿色，下表面灰绿色。花萼下唇裂片钝或较圆；花冠唇形，棕黄色或浅蓝紫色，被毛。果实扁球形，浅棕色。气微，味微苦。

图 11-13 半枝莲药材图

【功效主治】 清热解毒，化瘀利尿。用于疔疮肿毒、咽喉肿痛、跌扑伤痛、水肿、黄疸，蛇虫咬伤。

马鞭草 (Verbenae Herba)

【来源】 为马鞭草科植物马鞭草 *Verbena officinalis* L. 的干燥地上部分。6～8月花开时采割，除去杂质，晒干。全国大部分地区均产。

课堂互动

通过眼看、手摸、鼻嗅、口尝等方法仔细观察泽兰药材，找出并说明该药材有哪些关键性状特点。

【性状鉴别】

1. **药材** 呈方柱形，多分枝，<u>四面有纵沟，或四面相对两面微凸起，另两面微凹</u>；长 0.5～1m；<u>表面绿褐色</u>，粗糙；质硬而脆，<u>断面有髓或中空</u>。叶对生，皱缩，多破碎，绿褐色，<u>完整者展平后 3 裂，边缘有锯齿</u>。穗状花序细长，有小花多数，<u>气微，味苦</u>。

以干燥、色青绿（带花穗）无根及杂质者为佳。

2. **饮片** 不规则的段。茎方柱形，四面有纵沟，<u>或四面相对两面微凸起，另两面微凹</u>；表面绿褐色，粗糙。<u>切面有髓或中空，</u>叶多破碎，绿褐色，完整者展平后叶 3 深裂，边缘有锯齿。穗状花序，有小花多数。<u>气微，味苦</u>。（图 11-14）

图 11-14 马鞭草饮片图

【功效主治】 活血散瘀，<u>解毒，利水，退黄，截疟</u>。用于癥瘕积聚、痛经经闭、喉痹、痈肿、水肿、黄疸、疟疾。

穿心莲（Andrographis Herba）

【来源】 为爵床科植物穿心莲 *Andrographis paniculata*（Burm. f.） Nees 的干燥地上部分。秋初茎叶茂盛时采割，晒干。主要在广东、广西、福建等省区栽培，云南、四川、江西等省也有栽培。

课堂互动

通过眼看、手摸、鼻嗅、口尝等方法仔细观察穿心莲药材，找出并说明该药材有哪些关键性状特点。

【性状鉴别】

1. **药材** <u>茎呈方柱形</u>，多分枝，长 50～70cm，<u>节稍膨大</u>；<u>表面深绿至墨绿色，光滑无毛</u>；质脆，易折断。<u>断面中央有白色髓，不空心</u>。单叶对生，叶柄短或近无柄；叶片皱缩、易碎，完整者展平后呈披针形或卵状披针形，长 3～12cm，宽 2～5cm，先端渐尖，基部楔形下延，全缘或波状；<u>上表面绿色，下表面灰绿色，两面光滑</u>。气微，味极苦。

以色绿、叶多（不得少于 30%）、味极苦者为佳。

2. **饮片** 呈不规则的段。茎方柱形，节稍膨大；<u>表面深绿至墨绿色</u>。切面不平坦，具类白色髓，不空心。叶片多皱缩或破碎，完整者展平后呈披针形或卵状披针形，先端渐尖，基部楔形下延，全缘或波状；上表面绿色，下表面灰绿色，两面光滑。气微，味极苦。（图11-15）

【功效主治】清热解毒，凉血，消肿。用于感冒发热、咽喉肿痛、口舌生疮、顿咳劳嗽、泄泻痢疾、热淋涩痛、痈肿疮疡、蛇虫咬伤。

图11-15 穿心莲饮片图

青蒿（Artemisiae Annuae Herba）

【来源】为菊科植物黄花蒿 *Artemisia annua* L. 的干燥地上部分。秋季花盛开时采割，除去老茎，阴干。全国大部分地区均产。

课堂互动

通过眼看、手摸、鼻嗅、口尝等方法仔细观察青蒿药材，找出并说明该药材有哪些关键性状特点。

【性状鉴别】

1. **药材** 茎呈圆柱形，上部多分枝，长30~80cm，直径0.2~0.6cm；表面黄绿色或棕黄色，具纵棱线；质略硬，易折断，可压扁，断面中部髓较宽大。叶互生，暗绿色或棕绿色，卷缩易碎，完整者展平后为三回羽状深裂，裂片和小裂片矩圆形或长椭圆形，两面被短毛。气香特异，味微苦。（图11-16）

图11-16 青蒿药材图

以色绿、叶多、香气浓者为佳。

2. **饮片** 呈不规则的小段。茎、叶、花混合。茎圆柱形，表面黄绿色或棕黄色，具纵棱线；质略硬，可压扁，切面中部白色髓较宽大。叶暗绿色或棕绿色，多缩破碎，完整者为三回羽状深裂，裂片和小裂片矩圆形或长椭圆形。两面被短毛，气香特异，味微苦。

【功效主治】清虚热，除骨蒸，解暑热，截疟，退黄。用于温邪伤阴、夜热早凉、阴虚发热、骨蒸劳热、暑邪发热、疟疾寒热、湿热黄疸。

佩兰（Eupatorii Herba）

【来源】为菊科植物佩兰 *Eupatorium fortunei* Turcz. 的干燥地上部分。夏、秋两季分两次采割，除去杂质，晒干。主产于河北、山东、江苏、浙江、广东、广西、四川、湖南、湖北等省区。

课堂互动

通过眼看、手摸、鼻嗅、口尝等方法仔细观察佩兰药材，注意嗅气味，找出并说明该药材有哪些关键性状特点。注意与泽兰的区别。

【性状鉴别】

1. **药材** 茎呈圆柱形，长 30 ~ 100cm，直径 0.2 ~ 0.5cm；表面黄棕色或黄绿色，有的带紫色，有明显的节和纵棱线；质脆，断面髓部白色或中空。叶对生，有柄，叶片多皱缩、破碎，绿褐色；完整叶片 3 裂或不分裂，分裂者中间裂片较大，展平后呈披针形或长圆状披针形，基部狭窄，边缘有锯齿；不分裂者展平后呈卵圆形、卵状披针形或椭圆形。气芳香，味微苦。（图 11 – 17）

以质嫩、叶多、色绿、未开花、香气浓者为佳。

2. **饮片** 呈不规则的段。茎圆柱形，表面黄棕色或黄绿色，有的带紫色，有明显的节和纵棱线。切面髓部白色或中空。叶对生，叶片多皱缩、破碎，绿褐色。气芳香，味微苦。（图 11 – 18）

【功效主治】芳香化湿，醒脾开胃，发表解暑。用于湿浊中阻、脘痞呕恶、口中甜腻、口臭、多涎、暑湿表证、湿温初起、发热倦怠、胸闷不舒。

图 11-17 佩兰药材图

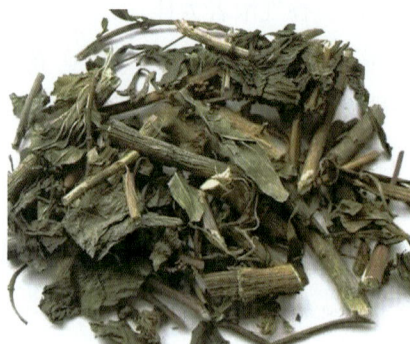

图 11-18 佩兰饮片图

大蓟（Cirsii Japonici Herba）

【来源】 菊科植物蓟 *Cirsium japonicum* Fisch. ex DC. 的干燥地上部分。夏、秋两季花开时采割地上部分，除去杂质，晒干。全国大部分地区均产，主产于安徽、山东、河北等省。

🏠 **课堂互动**

通过眼看、手摸、鼻嗅、口尝等方法仔细观察大蓟药材，找出并说明该药材有哪些关键性状特点。

【性状鉴别】

1. **药材** 茎呈圆柱形，基部直径可达 1.2cm；表面绿褐色或棕褐色，有数条纵棱，被丝状毛；断面灰白色，髓部疏松或中空。叶皱缩，多破碎，完整叶片展平后呈倒披针形或倒卵圆形，羽状深裂，边缘具不等长的针刺；上表面灰绿色或黄棕色，下表面色较浅，两面均具灰白色丝状毛。头状花序顶生，球形或椭圆形，总苞黄褐色，羽状冠毛灰白色。气微，味淡。（图 11-19）

以色灰绿、叶多者为佳。

2. **饮片** 呈不规则的段。茎短圆柱形，表面绿褐色，有数条纵棱，被丝状毛；切面灰白色，髓部疏松或中空。叶皱缩，多破碎，边缘具不等长的针刺；两面均具灰白色丝状毛。头状花序多破碎。气微，味淡。

【功效主治】 凉血止血，散瘀解毒消痈。用于衄血、吐血、尿血、便血、崩漏、外伤出血、痈肿疮毒。

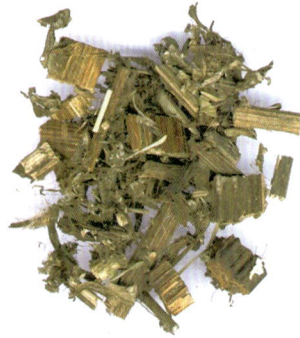

图 11 - 19　大蓟药材图

小蓟（Cirsii Herba）

【来源】 为菊科植物刺儿菜 *Cirsium setosum*（Willd ）Mb. 的干燥地上部分。夏、秋两季花开时采割，除去杂质，晒干。全国各地均产。

课堂互动

通过眼看、手摸、鼻嗅、口尝等方法仔细观察小蓟药材，找出并说明该药材有哪些关键性状特点。

【性状鉴别】

1. **药材**　茎呈圆柱形，有的上部分枝，长 5 ~ 30cm，直径 0.2 ~ 0.5cm；表面灰绿色或带紫色，具纵棱及白色柔毛；质脆，易折断，断面中空。叶互生，无柄或有短柄；叶片皱缩或破碎，完整者展平后呈长椭圆形或长圆状披针形，长 3 ~ 12cm，宽 0.5 ~ 3cm；全缘或微齿裂至羽状深裂，齿尖具针刺；上表面绿褐色，下表面灰绿色，两面均具白色柔毛。头状花序单个或数个顶生；总苞钟状，苞片 5 ~ 8 层，黄绿色；花紫红色。气微，味微苦。（图 11 - 20）

以色灰绿、质嫩、叶多者为佳。

图 11 - 20　小蓟药材图

2. 饮片 呈不规则的段。茎呈圆柱形，表面灰绿色或带紫色，具纵棱和白色柔毛。切面中空。叶片多皱缩或破碎，叶齿尖具针刺；两面均具白色柔毛。头状花序，总苞钟状；花紫红色。气微，味苦。（图 11 – 21）

【功效主治】凉血止血，散瘀解毒消痈。用于衄血、吐血、尿血、血淋、便血、崩漏、外伤出血、痈肿疮毒。

图 11 – 21 小蓟饮片图

木贼（Equiseti Hiemalis Herba）

【来源】为木贼科植物木贼 *Equisetum hyemale* L. 的干燥地上部分。夏、秋两季采割，除去杂质，晒干或阴干。主产于辽宁、吉林、黑龙江、陕西以及湖北。陕西产量大，辽宁品质佳。

课堂互动

通过眼看、手摸、鼻嗅、口尝等方法仔细观察木贼药材，找出并说明该药材有哪些关键性状特点。

【性状鉴别】

1. 药材 呈长管状，不分枝，长 40~60cm，直径 0.2~0.7cm。表面灰绿色或黄绿色，有18~30 条纵棱，棱上有多数细小光亮的疣状突起；节明显，节间长 2.5~9cm，节上着生筒状鳞叶，叶鞘基部和鞘齿黑棕色，中部淡棕黄色。体轻，质脆，易折断，断面中空，周边有多数圆形的小空腔。气微，味甘淡、微涩，嚼之有沙粒感。

以茎粗长、色绿、质厚不脱节者为佳。

2. 饮片 呈管状的段。表面灰绿色或黄绿色，有 18~30 条纵棱，棱上有多数细小光亮的疣状突起；节明显，节上着生筒状鳞叶，叶鞘基部和鞘齿黑棕色，中部淡棕黄色。切面中空，周边有多数圆形的小空腔。气微，味甘淡、微涩，嚼之有沙粒感。

【功效主治】疏散风热，明目退翳。用于风热目赤、迎风流泪、目生云翳。

麻黄（Ephedrae Herba）

【来源】为麻黄科植物草麻黄 *Ephedra sinica* Stapf、中麻黄 *Ephedra intermedia* Schrenk et

C. A. Mey. 或木贼麻黄 *Ephedra equisetina* Bge. 的干燥草质茎。秋季采割绿色的草质茎，晒干。过早采收质嫩、茎空；过迟则色老黄，质次。暴晒过久则色发黄，受霜冻则颜色变红，均影响质量。

草麻黄主产于河北、山西、内蒙古、新疆；中麻黄主产于甘肃、青海、内蒙古、新疆；木贼麻黄主产于河北、山西、甘肃、陕西等省。习惯上以山西产者质量最佳。商品中以草麻黄产量最大，中麻黄次之，而木贼麻产量较小，多自产自销。

课堂互动

通过眼看、手摸、鼻嗅、口尝等方法仔细观察麻黄药材，找出并说明该药材有哪些关键性状特点。注意茎及鳞叶形状、茎断面髓部的颜色。

【性状鉴别】

1. **药材**

草麻黄 呈细长圆柱形，少分枝，直径 1~2mm。有的带少量棕色木质茎。表面淡绿色至黄绿色，有细纵脊线，触之微有粗糙感。节明显，节间长 2~6cm。节上有膜质鳞叶，长 3~4mm；裂片 2（稀 3），锐三角形，先端灰白色，反曲，基部联合成筒状，红棕色。体轻，质脆，易折断，断面略呈纤维性，周边绿黄色，髓部红棕色，近圆形。气微香，味涩、微苦。（图 11-22）

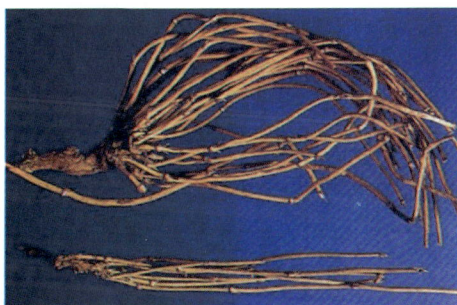

图 11-22 草麻黄药材图

中麻黄 多分枝，直径 1.5~3mm，有粗糙感。节上膜质鳞叶长 2~3mm，裂片 3（稀 2），先端锐尖。断面髓部红棕色呈三角状圆形。（图 11-23）

木贼麻黄 较多分枝，直径 1~1.5mm，无粗糙感。节间长 1.5~3cm。膜质鳞叶长 1~2mm；裂片 2（稀 3），上部为短三角形，灰白色，先端多不反曲，基部棕红色至棕黑色。（图 11-24）

均以干燥、茎粗、色淡绿、内心充实红棕色、味涩苦者为佳。

2. **饮片** 呈圆柱形的段。表面淡黄绿色至黄绿色，粗糙，有细纵脊线，节上有细小鳞叶。切面中心显红棕色髓。气微香，味涩、微苦。

图 11-23　中麻黄药材图

图 11-24　木贼麻黄药材图

【显微鉴别】

草麻黄　表皮细胞外被厚的角质层；脊线较密，有蜡质疣状突起，两脊线间有下陷气孔。下皮纤维束位于脊线处，壁厚，非木化。皮层较宽，纤维成束散在。中柱鞘纤维束新月形。维管束外韧型，8~10个。形成层环类圆形。木质部呈三角状。髓部薄壁细胞含棕色块；偶有环髓纤维。表皮细胞外壁、皮层薄壁细胞及纤维均有多数微小草酸钙砂晶或方晶。(图 11-25)

中麻黄　维管束 12~15 个。形成层环类三角形。环髓纤维成束或单个散在。

木贼麻黄　维管束 8~10 个。形成层环类圆形。无环髓纤维。

图 11-25　草麻黄茎横切面简图

1. 表皮　2. 气孔　3. 皮层　4. 髓部
5. 形成层　6. 木质部　7. 韧皮部
8. 中柱鞘纤维　9. 下皮纤维　10. 皮层纤维

【功效主治】发汗散寒，宣肺平喘，利水消肿。用于风寒感冒、胸闷喘咳、风水浮肿。蜜麻黄润肺止咳。多用于表证已解，气喘咳嗽。

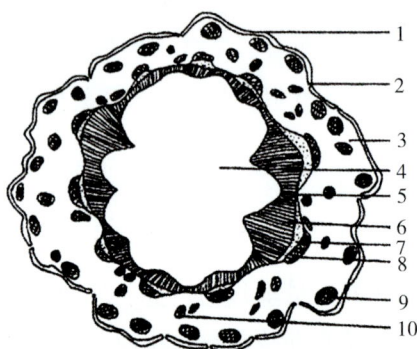

伸筋草（Lycopodii Herba）

【来源】为石松科植物石松 *Lycopodium japonicum* Thunb. 的干燥全草。夏、秋两季茎叶茂盛时采收，除去杂质，晒干。主产于浙江、湖北、贵州、四川、重庆、福建、江苏、山东等省市。

🏠 课堂互动

通过眼看、手摸、鼻嗅、口尝等方法仔细观察伸筋草药材，找出并说明该药材有哪些关键性状特点。

【性状鉴别】

1. **药材** 匍匐茎呈细圆柱形，略弯曲，长可达 2m，直径 1 ~ 3mm，其下有黄白色细根；直立茎作二叉状分枝。叶密生茎上，螺旋状排列，皱缩弯曲，线形或针形，长 3 ~ 5mm，黄绿色至淡黄棕色，无毛，先端芒状，全缘，易碎断。质柔软，断面皮部浅黄色，木部类白色。气微，味淡。（图 11 – 26）

以色绿、身干、不碎者为佳。

2. **饮片** 呈不规则的段，茎呈圆柱形，略弯曲。叶密生茎上，螺旋状排列，皱缩弯曲，线形或针形，黄绿色至淡黄棕色，先端芒状，全缘。切面皮部浅黄色，木部类白色。气微，味淡。

图 11 – 26 伸筋草药材图

【功效主治】 祛风除湿，舒筋活络。用于关节酸痛、屈伸不利。

瞿麦（Dianthi Herba）

【来源】 为石竹科植物瞿麦 *Dianthus superbus* L. 或石竹 *Dianthus chinensis* L. 的干燥地上部分。夏、秋两季花果期采割，除去杂质，干燥。全国大部分地区均产。

课堂互动

通过眼看、手摸、鼻嗅、口尝等方法仔细观察瞿麦药材，找出并说明该药材有哪些关键性状特点。

【性状鉴别】

1. **药材**

瞿麦 茎圆柱形，上部有分枝，长 30 ~ 60cm；表面淡绿色或黄绿色，光滑无毛，节明显，略膨大，断面中空。叶对生，多皱缩，展平叶片呈条形至条状披针形。枝端具花及果实，花萼筒状，长 2.7 ~ 3.7cm；苞片 4 ~ 6，宽卵形，长约为萼筒的1/4；花瓣棕紫色或棕黄色，卷曲，先端深裂成丝状。蒴果长筒形，与宿萼等长。种子细小，多数。气微，味淡。（图 11 – 27）

石竹 萼筒长 1.4 ~ 1.8cm，苞片长约为萼筒的1/2；花瓣先端浅齿裂。

均以色黄绿、无杂草、无根须者为佳。

2. **饮片** 呈不规则的段。节明显，略膨大。切面中空。叶多破。花萼筒状，蒴果长筒形。余同药材。（图 11 – 28）

图 11 –27　瞿麦药材图

图 11 –28　瞿麦饮片图

【功效主治】清热解毒，止痢，止血。用于湿热泻痢、痈肿疮毒、血热吐衄、便血、崩漏。

萹蓄（Polygoni vicularis Herba）

【来源】为蓼科植物萹蓄 *Polygonum aviculare* L. 的干燥地上部分。夏季叶茂盛时采收，除去根和杂质，晒干。全国大部分地区均产，以河南、四川、浙江、山东等省产量最大。

课堂互动

通过眼看、手摸、鼻嗅、口尝等方法仔细观察萹蓄药材，找出并说明该药材有哪些关键性状特点。

【性状鉴别】

1. **药材** 茎呈圆柱形而略扁，有分枝，长 15 ~ 40cm，直径 0.2 ~ 0.3cm。表面灰绿色或棕红色，有细密微突起的纵纹；节部稍膨大，有浅棕色膜质的托叶鞘，节间长约 3cm；质硬，易折断，断面髓部白色。叶互生，近无柄或具短柄，叶片多脱落或皱缩、破碎，完整者展平后呈披针形，全缘，两面均呈棕绿色或灰绿色。气微，味微苦。（图 11 – 29）

图 11 –29　萹蓄药材图

以色绿、叶多、质嫩、无杂质者为佳。

2. **饮片** 呈不规则的段。茎呈圆柱形而略扁，表面灰绿色或棕红色，有细密微突起的纵纹；节部稍膨大，有浅棕色膜质的托叶鞘。切面髓部白色。叶片多破碎，完整者展平后呈披针形，全缘。气微，味微苦。

【功效主治】 利尿通淋，杀虫，止痒。用于热淋涩痛，小便短赤，虫积腹痛，皮肤湿疹，阴痒带下。

淡竹叶（Lophatheri Herba）

【来源】 为禾本科植物淡竹叶 *Lophatherum gracile* Brongn. 的干燥茎叶。夏季未抽花穗前采割，晒干。主产于浙江、安徽、湖南等省，以浙江产量大，质量优，称"杭竹叶"。

课堂互动

通过眼看、手摸、鼻嗅、口尝等方法仔细观察淡竹叶药材，找出并说明该药材有哪些关键性状特点。

【性状鉴别】

1. **药材** 长 25～75cm。茎呈圆柱形，有节，表面淡黄绿色，断面中空。叶鞘开裂。叶片披针形，有的皱缩卷曲，长 5～20cm，宽 1～3.5cm；表面浅绿色或黄绿色。叶脉平行，具横行小脉，形成长方形的网格状，下表面尤为明显。体轻，质柔韧。气微，味淡。

以叶多、长大、色绿、不带根及花穗者为佳。

2. **饮片** 呈不规则的短段。茎呈圆柱形，表面淡黄绿色，断面中空。有的可见茎节或开裂的叶鞘。叶片皱缩卷曲。表面浅绿色或黄绿色。叶脉平行，具横行小脉，形成长方形的网格状，下表面尤为明显。体轻，柔韧。气微，味淡。（图 11-30）

【功效主治】 解表，除烦，宣发郁热。用于感冒、寒热头痛、烦躁胸闷、虚烦不眠。

图 11-30 淡竹叶饮片图

肉苁蓉（Cistanches Herba）

【来源】 为列当科植物肉苁蓉 *Cistanche deserticoLa* Y. C. Ma 或管花肉苁蓉 *Cistanche tubulosa*（Schenk）Wight 的干燥带鳞叶的肉质茎。春季苗刚出土时或秋季冻土之前采挖，除去茎尖。切段，晒干。主产于内蒙古、新疆、青海、甘肃、陕西等省区。以内蒙古所产量大质优。

课堂互动

通过眼看、手摸、鼻嗅、口尝等方法仔细观察肉苁蓉药材，找出并说明该药材有哪些关键性状特点。注意对比肉苁蓉和管花肉苁蓉断面的差别。

【性状鉴别】

1. 药材

肉苁蓉 呈扁圆柱形，稍弯曲，长 3 ~ 15cm，直径 2 ~ 8cm，表面棕褐色或灰棕色，密被覆瓦状排列的肉质鳞叶，通常鳞叶先端已断。体重，质硬，微有柔性，不易折断，断面棕褐色，有淡棕色点状维管束，排列成波状环纹。气微，味甜、微苦。（图 11 - 31）

图 11 -31 肉苁蓉药材图

管花肉苁蓉 呈类纺锤形、扁纺锤形或扁柱形，稍弯曲，长 5 ~ 25cm，直径 2.5 ~ 9cm。表面棕褐色至黑褐色。断面颗粒状，灰棕色至灰褐色，散生点状维管束。

以条粗壮、色棕褐、质柔润者为佳。

2. 饮片

肉苁蓉片 呈不规则厚片。表面棕褐色或灰棕色。有的可见肉质鳞叶。切面有淡棕色或棕黄色点状维管束，排列成波状环纹。气微，味甜、微苦。（图 11 -32）

管花肉苁蓉片 切面散生点状维管束，余同肉苁蓉片。（图 11 -33）

图 11 –32　肉苁蓉饮片图

图 11 –33　管花肉苁蓉饮片图

【功效主治】补肾阳，益精血，润肠通便。用于肾阳不足、精血亏虚、阳痿不孕、腰膝酸软、筋骨无力、肠燥便秘。

锁阳（Cynomorii Herba）

【来源】为锁阳科植物锁阳 *Cynomorium songaricum* Rupr. 的干燥肉质茎。春季采挖，除去花序，切段，晒干。主产于内蒙古、宁夏、甘肃、青海等省区。

课堂互动

通过眼看、手摸、鼻嗅、口尝等方法仔细观察锁阳药材，注意观察药材或饮片的形状、肉质鳞片、颜色、断面维管束的排列等特征。

【性状鉴别】

1. **药材**　呈扁圆柱形，微弯曲，长 5～15cm，直径 1.5～5cm。表面棕色或棕褐色，粗糙，具明显纵沟和不规则凹陷，有残存三角形的黑棕色鳞片。体重，质硬，难折断，断面浅棕色或棕褐色，有黄色三角状维管束。气微，味甘而涩。（图 11 –34）

2. **饮片**　为不规则形或类圆形的片。外表皮棕色或棕褐色，粗糙，具明显纵沟及不规则凹陷。切面浅棕色或棕褐色，散在黄色三角状维管束。气微，味甘而涩。（图 11 –35）

【功效主治】补肾阳，益精血，润肠通便。用于肾阳不足、精血亏虚、腰膝痿软、阳痿滑精、肠燥便秘。

图 11-34 锁阳原药材图

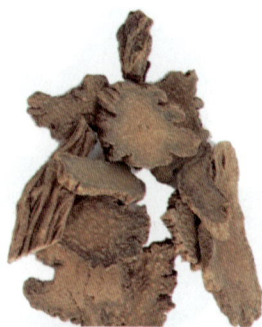

图 11-35 锁阳饮片图

豨莶草（Siegesbeckiae Herba）

【来源】 为菊科植物豨莶 *Siegesbeckia orientalis* L. 、腺梗豨莶 *Siegesbeckia pubescens* Makino 或毛梗豨莶 *Siegesbeckiaglabrescens* Makino 的干燥地上部分。夏、秋两季花开前和花期均可采割，除去杂质，晒干。全国大部分地区均产，主产于河南、福建、湖北、江苏等省。

课堂互动

通过眼看、手摸、鼻嗅、口尝等方法仔细观察豨莶草药材，找出并说明该药材有哪些关键性状特点。

【性状鉴别】

1. **药材** 茎略呈方柱形或六棱形圆柱，多分枝，长 30～110cm，直径 0.3～1cm；表面灰绿色、黄棕色或紫棕色，有纵沟和细纵纹，被灰色柔毛；节明显，略膨大；质脆，易折断，断面黄白色或带绿色，髓部宽广，类白色，中空。叶对生，叶片多皱缩、卷曲，展平后呈卵圆形，基部下延至叶柄呈翼状，灰绿色，边缘有钝锯齿，两面皆有白色柔毛，主脉 3 出。有的可见黄色头状花序，总苞片匙形。气微，味微苦。（图 11-36）

以叶多、枝嫩、色深绿者为佳。

2. **饮片** 呈不规则的段。茎略呈方柱形，表面灰绿色、黄棕色或紫棕色，有纵沟和细纵纹，被灰色柔毛。切面髓部类白色。叶多破碎，灰绿色，边缘有钝锯齿，两面皆具白色柔毛。有时可见黄色头状花序。气微，味微苦。（图 11-37）

【功效主治】 祛风湿，利关节，解毒。用于风湿痹痛、筋骨无力、腰膝酸软、四肢麻痹、半身不遂、风疹湿疮。

图 11 -36 豨莶草药材图

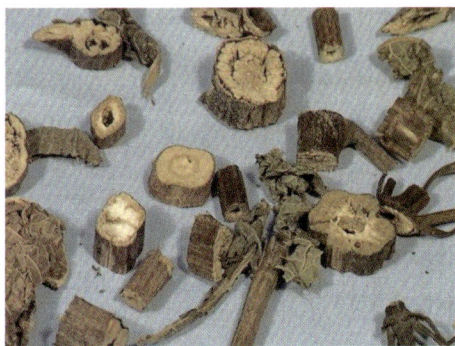

图 11 -37 豨莶草饮片图

仙鹤草 （Agrimoniae Herba）

【来源】 为蔷薇科植物龙芽草 *Agrimonia pilosa* Ledeb. 的干燥地上部分。夏、秋两季茎叶茂盛时采割，除去杂质，干燥。全国各地均产。主产于湖北、浙江、江苏等省。

课堂互动

通过眼看、手摸、鼻嗅、口尝等方法仔细观察仙鹤草药材，找出并说明该药材有哪些关键性状特点。

【性状鉴别】

1. 药材　长 50~100cm，全体被白色柔毛。茎下部圆柱形，直径 4~6mm，红棕色，上部方柱形，四面略凹陷，绿褐色，有纵沟和棱线，有节；体轻，质硬，易折断，断面中空。单数羽状复叶互生，暗绿色，皱缩卷曲；质脆，易碎；叶片有大小 2 种，相间生于叶轴上，顶端小叶较大，完整小叶片展平后虽卵形或长椭圆形，先端尖，基部楔形，边缘有锯齿；托叶 2，抱茎，斜卵形。总状花序细长，花萼下部呈筒状，萼筒上部有钩刺，先端 5 裂，花瓣黄色。气微，味微苦。

以质嫩、叶多者为佳。

2. 饮片　不规则的段。茎多数方柱形，有纵沟和棱线，有节。切面中空。叶多破碎，暗绿色，边缘有锯齿；托叶抱茎。有时可见黄色花或带钩刺的果实。气微，味微苦。（图 11 -38）

图 11 -38 仙鹤草饮片图

【功效主治】<u>收敛止血，截疟，止痢，解毒，补虚</u>。用于咯血、吐血、崩漏下血、疟疾、血痢、痈肿疮毒、阴痒带下、脱力劳伤。

老鹳草（Erodii Herba Geranii Herba）

【来源】 为牻牛儿苗科植物牻牛儿苗 *Enniium stephanianum* Willd.、老鹳草 *Geranium wilfordii* Maxim. 或野老鹳草 *Geranium carolinianum* L. 的干燥地上部分，前者习称"长嘴老鹳草"，后两者习称"短嘴老鹳草"，夏、秋两季果实近成熟时采割，捆成把，晒干。长嘴老颧草主产于河北、山东、山西；短嘴老颧草主产于四川、云南。

课堂互动

通过眼看、手摸、鼻嗅、口尝等方法仔细观察老鹳草药材，找出并说明该药材有哪些关键性状特点。

【性状鉴别】

1. 药材

长嘴老鹳草 茎长 30~50cm，直径 0.3~0.7cm，多分枝，<u>节膨大</u>。表面灰绿色或带紫色，有纵沟纹和稀疏茸毛。质脆，<u>断面黄白色，有的中空</u>。叶对生，具细长叶柄；叶片卷曲皱缩，质脆易碎，<u>完整者为二回羽状深裂，裂片披针线形</u>。果实长圆形，长 0.5~1cm。<u>宿存花柱长 2.5~4cm，形似鹳喙</u>，有的裂成 5 瓣，呈螺旋形卷曲。<u>气微，味淡</u>。（图 11-39、11-40）

短嘴老鹳草 茎较细，略短。叶片圆形，3 或 5 深裂，裂片较宽，边缘具缺刻。<u>果实球形</u>，长 0.3~0.5cm。<u>花柱长 1~1.5cm</u>，有的 5 裂向上卷曲呈伞形。<u>野老鹳草叶片掌状 5~7 深裂</u>，裂片条形，每裂片又 3~5 深裂。

均以色深绿、花果多者为佳。

2. 饮片
不规则的段。<u>茎表面灰绿色或带紫色，节膨大</u>。切面黄白色，有时中空。叶对生，卷曲皱缩，灰褐色，具细长叶柄。果实长圆形或球形，<u>宿存花柱形似鹳喙</u>。气微，味淡。

【功效主治】<u>祛风湿，通经络，止泻痢</u>。用于风湿痹痛、麻木拘挛、筋骨酸痛、泄泻痢疾。

图 11 -39 长嘴老鹳草植物图

图 11 -40 老鹳草药材图

败酱草（Patriniae Herba）

【来源】 为败酱科植物黄花败酱 *Patrinia scabiosaefolia* Fisch. 或白花败酱 *Patrinia villosa*（Thunb.）Juss 的全草。夏季花开前采挖，晒至半干，扎成束，再阴干。主产于四川、江西、福建等地。

课堂互动

通过眼看、手摸、鼻嗅、口尝等方法仔细观察败酱草药材，找出并说明该药材有哪些关键性状特点。

【性状鉴别】

1. 药材 全长 50 ~ 100cm。根茎呈圆柱形，直径 0.3 ~ 1cm，表面暗棕色至紫棕色，有节，节间长多不超过 2cm，上有细根。茎圆柱形，直径 0.2 ~ 0.8cm；表面黄绿色至黄棕色，节明显，常有倒生粗毛，质脆，断面中部有髓或细小空洞。叶对生，叶片薄，多卷缩或破碎，完整者展平后呈羽状深裂至全裂，有 5 ~ 11 裂片，先端裂片较大，长椭圆形或卵形，两侧裂片狭椭圆形至条形，边缘有粗锯齿，上表面深绿色或黄棕色，下表面色较浅，两面疏生白毛，叶柄短或近无柄，基部略抱茎；茎上部叶较小，常 3 裂，裂片狭长，有的枝端带有伞房状聚伞圆锥花序。气特异似臭酱，味微苦。（图 11 -41）

以叶多、色绿、有花序者为佳。

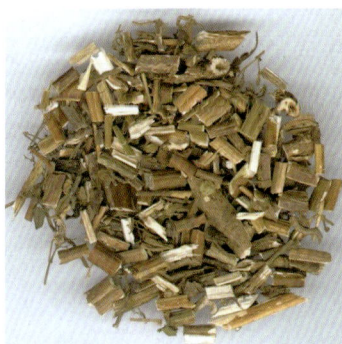

图 11 -41 败酱草药材图

2. 饮片 不规则的段。根茎呈圆柱形，表面暗棕色至紫棕色。茎圆柱形，表面黄绿色至黄棕色，<u>节明显，常有倒生粗毛</u>，质脆，<u>断面中部有髓或细小空洞</u>。叶多破碎。余同药材。

【功效主治】<u>清热解毒，消痈排脓，祛瘀止痛</u>。用于肠痈腹痛、肺痈吐脓、痈肿疮毒、产后瘀阻腹痛。

鱼腥草（Houttuyniae Herba）

【来源】 为三白草科植物蕺菜 *Houttuynia cordata* Thunb. 的新鲜全草或干燥地上部分。鲜品全年均可采割；干品夏季茎叶茂盛花穗多时采割，除去杂质，晒干。主产于长江以南各地。

课堂互动

通过眼看、手摸、鼻嗅、口尝等方法仔细观察鱼腥草药材，找出并说明该药材有哪些关键性状特点。

【性状鉴别】

1. 药材

鲜鱼腥草 茎呈圆柱形，长 20～45cm，直径 0.25～0.45cm；<u>上部绿色或紫红色</u>，<u>下部白色</u>，节明显，下部节上生有须根，无毛或被疏毛。<u>叶互生</u>，叶片心形，长 3～10cm，宽 3～11cm；先端渐尖，<u>全缘</u>；<u>上表面绿色，密生腺点，下表面常紫红色</u>；叶柄细长，基部与托叶合生成鞘状。<u>穗状花序顶生</u>。具鱼腥气，味涩。（图 11－42）

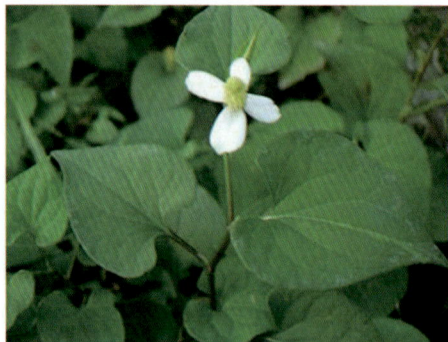

图 11－42　蕺菜原植物图

干鱼腥草 茎呈扁圆柱形，<u>扭曲</u>，表面黄棕色，<u>具纵棱数条</u>；质脆，易折断。叶片卷折皱缩，展平后呈心形，上表面暗黄绿色至暗棕色，下表面灰绿色或灰棕色。穗状花序黄棕色。揉搓或温水浸泡具鱼腥气，味涩（图 11－43）

以叶多、色绿、有花穗、鱼腥气浓者为佳。

2. 饮片 不规则的段。茎呈扁圆柱形，表面<u>淡红棕色至黄棕色</u>，有纵棱。叶片多破碎，黄棕色至暗棕色。穗状花序黄棕色。<u>搓碎具鱼腥气，味涩</u>。（图 11－44）

图 11 - 43　鱼腥草药材图

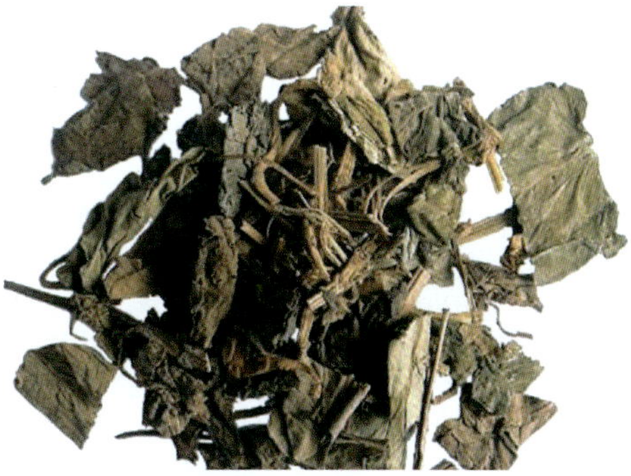

图 11 - 44　鱼腥草饮片图

【功效主治】清热解毒，消痈排脓，利尿通淋。用于肺痈吐脓、痰热喘咳、热痢、热淋、痈肿疮毒。

石斛（Dendrobii Cauliss）

【来源】为兰科植物金钗石斛 *Dendrobium nobile* Lindl.、鼓槌石斛 *Dctidrobium chrysotoxum* Lindl. 或流苏石斛 *Dendrobium fimbriatum* Hook. 的栽培品及其同属植物近似种的新鲜或干燥茎（图 11 - 45）。全年均可采收，鲜用者除去根和泥沙；干用者采收后，除去杂质，用开水略烫或烘软，再边搓边烘晒，至叶鞘搓净，干燥。主产于广西、贵州、广东、云南、四川等省区。

课堂互动

通过眼看、手摸、鼻嗅、口尝等方法仔细观察石斛药材，找出并说明该药材有哪些关键性状特点。

【性状鉴别】

1. 药材

鲜石斛　呈圆柱形或扁圆柱形，长约 30cm，直径 0.4 ~ 1.2cm。表面黄绿色，光滑或有纵纹，节明显，色较深，节上有膜质叶鞘。肉质多汁，易折断。气微，味微苦而回甜，嚼之有黏性。（图 11 - 46）

金钗石斛　呈扁圆柱形，长 20 ~ 40cm，直径 0.4 ~ 0.6cm，节间长 2.5 ~ 3cm。表面金黄色或黄中带绿色，有深纵沟。质硬而脆，断面较平坦而松。气微，味苦。（图 11 - 47）

鼓槌石斛　呈粗纺锤形，中部直径 1 ~ 3cm，具 3 ~ 7 节。表面光滑，金黄色，有明显凸起的棱。质轻而松脆，断面海绵状。气微，味淡，嚼之有黏性。

流苏石斛 呈长圆柱形，长 20 ~ 150cm，直径 0.4 ~ 1.2cm，节明显，节间长 2 ~ 6cm。表面黄色至暗黄色，有深纵槽。质疏松，断面平坦或呈纤维性。味淡或微苦，嚼之有黏性。

图 11 - 45　金钗石斛原植物图

图 11 - 46　鲜石斛药材图

图 11 - 47　石斛药材图

鲜石斛以青绿色、肥满多汁、嚼之发黏为佳；干石斛以色金黄、有光泽、质柔韧者为佳。

2. 饮片

干石斛 呈扁圆柱形或圆柱形的段。表面金黄色、绿黄色或棕黄色，有光泽，有深纵沟或纵棱，有的可见棕褐色的节。切面黄白色至黄褐色，有多数散在的筋脉点。气微，味淡或微苦，嚼之有黏性。（图 11 - 48）

鲜石斛 呈圆柱形或扁圆柱形的段。直径 0.4 ~ 1.2cm。表面黄绿色，光滑或有纵纹，肉质多汁。气微，味微苦而回甜，嚼之有黏性。

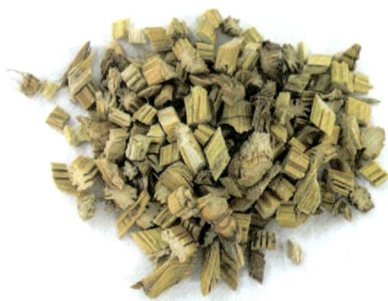

图 11 - 48　石斛饮片图

【功效主治】 益胃生津，滋阴清热。用于热病津伤、口干烦渴、胃阴不足、食少干呕、病后虚热不退、阴虚火旺、骨蒸劳热、目暗不明、筋骨痿软。

墨旱莲（Ecliptae Herba）

【来源】 为菊科植物鳢肠 *Eclipta prostrata* L. 的干燥地上部分。花开时采割，晒干。全国大部分地区均产，主产于江苏、浙江、江西、湖北等省。

课堂互动

通过眼看、手摸、鼻嗅、口尝等方法仔细观察墨旱莲药材，找出并说明该药材有哪些关键性状特点。

【性状鉴别】

1. **药材** 全体被白色茸毛。茎呈圆柱形，有纵棱，直径 2 ~ 5mm；表面绿褐色或墨绿色。叶对生，近无柄，叶片皱缩卷曲或破碎，完整者展平后呈长披针形，全缘或具浅齿，墨绿色。头状花序直径 2 ~ 6mm。瘦果椭圆形而扁，长 2 ~ 3mm，棕色或浅褐色。气微，味微咸。（图 11 - 49）

以色墨绿、叶多者为佳。

2. **饮片** 呈不规则的段。茎圆柱形，表面绿褐色或墨绿色，具纵棱，有白毛，切面中空或有白色髓。叶多皱缩或破碎，墨绿色，密生白毛，展平后可见边缘全缘或具浅锯齿。头状花序。气微，味微咸。（图 11 - 50）

图 11 - 49 墨旱莲药材图

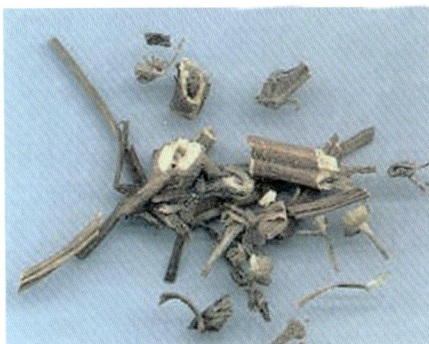

图 11 - 50 墨旱莲饮片图

【功效主治】**滋补肝肾，凉血止血。**用于肝肾阴虚，牙齿松动，须发早白，眩晕耳鸣，腰膝酸软，阴虚血热吐血、衄血、尿血，血痢，崩漏下血，外伤出血。

卷柏（Selaginellae Herba）

【来源】为卷柏科植物卷柏 *Selaginella tamariscina*（Beauv.）Spring 或垫状卷柏 *Selaginella pulvinatq*（Hook, et Grev.）Maxim. 的干燥全草。全年均可采收，除去须根和泥沙，晒干。全国大部分地区均产。

课堂互动

通过眼看、手摸、鼻嗅、口尝等方法仔细观察卷柏药材，找出并说明该药材有哪些关键性状特点。

【性状鉴别】

1. 药材

卷柏 卷缩似拳状，长 3～10cm。枝丛生，扁而有分枝，绿色或棕黄色，向内卷曲，枝上密生鳞片状小叶，叶先端具长芒。中叶（腹叶）两行，卵状矩圆形，斜向上排列，叶缘膜质，有不整齐的细锯齿；背叶（侧叶）背面的膜质边缘常呈棕黑色。基部残留棕色至棕褐色须根，散生或聚生成短干状。质脆，易折断。气微，味淡。（图 11－51）

图 11－51 卷柏药材图

垫状卷柏 须根多散生。中叶（腹叶）两行，卵状披针形，直向上排列。叶片左右两侧不等，内缘较平直，外缘常因内折而加厚，呈全缘状。（图 11－52）

以色青绿、不带大根、叶多、完整无碎者为佳。

2. 饮片

呈卷缩的段状，枝扁而有分枝，绿色或棕黄色，向内卷曲，枝上密生鳞片状小叶。叶先端具长芒。中叶（腹叶）两行，卵状矩圆形或卵状披针形，斜向或直向上排列，叶缘膜质，有不整齐的细锯齿或全缘；背叶（侧叶）背面的膜质边缘常呈棕黑色。气微，味淡。（图 11－53）

【功效主治】**活血通经。**用于经闭痛经、癥瘕痞块、跌扑损伤。卷柏炭化瘀止血。用于吐血、崩漏、便血、脱肛。

图 11-52 垫状卷柏药材图

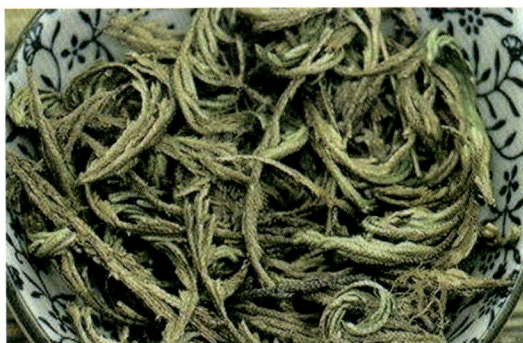

图 11-53 卷柏饮片图

半边莲（Lobeliae Chinensis Herba）

【来源】 为桔梗科植物半边莲 *Lobelia chinensis* Lour. 的干燥全草。夏季采收，除去泥沙，洗净，晒干。全国大部分地区均产，主产于河北、河南、陕西、山西、江苏等省。

课堂互动

通过眼看、手摸、鼻嗅、口尝等方法仔细观察半边莲药材，找出并说明该药材有哪些关键性状特点。

【性状鉴别】

1. **药材** 常缠结成团。根茎极短，直径 1~2mm；表面淡棕黄色，平滑或有细纵纹，根细小，黄色，侧生纤细须根。茎细长，有分枝，灰绿色，节明显，有的可见附生的细根。叶互生，无柄，叶片多皱缩，绿褐色，展平后叶片呈狭披针形，长 1~2.5cm，宽 0.2~0.5cm，边缘具疏而浅的齿或全缘。花梗细长，花小，单生于叶腋，花冠基部筒状，上部 5 裂，偏向一边，浅紫红色，花冠筒内有白色茸毛。气微特异，味微甘而辛。（图 11-54）

以枝嫩、叶多、色暗绿者为佳。

2. **饮片** 不规则的段。根及根茎细小，表面淡棕黄色或黄色。茎细，灰绿色，节明显。叶无柄，叶片多皱缩，绿褐色，狭披针形，边缘具疏而浅的齿或全缘。气味特异，味微甘而辛。（图 11-55）

【功效主治】 清热解毒，利尿消肿。用于痈肿疔疮、蛇虫咬伤、鼓胀水肿、湿热黄疸、湿疹湿疮。

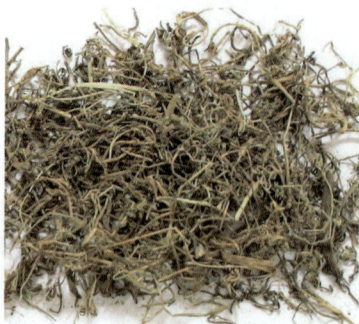

图 11 -54　半边莲药材图

图 11 -55　半边莲饮片图

白花蛇舌草（Ecliptae Herba）

【来源】 为茜草科植物白花蛇舌草 *Hedyotis diffusa* Willd. 的新鲜或干燥全草。夏秋季采收全草，洗净，鲜用或晒干。全国长江以南各省均产。

🏠 **课堂互动**

通过眼看、手摸、鼻嗅、口尝等方法仔细观察白花蛇舌草药材，找出并说明该药材有哪些关键性状特点。

【性状鉴别】

1. **药材** 全体扭曲成团状，灰绿色至灰棕色。主根细长，粗约2mm，须根纤细，淡灰棕色。茎细，卷曲，质脆，易折断，中心髓部白色。叶多皱缩，破碎，易脱落；托叶长1 ~ 2mm。花、果单生或成对生于叶腋，花常具短而略粗的花梗。蒴果扁球形，直径2 ~ 2.5mm，室背开裂，宿萼顶端4裂，过缘具短刺毛。气微，味淡。（图11 -56）

以果实饱满、茎叶绿褐色、叶小质嫩者为佳。

2. **饮片** 为根、茎、叶、花、果实混合的段状。根纤细，淡灰棕色。茎细具纵棱，表面淡棕色或棕黑色，质脆，切面中央有白色髓。叶线形，多破碎；托叶合生。花白色腋生。蒴果扁球形。气微，味淡。

【功效主治】 清热解毒，利尿消肿，活血止痛。用于咽喉肿痛、热淋涩痛、湿热黄疸、肺热咳喘、毒蛇咬伤、疮肿热痛等症。

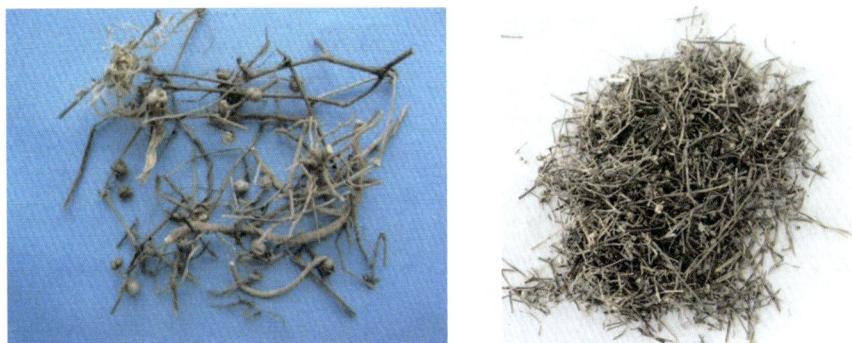

图 11-56　白花蛇舌草药材图

紫花地丁（Violae Herba）

【来源】 为堇菜科植物紫花地丁 *Viok yedoensis* Makino 的干燥全草。春、秋两季采收，除去杂质，晒干。主产于江苏、浙江及东北地区。

课堂互动

通过眼看、手摸、鼻嗅、口尝等方法仔细观察紫花地丁药材，找出并说明该药材有哪些关键性状特点。

【性状鉴别】

1. **药材**　多皱缩成团。主根长圆锥形，直径 1~3mm；淡黄棕色，有细纵皱纹。叶基生，灰绿色，展平后叶片呈披针形或卵状披针形，长 1.5~6cm，宽 1~2cm；先端钝，基部截形或稍心形，边缘具钝锯齿，两面有毛；叶柄细，长 2~6cm，上部具明显狭翅。花茎纤细；花瓣 5，紫堇色或淡棕色；花距细管状。蒴果椭圆形或 3 裂，种子多数，淡棕色。气微，味微苦而稍黏。（图 11-57、11-58）

图 11-57　紫花地丁原植物图

图 11-58　紫花地丁药材图

以根、叶、花、果齐全，叶灰绿色、花紫色，根黄、味苦者为佳。

2. 饮片 呈不规则的段状。主根淡黄色，有细纵纹。叶多皱缩破碎，灰绿色，先端钝，基部截形或稍心形，边缘具钝锯齿，两面有毛；叶柄上部具明显狭翅。花瓣5，紫堇色或淡棕色；花距细管状。蒴果椭圆形或3裂，种子多散落；果壳形如稻壳。气微，味微苦而稍黏。（图11-59）

图 11-59 紫花地丁饮片图

【功效主治】 清热解毒，凉血消肿。用于疗疮肿毒、痈疽发背、丹毒、毒蛇咬伤。

金钱草（Lysimachiae Herba）

【来源】 为报春花科植物过路黄 *Lysimachia christinae* Hance 的干燥全草。夏、秋两季采收，除去杂质，晒干。主产于四川省，长江流域及山西、陕西、云南、贵州等省亦产。

课堂互动

通过眼看、手摸、鼻嗅、口尝等方法仔细观察金钱草药材，找出并说明该药材有哪些关键性状特点。

【性状鉴别】

1. 药材 常缠结成团，无毛或被疏柔毛。茎扭曲，表面棕色或暗棕红色，有纵纹，下部茎节上有时具须根，断面实心。叶对生，多皱缩，展平后呈宽卵形或心形，长1~4cm，宽1~5cm，基部微凹，全缘；上表面灰绿色或棕褐色，下表面色较浅，主脉明显突起，用水浸后，对光透视可见黑色或褐色条纹；叶柄长1~4cm。有的带花，花黄色，单生叶腋，具长梗。蒴果球形。气微，味淡。（图11-60、11-61）

图 11-60 过路黄原植物图

图 11 - 61　金钱草药材图

以色绿、叶多、大而完整、须根及杂质少者为佳。

2. **饮片**　呈不规则的段。<u>茎棕色或暗棕红色，有纵纹，实心</u>。完整叶湿润展平后呈宽卵形或心形，上表面灰绿色或棕褐色，下表面色较浅，主脉明显突出，<u>用水浸后，对光透视可见黑色或褐色的条纹</u>。偶见黄色花，单生叶腋。气微，味淡。（图 11 - 62）

图 11 - 62　金钱草饮片图

知 识 链 接

金钱草常见伪品

1. **风寒草**　为同属植物聚花过路黄 *Lyaimachia congestiflora* Henal 的全草，又称小叶金钱草。其茎顶端的叶呈莲座状着生，花通常 2 ~ 8 朵聚生于茎的顶端，茎、叶均被柔毛，叶主侧脉均明显而区别于正品。

2. **连钱草**　为唇形科植物活血丹 *Glechoma longituba* (Nakai) Kupr. 的干燥地上部分，又称江苏金钱草，其主要区别为茎呈方柱形，叶平展后呈肾形或近心形，边缘具圆齿；轮伞形花序腋生，花冠二唇形。

【功效主治】 <u>利湿退黄，利尿通淋，解毒消肿</u>。用于湿热黄疸、胆胀胁痛、石淋、热淋、小便涩痛、痈肿疔疮、蛇虫咬伤。

广金钱草（Desmodii Styracifolii Herba）

【来源】 为豆科植物广金钱草 *Desmodium styracifolium* (Osb -) Merr. 的干燥地上部

分。夏、秋两季采割，除去杂质，晒干。主产于广东。

🏠 **课堂互动**

通过眼看、手摸、鼻嗅、口尝等方法仔细观察广金钱草药材，找出并说明该药材有哪些关键性状特点。

【性状鉴别】

1. 药材　茎呈圆柱形，长可达 1m；密被黄色伸展的短柔毛；质稍脆，断面中部有髓。叶互生，小叶 1 或 3，圆形或矩圆形，直径 2~4cm；先端微凹，基部心形或钝圆，全缘；上表面黄绿色或灰绿色，无毛，下表面具灰白色紧贴的茸毛，侧脉羽状；叶柄长 1~2cm，托叶 1 对，披针形，长约 0.8cm。气微香，味微甘。（图 11-63）

以色灰绿、叶完整、无根者为佳。

2. 饮片　呈不规则的段。茎密被黄色伸展的短柔毛，质稍脆，断面中部有髓。叶圆形或矩圆形，直径 2~4cm；先端微凹，基部心形或钝圆，全缘；上表面黄绿色或灰绿色，无毛，下表面具灰白色紧贴的茸毛，侧脉羽状；叶柄长 1~2cm，托叶 1 对，披针形，长约 0.8cm。气微香，味微甘。（图 11-64）

图 11-63　广金钱草药材图　　　　图 11-64　广金钱草饮片图

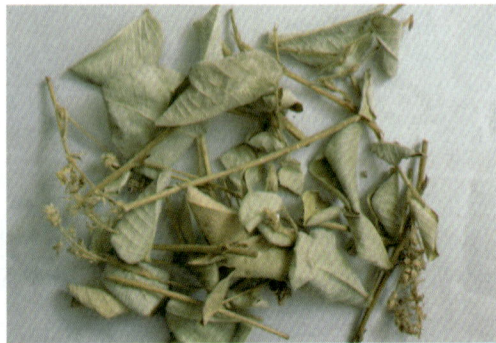

【功效主治】利湿退黄，利尿通淋。用于黄疸尿赤、热淋、石淋、小便涩痛、水肿尿少。

车前草（Plantaginis Herba）

【来源】为车前科植物车前 *Plantago asiatica* L. 或平车前 *Plantago depressa* Willd. 的干燥全草。夏季采挖，除去泥沙，晒干。车前全国各地均产，平车前主产于东北、华北及西北等地区。

课堂互动

通过眼看、手摸、鼻嗅、口尝等方法仔细观察车前草药材，找出并说明该药材有哪些关键性状特点。

【性状鉴别】

1. 药材

车前 根丛生，须状。叶基生，具长柄；叶片皱缩，展平后呈卵圆形或宽卵形，长6～13cm，宽2.5～8cm；表面灰绿色或污绿色，具明显弧形脉5～7条；先端钝或短尖，基部宽楔形，全缘或有不规则波状浅齿。穗状花序数条，花茎长。蒴果盖裂，萼宿存。气微香，味微苦。（图11-65）

平车前 主根直而长。叶片较狭，长椭圆形或椭圆状披针形，长5～14cm，宽2～3cm。均以叶片完整、带穗状花序、色灰绿者为佳。

2. 饮片 不规则的段。根须状或直而长。叶片皱缩，多破碎，表面灰绿色或污绿色，脉明显。可见穗状花序。气微，味微苦。（图11-66）

【功效主治】清热利尿通淋，祛痰，凉血，解毒。用于热淋涩痛、水肿尿少、暑湿泄泻、痰热咳嗽、吐血衄血、痈肿疮毒。

图11-65 车前草药材图

图11-66 车前草饮片图

蒲公英（Taraxaci Herba）

【来源】为菊科植物蒲公英 *Taraxacum mongolicum* Hand.-Mazz.、碱地蒲公英 *Taraxacum borealisinense* Kitam. 或同属数种植物的干燥全草。春至秋季花初开时采挖，除去杂质，洗净，晒干。全国大部分地区均产，主产于山西、河北、山东及东北各省。

课堂互动

通过眼看、手摸、鼻嗅、口尝等方法仔细观察蒲公英药材，找出并说明该药材有哪些关键性状特点。

【性状鉴别】

1. **药材** 呈皱缩卷曲的团块。根呈圆锥状，多弯曲，长 3~7cm；表面棕褐色，缩皱；根头部有棕褐色或黄白色的茸毛，有的已脱落。叶基生，多皱缩破碎，完整叶片呈倒披针形，绿褐色或暗灰绿色，先端尖或钝，边缘浅裂或羽状分裂，基部渐狭，下延呈柄状，下表面主脉明显。花茎 1 至数条，每条顶生头状花序，总苞片多层，内面一层较长，花冠黄褐色或淡黄白色。有的可见多数具白色冠毛的长椭圆形瘦果。气微，味微苦。（图 11-67）

图 11-67 蒲公英药材图

以叶多、色灰绿、根粗长者为佳。

2. **饮片** 不规则的段。根表面棕褐色，缩皱；根头部有棕褐色或黄白色的茸毛，有的已脱落。叶多皱缩破碎，绿褐色或暗灰绿色，完整者展平后呈倒披针形，先端尖或钝，边缘浅裂或羽状分裂，基部渐狭，下延呈柄状。头状花序，总苞片多层，花冠黄褐色或淡黄白色。有时可见具白色冠毛的长椭圆形瘦果。气微，味微苦。

【功效主治】清热解毒，消肿散结，利尿通淋。用于疔疮肿毒、乳痈、瘰疬、目赤、咽痛、肺痈、肠痈、湿热黄疸、热淋涩痛。

茵陈 （Artemisiae Scopariae Herba）

【来源】为菊科植物滨蒿 *Artemisia scoparia* Waldst. et Kit. 或茵陈蒿 *Artemisia capillaris* Thunb. 的干燥地上部分。春季幼苗高 6~10cm 时采收或秋季花蕾长成至花初开时采割，除去杂质和老茎，晒干。春季采收的习称"绵茵陈"，秋季采割的称"花茵陈"。滨蒿主产于东北地区及河北、山东等省。茵陈蒿主产于陕西、山西、安徽等省，以陕西所产者质量最佳，习称"西茵陈"。

🏠 课堂互动

通过眼看、手摸、鼻嗅、口尝等方法仔细观察茵陈药材，找出并说明该药材有哪些关键性状特点。

【性状鉴别】

1. 药材

绵茵陈 多卷曲成团状，灰白色或灰绿色，<u>全体密被白色茸毛，绵软如绒</u>。茎细小，长 1.5 ~ 2.5cm，直径 0.1 ~ 0.2cm，除去表面白色茸毛后可见明显纵纹；<u>质脆，易折断</u>。叶具柄，展平后叶片呈一至三回羽状分裂，叶片长 1 ~ 3cm，宽约 1cm；小裂片卵形或稍呈倒披针形、条形，先端锐尖。气清香，味微苦。（图 11 – 68）

花茵陈 茎呈圆柱形，多分枝，长 30 ~ 100cm，直径 2 ~ 8mm；表面<u>淡紫色或紫色</u>，有纵条纹，被短柔毛；<u>体轻，质脆，断面类白色</u>。叶密集，或多脱落；下部叶二至三回羽状深裂，裂片条形或细条形，两面密被白色柔毛；<u>茎生叶一至二回羽状全裂，基部抱茎，裂片细丝状</u>。头状花序卵形，多数集成圆锥状，长 1.2 ~ 1.5mm，直径 1 ~ 1.2mm，有短梗；总苞片 3 ~ 4 层，卵形，苞片 3 裂；外层雌花 6 ~ 10 个，可多达 15 个，内层两性花 2 ~ 10 个。瘦果长圆形，黄棕色。气芳香，味微苦。

以质嫩、绵软、色灰白、气清香浓郁者为佳。

2. 饮片
呈<u>松散的碎团块</u>，灰白色或灰绿色，<u>全体密被白色茸毛，绵软如绒。气清香，味微苦</u>。（图 11 – 69）

【功效主治】<u>清利湿热，利胆退黄</u>。用于黄疸尿少、湿温暑湿、湿疮瘙痒。

图 11 – 68 茵陈药材图

图 11 – 69 茵陈饮片图

马齿苋（Portulacae Herba）

【来源】为马齿苋科植物马齿苋 *Portulaca oleracea* L. 的干燥地上部分。夏、秋两季采收，除去残根和杂质，洗净，略蒸或烫后晒干。全国大部分地区均产。

课堂互动

通过眼看、手摸、鼻嗅、口尝等方法仔细观察马齿苋药材，找出并说明该药材有哪些关键性状特点。

【性状鉴别】

1. **药材**　多皱缩卷曲，常结成团。茎圆柱形，长可达30cm，直径0.1~0.2cm，表面黄褐色，有明显纵沟纹。叶对生或互生，易破碎，完整叶片倒卵形，长1~2.5cm，宽0.5~1.5cm；绿褐色，先端钝平或微缺，略似马齿，全缘。花小，3~5朵生于枝端，花瓣5，黄色。蒴果圆锥形，有盖，长约5mm，剥去盖内含多数细小黑色种子。气微，味微酸。（图11-70）

以质嫩、叶多、干后青绿色、无杂质者为佳。

2. **饮片**　呈不规则的段。茎圆柱形，表面黄褐色，有明显纵沟纹。叶多破碎，完整者展平后呈倒卵形，先端钝平或微缺，全缘。蒴果圆锥形有盖，内含多数细小黑色种子。气微，味微酸。（图11-71）

图11-70　马齿苋药材图

图11-71　马齿苋饮片图

【功效主治】清热解毒，凉血止血，止痢。用于热毒血痢、痈肿疔疮、湿疹、丹毒、蛇虫咬伤、便血、痔血、崩漏下血。

垂盆草（Sedi Herba）

【来源】为景天科植物垂盆草 *Sedum sarmentosum* Bunge 的干燥全草。夏、秋两季采收，除去杂质，干燥。

课堂互动

通过眼看、手摸、鼻嗅、口尝等方法仔细观察垂盆草药材，找出并说明该药材有哪些关键性状特点。

【性状鉴别】

1. **药材**　茎纤细，长可达20cm以上，部分节上可见纤细的不定根。3叶轮生，叶片倒披针形至矩圆形，绿色，肉质，长1.5~2.8cm，宽0.3~0.7cm，先端近急尖，基部急狭，有距。气微，味微苦。（图11-72）

以茎细、叶多、色棕绿者为佳。

2. **饮片**　不规则的段。部分节上可见纤细的不定根。3叶轮生，叶片倒披针形至矩圆形，绿色。气微，味微苦。（图11-73）

【功效主治】利湿退黄，清热解毒。用于湿热黄疸、小便不利、痈肿疮疡。

图11-72　垂盆草原植物图

图11-73　垂盆草饮片图

绞股蓝 （Gynostemmatis Pentaphylli Herba）

【来源】为葫芦科植物绞股蓝 *Gynostemma pentaphyllum*（Thunb.）Makino 的全草。8~9月结果前，为野生绞股蓝的最佳采收时间。割取的鲜草应立即除去杂质，洗净，扎成小把或切成15cm左右的段，阴干或50~60℃烘干，不宜暴晒，以免影响色泽。主产于安徽、浙江、江西、贵州、广东、福建等省。

课堂互动

通过眼看、手摸、鼻嗅、口尝等方法仔细观察绞股蓝药材，找出并说明该药材有哪些关键性状特点。注意与伪品乌蔹莓的区别。

【性状鉴别】

1. **药材** 全草干燥皱缩，茎纤细，灰棕色或暗棕色，表面具纵沟纹，被稀疏茸毛，茎卷须长在叶腋。小叶膜质，表面深绿色，背面淡绿色，被糙毛；侧生卵状长圆形或长圆状披针形，先端渐尖，基部楔形，两面被粗毛，叶缘有锯齿，齿尖具芒。果实圆球形。味苦，有草腥气。（图11-74）

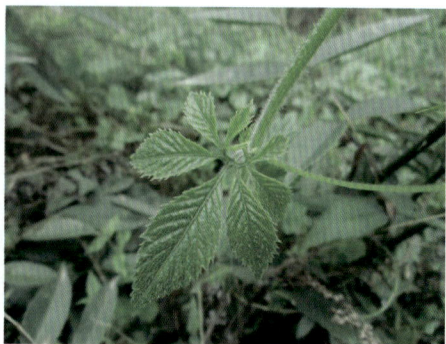

以具草腥气者为佳。

图11-74 绞股蓝原植物图

2. **饮片** 呈不规则的段状，茎、叶、果混合。茎纤细，表面棕色或暗棕色，茎卷须长在叶腋。叶多皱缩破碎，小叶膜质，表面深绿色，背面淡绿色，两面被粗毛，边缘有锯齿；总叶柄及小叶柄基部均为绿色或浅绿色。球形果实可见，直径0.5cm。具草香气，味苦。（图11-75）

图11-75 绞股蓝药材图

【功效主治】益气健脾，化痰止咳，清热解毒。用于体虚乏力、虚劳失精、白细胞减少症、高脂血症、病毒性肝炎、慢性胃肠炎、慢性气管炎。

知识链接

绞股蓝是一味集"食、药、饮"一体的治病养生中药，常用于降压、抗癌、改善睡眠、美容乌发、延缓衰老等，被称为"南方人参"，需求量较大。由于与乌蔹莓形态相似，市场常有错采错收情况。乌蔹莓来源于葡萄科乌蔹莓 *Cayratia japonica* (Thunb.) Gagnep. 的干燥全草，两者主要区别为：绞股蓝的卷须为腋生，乌蔹莓的卷须为与叶对生；绞股蓝的花序为圆锥花序，乌蔹莓的花序为聚伞花序；绞股蓝为雌雄异株，乌蔹莓为雌雄同株。

复习思考

一、单项选择题

1. 髓部呈红综色的是（　　　）

    A. 香薷   B. 薄荷   C. 麻黄   D. 青蒿

2. 总苞片呈匙形的是（　　　）

    A. 墨旱莲   B. 豨莶草   C. 佩兰   D. 车前草

3. 《中国药典》规定，薄荷叶不得少于（　　　）

    A. 10%   B. 20%   C. 30%   D. 35%

4. 下列哪一项是仙鹤草的性状特征（　　　）

    A. 叶片有大小两种，相间生于叶轴上   B. 单叶互生

    C. 萼筒上部光滑   D. 茎圆柱形

5. 茎方柱形，味极苦的中药材是（　　　）

    A. 益母草   B. 穿心莲   C. 马鞭草   D. 老鹳草

6. 叶水浸泡对光观察可见黑色或红棕色条纹的是（　　　）

    A. 金钱草   B. 广金钱草   C. 泽兰   D. 仙鹤草

7. 蒲公英的原植物科名是（　　　）

    A. 蔷薇科   B. 十字花科   C. 豆科   D. 菊科

8. 穿心莲的主要化学成分是（　　　）

    A. 苦味素，如穿心莲内酯   B. 皂苷类

    C. 生物碱，如小檗碱   D. 黄酮类

9. 广藿香的性状特征是（　　　）

    A. 茎方形，表面淡黄绿色或淡紫红色

    B. 茎方形，表面黑绿色

    C. 嫩茎略方或钝方形，密被柔毛，老茎则近圆柱形，被灰褐色栓皮

    D. 茎方形，表面紫棕色或绿色

10. 金钱草来源于（　　　）

    A. 木犀科植物过路黄的全草   B. 报春花科过路黄的全草

    C. 唇形科活血丹的全草   D. 报春花科聚花过路黄的全草

11. 石斛的主产区是（　　　）

    A. 内蒙古、甘肃、新疆　　　　　　　　B. 山西、内蒙古、宁夏

    C. 广西、贵州、广东、云南　　　　　　D. 山东、河南、山西

12. 麻黄纵剖面置紫外灯下观察，边缘显亮白色荧光，中心显（　　　）

    A. 黄色荧光　　　　B. 红色荧光　　　　C. 亮棕色荧光　　　　D. 亮蓝色荧光

13. 广藿香的加工方法是（　　　）

    A. 晒干　　　　　　B. 烘干

    C. 阴干　　　　　　D. 日晒夜闷，反复至干

13. 草麻黄的性状特征是（　　　）

    A. 多分枝，直径 1.5～3mm，节间长 2～6cm，膜质鳞叶裂片 3，稀 2，先端锐尖

    B. 较多分枝，直径 1～1.5mm，节间长 1.5～3cm，膜质鳞叶裂片 2，稀 3，先端不反曲

    C. 少分枝，直径 1～2mm，节间长 2～6cm，膜质鳞叶裂片 2，稀 3，先端反曲

    D. 少分枝，直径 2～3mm，节间长 2～6mm，膜质鳞叶裂片 2，稀 3，先端反曲

14. 比较三种麻黄生物碱的含量（　　　）

    A. 草麻黄最高，中麻黄次之，木麻黄最低

    B. 草麻黄最高，木麻黄次之，中麻黄最低

    C. 中麻黄最高，木麻黄次之，草麻黄最低

    D. 木麻黄最高，草麻黄次之，中麻黄最低

15. 除哪项外均为金钱草的成分（　　　）

    A. 酚性成分　　　B. 香豆素　　　　　C. 甾醇　　　　　　D. 挥发油

16. 药材多卷曲成团状，灰白色或灰绿色，全体密被白色茸毛，绵软如绒的是（　　　）

    A. 茵陈　　　　　B. 紫花地丁　　　　C. 青蒿　　　　　　D. 金钱草

17. 茎直立，单数羽状复叶互生，暗绿色，叶片有大小两种，相间生于叶轴上的药材是（　　　）

    A. 紫花地丁　　　B. 淫羊藿　　　　　C. 仙鹤草　　　　　D. 金钱草

18. 含有腺鳞、小腺毛、非腺毛和间隙腺毛的药材是（　　　）

    A. 薄荷　　　　　B. 穿心莲　　　　　C. 金钱草　　　　　D. 广藿香

19. 肉苁蓉的来源为（　　　）

    A. 列当科植物的根　　　　　　　　　　B. 列当科植物的根茎

    C. 列当科带植物鳞叶的肉质茎　　　　　D. 列当科植物带叶柄残基的根茎

20. 除哪项外均为益母草的性状特征（　　　）

    A. 茎方形，四面凹下成纵沟

    B. 叶交互对生，下部叶掌状 3 裂，上部叶羽状深裂

C. 轮伞花序腋生

D. 气芳香，味辛凉

21. 紫花地丁原植物的科名是（　　）

    A. 堇菜科　　　　　B. 马鞭草科　　　　　C. 罂粟科　　　　　D. 芸香科

22. 含有抗疟成分的药材是（　　）

    A. 穿心莲　　　　　B. 广藿香　　　　　C. 青蒿　　　　　D. 金钱草

23. 穿心莲粉末含有（　　）

    A. 草酸钙针晶　　　　　　　　　　　B. 草酸钙砂晶

    C. 草酸钙簇晶　　　　　　　　　　　D. 碳酸钙钟乳体

24. 穿心莲性状的最主要鉴别特征是（　　）

    A. 茎方形　　　　B. 质脆，易折断

    C. 断面有髓　　　D. 气微，味极苦，苦至喉部，经久苦味不减

25. 青蒿来源于（　　）

    A. 菊科　　　　B. 三白草科　　　　C. 唇形科　　　　D. 小檗科

26. 主含挥发油，油中主成分为薄荷脑的药材是（　　）

    A. 广藿香　　　　B. 青蒿　　　　C. 薄荷　　　　D. 益母草

27. 薄荷的来源科名和显微特征分别为（　　）

    A. 菊科，有丁字毛　　　　　　　　B. 唇形科，含间隙腺毛

    C. 报春花科，有分泌道　　　　　　D. 唇形科，含有橙皮苷结晶

28. 广藿香主产于（　　）

    A. 河北、辽宁、吉林、内蒙古等省区　　　B. 新疆

    C. 四川　　　　　　　　　　　　　　　　D. 广东、海南

29. 以下哪一种中药不是来源于唇形科植物（　　）

    A. 益母草　　　　B. 穿心莲　　　　C. 荆芥　　　　D. 紫苏梗

30. 除哪一项外均为佩兰的性状特征（　　）

    A. 茎呈圆柱形　　　　　　　　　　B. 断面髓部白色或中空

    C. 叶片绿褐色　　　　　　　　　　D. 气微，味微甘

31. 蒲公英原植物的科名是（　　）

    A. 菊科　　　　B. 石竹科　　　　C. 唇形科　　　　D. 马鞭草科

32. 呈扁圆柱形，表面金黄色或黄中带绿，有深纵沟，质硬脆，断面较平坦，味苦的是（　　）

    A. 石斛　　　　　B. 穿心莲　　　　C. 绞股蓝　　　　D. 大蓟

二、多项选择题

1. 药用部位为肉质茎的是（　　）
   A. 萹蓄　　　　　　B. 锁阳　　　　　　C. 肉苁蓉　　　　　　D. 小蓟

2. 穿心莲的特征是（　　）
   A. 茎呈方柱形，节稍膨大　　　　　　　B. 单叶对生
   C. 叶密被毛茸　　　　　　　　　　　　D. 气微，味极苦

3. 麻黄的来源为（　　）
   A. 中麻黄　　　　　B. 草麻黄　　　　　C. 木麻黄　　　　　D. 木贼麻黄

4. 来源为唇形科的中药是（　　）
   A. 泽兰　　　　　　B. 半边莲　　　　　C. 茺蔚子　　　　　D. 茵陈

5. 来源为菊科的中药是（　　）
   A. 茵陈　　　　　　B. 青蒿　　　　　　C. 广金钱草　　　　D. 蒲公英

6. 全草类中药应观察（　　）
   A. 茎　　　　　　　B. 叶　　　　　　　C. 花　　　　　　　D. 果实

7. 关于鱼腥草的正确描述是（　　）
   A. 为三白草科植物　　　　　　　　　　B. 茎节明显
   C. 叶柄基部与托叶全生为鞘状　　　　　D. 穗状花序

8. 麻黄的粉末显微特征有（　　）
   A. 嵌晶纤维　　　　　　　　　　　　　B. 棕色块
   C. 表皮及角质层突起　　　　　　　　　D. 非腺毛

9. 主含挥发油的药材有（　　）
   A. 鱼腥草　　　　　B. 广藿香　　　　　C. 荆芥　　　　　　D. 益母草

10. 关于紫花地丁正确的描述是（　　）
    A. 堇菜科植物　　　　　　　　　　　　B. 叶基生，灰绿色
    C. 叶柄上部具明显狭翅　　　　　　　　D. 气微，味微苦而稍黏

三、简答题

1. 比较麻黄、木贼麻黄、中麻黄的性状异同。

2. 比较金钱草与广金钱草的性状。

3. 简述泽兰与佩兰的区别。

扫一扫，知答案

第十二章

藻、菌、地衣、树脂及其他类中药的鉴定

扫一扫，看课件

【学习目标】

1. 掌握 15 种藻、菌、地衣、树脂及其他类中药的来源、产地、性状鉴别及显微鉴别，典型代表药物的功效和理化鉴别特征，能正确运用性状鉴别、显微鉴别等方法准确鉴别药材。

2. 熟悉藻、菌、地衣、树脂及其他类中药的性味及功效。

3. 了解藻、菌、地衣、树脂及其他类中药的分类及主产地。

4. 培养学生团结协作，相互尊重，相互交流的学风；培养换位思考的意识和基本能力。能够正确运用中药鉴定术语，描述药材的特征。

案例导入

前日，隔壁的王阿姨听说茯苓能够利水消肿，还能够降低血压，便去当地的中药材市场上买了一大块茯苓，准备拿回家中炖汤。回家后发现茯苓很硬，泡了半小时仍无法切开。通过网络搜索，王阿姨认为自己买到了用石灰造的假茯苓，遂准备去工商局投诉。在前去的路上遇到了正在药店工作的张师傅，张师傅仔细观察了王阿姨买到的茯苓，发现该茯苓是真的，并不是网络上所说的造假茯苓。张师傅简单介绍了茯苓的功效、生长特性和如何简单鉴别真假茯苓，并告诫王阿姨不要过分相信网络，遇到问题要及时询问相关人员，确认无误后再下判断，避免给自己和别人带来麻烦。

同学们，你能够根据之前学过的知识鉴别茯苓吗？

藻、菌、地衣、树脂及其他类中药在植物药中所占比例不是很大，但其中包含了许多

珍贵药材，在当今的中药材市场中，经常出现假冒伪劣、以次充好的混乱现象，本章将带领同学们学习藻、菌、地衣、树脂及其他类中药的特征和鉴别知识。

第一节　藻菌类、树脂类及其他类中药概述

藻类、菌类和地衣类合称低等植物或无胚植物。在形态上无根、茎、叶的分化，一般无组织分化，通常无中柱、胚胎和维管束。

树脂类中药是植物体分泌所得的树脂或割伤后的产物，多具有芳香气味，由种子植物的根茎、果实的分泌细胞或导管分泌所得。因其具有芳香开窍、活血祛瘀、抗菌消炎、防腐、消肿止痛等功效，常用于心脑血管疾病、跌打损伤等疾病的治疗，并且有显著的疗效。

其他类中药是指本教材中其他章节未能收载而无法分类的药物。包括成熟孢子（海金沙等）、植物加工品（青黛、芦荟等）、树脂化石（琥珀）、虫瘿（五倍子）、植物体分泌混合物（天竺黄）等。

一、藻菌类中药

药用藻菌类药材通常包括藻类、菌类和地衣类。

1. 藻类植物　藻类的种类繁多，一般分为八个门，常见的药用藻类多为绿藻门、红藻门和褐藻门。

绿藻常见于淡水，藻体多呈蓝绿色。常见的药用绿藻有石莼、孔石莼等。

红藻多常见于海水，藻体多呈红色至紫色。药用的红藻有鹧鸪菜、海人草。

褐藻常见于海水，藻体多呈褐色，是藻类中比较高级的类群。药用的褐藻有海带、海蒿子、羊栖菜、昆布。

2. 菌类植物　菌类植物通常不含叶绿素，不能进行光合作用，是一类异养型植物。菌类种类繁多，常用的药用菌类为细菌门和真菌门。

细菌是单细胞植物，无细胞核而有细胞壁，细胞壁主要由蛋白质、类脂质和多糖复合物组成，一般不具纤维素壁。目前世界广泛使用的抗生素主要由放线菌产生的。

真菌是异养型植物，具有细胞核和细胞壁。菌丝是大多数真菌的结构单位，很多菌丝聚集在一起形成了真菌的营养体即菌丝体。常见的有根状菌索、子座、菌核。真菌是生物界中很大的一个类群，与药用关系密切的是子囊菌纲和担子菌纲。子座是容纳子实体的褥座，是从营养阶段到繁殖阶段的一种菌丝组织体，其上或内部产生子实体，如灵芝。菌核是菌丝密结成的颜色深、质地坚硬的核状体，当条件适当时可萌发产生子实体，如茯苓、猪苓。

子囊菌的主要特征是有性生殖产生子囊，内有子囊孢子，绝大多数子囊包于子实体内。

3. **地衣类** 地衣是一类由藻类和真菌高度结合形成的共生复合体。组成地衣的真菌多数为子囊菌，少数为担子菌；组成地衣的藻类多为蓝藻及绿藻。地衣类中含有地衣酸、地衣色素、地衣多糖、地衣淀粉以及蒽醌类等，其中地衣酸仅存在于地衣体中。

二、 树脂类中药

树脂是植物组织的正常代谢分泌产物或在修复创伤时产生，通常分为两种：植物受外来损伤如割伤后产生的分泌物或分泌物增加，如安息香、乳香；植物本身在生长发育过程中产生的分泌物，如血竭、没药、阿魏。树脂的采集方式是将植物含有树脂的部分直接切割引流或加工。通常使用刀直接切割树皮，树脂便可流出。

树脂是由多种成分组成的混合物，多数为无定形固体或半固体，表面微有光泽，质硬而脆；不溶于水也不吸水膨胀。

树脂按主要化学成分不同分为：①单树脂类，如血竭；②胶树脂类；③油胶树脂，如乳香、没药、阿魏等；④油树脂，如松油脂；⑤香树脂，如安息香。

树脂类中药性状鉴别注意观察形状大小、质地颜色、光泽透明度以及气味等特征。结合树脂类药材本身性质，还可采用理化方法鉴别。

三、 其他类中药

其他类中药主要指：①经过不同的加工处理所得到的产品，如青黛、儿茶、芦荟、冰片；②植物体分泌或渗出的非树脂类产物，如天竺黄；③蕨类植物的成熟孢子，如海金沙；④昆虫寄生于植物体而形成的虫瘿，如五倍子。除性状鉴别法和理化性质鉴定法外，还可采用显微鉴别法。

第二节 常用藻菌类、 树脂类及其他类中药鉴定

海藻 （Sargassum）

【来源】 为马尾藻科植物海蒿子 *Sargassum pallidum* （Turn. ） C. Ag. 或羊栖菜 *Sargassum fusiforme* （Harv. ） Setch. 的干燥藻体。海蒿子习称"大叶海藻"，主产于山东、辽宁等沿海各省；羊栖菜习称"小叶海藻"，主产于浙江、福建、广东、海南沿海各省。夏、秋两季采捞，除去杂质，洗净，晒干。

【性状鉴别】

海蒿子 （大叶海藻） 皱缩卷曲，黑褐色，有的被白霜，长 30～60cm。主干呈圆柱

状，具圆锥形突起，主枝自主干两侧生出，侧枝自主枝叶腋生出，具短小的刺状突起。初生叶披针形或倒卵形，长5～7cm，宽约1cm，全缘或具粗银齿；次生叶条形或披针形，叶腋间有着生条状叶的小枝。气囊黑褐色，球形或卵圆形，有的有柄，顶端钝圆，有的具细短尖。质脆，潮湿时柔软；水浸后膨胀，肉质，黏滑。气腥，味微咸。（图12－1）

图12－1　海藻（大叶海藻）药材图

羊栖菜（小叶海藻）　较小，长15～40cm。分枝互生，无刺状突起。叶条形或细匙形，先端稍膨大，中空。气囊腋生，纺锤形或球形，囊柄较长。质较硬。

以条长、色黑、身干、无杂质者为佳。

【功效主治】苦、咸，寒，归肝、胃、肾经。消痰软坚散结，利水消肿。用于瘿瘤、瘰疬、睾丸肿痛、痰饮水肿。不宜与甘草同用。

昆布（Laminariae Thallus，Eckloniae Thallus）

【来源】为海带科植物海带 *Laminaria japonica* Aresch. 或翅藻科植物昆布 *Ecklonia kuroma* Okam. 的干燥叶状体。夏、秋两季采捞，晒干。海带主产于山东、辽宁一带沿海地区；昆布主产于福建、浙江等沿海地区。

【性状鉴别】

海带　卷曲折叠成团状，或缠结成把。全体呈黑褐色或绿褐色，表面附有白霜。用水浸软则膨胀成扁平长带状，长50～150cm，宽10～40cm，中部较厚，边缘较薄而呈波状。类革质，残存柄部扁圆柱状。气腥，味咸。

昆布　卷曲皱缩成不规则团状。全体呈黑色，较薄。用水浸软则膨胀呈扁平的叶状，长宽为16～26cm，厚约1.6mm；两侧呈羽状深裂，裂片呈长舌状，边缘有小齿或全缘。质柔滑。（图12－2）

【功效主治】咸，寒。归肝、胃、肾经。消痰软坚散结，利水消肿。用于瘿瘤、瘰疬、睾丸肿痛、痰饮水肿。

图12－2　昆布药材图

茯苓（Poria）

【来源】 为多孔菌科真菌茯苓 *Poria cocos*（Schw.） Wolf. 的干燥菌核。主产于湖北、安徽、云南和贵州等省区。栽培者以湖北、安徽产量较多，野生者以云南质优，称"云苓"。多于 7 ~ 9 月采挖，挖出后除去泥沙，堆置"发汗"后，摊开晾至表面干燥，再"发汗"，反复数次至内部水分大部散失出现皱纹后，阴干，称为"茯苓个"；或将鲜茯苓按不同部位切制，阴干，分别称为"茯苓块"和"茯苓片"。

课堂互动

通过眼看、手摸、鼻嗅、口尝等方法仔细观察茯苓药材，找出并说明该药材的关键性状特点。

【性状鉴别】

茯苓个 呈类球形、椭圆形、扁圆形或不规则团块，大小不一。外皮薄而粗糙，棕褐色至黑褐色，有明显的皱缩纹理。体重，质坚实，断面颗粒性，有的具裂隙，外层淡棕色，内部白色，少数淡红色，有的中间抱有松根。气微，味淡，嚼之粘牙。

以体重坚实、外皮色棕褐、无裂隙、断面细腻、粘牙力强者为佳。

茯苓块 为去皮后切制的茯苓，呈立方块状或方块状厚片，大小不一。白色、淡红色或淡棕色。茯苓片为去皮后切制的茯苓，呈不规则厚片，厚薄不一。内表面白色、淡红色或淡棕色。

【显微鉴别】 粉末灰白色。显微镜下观察可见不规则颗粒状团块和分枝状团块，无色，遇水合氯醛液渐溶化。菌丝无色或淡棕色，细长，稍弯曲，有分枝，直径 3 ~ 8μm，少数至 16μm。

【功效主治】 利水渗湿，健脾宁心。用于水肿尿少、痰饮眩悸、脾虚食少、便溏泄泻、心神不安、惊悸失眠。

猪苓（Polyporus）

【来源】 为多孔菌科真菌猪苓 *Polyporus umbellatus*（Pers.） Fries 等的干燥菌核。主产于陕西、云南、河南、甘肃等地。春、秋两季采挖，除去泥沙，干燥。

【性状鉴别】 药材呈条形、类圆形或扁块状，有的有分枝，长 5 ~ 25cm，直径 2 ~ 6cm。表面黑色、灰黑色或棕黑色，皱缩或有瘤状突起。体轻，质硬，断面类白色或黄白色，略呈颗粒状。气微，味淡。（图 12 – 3）

以个大、身干、体重、质坚、断面色白、无黑心空洞、杂质少者为佳。

【显微鉴别】切面：全体由菌丝紧密交织而成。外层厚 27～54μm，菌丝棕色，不易分离；内部菌丝无色，弯曲，直径 2～10μm，有的可见横隔，有分枝或呈结节状膨大。菌丝间有众多草酸钙方晶，大多呈正方八面体形、规则的双锥八面体形或不规则多面体，直径 3～60μm，长至 68μm，有时数个结晶集合。

图 12 - 3　猪苓药材图

【功效主治】利水渗湿。用于小便不利、水肿、泄泻、淋浊、带下。

雷丸（Omphalia）

【来源】为白磨科真菌雷丸 *Omphalia lapidescens* Schroet. 的干燥菌核。主产于四川、云南、广西、陕西等地。秋季采挖，洗净，晒干。

【性状鉴别】药材为类球形或不规则团块，直径 1～3cm。表面黑褐色或棕褐色，有略隆起的不规则网状细纹。质坚实，不易破裂，断面不平坦，白色或浅灰黄色，常有黄白色大理石样纹理。气微，味微苦，嚼之有颗粒感，微带黏性，久嚼无渣。（图 12 - 4）

图 12 - 4　雷丸药材图

以个大、质坚实而重、断面色白者为佳。断面褐色呈角质样者，不可供药用。

【功效主治】杀虫消积。用于绦虫病、钩虫病、蛔虫病、虫积腹痛、小儿疳积。不宜入煎剂。

灵芝（Ganoderma）

【来源】为多孔菌科真菌赤芝 *Ganoderma lucidum*（Leyss. ex Fr.）Karst. 或紫芝 *Ganoderma sinense* Zhao Xu et Zhang 的干燥子实体。赤芝主产于华东、西南及河北、山西等地；紫芝主产于浙江、江西、湖南、广西等地。全年采收，除去杂质，剪除附有朽木、泥沙或培养基质的下端菌柄，阴干或在 40～50℃烘干。

【性状鉴别】本品分为赤芝、紫芝。

赤芝 外形呈伞状，菌盖肾形、半圆形或近圆形，直径 10～18cm，厚 1～2cm。皮壳坚硬，黄褐色至红褐色，有光泽，具环状棱纹和辐射状皱纹，边缘薄而平截，常稍内卷。菌肉白色至淡棕色。菌柄圆柱形，侧生，少偏生，长 7～15cm，直径 1～3.5cm，红褐色至紫褐色，光亮。孢子细小，黄褐色。气微香，味苦涩。（图 12-5）

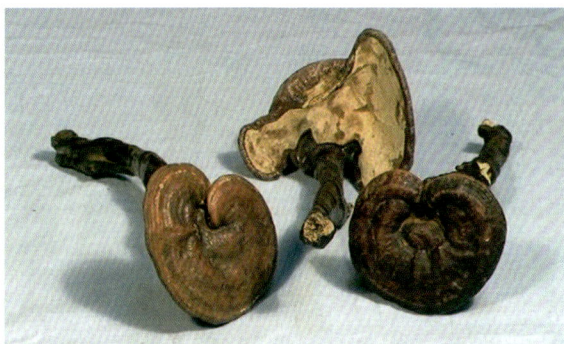

图 12-5　灵芝（赤芝）药材图

紫芝 皮壳紫黑色，有漆样光泽。菌肉锈褐色。菌柄长 17～23cm。栽培品的子实体较粗壮、肥厚，直径 12～22cm，厚 1.5～4cm。皮壳外常被有大量粉尘样的黄褐色孢子。

以个大、完整、菌盖厚、色紫红、有漆样光泽者为佳。

【功效主治】补气安神，止咳平喘。用于心神不宁、失眠心悸、肺虚咳喘、虚劳短气、不思饮食。

马勃（Lasiosphaera，Calvatia）

【来源】为灰包科真菌脱皮马勃 *Lasiosphaera fenzlii* Reich.、大马勃 *Calvatia gigantea*（Batsch ex Pers.）Loyd 或紫色马勃 *Calvatia lilacina*（Montlet Berk.）Loyd 的干燥子实体。全国多数地区均产。夏、秋两季子实体成熟时及时采收，除去泥沙，干燥。

【性状鉴别】

脱皮马勃 呈扁球形或类球形，无不孕基部，直径 15～20cm。包被灰棕色至黄褐色，纸质，常破碎呈块片状，或已全部脱落。孢体灰褐色或浅褐色，紧密，有弹性，用手撕，内有灰褐色棉絮状的丝状物。触之则孢子呈尘土样飞扬，手捻有细腻感。臭似尘土，无味。

大马勃 不孕基部小或无。残留的包被由黄棕色的膜状外包被和较厚的灰黄色的内包被组成，光滑，质硬而脆，成块脱落。孢体浅青褐色，手捻有润滑感。

紫色马勃 呈陀螺形，或已压扁呈扁圆形，直径 5～12cm，不孕基部发达。包被薄，两层，紫褐色，粗皱，有圆形凹陷，外翻，上部常裂成小块或已部分脱落。孢体紫色。

以个大而饱满、质轻、按之如棉、弹之有粉尘飞出、气浓呛鼻者为佳。

【功效主治】清肺利咽，止血。用于风热郁肺咽痛、音哑、咳嗽；外治鼻衄、创伤出血。

冬虫夏草（Cordyceps）

【来源】为麦角菌科真菌冬虫夏草菌 *Cordyceps sinensis*（BerK.）Sacc. 寄生在蝙蝠蛾科昆虫幼虫上的子座和幼虫尸体的干燥复合体。主产于四川、青海、西藏、云南等地。夏初子座出土、孢子未发散时挖取，晒至六七成干，除去似纤维状的附着物及杂质，晒干或低温干燥。

课堂互动

通过眼看、手摸、鼻嗅等方法仔细观察冬虫夏草药材，找出并说明该药材的关键性状特点。

【性状鉴别】药材由虫体与从虫头部长出的真菌子座相连而成。虫体似蚕，长 3～5cm，直径 0.3～0.8cm；表面深黄色至黄棕色，有环纹 20～30 个，近头部的环纹较细；头部红棕色；足 8 对，中部 4 对较明显；质脆，易折断，断面略平坦，淡黄白色。子座细长圆柱形，长 4～7cm，直径约 0.3cm；表面深棕色至棕褐色，有细纵皱纹，上部稍膨大；质柔韧，断面类白色。气微腥，味微苦。（图 12-6）

图 12-6 冬虫夏草药材图

以完整、虫体肥大、外表黄亮、内部色白、子座短者为佳。

【显微鉴别】子座头部横切面：子座中央充满菌丝，其间有裂隙。子座周围 1 列子囊壳，子囊壳卵形至椭圆形，下半部埋于凹陷的子座内。子囊壳内有多数线形子囊，每个子囊内又有 2～8 个线形子囊孢子。具不育顶端（子座先端无子囊壳部分）。虫体躯壳外被长短不一的锐刺毛和长茸毛，有的似分枝状；躯壳内为大量菌丝，其中有裂隙。

【功效主治】补肾益肺，止血化痰。用于肾虚精亏、阳痿遗精、腰膝酸痛、久咳虚喘、劳嗽咯血。

知识链接

冬虫夏草常见伪品

1. **亚香棒虫草** 子座单生或分枝，长3~5cm，柄多弯曲，黑色，有纵皱或棱，上部光滑，下部有细茸毛；子实体头部圆柱形或棒状，长1.2cm，茶褐色。

2. **凉山虫草** 虫体似蚕，长3~6cm，直径0.6~1cm，虫体细而长，表面棕黑色或黑褐色，被锈色茸毛，子座多单一，分枝纤细而曲折，长10~30cm，直径1.5~2.5mm，子实体头部圆柱形或棒状。

3. **地蚕** 为唇形科植物地蚕 *Stachys geobombycis* C. Y. Wu 及草石蚕 *Stachys sieboldi* Miq 的块茎伪充。呈梭形，略弯曲，有3~15环节，表面淡黄色，质脆，易折断，断面类白色，用水浸泡易膨胀，呈明显结节状。

4. **冬虫夏草常见造假方法**：①虫草穿签：用铁丝代替竹签、草签增加重量。②明矾粉、金属粉增重：在冬虫夏草上涂抹重金属粉或者注射金属粉。③假虫草染色：蚕蛹（或其他生物）制作成虫体样子，染色和加香后，再用胶水黏上草根（蕨菜根），来混淆真冬虫夏草。④模型压制：用淀粉、石膏等压制成型，在染色加工而成。

乳香（Olibanum）

【来源】为橄榄科植物乳香树 *Boszvellia carterii* Birdw. 及同属植物 *Boswcllia bhaurdajiana* Birdw. 树皮渗出的油胶树脂。主产于索马里、埃塞俄比亚，我国广西等地有引产。分为索马里乳香和埃塞俄比亚乳香，每种乳香又分为乳香珠和原乳香。

课堂互动

通过眼看、手摸、鼻嗅、口尝、水试、火试等方法仔细观察乳香药材，找出并说明该药材的关键性状特点。

【性状鉴别】药材呈长卵形滴乳状、类圆形颗粒或黏合成大小不等的不规则块状物。大者长达2cm（乳香珠）或5cm（原乳香）。表面黄白色，半透明，被有黄白色粉末，久存则颜色加深。质脆，遇热软化。破碎面有玻璃样或蜡样光泽。具特异香气，味微苦。（图12-7）

水试：取本品与少量水共研形成白色乳状液。

火试：取本品适量，置载玻片上，用火焰加热至熔化并有轻烟产生，嗅之有树脂乳香气。放冷，深色树脂状物质周围有淡黄色或黄色蜡状物产生。

以颗粒状、半透明、色黄白、有光泽、气芳香、无杂质者为佳。

【功效主治】清热凉血，活血消斑，祛风通络。用于血热发斑发疹、风湿痹痛、跌打损伤。

图 12 - 7　乳香药材图

知 识 链 接

乳香伪品

市场有以松香为加工品伪造乳香。其表面黄色，断面光亮似玻璃状，手搓闻到松香气，味苦；加热后先软化后溶化，燃烧时产生棕色浓烟。

没药（Myrrha）

【来源】为橄榄科植物地丁树 *Commiphora myrrha* Engl. 或哈地丁树 *Commiphora molmol* Engl. 的干燥油胶树脂。主产于索马里、埃塞俄比亚、阿拉伯半岛南部及印度等地。分为天然没药和胶质没药。

【性状鉴别】

天然没药　呈不规则颗粒性团块，大小不等，大者直径长达 6cm 以上。表面黄棕色或红棕色，近半透明部分呈棕黑色，被有黄色粉尘。质坚脆，破碎面不整齐，无光泽。有特异香气，味苦而微辛。

胶质没药　呈不规则块状和颗粒，多黏结成大小不等的团块，大者直径长达 6cm 以上，表面棕黄色至棕褐色，不透明，质坚实或疏松，有特异香气。

水试：取本品与少量水共研形成黄棕色乳状液。

以半透明、香气浓、杂质少者为佳。

【功效主治】散瘀定痛，消肿生肌。用于胸痹心痛、胃脘疼痛、痛经经闭、产后瘀阻、癥瘕腹痛、风湿痹痛、跌打损伤、痈肿疮疡。

阿魏（Ferulae Resina）

【来源】为伞形科植物新疆阿魏 *Ferula sinkiangensis* K. M. Shen 或阜康阿魏 *Ferula fukanensis* K. M. Shen 的树脂。主产于新疆。春末夏初盛花期至初果期，分次由茎上部往下斜割，收集渗出的乳状树脂，阴干。

【性状鉴别】呈不规则的块状和脂膏状。颜色深浅不一，表面蜡黄色至棕黄色。块状者体轻，质地似蜡，断面稍有孔隙，新鲜切面颜色较浅，放置后色渐深。脂膏状者黏稠，灰白色。具强烈而持久的蒜样特异臭气，味辛辣，嚼之有灼烧感。

水试：取本品与少量水共研形成白色乳状液。

以块状、气味浓厚、无杂质者为佳。

【功效主治】消积，化癥，散痞，杀虫。用于肉食积滞、瘀血癥瘕、腹中痞块、虫积腹痛。

安息香 （Benzoinum）

【来源】为安息香科植物白花树 *Styrax tonkinensis* （Pierre） Craib ex Hart. 的干燥树脂。主产于广东、广西、贵州、云南等地。树干经自然损伤或于夏、秋两季割裂树干，收集流出的树脂，阴干。

【性状鉴别】为不规则的小块，稍扁平，常黏结成团块。表面橙黄色，具蜡样光泽（自然出脂）；或为不规则的圆柱状、扁平块状。表面灰白色至淡黄白色（人工割脂）。质脆，易碎，断面平坦，白色，放置后逐渐变为淡黄棕色至红棕色。加热则软化熔融。气芳香，味微辛，嚼之有沙粒感。（图 12 - 8）

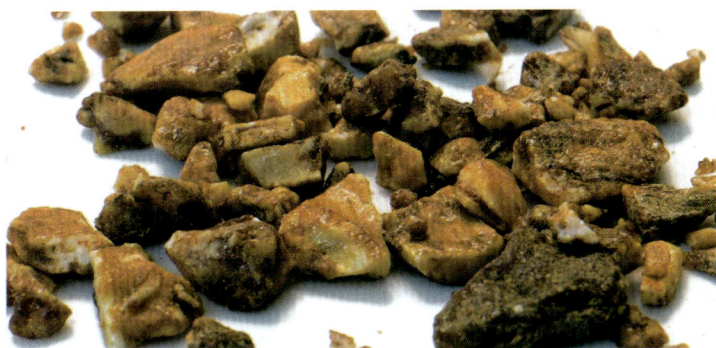

图 12 - 8　安息香药材图

以油性大、外色红棕、香气浓、无杂质者为佳。

【功效主治】开窍醒神，行气活血，止痛。用于中风痰厥、气郁暴厥、心腹疼痛、产后血晕、小儿惊风。

血竭 （Draconis Sanguis）

【来源】为棕榈科植物麒麟竭 *Daemonorops draco* Bl. 果实渗出的树脂经加工制成。主产于印度尼西亚、印度、马来西亚等地。

【性状鉴别】略呈类圆四方形或方砖形，表面暗红色，有光泽，附有因摩擦而成的红粉。质硬而脆，破碎面红色，研粉为砖红色。气微，味淡。（图12-9）

水试：在水中不溶，在热水中软化。

火试：取本品粉末，置白纸上，用火隔纸烘烤即熔化，但无扩散的油迹，对光照视呈鲜艳的红色。以火燃烧则产生呛鼻的烟气。

图12-9 血竭药材图

以表面黑红色、粉末鲜红色、燃烧呛鼻、无松香气、无杂质者为佳。

【功效主治】活血定痛，化瘀止血，生肌敛疮。用于跌打损伤、心腹瘀痛、外伤出血、疮疡不敛。

知 识 链 接

血竭及其伪品

1. **国产血竭**　为百合科植物海南龙血树 *Dracaena cambodiana* Pierre ex Gagnep. 含脂木质部提取的树脂。表面紫褐色，具有光泽，断面平滑，有玻璃样光泽，气微，味微涩，嚼之粘牙感。

2. **伪品**　用纸烘烤后易熔化变黑或呈块状，有油迹扩散；或掺杂松香者，燃之有松香气，冒黑烟；有颜料者入水，水即染色。

青黛（Indigo Naturalis）

【来源】为爵床科植物马蓝 *Baphicacanthus cusia*（Nees）Bremek. 、蓼科植物蓼蓝 *Polygonum tinctorium* Ait. 或十字花科植物菘蓝 *Isatis indigotica* Fort. 的叶或茎叶经加工制得的干燥粉末、团块或颗粒。主产于福建、河北、云南、江苏等地。夏、秋季采收茎叶，置木桶或缸内，水浸2~3昼夜，至叶烂脱时捞出枝条，加适量石灰搅拌，至浸液由乌绿转为深紫红色时，捞出液面蓝色泡沫，晒干。

【性状鉴别】为深蓝色的粉末，体轻，易飞扬；或呈不规则多孔性的团块、颗粒，用手搓捻即成细末。微有草腥气，味淡。

水试：取青黛撒于水中，漂浮水面，振摇后，水层不得显深蓝色。

火试：取青黛少量，用微火灼烧，有紫红色的烟雾产生。

以色蓝、体轻能浮于水面、火烧紫红色烟雾发生时间长者为佳。

【功效主治】坠痰下气，平肝镇惊。用于顽痰胶结、咳逆喘急、癫痫发狂、烦躁胸闷、惊风抽搐。

儿茶（Catechu）

【来源】为豆科植物儿茶 *Aazck catechu*（L. f）Willd. 去皮枝、干的干燥煎膏。主产于云南西双版纳。冬季采收枝、干，除去外皮，砍成大块，加水煎煮，浓缩，干燥。

【性状鉴别】呈方形或不规则块状，大小不一。表面棕褐色或黑褐色，光滑而稍有光泽。质硬，易碎，断面不整齐，具光泽，有细孔，遇潮有黏性。气微，味涩、苦，略回甜。

以黑色带棕、不糊不碎、尝之收涩性强者为佳。

【功效主治】活血止痛，止血生肌，收湿敛疮，清肺化痰。用于跌扑伤痛、外伤出血、吐血呕血、疮疡不敛、湿疹湿疮、肺热咳嗽。

芦荟（Aloe）

【来源】为百合科植物库拉索芦荟 *Aloe barbadmsis* Miller、好望角芦荟 *Aloe ferox* Miller 或其他同属近缘植物叶汁的浓缩干燥物。前者习称"老芦荟"，后者习称"新芦荟"。主产于非洲北部、南美洲、西印度群岛，我国南方地区有引种。

【性状鉴别】

库拉索芦荟 呈不规则块状，常破裂为多角形，大小不一。表面呈暗红褐色或深褐色，无光泽。体轻质硬，不易破碎，断面粗糙或显麻纹。富吸湿性。有特殊臭气，味极苦。

好望角芦荟 表面呈暗褐色，略显绿色，有光泽。体轻质松，易碎，断面玻璃样而有层纹。

以色深褐、质脆、吸湿性强、气味浓者为佳。

【功效主治】泻下通便，清肝泻火，杀虫疗疳。用于热结便秘、惊痫抽搐、小儿疳积；外治疥疮。

天竺黄（Bambusae Concretio Silicea）

【来源】为禾本科植物青皮竹 *Bambusa textilis* McClure 或华思劳竹 *Schizostachyum chinense* Rendle 秆内分泌液干燥后的块状物。主产于云南、广西、广东等地。秋、冬两季采收。

【性状鉴别】为不规则的片块或颗粒，大小不一。表面灰蓝色、灰黄色或灰白色，有的白色，半透明，略带光泽。体轻，质硬而脆，易破碎，吸湿性强。气微，味淡。

以块大、色洁白、半透明、有光泽、吸湿性强者为佳。

【功效主治】清热豁痰，凉心定惊。用于热病神昏，中风痰迷，小儿痰热惊痫、抽搐、夜啼。

冰片（Borneolum Syntheticum）（附：樟脑）

【来源】为樟科植物樟 *Cinnamomum camphora*（L.）Presl 的新鲜枝、叶经提取加工制成。

【性状鉴别】为无色透明或白色半透明的片状松脆结晶；气清香，味辛、凉；具挥发性，点燃有浓烟，并有带光的火焰。

以片大、色洁白、质松脆、气味浓厚者为佳。

【功效主治】开窍醒神，清热止痛。用于热病神昏、惊厥，中风痰厥，气郁暴厥，中风昏迷，胸痹心痛，目赤，口疮，咽喉肿痛，耳道流脓。

附：樟脑

樟脑是由樟科植物樟的枝、干、叶及根部经提炼制得的颗粒状结晶。为白色的结晶性粉末或为无色透明的硬块，粗制品则略带黄色，有光亮，在常温中易挥发，火试能产生有烟的红色火焰而燃烧。具穿透性的特异芳香，味初辛辣而后清凉。以洁白、透明、纯净者为佳。功能通关窍、利滞气、辟秽浊、杀虫止痒、消肿止痛，主治疥癣瘙痒、跌打伤痛、牙痛等症状。

六神曲（Massa Medicata Fermentata）

【来源】由辣蓼、青蒿、杏仁和麦粉、麸皮等药物混合后，经发酵而成的曲剂。

【性状鉴别】呈方形或长方形的块状，外表土黄色，粗糙。质坚而脆，易折断，断面不平坦，类白色，可见未被粉碎的褐色残渣及发酵后的空洞。有陈腐气。（图12-10）

【功效主治】健脾和胃，消食调中。用于脾胃虚弱、饮食停滞、胸痞腹胀、小儿食积。

图 12-10　六神曲药材图

胆南星（Arisaema Cum Bile）

【来源】为制天南星的细粉与牛、羊或猪胆汁经加工而成，或为生天南星细粉与牛、羊或猪胆汁经发酵加工而成。全国各地均产。

【性状鉴别】呈方块状或圆柱状。棕黄色、灰棕色或棕黑色。质硬。气微腥，味苦。

【功效主治】清热化痰，息风定惊。用于痰热咳嗽、咯痰黄稠、中风痰迷、癫狂惊痫。

海金沙（Lygodii Spora）

【来源】为海金沙科植物海金沙 *Lygodium japonicum*（Thunb.）Sw. 的干燥成熟孢子。主产于湖北、湖南、广东等地。秋季孢子未脱落时采割藤叶，晒干，搓揉或打下孢子，除去藤叶。

【性状鉴别】呈棕黄色或浅棕黄色粉末状。体轻，手捻有光滑感，置手中易由指缝滑落。气微，味淡。

水试：撒入水中开始则浮于水面，加热使逐渐下沉。

火试：取本品少量撒于火上，即发出轻微爆鸣及明亮的火焰，无灰渣残留。

以身干、色黄棕、体轻、手捻光滑、杂质少者为佳。

【显微鉴别】本品粉末棕黄色或浅棕黄色。孢子为四面体、三角状圆锥形，顶面观三面锥形，可见三叉状裂隙，侧面观类三角形，底面观类圆形，直径 60～85μm，外壁有颗粒状雕纹。

【功效主治】清利湿热，通淋止痛。用于热淋、石淋、血淋、膏淋、尿道涩痛。

五倍子（Galla Chinensis）

【来源】为漆树科植物盐肤木 *Rhus chinensis* Mill、青麸杨 *Rhus potaninii* Maxim. 或红麸杨 *Rhus punjabensis* Stew. var. *sinica*（Diels）Rehd. et Wils. 叶上的虫瘿，主要由五倍子蚜 *Melaphis chinensis*（Bell）Baker 寄生而形成。主产于四川、贵州、云南等地。秋季采摘，置沸水中略煮或蒸至表面呈灰色，杀死蚜虫，取出，干燥。

【性状鉴别】按外形不同，分为"肚倍"和"角倍"。

肚倍 呈长圆形或纺锤形囊状，长 2.5～9cm，直径 1.5～4cm。表面灰褐色或灰棕色，微有柔毛。质硬而脆，易破碎，断面角质样，有光泽，壁厚 0.2～0.3cm，内壁平滑，有黑褐色死蚜虫及灰色粉状排泄物。气特异，味涩。

角倍 呈菱形，具不规则的钝角状分枝，柔毛较明显，壁较薄。

以个大、完整、壁厚、色灰褐者为佳。（图 12－11）

【功效主治】敛肺降火，涩肠止泻，敛汗，止血，收湿敛疮。用于肺虚久咳、肺热痰嗽、久泻久痢、自汗盗汗、消渴、便血痔血、外伤出血、痈肿疮毒、皮肤湿烂。

图 12－11　五倍子药材图

复习思考

一、单项选择题

1. 下列哪一项不是冬虫夏草的性状特征 （   ）

    A. 虫体形如蚕

    B. 外表土黄色，环纹明显

    C. 足8对，前部5对明显

    D. 质脆易断，断面略平坦

    E. 子座细长圆柱形，上部稍膨大，质柔韧

2. 下列哪一项不是猪苓的性状特征 （   ）

    A. 呈不规则条形、块状或扁块状

    B. 表面乌黑或棕黑色，油瘤状突起

    C. 体重质坚实，入水下沉

    D. 粉末黄白色，菌丝团大多无色

    E. 草酸钙结晶双锥形或八面体形

3. 冬虫夏草主产于 （   ）

    A. 四川、青海、西藏等省区

    B. 湖北、安徽、云南等省区

    C. 索马里、埃塞俄比亚和阿拉伯半岛南部

    D. 印度尼西亚和马来西亚

    E. 陕西、云南和河南、山西等省

4. 以昆虫幼虫上的子座及幼虫尸体的复合体入药的是 （   ）

    A. 冬虫夏草   B. 茯苓   C. 昆布

    D. 松萝   E. 灵芝

5. 药材与水共研，能形成黄棕色乳状液的是 （   ）

    A. 乳香   B. 没药   C. 血竭

    D. 苏合香   E. 阿魏

6. 乳香的化学成分属于 （   ）

    A. 单树脂   B. 胶树脂   C. 油胶树脂

    D. 油树脂   E. 香树脂

7. 没药在药用树脂化学分类中属于 （   ）

    A. 单树脂   B. 油树脂类   C. 胶树脂类

    D. 香树脂类   E. 油胶树脂

8. 血竭的主要成分为（　　）

    A. 酸树脂　　　　　　　　B. 酯树脂　　　　　　　　C. 油树脂

    D. 油胶树脂　　　　　　　E. 香树脂

9. 具强烈而持久的蒜样特异臭气的是（　　）

    A. 乳香　　　　　　　　　B. 没药　　　　　　　　　C. 安息香

    D. 阿魏　　　　　　　　　E. 血竭

10. 血竭颗粒置白纸上，用火烘烤熔化，无扩散的油迹，对光照视显（　　）

    A. 铁黑色　　　　　　　　B. 暗红色　　　　　　　　C. 黄棕色

    D. 鲜艳的血红色　　　　　E. 亮蓝色

11. 中药五倍子的药用部位为（　　）

    A. 全草　　　　　　　　　B. 果实　　　　　　　　　C. 种子

    D. 虫瘿　　　　　　　　　E. 孢子

12. 海金沙的药用部位为（　　）

    A. 种子　　　　　　　　　B. 孢子　　　　　　　　　C. 菌丝

    D. 花粉　　　　　　　　　E. 加工品

13. 青黛的药用部位为（　　）

    A. 加工品　　　　　　　　B. 花粉　　　　　　　　　C. 孢子

    D. 菌丝　　　　　　　　　E. 提取物

14. 儿茶的药用部位为（　　）

    A. 虫瘿　　　　　　　　　B. 菌丝　　　　　　　　　C. 孢子

    D. 花粉　　　　　　　　　E. 干燥的煎膏

15. 火烧时有紫红色烟雾产生的中药是（　　）

    A. 蒲黄　　　　　　　　　B. 青黛　　　　　　　　　C. 儿茶

    D. 松花粉　　　　　　　　E. 海金沙

16. 撒在火上，发出爆鸣声且有闪光的药材是（　　）

    A. 海金沙　　　　　　　　B. 冰片　　　　　　　　　C. 青黛

    D. 天竺黄　　　　　　　　E. 石膏

17. 属于其他类的中药有（　　）

    A. 赭石　　　　　　　　　B. 牡蛎　　　　　　　　　C. 雷丸

    D. 芦荟　　　　　　　　　E. 灵芝

18. 五倍子的药用部位为（　　）

    A. 孢子　　　　　　　　　B. 去皮枝、干的干燥煎膏　　C. 带叶嫩枝的干燥煎膏

    D. 虫瘿　　　　　　　　　E. 以上都不是

二、多项选择题

1. 下列属于茯苓性状特征的是 （　　　）

　　A. 呈类球形、椭圆形或不规则块状

　　B. 外皮棕褐色至黑褐色，粗糙，有明显皱纹

　　C. 体轻，能浮于水面

　　D. 质沉重坚实，入水下沉

　　E. 断面内部白色，少数淡红色

2. 下列属于猪苓性状特征的是 （　　　）

　　A. 呈不规则条形、块状或扁块状

　　B. 表面乌黑色或棕黑色，有瘤状突起

　　C. 体重质坚实，入水即沉

　　D. 粉末黄白色，菌丝体多无色

　　E. 草酸钙方晶双锥形或八面体形

3. 冬虫夏草的性状特征有 （　　　）

　　A. 虫体似蚕　　　　　　B. 子座 2 个　　　　　　C. 体表有环纹 20～30 条

　　D. 体表有环纹 10～20 条　E. 全身有足 8 对，以中部 4 对最明显

4.《中国药典》中规定灵芝的来源有 （　　　）

　　A. 紫芝　　　　　　　　B. 赤芝　　　　　　　　C. 黄芝

　　D. 云芝　　　　　　　　E. 黑芝

5. 下列属于乳香性状特征的是 （　　　）

　　A. 呈长卵形滴乳状、类圆形颗粒

　　B. 表面黄棕色或红棕色，近半透明部分呈棕黑色，被有黄色粉尘

　　C. 质脆，遇热软化

　　D. 破碎面有玻璃样或蜡样光泽

　　E. 具特异香气，味微苦

6. 下列属于没药性状特征的是 （　　　）

　　A. 呈不规则颗粒性团块，大小不等

　　B. 表面黄白色，半透明，被有黄白色粉末

　　C. 久存则颜色加深

　　D. 质坚脆，破碎面不整齐，无光泽

　　E. 有特异香气，味苦而微辛

7. 下列属于血竭鉴别特征的是 （　　　）

　　A. 略呈类圆四方形或方砖形

B. 质硬而脆，破碎面红色，研粉为砖红色

C. 在水中不溶，在热水中软化

D. 火烘烤即熔化，无扩散的油迹

E. 气微，味淡

8. 树脂类中药材分为哪些类别（　　　）

    A. 单树脂类   B. 胶树脂类   C. 油胶树脂

    D. 油树脂   E. 香树脂

9. 药用部分为菌核的中药是（　　　）

    A. 冬虫夏草   B. 茯苓   C. 猪苓

    D. 灵芝   E. 雷丸

10. 下列说法正确的是（　　　）

    A. 青黛来源于十字花科植物茎的汁液加工品

    B. 青黛以微火灼烧有紫红色烟雾产生

    C. 海金沙撒火中，有轻微的爆鸣声及火光，无灰渣残留

    D. 芦荟来源于百合科植物

    E. 天竺黄味涩，吸舌

11. 五倍子的寄主有（　　　）

    A. 盐肤木   B. 萝芙木   C. 青麸杨

    D. 红麸杨   E. 白杨

12. 青黛的鉴别特征有（　　　）

    A. 呈极细的深蓝色粉末

    B. 质轻，易飞扬，撒于水中能浮于水面

    C. 火烧时产生紫红色烟雾

    D. 粉末加水振摇，水层显深蓝色

    E. 粉末少量加硝酸产生气泡，并显棕红色或黄棕色

三、简答题

1. 简述冬虫夏草的性状特征。

2. 比较茯苓与猪苓的性状特征和显微特征的区别。

3. 简述乳香和没药在性状鉴别和理化鉴别时有何区别。

4. 简述血竭粉末火试有什么现象。

扫一扫，知答案

第十三章
动物类中药的鉴定

扫一扫,看课件

【学习目标】

1. 掌握 25 种动物类中药的来源产地、性状鉴别及典型代表药材的显微鉴别;掌握典型代表药物的功效和理化鉴别特征,能正确运用性状、显微等鉴别方法准确鉴别药材。

2. 熟悉其他动物类中药的性味及功效。

3. 了解动物类中药的分类及主产地。

4. 培养学生鉴别动物类中药的能力,能够正确运用中药鉴定术语,描述药材的特征。

案例导入

某村村民在屠宰家养的牛时,在牛胆囊中发现了一块较大的结石,经咨询得知是天然牛黄。该村民准备卖给当地一家药店,但药店以需要专家鉴别为由,要求该村民留下牛黄,鉴别真假后再进行交易。第二天该村民来取牛黄时,却被该药店告知牛黄为人造牛黄,并返还了牛黄。村民拿到牛黄时,发现该牛黄虽与昨日自己携带的牛黄形状相似,但颜色不同,遂怀疑药店调换了自己的天然牛黄。该村民与药店交涉无果后,便选择报警解决争端。经调查后,警察发现该药店确实调换了村民的天然牛黄,对此事进行了严肃处理。

同学们,你能够鉴别天然牛黄和人工牛黄吗?

动物类药材具有重要的药理作用,很多动物药近年来因资源逐渐匮乏而需求量不断增加,市场上出现大量伪品、劣品、混淆品等,严重影响动物类中药的质量,因此动物药的真伪优劣鉴定具有重要意义。

第一节 动物类中药概述

动物类中药是指以动物或动物的分泌物入药的一类中药，主要包括以下几类：①干燥全体，如全蝎、海马、海龙、斑蝥；②除去内脏的干燥体，如蛤蚧、蕲蛇、金线白花蛇；③动物体的一部分，如角类的羚羊角、鹿茸、水牛角，贝壳类的牡蛎、石决明、瓦楞子，脏器类的哈蟆油、紫河车；④生理产物，如蝉蜕、蜂蜜、蛇蜕；⑤病理产物，如牛黄、珍珠、僵蚕；⑥动物的相关加工品，如人工牛黄、阿胶。

一、 动物类中药的概述

动物类中药在我国具有悠久的应用历史，是中药的重要组成部分。据统计，历代本草古籍中共记载动物类中药 600 余种，现代相关调查显示，动物类中药共计 1581 种，占全部中药总数的 12%。

随着生物技术和现代仪器分析技术的发展，动物类中药的研究得到了很大进步。动物药中发现了许多具有显著疗效的化学成分，可直接改善和调节人体的生理功能。例如，水蛭中的水蛭素可用于治疗因瘀血、肝阳上亢所致的中风先兆及心脑血栓形成所致病症；全蝎提取物能通过诱导宫颈癌细胞凋亡，从而达到抑制肿瘤的作用，同时能够抑制前列腺癌细胞增殖；海参中含有多种生物活性成分，具有增加免疫力、抗癌、抗凝血、镇痛、抗菌的作用。

二、 动物类中药的鉴定

1. **性状鉴定** 动物类中药特征往往比较明显，主要观察形状、颜色、纹路、突起、气味，以及水试、火试特征等，如海马的外形特征为"马头、蛇尾、瓦愣身"；熊胆味苦回甜，有钻舌感；哈蟆油水浸后可膨胀 10～15 倍，而伪品仅膨胀 3～7 倍；马宝粉置于锡纸上加热，有焦骨气味。

2. **显微鉴定和理化鉴定** 动物中药显微鉴别起步较晚，但起到了重要的作用。如麝香、熊胆、虎骨、珍珠等药材的鉴定均采用显微鉴别。近年来扫描电镜逐渐应用于药材鉴定，如扫描电镜发现了海珍珠与湖珍珠在断层上的差异，用电镜鉴别九种药用蛇背鳞，具有重要的意义。

角类：牛角、羚羊角、鹿角等可观察其骨组织、角质层、纹理，及同心纹理或波状纹理和色素颗粒。

皮毛：观察色素颗粒及其排列方式、动物毛发的髓质及网纹结构形态特征。

肌肉：观察肌纤维的大小和形状，通过纵截面观察肌纤维的宽度、明暗带的宽度和位置变化。

现代科学仪器的不断发展以及对动物药的化学成分深入研究，特别是现代光谱和色谱技术的应用，使得动物药鉴定的准确性大大提高。如红外光谱对动物药的鉴别研究表明，大多数动物药鉴别特征明显，稳定性、重现性较好；高效液相色谱对多种动物胆汁进行鉴别，发现不同药物之间存在显著差异；高效毛细管电泳技术有助于海龙和海马的鉴别。

第二节　常用动物类中药鉴定

海马（Hippocampus）

【来源】为海龙科动物线纹海马 *Hippocampus kelloggi* Jordan et Snyder、刺海马 *Hippocampus histrix* Kaup、大海马 *Hippocampus kuda* Bleeker、三斑海马 *Hippocampus trimaculatus* Leach 或小海马（海蛆）*Hippocampus japonicus* Kaup 的干燥体。主产于广东、福建及台湾等地。夏、秋两季捕捞，洗净，晒干；或除去皮膜和内脏，晒干。

课堂互动

通过眼看、手摸、鼻嗅、口尝等方法仔细观察海马药材，指出头部形状、躯干部及尾部棱数、重量等关键性状特点。

【性状鉴别】

线纹海马　呈扁长形而弯曲，体长约30cm。表面黄白色。头略似马头，有冠状突起，具管状长吻，口小，无牙，两眼深陷。躯干部七棱形，尾部四棱形，渐细卷曲，体上有瓦楞形的节纹并具短棘。体轻，骨质，坚硬。气微腥，味微咸。

刺海马　体长15～20cm。头部及体上环节间的棘细而尖。

大海马　体长20～30cm。黑褐色。

三斑海马　体侧背部第1、4、7节的短棘基部各有1黑斑。

小海马（海蛆）　体形小，长7～10cm。黑褐色。节纹和短棘均较细小。

以体大、坚实、头尾齐全者为佳。（图13－1）

图13－1　海马药材图

【功效主治】 温肾壮阳，散结消肿。用于阳痿、遗尿、肾虚作喘、癥瘕积聚、跌扑损伤；外治痈肿疔疮。

海龙 （Syngnathus）

【来源】 为海龙科动物刁海龙 *Solenognathus hardwickii*（Gray）、拟海龙 *Synghathoides biafuleatus*（Bloch）或尖海龙 *Syngnathoides biaculeatus*（Bloch）的干燥体。主产于我国南海近陆海。多于夏、秋两季捕捞。刁海龙、拟海龙除去皮膜，洗净，晒干；尖海龙直接洗净，晒干。

课堂互动

海马和海龙均属于海龙科，外形并不相似，海马体形较小而海龙体形较大，二者的功效相似，均为温肾壮阳，散结消肿，但海龙的功效较海马的功效强。请同学们仔细观察二者的性状，找出二者的性状特征。

【性状鉴别】

刁海龙 体狭长侧扁，全长 30~50cm。表面黄白色或灰褐色。头部具管状长吻，口小，无牙，两眼圆而深陷，头部与体轴略呈钝角。躯干部宽 3cm，五棱形，尾部前方六棱形，后方渐细，四棱形，尾端卷曲。背棱两侧各有 1 列灰黑色斑点状色带。全体被以具花纹的骨环和细横纹，各骨环内有突起粒状棘。胸鳍短宽，背鳍较长，有的不明显，无尾鳍。骨质，坚硬。气微腥，味微咸。

拟海龙 体长平扁，躯干部略呈四棱形，全长 20~22cm。表面灰黄色。头部常与体轴成一直线。

尖海龙 体细长，呈鞭状，略呈四棱形，全长 10~30cm，未去皮膜。表面黄褐色。有的腹面可见育儿囊，有尾鳍。质较脆弱，易撕裂。

以体长、饱满、头尾齐全者为佳。（图 13-2）

【功效主治】 温肾壮阳，散结消肿。用于肾阳不足、阳痿遗精、癥瘕积聚、瘰疬痰核、跌扑损伤；外治痈肿疔疮。

图 13-2 海龙药材图

全蝎（Scorpio）

【来源】为钳蝎科动物东亚钳蝎 *Buthus martensii* Karsch 的干燥体。全国各地均有分布，主产于河南、山东、湖北、安徽等地。春末至秋初捕捉，除去泥沙，置沸水或沸盐水中，煮至全身僵硬，捞出，置通风处，阴干。

【性状鉴别】头胸部与前腹部呈扁平长椭圆形，后腹部呈尾状，皱缩弯曲，完整者体长约6cm。头胸部呈绿褐色，前面有1对短小的螯肢及1对较长大的钳状脚须，形似蟹螯，背面覆有梯形背甲，腹面有足4对，均为7节，末端各具2爪钩；前腹部由7节组成，第7节色深，背甲上有5条隆脊线。背面绿褐色，后腹部棕黄色，6节，节上均有纵沟，末节有锐钩状毒刺，毒刺下方无距。气微腥，味咸。（图13-3）

图13-3　全蝎药材图

以身干、完整、绿褐色、无杂质者为佳。

【功效主治】息风镇痉，通络止痛，攻毒散结，用于肝风内动、痉挛抽搐、小儿惊风、中风口㖞、半身不遂、破伤风、风湿顽痹、偏正头痛、疮疡、瘰疬。孕妇禁用。

蜈蚣（Scolopendra）

【来源】为蜈蚣科动物少棘巨蜈蚣 *Scolopendra subspinipes mutilans* L. Koch 的干燥体。主产于湖北、浙江、江苏等省。春、夏两季捕捉，用竹片插入头尾，绷直，干燥。

【性状鉴别】呈扁平长条形，长9~15cm，宽0.5~1cm。由头部和躯干部组成，全体共22个环节。头部暗红色或红褐色，略有光泽，有头板覆盖，头板近圆形，前端稍突出，两侧贴有颚肢一对，前端两侧有触角一对。躯干部第一背板与头板同色，其余20个背板为棕绿色或墨绿色，具光泽，自第四背板至第二十背板上常有两条纵沟线；腹部淡黄色或棕黄色，皱缩；自第二节起，每节两侧有步足一对；步足黄色或红褐色，偶有黄白色，呈弯钩形，最末一对步足尾状，故又称尾足，易脱落。质脆，断面有裂隙。气微腥，有特殊刺鼻的臭气，味辛、微咸。

以身干、条长、头红色、足黄色、身墨绿色、头足完整者为佳。（图13-4）

【功效主治】息风镇痉，通络止痛，攻毒散结。

图 13 - 4　蜈蚣药材图

土鳖虫 （Eupolyphaga；Steleophaga）

【来源】 为鳖蠊科昆虫地鳖 *Eupolyphaga sinensis* Walker 或冀地鳖 *Steleophaga plancyi* (Boleny) 的雌虫干燥体。地鳖主产于江苏、安徽、河南、湖北等省；冀地鳖主产于湖北、山东、浙江等省。捕捉后，置沸水中烫死，晒干或烘干。

【性状鉴别】

地鳖　扁平卵形，长 1.3～3cm，宽 1.2～2.4cm。前端较窄，后端较宽，背部紫褐色，具光泽，无翅。前胸背板较发达，盖住头部；腹背板 9 节，呈覆瓦状排列。腹面红棕色，头部较小，有丝状触角 1 对，常脱落，胸部有足 3 对，具细毛和刺。腹部有横环节。质松脆，易碎。气腥臭，味微咸。（图 13 - 5）

冀地鳖　长 2.2～3.7cm，宽 1.4～2.5cm。背部黑棕色，通常在边缘带有淡黄褐色斑块及黑色小点。

以完整、均匀、体肥、色紫褐、杂质少者为佳。

图 13 - 5　土鳖虫药材图

【功效主治】 破血逐瘀，续筋接骨。

僵蚕 （Bombyx Batryticatus）

【来源】 为蚕蛾科昆虫家蚕 *Bombyx mori* Linnaeus 4～5 龄的幼虫感染 （或人工接种） 白僵菌 *Beauveria bassiana* （Bals.） Vuillant 而致死的干燥体。全国大部分地区均有产。多于春、秋季生产，将感染白僵菌病死的蚕干燥。

课堂互动

通过眼看、手摸、鼻嗅、口尝等方法仔细观察僵蚕药材，指出形状颜色、足数、丝腺环数目等关键性状特点。

【性状鉴别】略呈圆柱形，多弯曲皱缩。长 2～5cm，直径 0.5～0.7cm。表面灰黄色，被有白色粉霜状的气生菌丝和分生孢子。头部较圆，足 8 对，呈突起状，中部 4 对明显；体节明显，尾部略呈二叉分枝状。质硬而脆，易折断，断面平坦，外层白色，中间有亮棕色或亮黑色的丝腺环 4 个（"胶口镜面"）。气微腥。味微咸。（图 13-6）

以条粗、色白、断面光亮、杂质少者为佳。

【功效主治】息风止痉，祛风止痛，化痰散结。用于肝风夹痰、惊痫抽搐、小儿急惊、破伤风、中风口喎、风热头痛、目赤咽痛、风疹瘙痒、发颐疔腮。

图 13-6　僵蚕药材图

水蛭（Hirudo）

【来源】为水蛭科动物蚂蟥 *Whitmania Pigra* Whitman、水蛭 *Hirudo nipponica* Whitman 或柳叶蚂蟥 *Whitmania acranutata* Whitman 的干燥全体。全国大部地区均有分布。夏、秋两季捕捉，用沸水烫死，晒干或低温干燥。

课堂互动

通过眼看、手摸、鼻嗅、口尝等方法仔细观察水蛭药材，指出关键性状特点。

【性状鉴别】

1. 药材

蚂蟥　呈扁平纺锤形，有多数环节，长 4～10cm，宽 0.5～2cm。背部黑褐色或黑棕色，稍隆起，用水浸后，可见黑色斑点排成 5 条纵纹；腹面平坦，棕黄色。两侧棕黄色，前端略尖，后端钝圆，两端各具 1 吸盘，前吸盘不显著，后吸盘较大。质脆，易折断，断面胶质状。气微腥。

水蛭　扁长圆柱形，体多弯曲扭转，长 2～5cm，宽 0.2～0.3cm。（图 13-7）

图 13-7　水蛭药材图

柳叶蚂蟥 狭长而扁，长 5~12cm，宽 0.1~0.5cm。

2. 饮片 呈不规则扁块状或扁圆柱形，略鼓起，表面棕黄色至黑褐色，附有少量白色滑石粉。断面松泡，灰白色至焦黄色。气微腥。

以整齐、黑棕色、断面有光泽、无杂质者为佳。

【功效主治】破血通经，逐瘀消癥。用于血瘀经闭、癥瘕痞块、中风偏瘫、跌扑损伤。

斑蝥（Mylabris）

【来源】为芫青科昆虫南方大斑蝥 *Mylabris phalerata* Pallas 或黄黑小斑蝥 *Mylabris cichorii* Linnaeus 的干燥体。主产于河南、广西、安徽、四川、贵州等地。夏、秋两季捕捉，闷死或烫死，晒干。

【性状鉴别】

1. 药材

南方大斑蝥 呈长圆形，长 1.5~2.5cm，宽 0.5~1cm。头及口器向下垂，有较大的复眼及触角各 1 对，触角多已脱落。背部具革质鞘翅 1 对，黑色，有 3 条黄色或棕黄色的横纹；鞘翅下面有棕褐色薄膜状透明的内翅 2 片。胸腹部乌黑色，胸部有足 3 对。有特殊的臭气。

黄黑小斑蝥 体型较小，长 1~1.5cm。（图 13-8）

图 13-8 斑蝥药材图

2. 饮片 南方大斑蝥体型较大，头足翅偶有残留，色乌黑发亮，头部去除后的断面不整齐，边缘黑色，中心灰黄色，质脆易碎，有焦香气；黄黑小斑蝥体型较小。

以身干、个大、色鲜明、完整不碎、无败油气者为佳。

【功效主治】破血逐瘀，散结消癥，攻毒蚀疮。用于癥瘕、经闭、顽癣、瘰疬、赘疣、痈疽不溃、恶疮死肌。

蝉蜕（Cicadae Periostracum）

【来源】为蝉科昆虫黑蚱 *Cryptotympana pustulata* Fabricius 若虫羽化时脱落的皮壳。全国各地均有产出。夏、秋两季收集，除去泥沙，晒干。

【性状鉴别】略呈椭圆形而弯曲，长约 3.5cm，宽约 2cm。表面黄棕色，半透明，有光泽。头部有丝状触角 1 对，多已断落，复眼突出。额部先端突出，口吻发达，上唇宽短，下唇伸长成管状。胸部背面呈十字形裂开，裂口向内卷曲，脊背两旁具小翅 2 对；腹面有足 3 对，被黄棕色细毛。腹部钝圆，共 9 节。体轻，中空，易碎。气微，味淡。（图 13 - 9）

【功效主治】疏散风热，利咽，透疹，明目退翳，解痉。用于风热感冒、咽痛音哑、麻疹不透、风疹瘙痒、目赤翳障、惊风抽搐、破伤风。

图 13 - 9　蝉蜕药材图

蛇蜕（Serpentis Periostracum）

【来源】为游蛇科动物黑眉锦蛇 *Elaphe taeniura* Cope、锦蛇 *Elaphe carinata*（Guenther）或乌梢蛇 *Zaocys dhumnades*（Cantor）等蜕下的干燥表皮膜。主产于江苏、浙江、安徽、云南等地。春末夏初或冬初收集，除去泥沙，干燥。

【性状鉴别】呈圆筒形，多压扁而皱缩，完整者形似蛇，长可达 1m 以上。背部银灰色或淡灰棕色，有光泽，鳞迹菱形或椭圆形，衔接处呈白色，略缩皱或凹下；腹部乳白色或略显黄色，鳞迹长方形，呈覆瓦状排列。体轻，质微韧，手捏有润滑感和弹性，轻轻搓揉，沙沙作响。气微腥，味淡或微咸。

【功效主治】祛风，定惊，退翳，解毒。用于小儿惊风、抽搐痉挛、翳障、喉痹、疔肿、皮肤瘙痒。

阿胶（Asini Corii Colla）（附：新阿胶）

【来源】为马科动物驴 *Equus asinus* L. 的干燥皮或鲜皮经煎煮、浓缩制成的固体胶。主产于山东。

【性状鉴别】

1. 药材　呈长方形块、方形块或丁状。棕色至黑褐色，有光泽。质硬而脆，断面光亮，碎片对光照视呈棕色半透明状。气微，味微甘。（图 13 - 10）

2. 饮片（阿胶珠）　呈类球形。表面棕黄色或灰白色，附有白色粉末。体轻，质酥，易碎。断面中空或多孔状，淡黄色至棕色，气微，味微甜。

以色匀、质脆、半透明、断面光亮、无

图 13 - 10　阿胶药材图

腥气者为佳。

【功效主治】补血滋阴，润燥，止血。用于血虚萎黄、眩晕心悸、肌痿无力、心烦不眠、虚风内动、肺燥咳嗽、劳嗽咯血、吐血尿血、便血崩漏、妊娠胎漏。

附：新阿胶

新阿胶为用猪皮熬制而成的固体胶。呈方块状，表面棕褐色，对光透视不透明，断面不光亮。取本品少许加入沸水溶解，水溶液呈棕褐色，混浊不透明，冷后表面有一层脂肪油，有猪皮汤味。

知 识 链 接

阿胶真伪品的鉴别

现药品市场常有假阿胶出售，系用旧杂皮、烂皮、动物碎骨等熬制而成的牛皮胶、杂皮胶，甚至连皮都不含的明胶。多味臭难闻，色暗无光，外形不光滑，遇热则散发出一股浓烈的腥味或臭味，服用后可能会危害人体健康。可通过以下方法鉴别：①外观颜色：真品阿胶外观平滑有光泽，质硬脆，断面具有玻璃样光泽；②气味：真品阿胶有轻微豆油香味，假阿胶有浓郁的腥臭味；③拍打：真品阿胶质脆硬，掰时不会弯曲，易断裂，假阿胶质地柔软易弯曲；④水试：取阿胶溶于水中，溶液澄明无混浊，正品阿胶溶液静置 4 小时后不凝集，伪品溶液凝集成糊状；⑤火试：取真品阿胶放在坩埚内灼烧，有浓烈的麻油香气，灰化后残渣乌黑或棕色，质疏松，呈片或团块状。味淡，口尝无异物感。

金钱白花蛇（Bungarus Parvus）

【来源】为眼镜蛇科动物银环蛇 *Bungarus multicinctus* Blyth 除去内脏的干燥体。主产于广东、广西。夏、秋两季捕捉，剖开腹部，除去内脏，擦净血迹，用乙醇浸泡处理后，盘成圆形，用竹签固定，干燥。

课堂互动

通过眼看、手摸、鼻嗅、口尝等方法仔细观察金钱白花蛇药材，指出形状、大小、白色环纹数目等关键性状特点。

【性状鉴别】呈圆盘状，盘径 3～6cm，蛇体直径 0.2～0.4cm。头盘在中间，尾细，常纳口内，口腔内上颌骨前端有毒沟牙1对，鼻间鳞2片，无颊鳞，上下唇鳞通常各为7片。背部黑色或灰黑色，有白色环纹45～58个，黑白相间，白环纹在背部宽1～2行鳞片，向腹面渐增宽，黑环纹宽3～5行鳞片。背正中明显突起一条脊棱，脊鳞扩大呈六角形，背鳞细密，通身15行，尾下鳞单行。气微腥，味微咸。（图13－11）

图13－11　金钱白花蛇药材图

【功效主治】祛风，通络，止痉。用于风湿顽痹、麻木拘挛、中风口眼㖞斜、半身不遂、抽搐痉挛、破伤风、麻风、疥癣。

知识链接

近年来市场上发现用赤链蛇、金环蛇或银环蛇的成体加工品冒充金钱白花蛇使用。特征如下：①赤链蛇呈圆盘状，头在中央，全体有黑红相间的窄环纹。横环纹环绕腹部，腹侧有黑褐色斑点。体脊有一条显著突起的脊棱，脊棱处的一列鳞片不扩大呈六角形。②金环蛇成体加工品呈圆盘状，头在中央（为其他蛇头加工而成）。全体有横环纹22个以下，横环纹间隔较宽。③银环蛇成体纵切成条，加工品呈圆盘状，头在中央（为其他蛇头加工而成）；体脊黑棕色；全体有横环27个以下，白色环纹较宽；腹部黄白色，两侧不对称。市场调查发现，除以上几种伪品外，尚有用游蛇科其他种的幼体或幼体的拼接品伪制。

蕲蛇（Agkistrodon）

【来源】为蝰科动物五步蛇 *Agkistrodon acutus*（Guenther）的干燥体。主产于浙江温州、丽水及广东、广西等地。多于夏、秋两季捕捉，剖开蛇腹，除去内脏，洗净，用竹片撑开腹部，盘成圆盘状，干燥后拆除竹片。

课堂互动

通过眼看、手摸、鼻嗅、口尝等方法仔细观察蕲蛇药材，指出翘鼻头、方胜纹、念珠斑、背部脊棱等关键性状特点。

【性状鉴别】

1. **药材** 呈圆盘状，盘径 17～34cm，体长可达 2m。头在中间稍向上，呈三角形而扁平，吻端向上，习称"翘鼻头"。上腭有管状毒牙，中空尖锐。背部两侧各有黑褐色与浅棕色组成的"V"形斑纹 17～25 个，其"V"形的两上端在背中线上相接，习称"方胜纹"，有的左右不相接，呈交错排列。腹部撑开或不撑开，灰白色，鳞片较大，有黑色类圆形的斑点，习称"连珠斑"，腹内壁黄白色，脊椎骨的棘突较高，呈刀片状上突，前后椎体下突基本同形，多为弯刀状，向后倾斜，尖端明显

图 13－12 蕲蛇（背面）药材图

超过椎体后隆面。尾部骤细，末端有三角形深灰色的角质鳞片 1 枚（"佛指甲"）。气腥，味微咸。（图 13－12）

2. **饮片** 酒蕲蛇为段状。无鳞片，棕褐色或黑色，略有酒气。

【功效主治】祛风，通络，止痉。用于风湿顽痹、麻木拘挛、中风口眼㖞斜、半身不遂、抽搐痉挛、破伤风、麻风、疥癣。

乌梢蛇（Zaocys）

【来源】为游蛇科动物乌梢蛇 *Zaocys dhumnades*（Cantor）的干燥体。主产于浙江、江苏、安徽等省。多于夏、秋两季捕捉，剖开腹部或先剥皮留头尾，除去内脏，盘成圆盘状，干燥。

课堂互动

通过眼看、手摸、鼻嗅、口尝等方法仔细观察乌梢蛇药材，注意颜色、背部脊棱、鳞片行数及尾等关键性状特点。

【性状鉴别】

1. **药材** 呈圆盘状，盘径约 16cm。表面黑褐色或绿黑色，密被菱形鳞片；背鳞行数成双，背中央 2～4 行鳞片强烈起棱，形成两条纵贯全体的黑线。头盘在中间，扁圆形，眼大而下凹陷，有光泽。上唇鳞 8 枚，第 4、5 枚入眶，颊鳞 1 枚，眼前下鳞 1 枚，较小，眼后鳞 2 枚。脊部高耸成屋脊状，习称"剑脊"。腹部剖开边缘向内卷曲，脊肌肉厚，黄白色或淡棕色，可见排列整齐的肋骨。尾部渐细而长，尾下鳞双行。剥皮者仅

留头、尾之皮鳞，中段较光滑。气腥，味淡。（图 13 – 13）

2. 饮片（酒乌梢蛇） 为段状。少有鳞片，棕褐色或黑色，略有酒气。

【功效主治】 祛风，通络，止痉。用于风湿顽痹、麻木拘挛、中风口眼㖞斜、半身不遂、抽搐痉挛、破伤风、麻风。

图 13 – 13 乌梢蛇药材图

知 识 链 接

在市场上，有以同科黑眉锦蛇、王锦蛇、银环蛇、滑鼠蛇等十余种蛇类的干燥体冒充乌梢蛇出售，这些伪品外形、性味、功效上都与乌梢蛇有别，购买使用时应注意鉴别。黑眉锦蛇眼后有两条明显的黑纹，状如黑眉；王锦蛇头鳞有黄黑相间的沟纹，形成"王"字黑斑，其他伪品蛇头部呈不同颜色和形状。伪品脊背较钝圆，背肌肉薄较粗糙，背鳞多平滑无棱，体背部多为黄棕色或棕褐色，有黑色梯状或黄色横斜斑纹。尾部也细长，但没乌梢蛇明显，有的尾下鳞单行。

地龙（Pheretima）

【来源】 为钜蚓科动物参环毛蚓 *Pheretima aspergillum*（E. Perrier）、通俗环毛蚓 *Pheretima vulgaris* Chen、威廉环毛蚓 *Pheretima guillelmi*（Michaelsen）或栉盲环毛蚓 *Pheretima pectinifera* Michaelsen 的干燥体。前一种习称"广地龙"，产广东、广西、福建；后三种习称"沪地龙"，产上海、江苏、浙江。广地龙春季至秋季捕捉，沪地龙夏季捕捉，及时剖开腹部，除去内脏和泥沙，洗净，晒干或低温干燥。

【性状鉴别】

广地龙 呈长条状薄片，弯曲，边缘略卷，长 15 ~ 20cm，宽 1 ~ 2cm。全体具环节，背部棕褐色至紫灰色，腹部浅黄棕色；第 14 ~ 16 环节为生殖带，习称"白颈"，较光亮。体前端稍尖，尾端钝圆，刚毛圈粗糙而硬，色稍浅。雄生殖孔在第 18 环节腹侧刚毛圈一小孔突上，外缘有数环绕的浅皮褶，内侧刚毛圈隆起，前面两边有横排（一排或二排）小乳突，每边 10 ~ 20 个不等。受精囊孔 2 对，位于7/8 至 8/9 环节间一椭圆形突起上，约占节周5/11。体轻，略呈革质，不易折断。气腥，味微咸。

沪地龙 长 8 ~ 15cm，宽 0.5 ~ 1.5cm。全体具环节，背部棕褐色至黄褐色，腹部浅黄棕色；第 14 ~ 16 环节为生殖带，较光亮。第 18 环节有一对雄生殖孔。通俗环毛蚓的雄交配腔能全部翻出，呈花菜状或阴茎状；威廉环毛蚓的雄交配腔孔呈纵向裂缝状；栉盲环毛蚓的雄生殖孔内侧有 1 或多个小乳突。受精囊孔 3 对，在 6/7 至 8/9 环节间。（图 13 – 14）

【功效主治】清热定惊，通络，平喘，利尿。用于高热神昏、惊痫抽搐、关节痹痛、肢体麻木、半身不遂、肺热喘咳、水肿尿少。

图 13 –14　地龙药材图

蛤蚧（Gecko）

【来源】为壁虎科动物蛤蚧 *Gekko gecko* Linnaeus 的干燥体。主产于福建、台湾、广东、广西、云南。全年均可捕捉，除去内脏，拭净，用竹片撑开，使全体扁平顺直，低温干燥。

课堂互动

通过眼看、手摸、鼻嗅、口尝等方法仔细观察蛤蚧药材，找出并说明该药材有哪些关键性状特点。

【性状鉴别】

1. **药材**　呈扁片状，头颈部及躯干部长 9 ~ 18cm，腹背部宽 6 ~ 11cm，尾长 6 ~ 12cm。头略呈扁三角状，两眼凹陷成窟窿，口内有角质细齿，无异型大齿。吻部半圆形，吻鳞不切鼻孔，与鼻鳞相连，上鼻鳞左右各 1 片，上唇鳞 12 ~ 14 对，下唇鳞（包括颏鳞）21 片。腹背部呈椭圆形，腹薄。背部灰黑色或银灰色，有黄白色或灰绿色斑点散在或密集成不显著的斑纹，有的背部及腹部有明显的橙红色斑点，脊椎骨及两侧肋骨突起。④四足均具 5 趾；足趾底有吸盘。尾细而坚实，与背部颜色相同，有 6 ~ 7 个明显的银灰色环带，有的再生尾较短。全身密被圆形或多角形微有光泽的细鳞，有的具橙黄色至橙红色的斑点散在。气腥，味微咸。（图 13 – 15）

2. **饮片**　呈不规则的片状小块。表面灰黑色或银灰色，有棕黄色的斑点及鳞甲脱落的痕迹。切面黄白色或灰黄色。脊椎

图 13 –15　蛤蚧药材图

骨和肋骨突起。气腥，味微咸。

【功效主治】补肺益肾，纳气定喘，助阳益精。用于肺肾不足、虚喘气促、劳嗽咳血、阳痿、遗精。

鸡内金（Galli Gigerii Endothelium Corneum）

【来源】为雉科动物家鸡 *Gallus gallus domesticus* Brisson 的干燥沙囊内壁。全国各地均有产出。杀鸡后，取出鸡肫，立即剥下内壁，洗净，干燥。

【性状鉴别】

1. 药材　为不规则卷片，厚约 2mm。表面黄色、黄绿色或黄褐色，薄而半透明，具明显的条状皱纹。质脆，易碎，断面角质样，有光泽。气微腥，味微苦。

2. 饮片　表面暗黄褐色或焦黄色，用放大镜观察，显颗粒状或微细泡状。轻折即断，断面有光泽。

知 识 链 接

鸡内金伪品

鸭内金是以鸭科 *Anas plalyrhynchos domestica* Linnaeus 的砂囊内壁作鸡内金用。与正品的不同点：砂囊内壁呈碟片状，较鸡内金大且厚。表面墨绿色或紫黑色，波状皱纹少；质硬，断面角质；气腥，味微苦。

【功效主治】健胃消食，涩精止遗，通淋化石。用于食积不消、呕吐泻痢、小儿疳积、遗尿、遗精、石淋涩痛、胆胀胁痛。

鹿茸（Cervi Cornu Pantotrichum）

【来源】为脊索动物门哺乳纲鹿科动物梅花鹿 *Cervus Nippon* Temminck 或马鹿 *Cervus elaphus* Linnaeus 的雄鹿未骨化密生茸毛的幼角。前者习称"花鹿茸"，后者习称"马鹿茸"。花鹿茸主产于吉林、辽宁、河北及黑龙江等地。马鹿茸主产于黑龙江、吉林、内蒙古、新疆等地，东北产者习称"东马鹿茸"，品质较优；西北产者习称"西马鹿茸"，品质较次。夏、秋两季锯取鹿茸，经加工后，阴干或烘干。

课堂互动

通过眼看、手摸、鼻嗅、口尝等方法仔细观察鹿茸药材，找出并说明该药材有哪些关键性状特点。

【性状鉴别】

1. 药材

花鹿茸 呈圆柱状分枝，具有一个分枝者习称"二杠"，主枝习称"大挺"，长17～20cm，锯口直径4～5cm，离锯口约1cm处分出侧枝，习称"门庄"，长9～15cm，枝顶钝圆，直径较大挺略细。外皮红棕色或棕色，多光润，表面密生红黄色或棕黄色细茸毛，上端较密，下端较疏；分岔间具有一条灰黑色筋脉，皮茸紧贴。锯口黄白色，外围无骨质，中部密布小孔。体轻。气微腥，味微咸。具有二个分枝者，习称"三岔"，大挺长23～33cm，直径较二杠细，略呈弓形而微扁，枝端略尖，下部多有纵棱筋及突起的疙瘩；皮红黄色，茸毛较稀而粗。体轻。气微腥，味微咸。

二茬茸和头茬茸相似，但大挺长而不圆或上细下粗，下部有纵棱筋。皮灰黄色，茸毛较粗糙，锯口外围多已骨化。体较重，无腥气。

马鹿茸 较花鹿茸粗大，分枝较多，侧枝一个者习称"单门"，两个者习称"莲花"，三个者习称"三岔"，四个者习称"四岔"或更多。按产地分为"东马鹿茸"和"西马鹿茸"。

（1）东马鹿茸："单门"大挺长25～27cm，直径约3cm，外皮灰黑色，茸毛灰褐色或灰黄色，锯口面外皮较厚，灰黑色，中部密布细孔，质嫩；"莲花"大挺长可达33cm，下部有棱筋，锯口面蜂窝状小孔稍大；"三岔"皮色深，质较老；"四岔"茸毛粗而稀，大挺下部具有棱筋和疙瘩，分枝顶端多无毛，习称"捻头"。（图13－16）

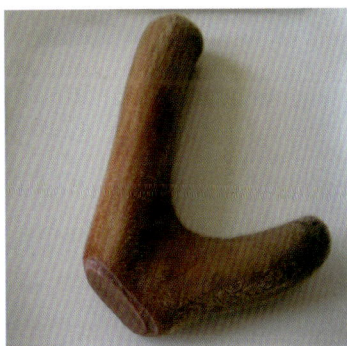

a. 花鹿茸   b. 马鹿茸

图13－16 鹿茸（三岔）药材图

（2）西马鹿茸：大挺多不圆，顶端圆扁不一，长30～100cm，表面有棱，多抽缩干瘪，分枝较长且弯曲，茸毛粗而长，灰色或黑灰色。锯口色较深，常见骨质。气腥臭，味咸。

均以茸形粗壮、饱满、皮毛完整、质嫩、油润、无骨棱、无钉者为佳。

2. 饮片

花茸片 圆形或近圆形薄片；外表面无毛，可见加工去毛的燎痕或刮痕，外皮红棕色或棕色，多光润，切面中部黄白色、无骨化、密布细孔，体轻质软富弹性（有时可见小而角质样片（"蜡片"），气微腥，味微咸。

马茸片 圆形或类圆形薄片，外表面无茸毛或残留加工去毛的燎痕、刮痕，可见棱筋及疙瘩状突起，外皮灰黑色、较厚，中部灰白色或黄白色，密布蜂窝状小孔。气腥味稍咸。（图13-17）

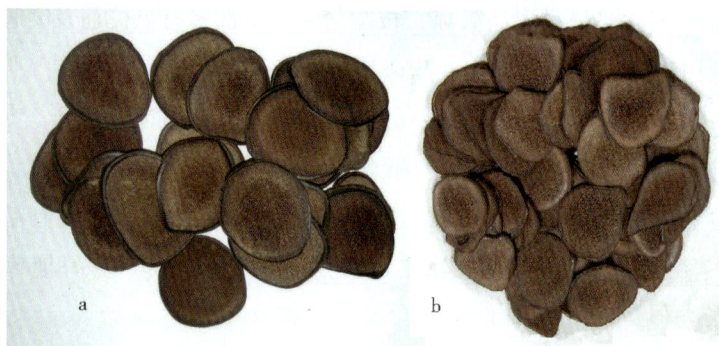

a. 马鹿茸饮片　b. 梅花鹿茸饮片

图13-17　鹿茸饮片图

【功效主治】壮肾阳，益精血，强筋骨，调冲任，托疮毒。用于肾阳不足、精血亏虚、阳痿滑精、宫冷不孕、羸瘦、神疲、畏寒、眩晕、耳鸣、耳聋、腰脊冷痛、筋骨痿软、崩漏带下、阴疽不敛。

鹿角（Cervi Cornu）

【来源】为鹿科动物马鹿 *Cervus elaphus* Linnaeus 或梅花鹿 *Cervus Nippon* Temminck 已骨化的角或锯茸后翌年春季脱落的角基，分别习称"马鹿角""梅花鹿角""鹿角脱盘"。主产于新疆、青海及东北等地。多于春季拾取，除去泥沙，风干。

课堂互动

通过眼看、手摸、鼻嗅、口尝等方法仔细观察鹿角药材，找出并说明该药材有哪些关键性状特点。

【性状鉴别】

马鹿角 呈分枝状，通常分成4~6枝，全长50~120cm。主枝弯曲，直径3~6cm，基部盘状，上面有不规则瘤状突起，习称"珍珠盘"，周边常有稀疏细小的孔洞。侧枝多向一面伸展，第一枝与珍珠盘相距较近，与主干几乎成直角或钝角伸出，第二枝靠近第一枝伸出，习称"坐地分枝"；第三枝与第二枝相距较远。表面灰褐色或灰黄色，有光泽，角尖平滑，中、下部常有疣状突起，习称"骨钉"，并具长短不等的断续纵棱，习称"苦瓜棱"，质坚硬，断面外围骨质，灰白色或微带淡褐色，中部多呈灰褐色或青灰色，具有蜂窝状小孔。气微，味微咸。（图13-18）

a. 梅花鹿角　b. 马鹿角

图13-18　鹿角药材图

梅花鹿角 呈分枝状，一般分成3~4枝，全长30~60cm。直径2.5~5cm，侧枝多向两边伸展，第一枝与珍珠盘相距较近，第二枝与第一枝相距较远。主枝末端分成两小枝。表面黄棕色或灰棕色，枝端灰白色。枝端以下有明显的骨钉，纵向排成"苦瓜棱"，顶部灰白色或灰黄色，有光泽。（图13-18）

鹿角脱盘 呈盔状或扁盔状，直径3~6cm（珍珠盘直径4.5~6.5cm），高1.5~4cm。表面灰褐色或灰黄色，有光泽。底面平，蜂窝状，多呈黄白色或黄棕色。珍珠盘周边常有稀疏细小的孔洞。上面略平或呈不规则的半球形。质坚硬，断面外围骨质，灰白色或类白色。

【功效主治】温肾阳，强筋骨，行血消肿。用于肾阳不足、阳痿遗精、腰脊冷痛、阴疽疮疡、乳痈初起、瘀血肿痛。

知识链接

1. **鹿角胶** 为鹿角经水煎煮、浓缩制成的固体胶。为扁方形块或丁状，黄棕色或红棕色，半透明，有的上部有黄白色泡沫层。质脆、易碎，断面光亮。气微，味微甜。具有温补肝肾、益精养血的功效。

2. **鹿角霜** 为鹿角去胶质后的角块。呈圆柱形或不规则块状，大小不一。表面灰白色，显粉性，常具纵棱，偶见灰色或灰棕色的斑点。体轻，质酥，断面外层较致密，白色或灰白色，内层有蜂窝状小孔，灰褐色或灰黄色，有吸湿性。气微，味淡，嚼之有粘牙感。多含钙质，具有温肾助阳、收敛止血功效。

羚羊角（Saigae Tataricae Cornu）

【来源】 为脊索动物门哺乳纲牛科动物赛加羚羊 *Saiga tatarica* Linnaeus 的<u>角</u>。主产于俄罗斯和我国新疆。全年可捕捉，猎取后将角从基部锯下，晒干。野生赛加羚羊为国家一级保护动物，药材主要以俄罗斯进口。

课堂互动

　　通过眼看、手摸、鼻嗅、口尝等方法仔细观察羚羊角药材，找出并说明该药材有哪些关键性状特点。

【性状鉴别】

1. 药材 呈长圆锥形，略呈弓形弯曲，长 15～33cm。类白色或黄白色，基部略呈青灰色。<u>嫩枝对光透视有"血丝"或紫黑色斑纹，光润如玉，无裂纹</u>；老枝有细纵裂纹。除尖端部分外，<u>有 10～16 个隆起的环脊</u>，间距约2cm，<u>用手握之，四指正好嵌入凹处，习称"合把"</u>。角的基部横截面类圆形，<u>直径 3～4cm</u>，<u>内有坚硬质重的角柱，习称"骨塞"</u>，骨塞长约占全角的1/2 或 1/3，表面有突起的纵棱与其外面角鞘内的凹沟紧密嵌合，从横断面观，其结合部呈锯齿状。除去"骨塞"后，角的下半段成空洞状，全角呈半透明，对光透视，<u>上半段中央有一条隐约可辨的细孔道直通角尖，习称"通天眼"</u>。质坚硬。气微，味淡。（图 13－19）

图 13－19　羚羊角药材图

2. 饮片

羚羊角镑片 横片为类圆形薄片。<u>类白色或黄白色，半透明，外表可见纹丝，微成波状，中央可见空洞</u>。质坚硬，不易拉断。气微，味淡。<u>纵片为纵向薄片，类白色或黄白色，表面光滑，半透明，有光泽</u>。气微，味淡。

羚羊角粉 <u>为乳白色的细粉</u>，不规则碎块近无色，淡灰白色或淡黄白色，<u>微透明，稍有光泽</u>，气微，味淡。

以质嫩、色白、光润、内含红色斑纹、无裂纹者为佳。

【功效主治】 <u>平肝息风，清肝明目，散血解毒</u>。用于肝风内动、惊痫抽搐、妊娠子痫、高热痉厥、癫痫发狂、头痛眩晕、目赤翳障、温毒发斑、痈肿疮毒。

水牛角（Bubali Cornu）

【来源】牛科动物水牛 *Bubablus bubalis* Linnaeus 的角。取角后，水煮，除去角塞，干燥。

课堂互动

通过眼看、手摸、鼻嗅、口尝等方法仔细观察水牛角药材，找出并说明该药材有哪些关键性状特点。

【性状鉴别】呈稍扁平而弯曲的锥形，长短不一。表面棕黑色或灰黑色，一侧有数条横向的沟槽，另一侧有密集的横向凹陷条纹。上部渐尖，有纵纹，基部略呈三角形，中空。角质，坚硬。气微腥，味淡。（图 13 – 20）

【功效主治】清热凉血，解毒，定惊。用于温病高热、神昏谵语、发斑发疹、吐血衄血、惊风、癫狂。

图 13 – 20　水牛角药材图

龟甲（Testudinis Carapax et Plastrum）

【来源】为脊索动物门爬行纲龟科动物乌龟 *Setaria Italica*（L.）Beauv. 的背甲及腹甲。主产于江苏、浙江、安徽、湖北等地。全年均可捕捉，以秋、冬两季为多，捕捉后杀死或用沸水烫死，取其背甲及腹甲，除去残肉，晒干。

课堂互动

通过眼看、手摸、鼻嗅、口尝等方法仔细观察龟甲药材，找出并说明该药材有哪些关键性状特点。

【性状鉴别】

1. **药材**　背甲及腹甲由甲桥相连，背甲稍长于腹甲，与腹甲常分离。背甲呈长椭圆形拱状，长 7.5 ~ 22cm，宽 6 ~ 18cm；外表面棕褐色或黑褐色，脊棱 3 条；颈盾 1 块，前窄后宽；椎盾 5 块，第 1 椎盾长大于宽或近相等，第 2 ~ 4 椎盾宽大于长；肋盾两侧对称，各 4 块；缘盾每侧 11 块；臀盾 2 块。腹甲呈板片状，近长方椭圆形，长 6.4～21cm，宽 5.5～17cm；外表面淡黄棕色至棕黑色，盾片 12 块，每块具有紫褐色放射状纹理，腹盾、胸盾和股盾中缝均长，喉盾、肛盾次之，肱盾中缝最短；内表面黄白色至灰白色，有的略带血迹或残肉，习称"血板"，除净后可见骨板 9 块，呈锯齿状嵌接；前端钝圆或平截，后端具三角形缺刻，两侧残存呈翼状向斜上方弯曲的甲桥。质坚硬。气微腥，味微咸。（图 13－21）

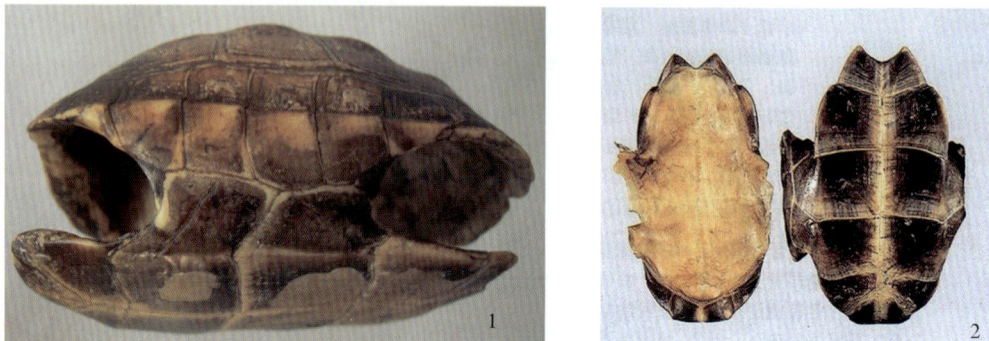

图 13－21 龟甲药材图
1. 龟甲 2. 腹甲

饮片 龟甲饮片为不规则的小碎块。表面淡黄色或黄白色，有紫褐色放射状纹理。内面黄白色，边缘呈锯齿状。质坚硬，可自骨板缝处断裂。气微腥，味微咸。

【功效主治】滋阴潜阳，益肾强骨，养血补心，固经止崩。用于阴虚潮热、骨蒸盗汗、头晕目眩、虚风内动、筋骨痿软、心虚健忘、崩漏经多。

鳖甲（Trionycis Carapax）

【来源】为脊索动物门爬行纲鳖科动物鳖 *Trionyx sinensis* Wiegmann 的背甲。主产于湖北、安徽、江苏、河南等地。全年均可捕捉，以秋、冬两季为多，捕捉后杀死，置沸水中烫至背甲上的硬皮能剥脱时，取出，剥取背甲，除去残肉，晒干。

课堂互动

通过眼看、手摸、鼻嗅、口尝等方法仔细观察鳖甲药材，找出并说明该药材有哪些关键性状特点。

【性状鉴别】

1. **药材** 呈椭圆形或卵圆形，背面隆起，长 10～15cm，宽 9～14cm。外表面黑褐色或墨绿色，略有光泽，具有细网状皱纹和灰黄色或灰白色斑点，中间有1条纵棱，两侧各有左右对称的横凹纹8条，外皮脱落后，可见锯齿状嵌接缝。内表面类白色，中部有突起的脊椎骨，颈骨向内卷曲，两侧各有肋骨8条，伸出边缘。质坚硬。气微腥，味淡。

2. 饮片 鳖甲饮片呈不规则的碎片，外表面黑褐色或墨绿色，内表面类白色。质坚硬。气微腥，味淡。

【功效主治】滋阴潜阳，退热除蒸，软坚散结。用于阴虚发热、骨蒸劳热、阴虚阳亢、头晕目眩、虚风内动、手足瘛疭、经闭、癥瘕、久疟疟母。

穿山甲（Manis Squama）

【来源】鲮鲤科动物穿山甲 *Manis pentadactyla* Linnaeus 的鳞甲。主产于广西、云南、贵州等地。全年均可捕捉。杀死后去净骨肉，将皮张入沸水中烫，甲片自行脱落，捞出晒干，习称甲片。整张皮甲者，称全甲。野生穿山甲是我国一级保护动物，禁止猎杀。

课堂互动

通过眼看、手摸、鼻嗅、口尝等方法仔细观察穿山甲药材，找出并说明该药材有哪些关键性状特点。

【性状鉴别】

1. 药材 呈扇面形、三角形、菱形或盾形的扁平片状或半折合状，中间较厚，边缘较薄，大小不一，长宽各为0.7～5cm。外表面黑褐色或黄褐色，有光泽，宽端有数十条排列整齐的纵纹及数条横线纹；窄端光滑。内表面色较浅，中部有一条明显突起的弓形横向棱线，其下方有数条与棱线相平行的细纹。角质，半透明，坚韧而有弹性，不易折断。气微腥，味淡。（图13-22）

图13-22 穿山甲药材图

2. 饮片

炮山甲 全体膨胀呈卷曲状，黄色，质酥脆，易碎。不规则碎片近无色或微黄棕色，布满大小不等的孔穴。

醋山甲 形同炮山甲。金黄色，有醋香气。

【功效主治】活血消癥，通经下乳，消肿排脓，搜风通络。用于经闭癥瘕、乳汁不通、痈肿疮毒、风湿痹痛、中风瘫痪、麻木拘挛。

石决明（Haliotidis Concha）

【来源】 为软体动物门鲍科动物杂色鲍 *Haliotis diversicolor* Reeve、皱纹盘鲍 *Haliotis discus hannai* Ino、羊鲍 *Haliotis ovina* Gmelin、澳洲鲍 *Haliotis ruber*（Leach）、耳鲍 *Haliotis asinina* Linnaeus 或白鲍 *Haliotis laevigata*（Donovan）的贝壳。杂色鲍主产于海南、台湾、福建沿海地区；皱纹盘鲍主产于辽宁、山东、江苏等地；澳洲鲍主产于澳洲、新西兰；羊鲍和耳鲍主产于台湾、海南等地。夏、秋两季捕捉，去肉后，洗净贝壳，干燥。

📚 课堂互动

通过眼看、手摸、鼻嗅、口尝等方法仔细观察石决明药材，找出并说明该药材有哪些关键性状特点。

【性状鉴别】

1. 药材

杂色鲍 呈长卵圆形，内面观略呈耳形，长 7～9cm，宽 5～6cm，高约 2cm。表面暗红色，有多数不规则的螺肋和细密生长线，螺旋部小，螺体部大，从螺旋部顶处开始向右排列有 20 多个疣状突起，末端有 6～9 个开孔，孔口与壳面平。内面光滑，具珍珠样彩色光泽。壳较厚，质坚硬，不易破碎。气微，味微咸。

皱纹盘鲍 呈长椭圆形，长 8～12cm，宽 6～8cm，高 2～3cm。表面灰棕色，有多数粗糙而不规则的皱纹，生长线明显，常有苔藓类或石灰虫等附着物，末端有 4～5 个开孔，孔口突出壳面，壳较薄。

羊鲍 近圆形，长 4～8cm，宽 2.5～6cm，高 0.8～2cm。壳顶位于近中部而高于壳面，螺旋部与螺体部各占 1/2，从螺旋部边缘有 2 行整齐的突起，尤以上部较为明显，末端有 4～5 个开孔，呈管状。

澳洲鲍 呈扁平卵圆形，长 13～17cm，宽 11～14cm，高 3.5～6cm。表面砖红色，螺旋部约为壳面的 1/2，螺肋和生长线呈波状隆起，疣状突起 30 余个，末端 7～9 个开孔，孔口突出壳面。

耳鲍 狭长，略扭曲，呈耳状，长 5～8cm，宽 2.5～3.5cm，高约 1cm。表面光滑，具翠绿色、紫色及褐色等多种颜色形成的斑纹，螺旋部小，体螺部大，末端 5～7 个开孔，孔口与壳平，多为椭圆形，壳薄，质较脆。

白鲍 呈卵圆形，长 11～14cm，宽 8.5～11cm，高 3～6.5cm。表面砖红色，光滑，壳顶高于壳面，生长线颇为明显，螺旋部约为壳面的 1/3，疣状突起 30 余个，末端 9 个开孔，孔口与壳平。

均以壳厚、内面色彩鲜艳、无杂质者为最佳。

2. 饮片

石决明 为不规则的碎块。灰白色，有珍珠样彩色光泽。质坚硬。气微，味微咸。

煅石决明 为不规则的碎块或粗粉。灰白色无光泽，质酥脆。断面呈层状。

【功效主治】 平肝潜阳，清肝明目。用于头痛眩晕、目赤翳障、视物昏花、青盲雀目。

牡蛎（Ostreae Concha）

【来源】 为软体动物门牡蛎科动物长牡蛎 *Ostrea gigas* Thunberg、大连湾牡蛎 *Ostrea talienwhanensis* Crosse 或近江牡蛎 *Ostrea rivularis* Gould 的贝壳。长牡蛎主产于山东以北至东北沿海地区；大连湾牡蛎主产于辽宁、山东等沿海地区；近江牡蛎沿海大部分地区均产。全年均可采收，去肉，洗净，晒干。

课堂互动

通过眼看、手摸、鼻嗅、口尝等方法仔细观察牡蛎药材，找出并说明该药材有哪些关键性状特点。

【性状鉴别】

1. 药材

长牡蛎 呈长片状，背腹缘几乎平行，长 10~50cm，高 4~15cm。右壳较小，鳞片坚厚，层状或层纹状排列。壳外面平坦或具数个凹陷，淡紫色、灰白色或黄褐色；内面瓷白色，壳顶两侧无小齿。左壳凹陷深，鳞片较右壳粗大，壳顶附着面小。质硬，断面层状，洁白。气微，味微咸。

大连湾牡蛎 呈类三角形，背腹缘呈八字形。右壳外面淡黄色，具有疏松的同心鳞片，鳞片起伏成波浪状，内面白色。左壳同心鳞片坚厚，自壳顶部放射肋数个，明显，内面凹下呈盒状，铰合面小。

近江牡蛎 呈圆形、卵圆形或三角形等。右壳外面稍不平，有灰、紫、棕、黄等色，环生同心鳞片，幼体者生鳞片薄而脆，多年生长后鳞片层层相叠；内面白色，边缘有的淡紫色。

以个大、整齐、质地坚硬、内面光洁、色白者为佳。

2. 饮片 牡蛎饮片为不规则碎块或粗粉。灰白色，质酥脆，断面层状。

【功效主治】 重镇安神，潜阳补阴，软坚散结。用于惊悸失眠、眩晕耳鸣、瘰疬痰核、癥瘕痞块。煅牡蛎收敛固涩，制酸止痛。用于自汗盗汗、遗精滑精、崩漏带下、胃痛吞酸。

瓦楞子（Arcae Concha）

【来源】为蚶科动物毛蚶 *Arca subcrenata* Lischke、泥蚶 *Arca gnanosa* Linnaeus 或魁蚶 *Arca inflata* Reeve 的贝壳。分布于我国沿海地区。秋、冬至次年春捕捞，洗净，置沸水中略煮，去肉，干燥。

课堂互动

通过眼看、手摸、鼻嗅、口尝等方法仔细观察瓦楞子药材，找出并说明该药材有哪些关键性状特点。

【性状鉴别】

1. 药材

毛蚶 略呈三角形或扇形，长 4~5cm，高 3~4cm。壳外面隆起，有棕褐色茸毛或已脱落；壳顶突出，向内卷曲；自壳顶至腹面有延伸的放射肋 30~34 条。壳内面平滑，白色，壳缘有与壳外面直楞相对应的凹陷，铰合部具小齿 1 列。质坚。气微，味淡。

泥蚶 长 2.5~4cm，高 2~3cm。壳外面无棕褐色茸毛，放射肋 18~21 条，肋上有颗粒状突起。

魁蚶 长 7~9cm，高 6~8cm。壳外面放射肋 42~48 条。

2. 饮片 不规则小碎块或片，表面有碎断后残留的放射肋楞。

【功效主治】消痰化瘀，软坚散结，制酸止痛。用于顽痰胶结、黏稠难咯、瘿瘤瘰疬、癥瘕痞块、胃痛泛酸。

蛤壳（Meretricis Concha Cyclinae Concha）

【来源】为帘蛤科动物文蛤 *Meretrix meretrix* Linnaeus 或青蛤 *Cyclina sinensis* Gmelin 的贝壳。分布于我国沿海地区。夏、秋两季捕捞，去肉，洗净，晒干。

课堂互动

通过眼看、手摸、鼻嗅、口尝等方法仔细观察蛤壳药材，找出并说明该药材有哪些关键性状特点。

【性状鉴别】

1. 药材

文蛤 扇形或类圆形，背缘略呈三角形，腹缘呈圆弧形，长 3 ~ 10cm，高 2 ~ 8cm。壳顶突出，位于背面，稍靠前方。壳外面光滑，黄褐色，同心生长纹清晰，通常在背部有锯齿状或波纹状褐色花纹。壳内面白色，边缘无齿纹，前后壳缘有时略带紫色，铰合部较宽，右壳有主齿 3 个和前侧齿 2 个；左壳有主齿 3 个和前侧齿 1 个。质坚硬，断面有层纹。气微，味淡。

青蛤 类圆形，壳顶突出，位于背侧近中部。壳外面淡黄色或棕红色，同心生长纹凸出壳面略呈环肋状。壳内面白色或淡红色，边缘常带紫色并有整齐的小齿纹，铰合部左右两壳均具主齿 3 个，无侧齿。

2. 饮片

蛤壳 为不规则碎片。碎片外面黄褐色或棕红色，可见同心生长纹。内面白色。质坚硬。断面有层纹。气微，味淡。

煅蛤壳 为不规则碎片或粗粉。灰白色，碎片外面有时可见同心生长纹。质酥脆。断面有层纹。

【功效主治】清热化痰，软坚散结，制酸止痛；外用收湿敛疮。用于痰火咳嗽、胸胁疼痛、痰中带血、瘰疬瘿瘤、胃痛吞酸；外治湿疹、烫伤。

珍珠（Margarita）

【来源】为软体动物门珍珠贝科动物马氏珍珠贝 *Pteria martensii*（Dunker）、蚌科动物三角帆蚌 *Hyriopsis cumingii*（Lea）或褶纹冠蚌 *Cristaria plicata*（Leach）等双壳类动物受刺激而形成的产物。马氏珍珠贝所产的珍珠（称海珠）主产于广东、广西、海南及台湾等地。三角帆蚌和褶纹冠蚌中所产的珍珠（称淡水珍珠）主产于浙江、江苏、江西、湖南等地。天然珍珠全年可采收，以 12 月最多。人工养殖珍珠，以接种后两年，秋末采收为宜。将其自动物体内取出，洗净，干燥。

课堂互动

通过眼看、手摸、鼻嗅、口尝等方法仔细观察珍珠药材，找出并说明该药材有哪些关键性状特点。

【性状鉴别】

1. **药材** 呈类球形、长圆形、卵圆形或棒形，直径1.5～8mm。表面类白色、浅粉红色、浅黄绿色或浅蓝色，半透明，光滑或微有凹凸，具特有的彩色光泽。质坚硬，破碎面显层纹。气微，味淡。

火试：火烧有爆裂声，并呈层状破碎，碎片呈银灰色，内外色泽一致，有珠光闪烁。

以纯净、质坚硬、彩色光泽明显者为最佳。

2. **饮片** 珍珠饮片类白色，呈不规则碎块，半透明，具彩虹样光泽。

知 识 链 接

珍珠母（Margaritifera Concha）

为蚌科动物三角帆蚌、褶纹冠蚌或珍珠贝科动物马氏珍珠贝的贝壳。①三角帆蚌：略呈不等边四角形。壳面生长轮呈同心环状。后背缘向上突起，形成大的三角形帆状后翼。壳内面外套痕明显；左右壳均具两枚拟主齿，左壳具两枚长条形侧齿，右壳具一枚长条形侧齿；具光泽。质坚硬。气微腥，味淡。②褶纹冠蚌：呈不等边三角形。后背缘向上伸展成大型的冠。壳内面外套痕略明显。左、右壳均具一枚短而略粗的后侧齿和一枚细弱的前侧齿，均无拟主齿。③马氏珍珠贝：呈斜四方形，后耳大，前耳小，背缘平直，腹缘圆，生长线极细密，成片状。闭壳肌痕大，长圆形。具一凸起的长形主齿。具有平肝潜阳、安神定惊、明目退翳功效。

【功效主治】安神定惊，明目消翳，解毒生肌，润肤祛斑。用于惊悸失眠、惊风癫痫、目赤翳障、疮疡不敛、皮肤色斑。

海螵蛸（Sepiae Endoconcha）

【来源】为软体动物门乌贼科动物无针乌贼 *Sepiella maindroni* de Rochebrune 或金乌贼 *Sepia esculenta* Hoyle 的干燥内壳。无针乌贼主产于江苏、浙江、广东等地；金乌贼主产于辽宁、山东等地。收集乌贼鱼的骨状内壳，洗净，干燥。

课堂互动

通过眼看、手摸、鼻嗅、口尝等方法仔细观察海螵蛸药材，找出并说明该药材有哪些关键性状特点。

【性状鉴别】

1. 药材

无针乌贼 呈扁长椭圆形，中间厚，边缘薄，长 9～14cm，宽 2.5～3.5cm，厚约 1.3cm。背面有瓷白色脊状隆起，两侧略显微红色，有不甚明显的细小疣点；腹面白色，自尾端至中部有细密波状横层纹；角质缘半透明，尾部较宽平，无骨针。体轻，质松，易折断，断面粉质，显疏松层纹。气微腥，味微咸。

金乌贼 内壳较无针乌贼大，长 13～23cm，宽约至 6.5cm，最厚部分位于前半部。背面疣点明显，略呈层状排列；腹面细密的

图 13 – 23　海螵蛸药材图

1. 乌贼骨　2. 金乌贼骨

波状横层纹占全体大部分，中间有纵向浅槽；尾部角质缘渐宽，向腹面翘起，末端有 1 骨针，多已断落。（图 13 – 23）

均以色白、洁净者为佳。

2. 饮片　为不规则形或类方形小块，类白色或微黄色，气微腥，味微咸。

【功效主治】收敛止血，涩精止带，制酸止痛，收湿敛疮。用于吐血衄血、崩漏便血、遗精滑精、赤白带下、胃痛吞酸；外治损伤出血、湿疹湿疮、溃疡不敛。

桑螵蛸（Mantidis Oötheca）

【来源】为节肢动物门昆虫纲螳螂科昆虫大刀螂 *Tenodera sinensis* Saussure、小刀螂 *Statilia maculata*（Thunberg）或巨斧螳螂 *Hierodula patellifera*（Serville）的干燥卵鞘。分别习称"团螵蛸""长螵蛸"及"黑螵蛸"。全国大部分地区均有出产。深秋至次春均可采收，除去杂质，蒸至虫卵死后，干燥。

课堂互动

通过眼看、手摸、鼻嗅、口尝等方法仔细观察桑螵蛸药材，找出并说明该药材有哪些关键性状特点。

【性状鉴别】

团螵蛸 又称软螵蛸，略呈圆柱形或半圆形，由多层膜状薄片叠成，长 2.5～4cm，

宽2~3cm。表面浅黄褐色，上面带状隆起不明显，底面平坦或有凹沟。体轻，质松而韧。横断面可见外层为海绵状，内层为许多放射状排列的小室，室内各有一细小椭圆形的卵，呈深棕色，有光泽。气微腥，味淡或微咸。

长螵蛸 又称硬螵蛸，略呈长条形，一端较细，长2.5~5cm，宽1~1.5cm。表面灰黄色，上面带状隆起明显，带的两侧各有1条暗棕色浅沟及斜向纹理。质硬而脆。

黑螵蛸 略呈平行四边形，长2~4cm，宽1.5~2cm。表面灰褐色，上面带状隆起明显，两侧均有斜向纹理，近尾端微向上翘。质硬而韧。（图13-24）

图13-24 桑螵蛸药材图

1. 团螵蛸 2. 长螵蛸 3. 黑螵蛸

均以个体完整、色黄、卵未孵出、体轻而带韧性、无树枝草梗等杂质者为佳。

【功效主治】固精缩尿，补肾助阳。用于遗精滑精、遗尿尿频、小便白浊。

蜂蜜（Mel）

【来源】为蜜蜂科昆虫中华蜜蜂 *Apis cerana* Fabricius 或意大利蜂 *Apis mellifera* Linnaeus 所酿的蜜。全国各地均产，以广东、云南、福建、江苏等省产量较大。均为人工养殖。春至秋季采收，滤过。

课堂互动

通过眼看、手摸、鼻嗅、口尝等方法仔细观察蜂蜜药材，找出并说明该药材有哪些关键性状特点。

【性状鉴别】为半透明、带光泽、浓稠的液体，用筷子挑起时蜜汁下流如丝连续不断，流下时盘曲如折叠状。新鲜时半透明，白色至淡黄色或橘黄色至黄褐色，放久或遇冷渐有白色颗粒状结晶析出。气芳香，味极甜。

以稠如凝脂、气芳香、味甜而纯正、无异臭杂质者为佳。

【功效主治】补中，润燥，止痛，解毒；外用生肌敛疮。用于脘腹虚痛、肺燥干咳、肠燥便秘、解乌头类药毒；外治疮疡不敛、水火烫伤。

<h2 style="text-align:center">蜂房（Vespaenidus）</h2>

【来源】 为胡蜂科昆虫果马蜂 *Polistes olivaceous*（DeGeer）、日本长脚胡蜂 *Polistes japonicus* Saussure 或异腹胡蜂 *Parapolybia varia* Fabricius 的巢。秋、冬两季采收，晒干，或略蒸，除去死蜂死蛹，晒干。

课堂互动

　　通过眼看、手摸、鼻嗅、口尝等方法仔细观察蜂房药材，找出并说明该药材有哪些关键性状特点。

【性状鉴别】

1. **药材** 呈圆盘状或不规则的扁块状，有的似莲房状，大小不一。表面灰白色或灰褐色。腹面有多数整齐的六角形房孔，孔径 3～4mm 或 6～8mm；背面有1个或数个黑色短柄。体轻，质韧，略有弹性。气微，味辛淡。（图13－25）

以体大、洁净、无死蜂，质韧略有弹性为佳。酥脆或坚硬者不可供药用。

2. **饮片** 为剪碎的小块，可见六角形房孔，质韧。

图13－25 蜂房药材图

【功效主治】 攻毒杀虫，祛风止痛。用于疮疡肿毒、乳痈、瘰疬、皮肤顽癣、鹅掌风、牙痛、风湿痹痛。

<h2 style="text-align:center">蟾酥（Bufonis Venenum）</h2>

【来源】 为脊索动物门蟾蜍科动物中华大蟾蜍 *Bufo bufo gargarizans* Cantor 或黑眶蟾蜍 *Bufo melanostictus* Schneider 的干燥分泌物。主产于河北、山东、江苏、广东等地。多于夏、秋两季捕捉蟾蜍，洗净，挤取耳后腺及皮肤腺的白色浆液，加工，干燥。将白色浆液放入圆模型中晒干者，称"团蟾酥"；将收集的白色浆液直接涂在玻璃片上摊成薄膜晒干者，称"片蟾酥"。

课堂互动

通过眼看、手摸、鼻嗅、口尝等方法仔细观察蟾酥药材，找出并说明该药材有哪些关键性状特点。

【性状鉴别】呈扁圆形团块状或片状，表面棕褐色或红棕色。团块状者质坚，不易折断，断面棕褐色，角质状，微有光泽；片状者质脆，易碎，断面红棕色，半透明。气微腥，味初甜而后有持久的麻辣感，粉末嗅之作嚏。（图13-26）

水试：断面沾水即呈乳白色隆起，溶于水中成白色状液。

火试：粉末少许，于锡箔纸上加热即熔成油状。

均以色红棕、断面角质状、半透明、微有光泽者为佳。

图13-26　蟾酥药材图

【功效主治】解毒，止痛，开窍醒神。用于痈疽疔疮、咽喉肿痛、中暑神昏、痧胀腹痛吐泻。

五灵脂（Faeces Trogopterori）

【来源】为鼯鼠科动物复齿鼯鼠 *Trogopterus xanthipes* Milne - Edwards 之干燥粪便。主产于河北、山西、陕西、甘肃、四川、云南、西藏、新疆等地。全年可收采。将砂石、泥土等杂质除净。

课堂互动

通过眼看、手摸、鼻嗅、口尝等方法仔细观察五灵脂药材，找出并说明该药材有哪些关键性状特点。

【性状鉴别】药材分为灵脂米（散灵脂）及灵脂块（糖灵脂）。

灵脂米（散灵脂）　长椭圆形颗粒，两端钝圆，长0.5~1.2cm，直径0.3~0.6cm。表面粗糙，棕褐色或黑褐色，显麻点，体轻，质松，易折断。断面呈纤维性，黄色、黄绿色或黑棕色。气微弱，味苦咸。（图13-27）

灵脂块 为鼯鼠尿和粪粒凝结而成的不规则团块，黑棕色、黄棕色或灰棕色，凹凸不平，有的有油润性光泽，粪粒呈长椭圆形，表面常裂碎，显纤维性，体轻，质较硬，但易碎。断面不平坦，可模糊看出粪粒的形状，有的间有黄棕色松香样物质。有腥臭气，味苦。

以块状、黑褐色、有光泽、显油润、无杂质者佳。

图 13 - 27　五灵脂（灵脂米）药材图

【功效主治】行血止痛。治心腹血气诸痛、妇女经闭、产后瘀血作痛；外治蛇、蝎、蜈蚣咬伤。炒用止血，治妇女血崩、经水过多、赤带不绝。

麝香（Moschus）

【来源】为鹿科动物林麝 *Moschus berezovskii* Flerov、马麝 *Moschus sifanicus* Przewalski 或原麝 *Moschus moschiferus* Linnaeus 成熟雄体香囊中的干燥分泌物。野生品主产于四川、西藏、陕西、甘肃等地。以四川和西藏产量大、质量优。现四川、陕西、安徽等地均有养殖。野麝多在冬季至次春猎取，捕获后，割取香囊，阴干，习称"毛壳麝香"；剖开香囊，除去囊壳，取囊中分泌物，习称"麝香仁"。家麝直接从其香囊中挖取麝香仁，阴干或用干燥器密闭干燥。目前四川省都江堰市、马尔康、米亚罗养麝场，活麝取香获成功，已能提供商品药材。

课堂互动

通过眼看、手摸、鼻嗅、口尝等方法仔细观察麝香药材，找出并说明该药材有哪些关键性状特点。

【性状鉴别】

毛壳麝香 为扁圆形或类椭圆形的囊状体，直径 3～7cm，厚 2～4cm。开口面的皮革质，棕褐色，略平，密生白色或灰棕色短毛，从两侧围绕中心排列，中心有 1 小囊孔。另一面为棕褐色略带紫色的皮膜，微皱缩，偶显肌肉纤维，略有弹性；剖开后，可见中层皮膜呈棕褐色或灰褐色，半透明；内层皮膜呈棕色，内含颗粒状、粉末状的麝香仁和少量细毛及脱落的内层皮膜（习称"银皮"）。有特殊香气。（图 13 - 28）

麝香仁 野生者质软、油润、疏松。其中不规则圆球形或颗粒状者习称"当门子"，表面多呈紫黑色，油润光亮，微有麻纹，断面深棕色或黄棕色；粉末状者多呈棕褐色或黄棕色，并有少量脱落的内层皮膜和细毛。饲养者呈颗粒状、短条形或不规则的团块；表面不平，紫黑色或深棕色，显油性，微有光泽，并有少量毛和脱落的内层皮膜。气香浓烈而特异，味微辣、微苦带咸。

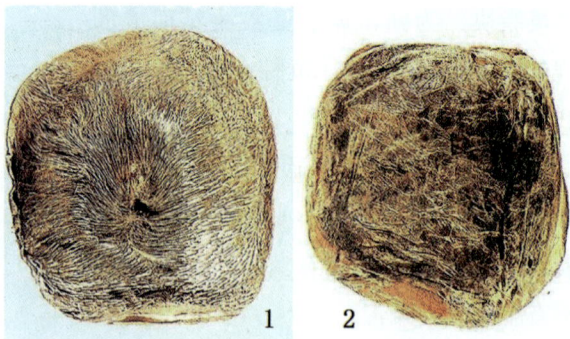

图13-28 麝香药材（毛壳麝香）图

毛壳麝香以饱满、皮薄、仁多、捏之有弹性、香气浓烈者为佳。麝香仁以当门子多、颗粒色紫黑、粉末色棕褐、质柔润、香气浓烈者为佳。

《中国药典》对麝香的鉴定尚有如下规定：

（1）取毛壳麝香，用特制槽针从囊孔插入，转动槽针，提取麝香仁，立即检视，槽内的麝香仁应有逐渐膨胀高出槽面的现象，习称"冒槽"。麝香仁油润，颗粒疏松，无锐角，香气浓烈。不应有纤维等异物或异常气味。

（2）取麝香仁粉末少量，置手掌中，加水润湿，用手搓之能成团，再用手指轻揉即散，不应粘手、染手、顶指或结块。

（3）取麝香仁少量，撒于炽热的坩埚中灼烧，初则迸裂，随即融化膨胀起泡似珠，香气浓烈四溢，应无毛、肉焦臭，无火焰或火星出现。灰化后，残渣呈白色或灰白色。

【功效主治】开窍醒神，活血通经，消肿止痛。用于热病神昏、中风痰厥、气郁暴厥、中恶昏迷、经闭、癥瘕、难产死胎、胸痹心痛、心腹暴痛、跌扑伤痛、痹痛麻木、痈肿瘰疬、咽喉肿痛。

牛黄（Bovis Calculus）

【来源】为脊索动物门哺乳纲牛科动物牛 *Bos taurus domesticus* Gmelin 的干燥胆结石。习称"天然牛黄"。主产于华北、东北、西北等地。全年均可收集。宰牛时，如发现有牛黄，即滤去胆汁，立即将牛黄取出，除去外部薄膜，用棉花或灯心草包好，外罩纱布，阴干。取自胆囊的牛黄习称"胆黄"，取自胆管的牛黄习称"管黄"，在肝管中产生的牛黄称"肝黄"。

课堂互动

通过眼看、手摸、鼻嗅、口尝等方法仔细观察牛黄药材，找出并说明该药材有哪些关键性状特点。

【性状鉴别】

胆黄 多呈卵形、类球形、四方形或三角形，大小不一，直径0.6～3（4.5）cm。表面黄红色至棕黄色，有的表面挂有一层黑色光亮的薄膜，习称"乌金衣"；有的粗糙，具疣状突起；有的具龟裂纹。体轻，质酥脆，易分层剥落，断面金黄色，可见细密的同心层纹，有的夹有白心。气清香，味苦而后甘，有清凉感，嚼之易碎，不粘牙。（图13-29）

水试：取牛黄少许，加清水调和，涂于指甲上，能将指甲染成黄色，习称"挂甲"。

图13-29 牛黄药材
（胆黄及断面）图

管黄 呈管状或为破碎的小片。表面不平或有横曲纹，有裂纹及小突起，红棕色或棕褐色。质酥脆，断面层纹较少，有的中空，色较深。

以完整、色棕黄、质酥脆、断面金黄色、层纹清晰而细腻者为佳。

【功效主治】 清心，豁痰，开窍，凉肝，息风，解毒。用于热病神昏、中风痰迷、惊痫抽搐、癫痫发狂、咽喉肿痛、口舌生疮、痈肿疔疮。

复习思考

一、名词解释

乌金衣、当门子、大挺、门庄、二杠茸、三岔（花鹿茸）、单门、莲花、三岔（马鹿茸）、挂甲、冒槽。

二、单项选择题

1. 有"马头蛇身瓦楞尾"的药材是（　　）

    A. 海马   B. 海龙   C. 蜈蚣

    D. 全蝎   E. 瓦楞子

2. 全蝎身体哪部分呈狭长的尾状（　　）

    A. 剑尾   B. 后腹部   C. 步足

    D. 后体部   E. 前胸部

3. 断面平坦，外层白色，中间有亮棕色或亮黑色的丝腺环4个，气微腥，味微咸的药材是（　　）

    A. 斑蝥   B. 僵蚕   C. 海马

    D. 蜈蚣   E. 蕲蛇

4. 背部具革质鞘翅1对，黑色，有3条黄色或棕黄色的横纹，有特殊的臭气的药材是

（　　　）

    A. 蜈蚣　　　　　　B. 水蛭　　　　　　C. 斑蝥

    D. 土鳖虫　　　　　E. 蝉蜕

5. 阿胶的主产地是（　　　）

    A. 河南　　　　　　B. 吉林　　　　　　C. 河北

    D. 山东　　　　　　E. 西北

6. 下列除哪项外均为蛤蚧的鉴别特点（　　　）

    A. 头略呈三角形　　　　　　　　　B. 两眼深陷，无眼睑

    C. 吻鳞切鼻孔　　　　　　　　　　D. 无疣鳞

    E. 尾细长而结实，扁圆形

7. 天然珍珠置紫外灯光下显（　　　）

    A. 蓝黑色荧光　　　　　　　　　　B. 深蓝紫色荧光

    C. 浅蓝紫色荧光　　　　　　　　　D. 亮黄绿色荧光

8. 鉴别珍珠真伪的要点是（　　　）

    A. 表面具特有的珍珠光泽，断面有同心层纹

    B. 形状要圆，类球形

    C. 表面具特有的珍珠光泽，断面有平行层纹

    D. 表面有光泽

9. 养殖珍珠置紫外光灯（365nm）下观察，荧光为（　　　）

    A. 浅蓝紫色　　　B. 天蓝色　　　　C. 亮黄绿色　　　D. 棕红色

10. 蕲蛇的鉴别特征是（　　　）

    A. 车轮纹　　　　B. 方胜纹　　　　C. 云锦花纹　　　D. 罗盘纹

11. "连珠斑"的含义是（　　　）

    A. 乌梢蛇的背部有黑色斑纹，习称"连珠斑"

    B. 蕲蛇的背部有黑色斑纹，习称"连珠斑"

    C. 金钱白花蛇腹部有黑色斑纹，习称"连珠斑"

    D. 蕲蛇的腹部有类圆形黑斑，习称"连珠斑"

12. 羚羊角正品药材的动物来源是（　　　）

    A. 鹅喉羚羊　　　B. 长尾黄羊　　　C. 藏羚羊　　　　D. 赛加羚羊

13. 羚羊角的鉴别特征是（　　　）

    A. 通天眼　　　　B. 砂眼　　　　　C. 凤眼　　　　　D. 鸡眼

14. 鹿茸的药用部位是（　　　）

    A. 雄鹿的角　　　　　　　　　　　B. 雌鹿的角

C. 雄鹿未骨化的密生茸毛的幼角   D. 雌鹿未骨化的密生茸毛的幼角

15. 花鹿茸有两个侧枝者称为（   ）

    A. 二杠   B. 单门   C. 三岔   D. 莲花

16. 麝香的入药部位是（   ）

    A. 成熟雄体香囊中的干燥分泌物   B. 排泄物

    C. 病理产物   D. 成熟雌体香囊中的干燥分泌物

17. 目前商品"当门子"是指（   ）

    A. 短条形或不规则团块   B. 毛壳麝香内的核心团块

    C. 麝香仁中呈不规则圆形或颗粒状者   D. 活体香囊中挖出的第一块麝香

18. 麝香的气味是（   ）

    A. 气香，有辛凉感，味微苦   B. 气香，味微麻辣

    C. 气香浓烈而特异，味微辣、微苦带咸   D. 气香浓烈而特异，味微甜

19. 将槽针插入毛壳麝香内转动取香，取出后立即检视，可见（   ）

    A. 槽内的麝香仁与槽面相平   B. 槽内的麝香仁低于槽面

    C. 槽内的麝香仁逐渐膨胀，高出槽面   D. 槽内的麝香仁高低不平

20. 能"挂甲"的中药是（   ）

    A. 蟾酥   B. 牛黄   C. 熊胆   D. 麝香

21. 牛黄的气味是（   ）

    A. 气清香，味先苦而后微甜，有清凉感   B. 气清香，味苦微涩

    C. 气清香，味苦，嚼之粘牙   D. 气芳香，味微苦，嚼之粘牙

22. 牛黄中蛋黄的形状与外表颜色是（   ）

    A. 卵形，不规则球形，表面黄绿色   B. 四方形，表面黑绿色

    C. 管状，表面黑色   D. 管状，表面乌黑色，断面金黄色

23. 具有"白颈"特征的药材是（   ）

    A. 地龙   B. 水蛭   C. 金钱白花蛇   D. 蕲蛇

24. 斑蝥胸腹部的颜色是（   ）

    A. 棕黄色   B. 乌黑色   C. 暗褐色   D. 黄色

三、配伍选择题

    A. 背甲   B. 贝壳   C. 干燥体

    D. 背甲及腹甲   E. 干燥分泌物

1. 蟾酥的药用部位是（   ）

2. 斑蝥的药用部位是（   ）

A. 夏秋两季捕捉，洗净，用沸水烫死，晒干或低温干燥

B. 春末至秋初捕捉，除去泥沙，置沸水或盐水中，煮至全身僵硬

C. 春至秋季采收，蜂巢置于布袋中将蜜挤出

D. 去掉贝壳，晒干

E. 捕捉后及时剖开腹部，除去内脏、泥沙，洗净，晒干或低温干燥

3. 蜂蜜的采收加工方法为（　　　）

4. 地龙的采收加工方法为（　　　）

5. 水蛭的采收加工方法为（　　　）

6. 全蝎的采收加工方法为（　　　）

A. 活动期捕捉的动物药材

B. 冬眠时捕捉的动物药材

C. 孵化成虫前采集卵鞘的动物类药材

D. 随时可采的动物类药材

E. 入药部位未骨化之前采集的动物类药材

7. 全蝎为（　　　）

8. 哈蟆油为（　　　）

9. 鹿茸为（　　　）

10. 龟甲为（　　　）

11. 桑螵蛸为（　　　）

四、多项选择题

1. 下列属于蕲蛇的性状特征的有（　　　）

A. 方胜纹　　　　　B. 连珠斑　　　　　C. 翘鼻头

D. 佛指甲　　　　　E. 剑脊

2. 动物类中药是指以动物或动物的分泌物入药的一类中药，下列属于动物的生理产物入药的是（　　　）

A. 阿胶　　　　　B. 蝉蜕　　　　　C. 蛇蜕

D. 蜂蜜　　　　　E. 牛黄

五、简答题

简述蕲蛇、金钱白花蛇、乌梢蛇在来源及性状特征上有何不同。

扫一扫，知答案

扫一扫，看课件

第十四章

矿物类中药的鉴定

【学习目标】

1. 掌握 10 种矿物类药材的来源、性状鉴别主要特征、功效；能正确运用性状鉴定方法和技巧准确鉴别矿物药材。

2. 了解矿物类药材采收加工、主产地。

3. 养成团结合作，相互尊重，相互沟通的作风；学会正确运用中药鉴定术语描述药材特征。

案例导入

一天，高老师放学回家，在半道上碰到一个往届毕业生小刘。小刘拿了一包药说是"朱砂"，想让高老师鉴别一下真假。高老师对这些红色粉末认真看了看，又用手捻了捻，还拿一小块在瓷砖墙上划了一道，最后告诉小刘是假的。小刘很吃惊，又问：那是啥？高老师说是赭石。随后给小刘详细介绍了朱砂与赭石识别特征。

矿物中药一般是天然的矿石类，有些很常用，如朱砂、石膏、滑石。实际应用中时有伪品、混乱品出现，应注意鉴别。

第一节　矿物类中药概述

一、矿物及矿物类中药概念

我国很早就发现有些矿物对疾病有治疗作用，如古人认为朱砂有"开运祈福，镇静安神"

之用。传统中医将朱砂用作安神定惊的良药。我国现在应用的矿物药约 80 种，常用约 30 种。

以天然矿物（如朱砂、炉甘石、自然铜等）、矿物加工品（如芒硝、秋石等）及动物化石（如龙骨等）作药用的中药统称为矿物类中药。

二、 矿物类药材的性质

矿物都具有特定的理化性质，利用不同矿物之间性质的不同，可以对矿物进行鉴别。

多数固体矿物为结晶体，其中有些为含水矿物如芒硝 $Na_2SO_4 \cdot 10H_2O$，石膏 $CaSO_4 \cdot 2H_2O$，白矾 $KAl(SO_4)_2 \cdot 12H_2O$ 和以 H^+、OH^- 等离子形式存在的结晶水，如滑石 $Mg_3(Si_4O_{10})(OH)_2$。形态多样，如粒状、晶簇状、放射状等，石膏呈纤维状集合体。

有些矿物的薄片有一定的透光性，称透明矿物，如水晶、辰砂、雄黄等。不透光的称不透明矿物，如滑石、赭石等。

矿物由本身成分呈现的自然颜色称为本色，如辰砂的朱红色、自然铜的铜黄色等。由外来杂质引起的颜色称外色，如紫石英、大青盐等。某些矿物有时有变彩现象，是假色，如云母。

很多矿物在白色无釉瓷板上能刻画出有颜色的条痕，称条痕色。条痕色比矿物表面颜色更稳定，是鉴定矿物的重要标志之一。

有些矿物表面有特殊的光泽，在药材鉴定中常采用比较贴切的术语描述，如硫黄具油脂样光泽、石膏有绢丝样光泽等。

个别矿物有被磁铁或电磁铁吸引或其本身能吸引物体的性质。如磁铁矿等。还有少数矿物可吸粘舌头或湿润的双唇，称"吸湿性"，如龙骨等。有些矿物具有特殊的气味，尤其在受到锤击、加热或湿润时较明显，如雄黄灼烧时有砷的蒜臭气，胆矾具涩味，石盐具咸味等。

矿物的硬度、解理、断口、脆性、延展性、弹性等也可作为鉴别特征。

三、 矿物类中药的鉴定

矿物类中药鉴别一般按如下顺序观察或记述：①全体形态；②表面特征（包括颜色、光泽、透明度等）；③质地；④气味等。

1. 一般矿物药应注意观察其外形、颜色、质地、气味等性状特征，还应注意检查其硬度、相对密度、光泽、解理、断口、条痕及有无磁性等。

2. 粉末状矿物药应仔细观察其颜色、质地、气味、结晶形态等。

第二节　常用矿物类中药的鉴定

朱砂

【来源】为硫化物类矿物辰砂族辰砂，主含硫化汞（HgS）。主产于湖南、贵州、四川等省区。以湖南辰州（今沅陵）质量最好，称"辰砂"。采挖后，取纯净者，用磁铁吸净含铁的杂质，再用水淘净杂石和泥沙。

【性状鉴定】

1. **药材**　呈大小不一的块片状、颗粒状。鲜红色或暗红色，条痕红色至褐红色，具有金刚光泽。体重，质脆，片状者易破碎，粉末者有闪烁的光泽，气微，味淡。

水试：入水不溶，不染水。

以色鲜红、有光泽、体重、质脆者为佳。

图 14-1　朱砂药材图

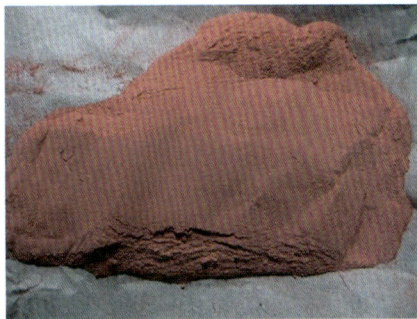

图 14-2　朱砂饮片图

2. **饮片（朱砂粉）**　为朱红色极细粉末，体轻，有闪烁光泽，用手指撮之无粒状物，以磁铁吸之无铁末。气微，味淡。

知识链接

人工朱砂与银朱

1. **人工朱砂**　以硫黄、水银为原料，经加热升炼而成，又名平口砂，含硫化汞在99%以上。完整者呈盆状，全体暗红色，条痕朱红色。断面纤维柱状（习称"马牙柱"）。具宝石样或金属光泽。（图 14-3）

2. **银朱**　与人工朱砂为同原料、同方法，在同一罐内制成，但结晶部位不同。为深红色粉末，体重，具光泽，捻之极细而染指。

图 14-3　人工朱砂药材图

【功效主治】清心镇惊，安神，明目，解毒。用于心悸易惊、失眠多梦、癫痫发狂、小儿惊风、视物昏花、口疮、喉痹、疮疡肿毒。外用适量。有毒，不宜大量服用，也不宜少量久服；孕妇及肝肾功能不全者禁用。

雄黄

【来源】 为硫化物类矿物雄黄族雄黄，主含二硫化二砷（As_2S_2）。主产于湖南、贵州、云南等省。全年可采，除去杂质石块、泥土。

【性状鉴定】

1. 药材 为块状或粒状集合体，呈不规则的块状。深红色或橙红色，条痕淡橘红色，晶面有金刚石样光泽。质脆，易碎，断面有树脂样光泽。微有特异臭气，味淡。（图14－4）

火试：燃之易熔融成红紫色液体，并产生黄白色烟，有强烈蒜臭气。

以色红、块大、质松脆、有光泽者为佳。商品常分为明雄黄、雄黄等。明

图14－4 雄黄药材图

雄黄又名"腰黄""雄黄精"，为熟透的雄黄，多为块状，色鲜红，光亮如透明琥珀，松脆，质最佳。

2. 饮片 雄黄粉为深黄色或橙黄色细粉，有特异臭气，味淡。

【功效】 解毒杀虫，燥湿祛痰，截疟。用于痈肿疔疮、蛇虫咬伤、虫积腹痛、惊痫、疟疾。用量0.05～0.1g，入丸散用。外用适量，熏涂患处。内服宜慎，不可久用；孕妇禁用。

知识链接

雌黄

雌黄常与雄黄伴生，为硫化物类矿物雌黄的矿石，主含三硫化二砷（As_2S_3）。其性状与雄黄相似，主要区别在于雌黄全体及条痕均呈柠檬黄色。具有显著的酸性，能溶于碳酸铵溶液中（雄黄难溶）。

自然铜

【来源】 为硫化物类矿物黄铁矿族黄铁矿，主含二硫化铁（FeS_2）。主产于四川、广东、云南等省。全年均可采挖，拣取矿石，去净杂石、沙土及黑锈后，敲成小块。

【性状鉴定】

1. 药材　多呈立方体。表面亮淡黄色，有金属光泽，有的表面呈黄棕色或棕褐色，无金属光泽。相邻晶面具有相互垂直的条纹。条痕绿黑色或棕红色。体重，质坚硬或稍脆，易砸碎。断面黄白色，有金属光泽，不平坦，锯齿状；或断面棕褐色，可见银白色亮星。无臭无味。燃之有硫黄气。（图14-5）

以块整齐、色黄、质坚硬、断面有金属光泽者为佳。

2. 饮片　煅自燃铜为不规则的碎粒，灰黑色或黑褐色，质酥脆，无金属光泽，带醋气。（图14-6）

图14-5　自然铜药材图

图14-6　自然铜饮片图

【功效】散瘀止痛，续筋接骨。用于跌打损伤、筋骨折伤、瘀肿疼痛。多入丸散服，入煎剂宜先煎。外用适量。

磁石

【来源】为氧化物类矿物尖晶石族磁铁矿，主含四氧化三铁（Fe_3O_4）。主产于河北、山东、辽宁等省。全年均可采挖，去净杂石及铁锈。

【性状鉴定】

1. 药材　呈不规则块状或略带方形，多具棱角。表面灰黑色或棕褐色，条痕黑色，具金属光泽。体重，难破碎，断面不整齐，具磁性，日久磁性渐弱。表面常吸附铁粉或毛状直立，棱角上尤多。有土腥气，味淡。（图14-7）

以色黑、断面致密有光泽、吸铁能力强者为佳。

图14-7　磁石药材图

2. **饮片** 为不规则碎块,灰黑色或褐色,条痕黑色,具金属光泽,质坚硬,具磁性,有土腥气,味淡。

【功效主治】镇惊安神,平肝潜阳,聪耳明目,纳气平喘。用于惊悸失眠、头晕目眩、视物昏花、耳鸣耳聋、肾虚气喘。先煎。

赭石

【来源】为氧化物类矿物刚玉族赤铁矿,主含三氧化二铁(Fe_2O_3)。主产于河北、山西、广东等省。全年可采,选取表面有乳头状突起的部分,除去泥沙、杂石。

【性状鉴定】

1. **药材** 为鲕状、豆状、肾状集合体,多呈不规则的扁平块状。暗棕红色或灰黑色,条痕樱红色或红棕色,有的有金属光泽。一面多有圆形的突起,习称“钉头”;另一面与突起相对应处有同样大小的凹窝。体重,质硬,不易破碎,砸碎后断面层叠状,每层均依“钉头”而成波纹状弯曲,手摸有红棕色粉末粘手。气微,味淡。

以红棕色、断面层次明显、有“钉头”者为佳(有“钉头”者煅后乌黑色,层层脱落,无“钉头”者则为灰黑色)。

图 14-8 赭石药材图

2. **饮片(煅赭石)** 呈粗粉状及不规则碎粒,表面黑灰色,断面显重叠波纹状或波浪状弯曲,质松脆,微有醋香气。

【功效】平肝潜阳,重镇降逆,凉血止血。用于眩晕耳鸣、呕吐、噫气、呃逆、喘息、吐血、衄血、崩漏下血。先煎。孕妇慎用。

炉甘石

【来源】为碳酸盐类矿物方解石族菱锌矿,主含碳酸锌($ZnCO_3$)。主产于湖南、广西、四川等省。全年可采,采挖后,除去泥沙、杂石。

【性状鉴定】

1. **药材** 呈不规则块状,灰白色或淡红色,条痕白色,表面粉性,无光泽,凹凸不平,多孔,似蜂窝状,有吸湿性。体轻,易碎。气微,味微涩。(图14-9)

以块大、色白、质松、体轻浮者为佳。

2. **饮片** 煅炉甘石呈白色、淡黄色或粉红色的粉末,体轻,质松软而细腻光滑。气微,味微涩。

【功效】解毒明目退翳,收湿止痒敛疮。用于目赤肿痛、睑弦赤烂、翳膜遮睛、胬肉攀睛、溃疡不敛、脓水淋漓、湿疮瘙痒。外用适量。

图14-9 炉甘石药材图

滑石

【来源】为硅酸盐类矿物滑石族滑石,主含含水硅酸镁 $[Mg_3(Si_4O_{10})(OH)_2]$。主产于山东、陕西、江苏等省。全年可采,采挖后除去泥沙、杂石。

【性状鉴定】

1. **药材** 呈不规则的块状,大小不一。白色、黄白色或浅蓝灰色,有蜡样光泽。质软,细腻,条痕白色,指甲可刮下白粉,手摸有润滑感。无吸湿性,置水中不崩散。气微,味淡。(图14-10)

以色白、润滑者为佳。

2. **饮片**(滑石粉) 为白色或类白色,微细,无沙性的粉末,手摸有滑腻感。气微,味淡。(图14-11)

图14-10 滑石药材图

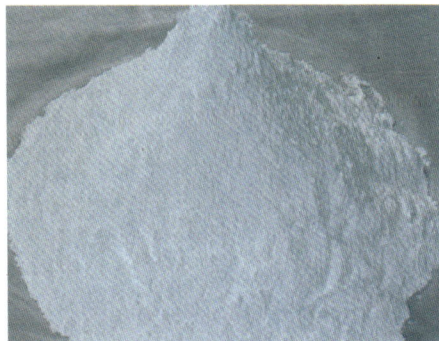

图14-11 滑石饮片图

【功效主治】利尿通淋，清热解暑；外用祛湿敛疮。用于热淋、石淋、尿热涩痛、暑湿烦渴、湿热水泻；外治湿疹、湿疮、痱子。先煎。

知识链接

软滑石

软滑石为天然高岭石。主含水合硅酸铝。呈不规则土块状，大小不一。白色或略带浅红色、浅棕色、灰色，无光泽或稍有光泽。质较松软，手捻易成白色粉末，摸之有滑腻感，硬度1，相对密度2.58～2.60。置水中易崩裂。微有泥土样气，无味而有粘舌感。

赤石脂

【来源】为硅酸盐类矿物多水高岭石族多水高岭石，主含化学成分四水硅酸铝 $[Al_4(Si_4O_{10})_8(OH)_2 \cdot 4H_2O]$。主产于福建、河南、江苏等省。全年均可采挖，采挖后除去杂石。

【性状鉴定】

1. 药材 呈不规则的块状。粉红色、红色至紫红色，或有红白相间的花纹。质软，用指甲可刻划成痕，易碎，断面平坦，有的具蜡样光泽。吸水性强，舔之粘舌。具黏土气，味淡，嚼之无沙粒感。（图14-12）

以色红、光滑细腻、质软易碎、舌舔之黏性强者为佳。

2. 饮片 粉红色、红色粉末。具黏土气，味淡，嚼之无沙粒感。

图14-12 赤石脂药材图

【功效主治】涩肠，止血，生肌敛疮。用于久泻久痢、大便出血、崩漏带下；外治疮疡久溃不敛、湿疮脓水浸淫。外用适量，研末敷患处。不宜与肉桂同用。

石膏

【来源】为硫酸盐类矿物硬石膏族石膏，主含含水硫酸钙（$CaSO_4 \cdot 2H_2O$）。主产于湖北省应城，山东、山西、河南等省亦产。全年均可采挖，采挖后除去泥沙、杂石。

【性状鉴定】

1. 药材 呈长块状或不规则的块状，大小不一。白色、灰白色或浅黄色，有的半透明。体重，质软，指甲能刻划，条痕白色，易纵向断裂，纵断面具有纤维状纹理，并显绢丝样光泽。气微，味淡。(图 14 – 13)

以块大、色白、半透明、纤维状者为佳。

图 14 – 13 石膏药材图

2. 饮片

生石膏 为白色或类白色的粉末，半透明状，具有光泽。气微，味淡。

煅石膏 白色的粉末或酥松块状物，表面透出微红色的光泽，不透明。体较轻，质软，易碎，捏之成粉。无臭，味淡。

【功效主治】清热泻火，除烦止渴。用于外感热病、高热烦渴、肺热喘咳、胃火亢盛、头痛、牙痛。先煎。

芒硝

【来源】为硫酸盐类矿物芒硝族芒硝，经加工精制而成的结晶体，主含含水硫酸钠（$Na_2SO_4 \cdot 10H_2O$）。主产于我国沿海各产盐区及四川、内蒙古、新疆等省区。取天然的芒硝（俗称"土硝"），用水溶解、过滤，收集滤液，加热浓缩，放冷即析出结晶，通称"朴硝"。再将朴硝重新结晶即为芒硝。

【性状鉴定】为棱柱状、长方形或不规则块状及粒状。无色透明或类白色半透明，暴露空气中表面渐风化而呈一层白色粉末（无水硫酸钠）。质脆易碎，断面呈玻璃样光泽，条痕白色。气微，味咸。

以无色透明、呈结晶块者为佳。

知 识 链 接

玄明粉

玄明粉为芒硝经风化干燥制得的无水硫酸钠（Na_2SO_4）。呈白色粉末，无光泽，不透明。质疏松。无臭，味咸。有引湿性。功效同芒硝而缓。3～9g。溶入煎好的汤液中服用。外用适量。孕妇慎用；不宜与硫黄、三棱同用。

【功效主治】泻下通便，润燥软坚，清火消肿。用于实热积滞、腹满胀痛、大便燥结、肠痈肿痛；外治乳痈、痔疮肿痛。6～12g，一般不入煎剂，待汤剂煎得后溶入汤液中服用。外用适量。孕妇慎用；不宜与硫黄、三棱同用。

胆矾

【来源】为天然的胆矾矿石或人工制成的含水硫酸铜（$CuSO_4 \cdot 5H_2O$）。主产于山东、陕西、江苏等省。天然胆矾在开采铜、铅、锌矿时先取蓝色半透明的结晶。人工制成者一般采用硫酸作用于铜片、氧化铜而得到。

【性状鉴定】

1. 药材 呈不规则的块状结晶体，大小不一，深蓝色或淡蓝色，半透明。置露于干燥空气中，缓缓风化。加热烧之，即失去结晶水变成白色，遇水则又变蓝。质脆，易碎，能溶于水。无臭，味苦、涩。

以块大、深蓝色、透明、无杂质者为佳。

2. 饮片 为蓝色粉末，半透明。无臭，味苦、涩。

【功效主治】有毒。催吐、祛腐、解毒。用于风痰壅塞、喉痹、癫痫、牙疳、口疮、烂弦风眼、痔疮、肿毒。入丸散，0.3～0.6g，温汤化服；外用适量，研末撒或调敷，或吹喉，或以水溶化洗眼。体虚者忌内服。误食后，喝富含蛋白质的液体，如鸡蛋清、牛奶、豆浆等以解毒。

白矾

【来源】为硫酸盐类矿物明矾石经加工提炼制成，主含化学成分为含水硫酸铝钾 [$KAl(SO_4)_2 \cdot 12H_2O$]。主产于甘肃、河北、安徽、福建、山西、湖北、浙江等省。采得明矾石后，打碎，用水溶解，收集溶液，蒸发浓缩，放冷后即析出结晶。

【性状鉴定】

1. 药材 呈不规则的块状或粒状。无色或淡黄白色，透明或半透明。表面略平滑或凹凸不平，具细密纵棱，有玻璃样光泽。质硬而脆，易砸碎。气微，味酸、微甘而极涩。

以块大、无色、透明、无杂质者为佳。

2. 饮片（枯矾） 又称煅明矾，为净白矾置砂锅内加热煅至松脆者。

【功效主治】外用解毒杀虫，燥湿止痒；内服止血止泻，祛除风痰。外治用于湿疹、疥癣、脱肛、痔疮、聤耳流脓；内服用于久泻不止、便血、崩漏、癫痫发狂。枯矾收湿敛疮，止血化腐。用于湿疹湿疮、脱肛、痔疮、聤耳流脓、阴痒带下、鼻衄齿衄。0.6～1.5g。外用适量，研末敷或化水洗患处。

硼砂

【来源】 为硼酸盐类矿物硼砂族硼砂，主含四硼酸钠（$Na_2B_4O_7 \cdot 10H_2O$）。主产于青海、西藏、云南、新疆、四川、陕西、甘肃等地。多于 8~11 月，从硼砂盐湖干涸沉积中挖出矿砂溶于沸水中，过滤，倒入缸内，在缸内放入数根横棍，棍上系数根麻绳，麻绳下端吊一铁钉，使绳垂直浸入溶液中，冷却后，取出干燥，绳上的结晶称为"月石坠"，缸底的结晶称为"月石块"。

【性状鉴定】

1. 药材　多为不规则块状，大小不一。无色透明或白色半透明；玻璃样光泽。久置空气中，易风化成白色粉末。体较轻，质脆易碎。条痕白色。无臭，味先略咸，后微带甜，稍有凉感。可溶于水。

以无色透明、纯净、体轻质脆、能溶于水者为佳。

2. 饮片　白色或无色结晶性粉末，无臭，味甜，略咸。

【功效主治】 外用清热解毒，消肿，防腐；内服清肺化痰。用于急性扁桃体炎、咽喉炎咽喉肿痛、口舌生疮、口腔炎、齿龈炎、中耳炎等，为五官科疾患的常用药。中药入丸散服，每次 1.5~3.0g。外用适量，配合其他药物研粉搽敷患处。或外洗，或配制成眼剂外用。

硫黄

【来源】 为自然元素类矿物硫族自然硫，或用含硫矿物经加工制得。主产于陕西、山西、河南等省。全年可采挖，采挖后，加热熔化，除去杂质。

【性状鉴定】

1. 药材　呈不规则块状、粗颗粒状。浅黄色、黄色或略呈绿黄色。条痕白色或淡黄色。表面不平坦，有多数小孔隙，脂肪光泽。用手握紧置于耳旁，可听见轻微的爆裂声。体轻，质松，易碎。有的断面呈蜂窝状，纵面可见细柱或针状晶体，近于平行排列。具特异臭气，味淡。（图 14-14）

火试：燃烧时火焰剧烈，易熔融，发蓝色火焰，并产生二氧化硫的刺激性臭气。（火试时注意安全）

以块整齐、色黄、有光泽、质松脆、无杂质

图 14-14　硫黄药材图

者为佳。

2. **饮片** 黄色粉末。具特异臭气，味淡。

【功效主治】外用解毒杀虫疗疮；内服补火助阳通便。外治疥癣、秃疮、湿疹；内服用于阳痿足冷，虚喘冷哮，虚寒便秘。一般内服较少。

知 识 链 接

天生黄

天生黄为天然的升华硫黄，系含硫温泉处升华凝结于岩石上者，收集后，先用冷水洗去泥土，再用热水烫10余次，然后放在香油内，捞取浮于表面者。本品呈不规则砂状结晶或颗粒状，大小不等，黄绿色，微有玻璃样光泽。质较硫黄纯净，其性味、功能、主治与硫黄相似。

龙骨

【来源】为古代哺乳动物如象类、犀类、牛类、三趾马、鹿类等的骨骼化石或象类门齿的化石。前者习称为"龙骨"，后者习称为"五花龙骨"。主产于河南、河北、山西、陕西等省。全年可采挖，采挖后，除去泥土和杂质，要将骨与齿分开。五花龙骨质酥脆，出土后，露置空气中极易破碎，常用毛边纸粘贴。

【性状鉴定】

龙骨 呈骨骼状或不规则块状。表面白色、灰白色或淡棕色，多较平滑，有的具纵纹裂隙或具棕色条纹与斑点。质硬，不易破碎，断面不平坦，色白或黄白，有的中空。摸之细腻如粉质，在关节处有蜂窝状小孔。吸湿力强。无臭，无味。

以质硬、色白、吸湿力强者为佳。

五花龙骨 又称五色龙骨，呈圆筒状或不规则块状。直径5～25cm。淡灰白色、淡黄白色或

图 14－15 龙骨药材图

淡黄棕色，夹有蓝灰色及红棕色深浅粗红不同的花纹，偶有不具花纹者。表面平滑，略有光泽，有的可见小裂隙。质硬，较酥脆，易片状剥离，吸湿力强，舐之吸舌。无臭，无味。

以体较轻、质酥脆、分层、有花纹、吸湿力强者为佳。

【功效】镇惊安神，敛汗固精，止血涩肠，生肌敛疮。治惊痫癫狂、怔忡健忘、失眠

多梦、自汗盗汗、遗精淋浊、吐衄便血、崩漏带下、泻痢脱肛、溃疡久不收口。

知 识 链 接

龙齿

　　龙齿为药材龙骨原动物的牙齿化石。呈完整的齿状或破碎成不规则的块状。完整者可分为犬齿与白齿。犬齿呈圆锥形，先端较细或略弯曲，近尖端处常中空。白齿呈圆柱形或方柱形，一端较细，略弯曲，多有深浅不同的沟棱。其中呈青灰色者习称"青龙齿"，呈黄白色者习称"白龙齿"。有的表面尚具光泽的珐琅质。质坚硬，断面粗糙，凹凸不平，或有不规则的突起棱线，吸湿性强。无臭，无味。功能镇惊安神，清热除烦。主治惊痫、癫狂、心悸怔忡、失眠多梦、身热心烦。内服煎汤，10~15g，打碎先煎；或入丸、散。外用适量，研末撒或调敷。

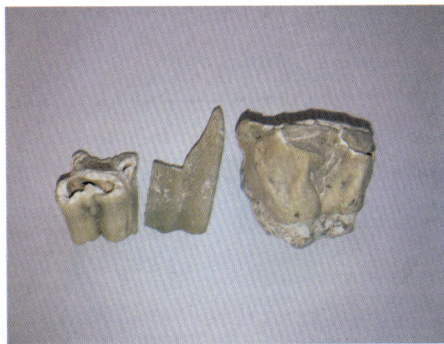

图 14-16　龙齿药材图

复习思考

一、单项选择题

1. 下列药材在白瓷板刻划呈樱桃红色的是（　　　）

A. 朱砂　　　　　　　B. 赭石　　　　　　　　C. 炉甘石

D. 自然铜　　　　　　E. 雄黄

2. 色棕红或铁青，表面有乳头状（"钉头"），断面显层叠状者是（　　　）

A. 朱砂　　　　　　　B. 赭石　　　　　　　　C. 炉甘石

D. 自然铜　　　　　　E. 雄黄

3. 含汞的矿物为（　　）

 A. 朱砂   B. 赭石   C. 磁石

 D. 自然铜   E. 滑石

4. 下列矿物药中常含结晶水的是（　　）

 A. 朱砂   B. 雄黄   C. 石膏

 D. 自然铜   E. 赭石

5. 某矿物类药材，为白色粉末，味咸，此药是（　　）

 A. 玄明粉   B. 滑石粉   C. 白矾

 D. 熟石膏   E. 石膏

6. 无色透明的中药是（　　）

 A. 炉甘石   B. 芒硝   C. 朱砂

 D. 自然铜   E. 赭石

7. 雄黄的颜色和形状是（　　）

 A. 方块形，表面深红色或鲜红色

 B. 方块形，表面深黄色或黄红色

 C. 粉末状，表面深黄或黄绿色

 D. 呈不规则块状或粉末，表面深红色或橙红色

 E. 呈颗粒状，粉末状或块片状，表面鲜红色或暗红色

8. 自然铜的主要成分是（　　）

 A. 含水硫化钙 B. 二硫化铁   C. 硫化汞

 D. 三氧化二砷 E. 硫化砷

9. 雄黄的条痕（　　）

 A. 黄色   B. 樱红色   C. 浅橘红色

 D. 绿黑色   E. 白色

10. 具绢丝样光泽的矿物类药是（　　）

 A. 朱砂   B. 雄黄   C. 石膏

 D. 自然铜   E. 赭石

二、多项选择题

1. 含硫的药材有（　　）

 A. 石膏   B. 朱砂   C. 自然铜

 D. 炉甘石   E. 芒硝

2. 含铁的药材有（　　）

 A. 自然铜   B. 滑石   C. 雄黄

D. 赭石　　　　　　　　E. 石膏

3. 关于石膏，正确的说法有（　　　）

　　A. 纵断面纤维状纹理　　B. 硫酸盐矿物　　　　　　C. 硅酸盐矿物

　　D. 味臭、苦、咸　　　　E. 含结晶水

4. 朱砂的性状特征有（　　　）

　　A. 鲜红色或暗红色　　　B. 条痕红色或褐红色　　　C. 触之手染成红色

　　D. 质重而脆　　　　　　E. 有特异臭气

5. 条痕色与表面颜色基本相同的药材有（　　　）

　　A. 石膏　　　　　　　　B. 自然铜　　　　　　　　C. 朱砂

　　D. 滑石粉　　　　　　　E. 芒硝

扫一扫，知答案

主要参考书目

1. 康廷国．中药鉴定学．北京：中国中医药出版社，2016.

2. 沈力．中药鉴定技术．北京：中国中医药出版社，2015.

3. 李炳生．中药鉴定技术．北京：中国中医药出版社，2015.

4. 王满恩．中药鉴定技术．北京：中国中医药出版社，2004.

5. 郑小吉．天然药物学基础．北京：人民卫生出版社，2015.